天然气凝液回收技术

蒋 洪 汤 林 著

石油工业出版社

内 容 提 要

本书系统地阐述了天然气及凝液产品的性质和质量指标、凝液回收工艺流程及相关技术，重点论述天然气预处理、凝液回收、制冷、凝液分馏等内容的原理及工艺流程。全书共十章，包括天然气及凝液产品性质和质量指标、天然气预处理、制冷技术、凝液分馏、工艺设备模型及流程模拟、丙烷回收流程、乙烷回收流程、二氧化碳冻堵及控制、凝液回收系统用能分析及工艺设备。全书总结了作者多年科研工作的研究成果，同时吸收了国内外天然气凝液回收的新技术及进展，理论与应用并重，内容丰富，实用性强。

本书可供从事油气田地面工程相关专业的技术人员参考，也可供高等院校石油工程、油气储运及相关专业的本科生、研究生及研究人员参考。

图书在版编目（CIP）数据

天然气凝液回收技术 / 蒋洪，汤林著 .—北京：

石油工业出版社，2019.8

　ISBN 978-7-5183-3555-8

　　Ⅰ . ① 天… Ⅱ . ① 蒋… ② 汤… 　Ⅲ . ① 天然气液 – 回

收技术 　Ⅳ . ① TE64

　　中国版本图书馆 CIP 数据核字（2019）第 184101 号

出版发行：石油工业出版社

　　　　　（北京安定门外安华里 2 区 1 号　　100011）

　　　　　网　　址：www. petropub. com

　　　　　编辑部：（010）64523535　图书营销中心：（010）64523633

经　　销：全国新华书店

印　　刷：北京中石油彩色印刷有限责任公司

2019 年 8 月第 1 版　　2019 年 8 月第 1 次印刷

787×1092 毫米　　开本：1/16　印张：27.5

字数：650 千字

定价：190. 00 元

前　言

天然气凝液回收是指采用特定的工艺方法从天然气中回收未经稳定处理的液态烃类混合物，可生产乙烷、液化石油气、稳定轻烃等凝液产品，其凝液产品是重要的化工原料和民用燃料。实施天然气凝液回收工程有利于改善管输天然气质量，降低烃露点，保障管输安全性，提高天然气资源综合利用率，具有良好的经济效益和社会效益。

自 20 世纪 60 年代开始，随着透平膨胀机制冷技术的应用和发展，国外天然气凝液回收进入乙烷回收时代。以节能降耗、提高凝液回收率为目标，国外公司开发出多种凝液回收高效流程，积累了丰富的工程建设经验和研究成果，天然气凝液回收装置正朝着处理规模大、凝液回收率高、适应性强、流程多样化等方向发展。

我国天然气凝液回收装置大多数以丙烷回收为主。春晓气田陆上终端、中海石油深水天然气珠海高栏终端、塔里木轮南轻烃厂是我国运用丙烷回收装置技术的典型代表，其工艺技术方案先进，丙烷回收率高，单套处理规模大（$1500 \times 10^4 \mathrm{m}^3/\mathrm{d}$），冷热集成高，成功经验值得推广和应用。我国已建乙烷回收装置相对较少，主要集中在大庆、辽河、中原等油田，流程相对单一，乙烷回收率不高，处理规模小（$100 \times 10^4 \mathrm{m}^3/\mathrm{d}$）。随着我国石油与天然气工业的发展，各油气田十分重视天然气凝液回收工程建设，现拟建多套大型乙烷回收装置，以满足石油化工行业原料的需求，提升天然气及凝液产品的综合利用水平。

多年来，笔者长期关注天然气凝液回收技术的发展和应用，开展了天然气凝液回收及其相关技术的研究，在乙烷回收流程开发与改进、二氧化碳冻堵控制、系统热集成等方面积累了创新成果。本书重点论述天然气凝液回收的关键技术，总结笔者多年的科研成果，同时吸收国内外天然气凝液回收的新技术。本书的出版希望有利于推动我国天然气凝液回收技术的进步和应用。

本书共十章，包括天然气及凝液产品性质和质量指标、天然气预处理、制冷技术、凝液分馏、工艺设备模型及流程模拟、丙烷回收流程、乙烷回收流程、二氧化碳冻堵及控制、凝液回收系统用能分析、工艺设备选型等内容。全书突出凝液回收流程的应用与分析，注重理论联系工程实际。

全书由蒋洪、汤林著，其中第一章、第二章、第六章至第十章由蒋洪负责撰写，第三章至第五章由汤林负责撰写，全书由蒋洪统稿，由中国石油规划总院教授级高级工程师杨莉娜审稿。在本书成稿过程中，曾禄轩、胡成星、杨雨林等研究生对书稿资料整理和图样绘制做了大量工作，西南石油大学石油与天然气工程学院、石油工业出版社为本书的出版提供了大力支持和帮助，在此表示衷心的感谢。

由于作者水平有限，书中若有疏漏或不足之处，敬请各位读者批评指正。

2019 年 6 月

目 录

第一章　天然气及凝液产品性质和质量指标·····················1

　　第一节　天然气的性质及质量指标 ·····················1

　　第二节　凝液产品的性质及质量指标 ·····················19

　　第三节　天然气凝液回收方法及系统组成 ·····················26

　　第四节　天然气及凝液产品的需求与用途 ·····················29

　　参考文献 ·····················35

第二章　天然气预处理·····················37

　　第一节　概述 ·····················37

　　第二节　酸性气体的脱除 ·····················39

　　第三节　天然气脱水 ·····················59

　　第四节　天然气脱汞 ·····················85

　　参考文献 ·····················91

第三章　制冷技术·····················95

　　第一节　概述 ·····················95

　　第二节　膨胀制冷 ·····················95

　　第三节　冷剂制冷 ·····················98

　　第四节　制冷工艺选用 ·····················115

　　参考文献 ·····················119

第四章　凝液分馏·····················121

　　第一节　概述 ·····················121

　　第二节　分馏塔特性 ·····················126

　　第三节　分馏塔设计的关键 ·····················134

　　参考文献 ·· 145

第五章　工艺设备模型及流程模拟 ····················· 147
　　第一节　气液平衡模型 ·························· 147
　　第二节　工艺设备模型 ·························· 153
　　第三节　工艺流程模拟方法 ····················· 164
　　第四节　天然气处理流程模拟 ··················· 166
　　参考文献 ·· 176

第六章　丙烷回收流程 ···································· 177
　　第一节　概述 ···································· 177
　　第二节　丙烷回收流程评价与分析 ··············· 180
　　第三节　丙烷回收流程的应用与实例 ············· 203
　　参考文献 ·· 223

第七章　乙烷回收流程 ···································· 226
　　第一节　概述 ···································· 226
　　第二节　主要乙烷回收流程 ····················· 230
　　第三节　乙烷回收流程模拟与分析 ··············· 242
　　第四节　乙烷回收流程应用与实例 ··············· 263
　　参考文献 ·· 288

第八章　二氧化碳冻堵及控制 ····························· 291
　　第一节　二氧化碳固体形成机理及条件预测 ······· 291
　　第二节　二氧化碳固体形成影响因素及控制措施 ··· 298
　　第三节　凝液产品中二氧化碳控制技术 ··········· 326
　　第四节　控制二氧化碳固体形成的措施及应用 ····· 330
　　参考文献 ·· 344

第九章　凝液回收系统用能分析 ·························· 345
　　第一节　凝液回收系统能量分析 ················· 345
　　第二节　凝液回收系统㶲分析 ··················· 354
　　第三节　换热网络及热集成 ····················· 367
　　参考文献 ·· 379

第十章 天然气凝液回收工艺设备···························380

第一节 气液分离器 ·····································380

第二节 塔设备 ···393

第三节 换热器 ···409

第四节 压缩机与膨胀机 ·································423

参考文献 ···426

附录··428

第一章 天然气及凝液产品性质和质量指标

天然气凝液是指从天然气中回收的未经稳定处理的液态烃类混合物的总称，一般包括乙烷、液化石油气、稳定轻烃等。为了保障外输气符合质量指标要求，最大程度地回收利用天然气凝液资源，提高油气田开发的经济效益和社会效益，需要将天然气中乙烷及乙烷以上的凝液按照一定要求分离与回收。

目前，随着凝液产品消费水平和供应能力的同步提高，石油化工企业对乙烷、液化石油气、稳定轻烃等凝液产品的需求日益增长。油气田企业十分重视凝液回收工程的建设，要掌握天然气凝液回收技术，必须了解天然气及凝液产品的性质、质量指标。本章主要包括天然气及凝液产品的性质、质量指标和凝液回收工艺方法及系统等内容。

第一节 天然气的性质及质量指标

一、天然气的性质

1. 天然气组成

天然气生成的地质条件不同，不同地区、不同储层深度的天然气组成相差很大。天然气是由以甲烷为主的烃类与非烃类两大类组分组成。

天然气烃类主要包括链烷烃、环烷烃和芳香烃。链烷烃是开链的饱和链烃，分子中的碳原子间均以单键相连，其余的价键都与氢结合而成，分子通式为 C_nH_{2n+2}，主要有甲烷（CH_4）、乙烷（C_2H_6）、丙烷（C_3H_8）、丁烷（C_4H_{10}）、戊烷（C_5H_{12}）和庚烷等；环烷烃是指分子结构中含有一个或者多个环的饱和烃类化合物，分子通式为 C_nH_{2n}，主要有环戊烷、环己烷等；芳香烃通常指分子中含有苯环结构的碳氢化合物，主要有苯、甲苯、二甲苯等。

天然气中的非烃类气体主要包括硫化氢（H_2S）、二氧化碳（CO_2）、一氧化碳（CO）、氮（N_2）、氢（H_2）、水（H_2O）以及硫醇、硫醚、二硫化碳（CS_2）、羰基硫（COS）和噻吩（C_4H_4S）等有机硫化物。有时也含有微量的稀有气体，如氦（He）、氩（Ar）、氖等。

全球多个气田均发现天然气中含汞，天然气中的汞含量一般为 $0.1\sim300\mu g/m^3$。有些气田汞含量很高，高达 $4000\mu g/m^3$。

常见天然气组分含量见表 1-1。国内外主要气田天然气组成见表 1-2 和表 1-3[1-3]。

2. 天然气分类

天然气的分类方法很多，目前尚不统一。天然气的组成对天然气凝液回收技术方案有重要影响，按照凝液回收技术特点，本书重点以适宜凝液回收的角度对天然气进行分类。

表 1-1　常见天然气组分含量

名称		组分含量 %（体积分数）	名称		组分含量 %（体积分数）
烃类	甲烷	59.0～92.0	惰性气体	氮气	0.2～5.0
	乙烷	3.0～10.0		氦	0.01～0.1
	丙烷	1.0～15.0		氙、氧气	—
	异丁烷	0.3～2.5		氢气	—
	正丁烷	0.3～7.5	含硫化合物	硫醇	10～1000mg/m³
	异戊烷	0.1～2.0		硫醚	1.0～10.0mg/m³
	正戊烷	0.1～2.0		二硫化物	1.0～10.0mg/m³
	己烷以上	1.0～3.0	固体	锈、硫化亚铁	—
酸性气体	硫化氢	0.01～10.0	醇类	甲醇、乙二醇等	—
	二氧化碳	0.2～10.0	汞（主要以单质汞为主）		0.1～4000μg/m³[4]

1）按来源分类

天然气按矿藏特点可以分为纯气藏天然气、凝析气藏天然气、油田伴生天然气。另外，随着对天然气需求的不断增加，煤层气和页岩气也得到了大量的开发利用。

纯气藏天然气开采的任何阶段，矿藏流体在地层中均呈气态。但随成分的不同，采出到地面后，在分离器或管道中可能有部分液态烃析出。

凝析气藏天然气在地层原始状态下呈气态，但开采到一定阶段，随着地层压力下降，流体状态跨过露点线进入相态反凝析区，部分烃类在地层中呈液态析出。

油田伴生气在地层中与原油共存，在采油过程中与原油一同被采出，经过油气分离从原油中分离出来[3]。

2）按天然气的烃类组成分类

天然气还可分为干气、湿气、贫气、富气，但目前没有一个统一的划分标准，表1-4列举了部分文献对干气及湿气、贫气及富气的分类方式[3, 5, 6]。

文献［7］按照乙烷、丙烷的含量将天然气划分为贫气、富气。规定乙烷摩尔分数低于10%或丙烷摩尔分数低于4%的天然气为贫气，否则即为富气。

GPM值是指每千标准立方英尺气体（15.5℃，101.325kPa）中可回收液烃的体积（按加仑计），可用来衡量天然气气质的贫富。GPM值可按天然气中各组分的摩尔分数与对应GPM因子乘积求和进行计算[8, 9]。不同组分的GPM因子见表1-5。

文献［10］根据GPM值的大小不同，将天然气划分为贫气、富气、超富气三类，分类方式如下：

贫气：GPM值＜2.5；富气：2.5＜GPM值＜5；超富气：GPM值＞5。

表1-2 国内部分油气田天然气组成

天然气组成，%（摩尔分数）

油气田		N_2	CO_2	C_1	C_2	C_3	iC_4	nC_4	iC_5	nC_5	C_6	C_7	C_8	C_9	C_{10}
中海油东海平湖及春晓气田	东海平湖	0.66	3.870	81.3	7.49	4.07	1.02	0.83	0.29	0.19	0.20	0.09	0	0	0
	春晓	1.04	2.04	86.95	4.84	2.59	0.95	0.82	0.26	0.25	0.16	0.05	0.03	0.01	0.01
中海油南海荔湾及番禺气田	高栏终端	0.6114	2.8877	88.7884	5.2504	1.5654	0.2685	0.2918	0.1118	0.0697	0.0658	0.044	0.0382	0.0053	0.0016
西南油气田	中坝	2.4097	0	89.801	4.6595	1.7498	0.46	0.44	0.17	0.11	0.14	0.06	0	0	0
	广安	0.2	0.31	90.2	6.4	1.75	0.33	0.34	0.13	0.07	0.27	0	0	0	0
	安岳	0.5594	0.3696	85.8841	8.3816	2.7572	0.6394	0.5794	0.2797	0.1199	0.1399	0.1499	0.0899	0.04	0.01
	迪那	1.021	0.3504	88.2883	7.4074	1.5015	0.3003	0.3103	0.1301	0.0901	0.1502	0.2002	0.1802	0.05	0.02
塔里木油田	英买	2.8409	0.1043	86.2987	7.579	1.712	0.3147	0.3812	0.1744	0.1501	0.1408	0.1667	0.0834	0.0302	0.0236
	牙哈	3.84	0.697	82.4	8.97	2.47	0.452	0.552	0.186	0.155	0.279	0	0	0	0
大庆油田	萨南深冷	1.1	4.92	80.74	4.23	4.55	0.66	2.14	0.36	0.69	0.61	0	0	0	0
	南八处理厂	1.05	5.24	78.41	4.83	5.13	0.74	2.44	0.43	0.89	0.84	0	0	0	0
海南福山油田	花场处理中心	3.5471	4.3888	61.2425	14.4489	11.1723	1.7335	2.1443	0.481	0.2405	0.5912	0.01	0	0	0
冀东油田	南堡联合站	0.15	4.01	79.2056	9.2818	4.3409	0.7802	1.3603	0.03	0.4201	0.2801	0.12	0	0	0.002
	高尚堡联合站	0.1498	1.5272	67.3773	9.3842	8.8083	3.1921	4.9663	1.6548	1.4108	0.919	0.4524	0.1387	0.0182	0.001
吐哈油田	温米	1.5913	0.2602	76.1809	9.2874	6.7754	2.8223	1.6513	0.8407	0.3002	0.2202	0.0701	0	0	0
	丘陵	0.65	0.4	67.61	13.51	10.69	3.06	2.55	0.68	0.56	0.16	0.09	0	0	0
	鄯善	0.03	1.8909	65.843	12.8564	10.1751	3.6618	3.1816	1.1506	0.6803	0.3902	0.1401	0	0	0
塔河油田	二号联合站	5.38	2.14	72.09	8.88	6.5	1.14	2.29	0.61	0.73	0.24	0	0	0	0
	阿克亚	4.44	0.26	82.69	8.14	2.47	0.38	0.84	0.15	0.32	0.2	0.14	0	0	0
中原油田	第四气体处理厂	0.6546	1.2588	79.718	8.3484	5.0957	1.0675	2.0745	0.6546	0.3827	0.3323	0.2618	0.1208	0.0201	0.0101

表 1-3　国外部分区域天然气组成

国家或地区	产地	天然气组成，%（摩尔分数）												
		N_2	CO_2	H_2S	C_1	C_2	C_3	iC_4	nC_4	iC_5	nC_5	C_6	C_7
美国	Texas	7.5	6.0	15	57.69	6.24	4.46	2.44		0.56		0.11	0
	Louisiana	1.02	0.9	0	92.18	3.33	1.48	0.79		0.25		0.05	0
海湾地区	—	0	0	0	63	20	9	2.8	2.5	1.5	0.55	0.4	0.25
		0	0	0	81	9.5	4.5	1.2	2.2	0.42	0.45	0.5	0.23
		0	0	0	83	7.5	4.2	1.0	2.0	0.35	0.4	0.2	1.35
		0	0	0	85.72	6.98	3.89	0.93	1.39	0.31	0.48	0.27	0.03
		0	0	0	90.24	7.09	1.42	0.4	0.39	0.16	0.15	0.1	0.05
伊朗	南部	0.25	0.51	0	84	10.14	3.67	0.4	0.76	0.13	0.1	0.03	0
加拿大	Alberta	0.7	4.8	26.3	64.4	1.2	0.7	0.8		0.3		0.7	0
俄罗斯	Оренбургское	6.3	0.58	1.65	84.86	3.86	1.52	0.68		0.4		0.18	0
	Астраханское	0.4	13.96	25.37	52.83	2.12	0.82	0.53		0.51		0	0
科威特	Kuwait City	0	1.6	0.1	78.2	12.6	5.1	0.6		0.6		0.2	0
荷兰	Groningen	1.3	0.8	0	81.4	2.9	0.37	0.14		0.04		0.05	0
英国	Leman	0	0.04	15.5	95	2.76	0.49	0.20		0.06		0.15	0
委内瑞拉	San Joaquin	14.26	1.9	0	76.7	9.79	6.69	3.26		0.94		0.72	0
哈萨克斯坦	—	0.85	5.3	3.07	82.3	5.24	2.07	0.74	0	0.31	0	0.13	0

表 1-4　部分文献对天然气的分类

项目	GB/T 20604《天然气词汇》	《天然气集输工程手册》	《天然气处理与加工手册》
干气	水蒸气摩尔分数不超过 0.005% 的天然气	$1m^3$ 天然气中戊烷及戊烷以上液烃含量按液态计小于 $13.5cm^3$ 的天然气	水蒸气摩尔分数不超过 0.005% 的天然气
湿气	水蒸气、游离水和 / 或液烃之类组分的含量显著高于规定管输要求的天然气	$1m^3$ 天然气中戊烷及戊烷以上液烃含量按液态计大于 $13.5cm^3$ 的天然气	没有经过脱水处理和凝液回收的天然气
贫气	氮气的摩尔分数超过 0.15 或 CO_2 的体积分数超过 0.05 的天然气	$1m^3$ 丙烷及丙烷以上烃类含量按液态计小于 $100cm^3$ 的天然气	天然气处理厂回收天然气凝液后的剩余天然气，也指含有很少或不含可回收液态烃产品的未处理天然气
富气	乙烷摩尔分数超过 0.1，或丙烷摩尔分数超过 0.035 的天然气	$1m^3$ 丙烷及丙烷以上烃类含量按液态计大于 $100cm^3$ 的天然气	进入天然气处理厂以回收天然气凝液的天然气

注：天然气体积计量状态，压力为 101.325kPa，温度为 20℃。

表 1–5　不同组分的 GPM 因子

组分	C_2	C_3	iC_4	nC_4	iC_5	nC_5	C_6	C_{7+}
GPM 因子	0.267	0.275	0.327	0.315	0.366	0.362	0.411	0.461

　　凝液回收工艺的选用与气质贫富密切相关，笔者推荐采用 GPM 值大小对天然气气质贫富进行分类，本书采用此法进行贫富气分类。为便于对计算条件和结果进行说明，全书计算实例中原料气的气质组成用气质代号表示，根据其 GPM 值大小分为贫气、富气和超富气，气质组成详见附表 1 至附表 3。

3. 天然气中各组分的性质

　　天然气中各组分的含量、性质决定了天然气的性质。天然气中主要饱和烃类组分的性质见表 1–6，痕量不饱和烃类组分的基本性质见表 1–7，常见非烃类组分的基本性质见表 1–8，天然气中有机硫化合物的主要性质见表 1–9。

表 1–6　天然气中主要饱和烃类组分的性质（20℃，101.325kPa）

项目		甲烷	乙烷	丙烷	正丁烷	异丁烷	正戊烷	异戊烷
分子式		CH_4	C_2H_6	C_3H_8	nC_4H_{10}	iC_4H_{10}	nC_5H_{12}	iC_5H_{12}
相对分子质量		16.04	30.07	44.10	58.12	58.12	72.15	72.15
摩尔体积，$m^3/kmol$		24.00	23.84	23.63	23.34	23.40	0.12	0.12
密度，kg/m^3		0.6685	1.2613	1.8660	2.4899	2.4841	625.7627	621.5137
临界温度，K		190.55	305.43	369.82	425.16	408.13	469.6	460.39
临界压力，kPa		4604	4880	4249	3797	3648	3369	3381
高位发热量，kJ/m^3		39829	69759	99264	128629	128257	158087	157730
低位发热量，kJ/m^3		35807	63727	91223	118577	118206	146025	145668
爆炸极限，%（体积分数）	下限	5.0	2.9	1.5	1.8	1.8	1.4	1.4
	上限	15.0	13.0	8.5	8.4	8.4	8.3	8.3
比定压热容 $kJ/$（$kmol \cdot K$）		35.884	52.548	74.473	97.533	96.932	161.495	157.623
动力黏度，$mPa \cdot s$		0.0111	0.0092	0.0080	0.0071	0.0073	0.2302	0.2250
气体常数，$kJ/$（$kg \cdot K$）		0.5170	0.2740	0.1852	0.1388	0.1391	—	—
自燃点，℃		645	530	510	490	460	260	420
沸点，℃		−161.51	−88.59	−42.07	−11.79	−0.51	36.05	27.83

天然气凝液回收技术

表 1-7　天然气中痕量不饱和烃类组分的基本性质

名称		苯	甲苯	二甲苯	乙烯	丙烯
分子式		C_6H_6	C_7H_8	C_8H_{10}	C_2H_4	C_3H_6
相对分子质量		78.11	92.14	106.17	28.06	42.081
外观与性状		常温下无色、有甜味的透明液体,带有强烈的芳香气味	无色透明液体,有类似苯的芳香气味	无色透明液体,有芳香烃的特殊气味	无色气体,略具烃类特有的臭味,少量乙烯有淡淡甜味	无色、无臭、有甜味的气体
临界温度,K		562.65	591.75	616.25	282.35	365.05
临界压力,MPa		5.02	4.21	3.61	5.14	4.72
爆炸极限,%（体积分数）	下限	1.2	1.2	1.1	2.74	2.0
	上限	8.0	7.0	7.0	36.95	11.0
熔点,℃		5.5	−94.9	−34	−169.4	−191.2
沸点,℃		80.1	110.6	137～140	−103.9	−47.4
相对密度（水）		0.88	0.866	0.86	0.61	0.5
溶解性		难溶于水,易溶于有机溶剂,本身也可作为有机溶剂	不溶于水,可混溶于苯、醇、醚等多数有机溶剂	不溶于水,可与乙醇、氯仿或乙醚任意混合	不溶于水,微溶于乙醇、酮、苯,溶于醚,溶于四氯化碳等有机溶剂	微溶于水,溶于乙醇和乙醚
毒性		有致癌毒性	低毒	低毒	—	低毒

表 1-8　天然气中常见非烃类组分的基本性质（20℃，101.325kPa）

项目		氢	氮	氦	一氧化碳	二氧化碳	硫化氢	汞
分子式		H_2	N_2	He	CO	CO_2	H_2S	Hg
相对分子质量		2.016	28.01	4.00	28.01	44.01	34.08	200.59
摩尔体积,m^3/kmol		24.04	24.06	24.04	23.91	23.86	24.05	—
密度,kg/m^3		1.1651	0.1664	1.1651	1.8403	1.4284	1.2043	13483.9
临界温度,K		33.2	126.0	5.2	132.92	304.19	373.5	—
临界压力,kPa		1297	3399	227.5	3499	7382	9005	—
高位发热值,kJ/m^3		12789	—	—	—	—	25141	—
低位发热值,kJ/m^3		10779	—	—	12618	—	23130	—
爆炸极限,%（体积分数）	下限	4.0	—	—	12.5	—	4.3	—
	上限	74.2	—	—	74.2	—	45.5	—

续表

项目	氢	氮	氦	一氧化碳	二氧化碳	硫化氢	汞
比定压热容 kJ/（kmol·K）	28.340	29.169	20.801	29.125	38.345	37.474	—
动力黏度，mPa·s	0.0086	0.0181	0.0196	0.0180	0.0143	0.0118	—
气体常数，kJ/（kg·k）	4.1256	0.2967	2.0771	0.2967	0.1878	0.2420	—
自燃点，℃	510	—	—	610	—	290	—
沸点，℃	−252.87	−195.8	−268.9	−191.5	−78.5	−59.65	356.7

4. 天然气的物理性质

天然气的主要物理性质包括天然气的密度和相对密度、黏度、相对分子质量、压缩因子、临界温度和临界压力等。天然气中各组分的物理性质是计算天然气性质的基础，这些性质对天然气集输处理等方面有着重要影响。天然气的主要物理性质见表 1–10。

1）常见气体计量的标准状态[11, 12]

（1）1954 年第十届国际计量大会（CGPM）协议的气体体积计量标准状态：压力为 101.325kPa，温度为 0℃；

（2）国际标准化组织 ISO 标准规定气体计量标准状态：压力为 101.325kPa，温度为 15℃；

（3）我国国家标准 GB/T 17291—1998《石油液体和气体计量的标准参比条件》中均规定气体的计量状态：压力为 101.325kPa，温度为 20℃。

（4）我国国家标准 GB 50028—2006《城镇燃气设计规范》中规定燃气体积流量计量状态：压力为 101.325kPa，温度为 0℃。

2）密度与相对密度

天然气的密度是指操作条件（温度及压力）下其质量与体积的比值。相对密度是指在相同的规定压力和温度条件下，天然气的密度与干空气密度的比值。

标准状况（101.325kPa，20℃）下，干空气的摩尔质量为 28.9626kg/kmol。气田气的相对密度为 0.58～0.62，大部分凝析气的相对密度为 0.621～0.655，油田伴生气的相对密度为 0.7～0.85。

3）临界参数

任何天然气在温度低于某一数值时都可等温压缩成液体，但当高于这一温度后，无论多大的压力，都不能使其液化，将气体压缩成液体的极限温度称为临界温度 T_c。当温度处于临界温度时，将气体压缩成液体所需的压力称为临界压力 p_c，其状态称为临界状态。临界性质见表 1–10。

4）黏度

天然气的黏度可理解为天然气运动时气体分子间的内摩擦力。当气体内部有相对运动时，都会因气体分子的内摩擦力而产生内部阻力。黏度有两种表示方法，即动力黏度和运动黏度，其具体定义见表 1–11。

表1-9 天然气中有机硫化合物的基本性质

名称		甲硫醇	乙硫醇	正丙硫醇	异丙硫醇	正丁硫醇	2-甲基丙硫醇	叔丁硫醇	甲硫醚	乙硫醚	硫化羰	噻吩	硫
分子式		CH_3SH	C_2H_5SH	C_3H_7SH	$(CH_3)_2CHSH$	C_4H_9SH	$(CH_3)_2CHCH_2SH$	$(CH_2)_2CSH$	$(CH_3)_2S$	$(C_2H_5)_2S$	COS	C_4H_4S	S
相对分子质量		48.1	62.13	76.15	76.15	90.18	90.18	90.18	62.13	90.18	60.07	84.13	32.06
熔点,℃		-121	-121	-112	130.7	-116	<-79	—	-83.2	-99.5	-138.2	-30	120
沸点,℃		5.8	36~37	67~68	58~60	97~98	88	65~67	37.3	92~93	-50.2	84	444.6
临界温度,K		196.8	225.25	—	—	—	—	—	229.9	283.8	105.0	317.0	1040
临界压力MPa		7.14	5.42	—	—	—	—	—	5.41	3.91	6.10	4.80	11.6
溶解性能	水	溶	1.5g/100g	难溶	极难溶	微溶	极微溶	—	不溶	0.31g/100g	80mg/100g	不溶	—
	醇	极易溶	溶	溶	无限溶	易溶	易溶	—	溶	无限溶	溶	溶	—
	醚	极易溶	溶	溶	无限溶	易溶	易溶	—	溶	无限溶	溶	—	—

表 1–10　天然气的主要物理性质

物理性质		定义	参数含义
相对分子质量		用平均相对分子质量表征其大小：$$M_a = \sum y_i M_i$$	M_a——天然气的平均相对分子质量； y_i——天然气中组分 i 的摩尔分数； M_i——天然气中组分 i 的相对分子质量
密度		规定状态下，天然气的质量与其体积的比值：$$\rho = \frac{M}{V}$$	ρ——规定状态的天然气的密度，kg/m³； M——该状态下天然气的质量，kg； V——该状态下天然气的体积，m³
相对密度		在相同的压力和温度条件下，气体的密度与具有标准组成的干空气密度的比：$$d = \frac{\rho}{\rho_a}$$	d——天然气的相对密度； ρ_a——空气密度，kg/m³； ρ——与空气相同温度、压力下的天然气平均密度，kg/m³
临界参数	临界温度	天然气的平均临界温度：$$T_c = \sum y_i T_{ci}$$	T_c——天然气的平均临界温度，K； T_{ci}——天然气中组分 i 的临界温度，K； y_i——天然气中组分 i 的摩尔分数
	临界压力	天然气的平均临界压力：$$p_c = \sum y_i p_{ci}$$	p_c——天然气的平均临界压力，Pa； p_{ci}——天然气中组分 i 的临界压力，Pa

表 1–11　黏度的两种表示方法

参数	定义
动力黏度 μ，Pa·s	$$F = \mu A \frac{\mathrm{d}u}{\mathrm{d}y}$$ F——气体内摩擦力，N； μ——气体动力黏度，Pa·s； A——层流间接触面积，m³； $\frac{\mathrm{d}u}{\mathrm{d}y}$——流体的速度梯度，m³/s
运动黏度 ν，m²/s	$$\nu = \frac{\mu}{\rho}$$ μ——气体动力黏度； ρ——操作温度、压力下的气体密度，kg/m³

　　天然气的黏度与温度、压力和相对分子质量有关。气体黏度与液体黏度的不同之处在于气体黏度随温度的升高而增大，随相对分子质量的增加而减小。

　　在低压和高压下，天然气的两种黏度变化规律不同。

　　在低压（<0.98MPa）下，气体黏度特征表现在气体黏度几乎与压力无关，气体黏度随温度的升高而增大，烃类气体黏度随相对分子质量的增大而减小。主要是低压下气体分子间距离很大，分子作用力不明显，温度起着主导作用。动力黏度和温度的关系式见式（1–1）。

$$\mu_t = \mu_0 + \frac{273 + c}{T + c} \times \left(\frac{T}{273}\right)^{2/3} \tag{1–1}$$

式中　μ_t，μ_0——气体在 t 和 0℃时的动力黏度，Pa·s；

T——气体的温度，K；

c——温度修正系数，详见文献［13］。

在高压（>6.865MPa）下，气体黏度特性近似液体黏度特性，其特性表现在黏度随压力增加而增加，气体黏度随温度的增高而降低，气体黏度随相对分子质量的增加而增加。高压下的气体分子间距很小，分子作用力起主导作用，并表现为分子间的结合力。温度不变时，压力增加，分子间的距离缩短，在同一动量级下，分子碰撞增加。压力不变，随着温度升高，气体分子运动速度增大，气体黏度变小。在高压条件下，气体分子之间的引力大，相对分子质量大的引力大，黏度高；相对分子质量小的引力较小，黏度低。高压下，混合气体的黏度可按式（1-2）计算。式（1-2）的平均误差为1.5%，最大误差为5%。

$$\mu = \frac{\sum y_i \mu_i M_i^{0.5}}{\sum y_i M_i^{0.5}} \qquad (1-2)$$

式中　μ——高压下天然气的黏度，Pa·s；

　　　μ_i——相同压力下天然气中组分 i 的黏度，Pa·s；

　　　y_i——天然气中组分 i 的摩尔分数；

　　　M_i——天然气中的组分 i 的摩尔质量，kg/mol。

　5）压缩因子

压缩因子是在操作压力和温度下，气体的实际体积与在相同条件理想气体体积的比值。

压缩因子随气体组分的不同及压力和温度的变化而变化。在低压下，天然气也密切遵循理想气体定律。但是，当气体压力上升，尤其当气体接近临界温度时，其真实体积和理想气体之间就产生很大的偏离。

国家标准 GB/T 17747.1—2011《天然气压缩因子的计算》中规定了天然气压缩因子的状态方程有 AGA8-92DC 方程和 SGERG-88 方程[14]。

AGA8-92DC 方程利用已知气体的详细摩尔组成和相关压力、温度计算压缩因子；SGERG-88 方程利用物性值计算压缩因子。这两种方法主要应用于输气和配气条件下的管输气体（通常输气和配气的操作温度为 -10~65℃，操作压力不超过 12MPa）。两种方法的预期不确定度约为 0.1%。

（1）AGA8-92DC 方程：

AGA8-92DC 方程是扩展的维利方程，其关系式如式（1-3）所示。

$$Z = 1 + B\rho_m - \rho_r \sum_{n=13}^{18} C_n^* + \sum_{n=13}^{58} C_n^* \left(b_n - c_n k_n \rho_r^{k_n} \right) \rho_r^{b_n} \exp\left(-c_n \rho_r^{k_n} \right) \qquad (1-3)$$

式中　Z——压缩因子；

　　　ρ_m——摩尔密度（单位体积的摩尔数），kmol/m³；

　　　ρ_r——对比密度；

　　　b_n，c_n，k_n——常数；

　　　B——第二维利系数，m³/kmol；

C_n^*——与温度和组成相关的系数。

系数、常数等具体数值详见 GB/T 17747.2—2011《天然气压缩因子的计算　第 2 部分：用摩尔组成进行计算》。

（2）SGERG-88 方程：

SGERG-88 方程是基于 GERC-88 标准维利方程，其关系式如式（1-4）所示。

$$Z = 1 + B\rho_m + C\rho_m^2 \tag{1-4}$$

式中　B——第二维利系数，$m^3/kmol$；

C——第三维利系数，$m^6/kmol^2$；

ρ_m——摩尔密度，$kmol/m^3$。

6）天然气的水露点和烃露点

天然气的水露点和烃露点是管输天然气重要的气质指标之一。天然气的水露点是指在一定压力下，与天然气的饱和水含量相对应的温度；天然气的烃露点是指在一定压力下，气相中析出第一滴"微小"的烃类液体的平衡温度。在一定压力下，天然气烃露点温度与天然气组成有关。

国家标准 GB 17820—2018《天然气》对烃水露点的要求是"在天然气交接点的压力和温度条件下，天然气中应不存在液态水和液态烃"。

5. 天然气热力学性质

天然气热力学性质是热力工艺计算及燃烧性能的重要参数。其热力学性质主要包括热容、发热量、沃贝指数、导热系数、焓、熵等。

1）天然气的热容

使单位数量的气体温度升高 1K 所需要的热量称为气体的热容。

度量气体的单位不同，气体的热容可分为质量热容、体积热容和摩尔热容。

质量热容：1kg 气体温度升高 1K 所需要的热量，单位为 $kJ/（kg·K）$。

体积热容：在标准状态下，$1m^3$ 气体温度升高 1K 所需的热量，单位为 $kJ/（m^3·K）$。

气体热容与压力和温度有关，即热容不是一个常数。

2）天然气的发热量和沃贝指数

天然气的重要用途之一是用作燃料，发热量是它的一项经济指标。天然气的发热量有两种表示方法，即高位发热量和低位发热量，其物理含义见表 1-12 所示。

理想气体在已知混合物组成及温度 T 时的发热量计算可用下式：

$$H(T) = \sum_j^N x_j \cdot H_j(T) \tag{1-5}$$

式中　$H_j(T)$——天然气中组分 j 的发热量，kJ/m^3；

x_j——天然气中组分 j 的摩尔分数。

可将理想天然气的发热量修正为真实气体的发热量 H_r，修正式如下：

$$H_r(T) = \frac{H(T)}{Z} \tag{1-6}$$

表 1-12　天然气的发热量及沃贝指数

性质	定 义	备 注
发热量	单位体积或单位质量的天然气完全燃烧时所产生的热量	天然气的发热量决定热力价值，是一项很重要的天然气质量指标
高位发热量 H_s	规定量的气体在空气中完全燃烧时所释放出的热量。在燃烧反应发生时，压力 p 保持恒定，所有燃烧产物温度降至规定的反应物温度 T，除燃烧中生产的水在温度 T 下全部冷凝为液态外，其余所有燃烧产物均为气态。	天然气燃烧时，周围温度很高，燃烧产生的蒸汽不能凝结，汽化潜热无法利用
低位发热量 H_i	规定量的气体在空气中完全燃烧时所释放出的热量。在燃烧反应发生时，压力 p 保持恒定，所有燃烧产物温度降至规定的反应物温度 T，所有燃烧产物均为气态。	低位发热量主要要求控制天然气中的 N_2 和 CO_2 等不可燃气体的含量
沃贝指数 W_s	燃气的热负荷指数，代表燃气性质对热负荷的综合影响，计算式：$W_s = \dfrac{H_s}{d^{0.5}}$	天然气管输时，相同沃贝指数的天然气可以实现混合输送，天然气的互换性好

　　注：国家标准 GB/T 11062《天然气发热量、密度、相对密度和沃泊指数的计算方法》中要求我国采用的燃烧参比条件和计量参比条件指压力为 101.325kPa、温度为 20℃[15]。

　　3）天然气的导热系数

　　天然气的导热性是指天然气传递热量的性能。其导热性用导热系数 λ 表示。

　　天然气的导热系数 λ 是在温差 1K 时，每秒通过面积为 $1m^2$、厚度为 1m 物料层的热量，其法定单位为 W/（m·K），气体的导热系数随温度、压力的升高而增大。

　　对已知组成的天然气，常压下导热系数可按下式计算：

$$\lambda_o = \frac{\sum y_i \lambda_{oi} \sqrt{M_i}}{\sum y_i \sqrt{M_i}} \tag{1-7}$$

式中　λ_o——常压下气体混合物的导热系数，W/（m·K）；

　　　　λ_{oi}——常压下气体混合物中组分 i 的导热系数，W/（m·K）；

　　　　y_i——气体混合物中组分 i 的摩尔分数；

　　　　M_i——组分 i 的相对分子质量。

　　4）天然气的焓和熵

　　天然气的焓是指气体内能和体积与压力乘积之和。焓是热力学中表示物质系统能量的一个状态函数，常用符号 H 表示。焓是物质的状态参数，其变化与过程无关，只取决于物质的初状态和终状态，理想气体的焓只与温度有关。焓变是系统在等压可逆过程中所吸收热量的度量。

　　对于理想气体单组分焓 H_i^0 可以按下式计算：

$$H_i^0 = A_i + B_i T + C_i T^2 + D_i T^3 + E_i T^4 + F_i T^5 \qquad (1\text{--}8)$$

式中 H_i^0——第 i 组分理想气体的焓，kJ/kg；

T——温度，K；

A_i，B_i，C_i，D_i，E_i，F_i——i 组分在理想气体状态下的热力学方程系数，详见文献［8］。

按不同基准算出的焓值不一样，但对计算焓变化值无影响，且工艺计算的目的也是求焓的变化值。故对无化学反应的物理过程，在计算混合物焓时各个组分焓的基准无须统一，对不同组分可以选取不同的基准，但对同一组分的气、液相焓的基准必须一致。

压力 p，温度 T 下某组分的焓可用下式计算：

$$\frac{H^0 - H}{RT_c} = \left(\frac{H^0 - H}{RT_c}\right)^{(0)} + w\left(\frac{H^0 - H}{RT_c}\right)^{(1)} \qquad (1\text{--}9)$$

式中 R——气体常数，8.3145kJ/（kmol·K）；

T_c——临界温度，K；

w——偏心因子；

$\left(\dfrac{H^0 - H}{RT_c}\right)^{(0)}$——压力对简单流体（即 $w = 0$ 的流体）焓值的影响；

$\left(\dfrac{H^0 - H}{RT_c}\right)^{(1)}$——压力对真实流体和简单流体焓值影响存在的偏差。

天然气的熵是指体系的混乱程度。系统的熵越小，它所处的状态越有序，越不均匀；系统的熵越大，它所处的状态越无序，越均匀。熵的变化表征可逆过程中热交换的方向与大小，常用符号 S 表示。

天然气的熵计算可用查图法或计算法。给定温度下天然气混合物在理想气体状态下的熵由式（1–10）计算：

$$S_m^0 = \sum y_i S_i^0 \qquad (1\text{--}10)$$

$$S_i^0 = B_i \ln T + 2C_i T + \frac{3}{2} D_i T^2 + \frac{4}{3} E_i T^3 + \frac{5}{4} F_i T^4 + G_i \qquad (1\text{--}11)$$

式中 S_i^0——i 组分在理想气体状态下的熵，kJ/（kg·K）；

S_m^0——给定温度下天然气混合物在理想气体状态下的熵，kJ/（kg·K）；

B_i，C_i，D_i，E_i，F_i，G_i——i 组分在理想气体状态下的热力学方程系数，详见文献［8］。

由热力学关系可知实际混合气体的焓、熵计算式如下：

$$H = H^0 + \int_0^p \left[V - T\left(\frac{\partial V}{\partial T}\right)_p \right] \mathrm{d}p \qquad (1\text{--}12)$$

$$S = S^0 - \left[\int_0^p \left(\frac{\partial V}{\partial T}\right)_p \mathrm{d}p \right] T \qquad (1\text{--}13)$$

目前，天然气处理的计算过程常采用 Lee-Kesler 方法修正计算天然气的物性。Lee-Kesler 方法是公认焓熔计算最准确的方法。

利用 HYSYS 软件模拟计算典型气质的物理性质，结果见表 1-13。

表 1-13　典型气质的物理性质（101.325kPa，20℃）

物理性质 ＼ 典型气田	高尚堡联合站	英买气田	中坝气田	山西沁水煤层气
密度，kg/m^3	1.113	0.7847	0.7571	0.7053
压缩因子	0.9939	0.9969	0.9971	0.9975
临界温度，℃	24.56	−64.15	−63.25	−74.82
临界压力，kPa	12777	6590	4718	5322
黏度，cP	1.054×10^{-2}	1.114×10^{-2}	1.114×10^{-2}	1.117×10^{-2}
质量熵，kJ/(kg·℃)	7.022	9.929	10.22	10.91
质量焓，kJ/kg	−3449	−4024	−4140	−4515

二、天然气相态特征

1. 相态特性

天然气相态特性取决于气体的组成。对相态特征的理解有助于确定合理的天然气处理装置操作压力及温度，保证装置的稳定运行。

天然气相态特性由压力—温度曲线来表征，通过压力—温度曲线图可确定一定压力和温度下物流的相平衡状态。天然气相包络图见图 1-1，图中由泡点线、临界点 C 和露点线构成的相包线，以及所围的相包络区位置均取决于体系组成和各组分的蒸气压线。

相包络区内是气液共存区，图中的各曲线代表不同汽化率的等汽化率曲线。泡点线是液相区和气液两相区的分割线；露点线是气相区和气液两相区的分割线。泡点线与露点线的交点为多组分体系的临界点，此点的天然气的物性与液体属性相同。

相对于单组分的烃类系统，多组分体系在高于临界温度 T_c 时，仍可能有饱和液体存在，直至最高温度点 M 为止，图中的 T_M 点是相包络区内气液平衡共存的最高温度，称为临界冷凝温度；在高于临界压力 p_c 时，仍可能有饱和液体存在，直至最高压力点 N 为止，p_N 是相包络区内气液平衡共存的最高压力，称为临界冷

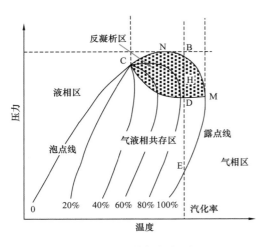

图 1-1　天然气相包图

凝压力。T_M 与 p_N 的大小取决于体系中的组分种类和组分含量。

多组分体系中的临界点 C、临界冷凝温度点 M 和临界冷凝压力点 N 并不重合，因而会在临界点 C 至临界冷凝温度点 M 的相包络区内会出现反凝析现象。天然气反凝析是指天然气在等温过程中降低压力，或者在等压过程中升高温度引起烃类蒸气液化凝析的现象[16]。图中的泡点线和露点线在临界点 C 相遇。曲线 EB 是一条等温压缩过程。E 点的温度高于临界点温度而低于临界凝析温度，体系处于气相；压缩到露点 D，开始有液滴凝析出来，随着压力的增高，凝析液量增加；但压缩到 B 点，又与露点线相遇，即形成的液体又全部汽化。因此，在露点 D 和 B 之间必有一点（如 H 点）是在压缩过程中凝析液量最多的点。从 E 点到 H 点凝析液量增加，从 H 点到 B 点随压力增加，凝析液量反而减少。相反，从 B 点到 H 点，随压力降低，液体反而凝析，这样的现象称为反凝析现象[17]。

为了了解不同天然气组成的相态特征，采用 Aspen HYSYS 软件对典型气质进行了模拟。典型天然气组成及临界参数见表 1-14，未回收凝液的原料气相态图、回收丙烷的外输气相态图、回收乙烷的外输气相态图，分别如图 1-2 至图 1-4 所示。

表 1-14　典型天然气组成及临界参数

参数 \ 气质		原料气	回收丙烷及丙烷以上组分的外输气	回收乙烷及乙烷以上组分的外输气
临界温度，℃		−66.624	−67.369	−81.575
临界压力，kPa		5959	5640	4759
临界冷凝温度，℃		54.99	−64.26	−81.53
临界冷凝压力，kPa		12830	5689	4759
组成 %（摩尔分数）	N_2	1.021	1.052	1.137
	CO_2	0.350	0.361	0.131
	C_1	88.288	90.998	98.161
	C_2	7.407	7.573	0.569
	C_{3+}	2.933	0.015	0.002

三种典型气质相态图参数见表 1-15。三种典型气质（高尚堡联合站、英买气田、中坝气田）的相态图如图 1-5 所示。

表 1-15　三种典型气质相态图参数

参数 \ 气质	高尚堡联合站	英买气田	中坝气田
临界温度，℃	4.56	−64.15	−63.25
临界压力，kPa	2777	6590	6718
临界冷凝温度，℃	77.85	64.74	3.15
临界冷凝压力，kPa	12854	12576	9221

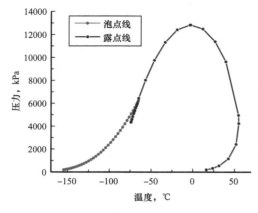

图 1-2　未回收凝液的原料气相态图

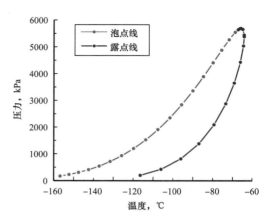

图 1-3　回收丙烷后的外输气相态图

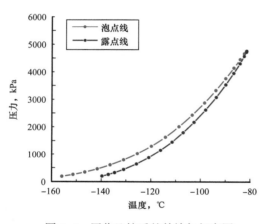

图 1-4　回收乙烷后的外输气相态图

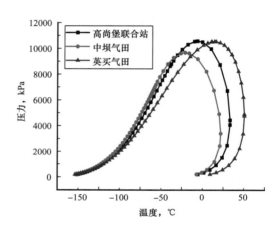

图 1-5　三种典型气质相态图

从图 1-2 至图 1-4 的模拟结果可知，天然气中重烃组分的含量严重影响着气质的相包图及其反凝析区域。天然气越贫，相包络区越窄，临界点在相包络区的左侧；当天然气中含有较多的丙烷、丁烷、戊烷或凝析气时，临界点将向相包络线的顶部移动，最大凝析温度也会向左方移动。

2. 烃露点测定方法

天然气的烃露点是管输天然气的重要指标之一。烃露点检测相关标准有 GB/T 27895—2011《天然气烃露点的测定　冷却镜面目测法》（适用于经处理的单相管输天然气）、GB/T 30492—2014《天然气烃露点计算的气相色谱分析要求》。一些国际组织和国家对天然气烃露点的要求见表 1-16[18]。

国内外烃露点分析方法主要有直接测量法和计算法。

直接测量法主要有冷却镜面目测法、称重法、激光干扰测量等方法。冷却镜面目测法是指使样品天然气在规定的压力下流经一个能人为降低并可以准确测量其温度的金属镜面，当温度降低至镜面上有烃凝析物产生时，此时的镜面温度即为该压力下的气体烃露点，特点是不能获得临界凝析温度，只能周期性检测点样，结果依赖操作者。冷却镜面法属于物理测量法，根据观测方式的不同，该法又分为目测法和光学自动检测法[19]。

计算法则是根据气体组成应用状态方程计算烃露点，用气相色谱分析天然气的组成，通过专用软件计算获得天然气的烃露点，计算法的准确性取决于气质分析的结果和状态方程的选用。

表 1–16　一些国际组织和国家对烃露点的要求

组织或国家	对烃露点的要求
ISO	在交接温度压力下，不存在液相的水和烃（见 ISO 13686：1998）
EASEE–Gas*	在 0.1～7MPa 下，烃露点 –2℃（2006 年 10 月 1 日实施）
奥地利	在 4MPa，–5℃
比利时	高达 6.9MPa，–3℃
加拿大	在 5.4MPa，–10℃
意大利	在 6MPa，–10℃
德国	地温，操作压力
荷兰	压力高达 7MPa，–3℃
英国	夏：6.9MPa，10℃；冬：6.9MPa，–10℃
俄罗斯	温带地区：0℃；寒带地区：夏 –5℃，冬 –10℃

*EASEE–Gas 为欧洲能量交换合理协会气体分会（European Association for the Streamlining of Energy Exchange–Gas）。

三、天然气质量指标

国际标准化组织（International Organization for Standardization，简称 ISO）于 2013 年通过了 ISO 13686：2013（E）*Natural gas—Quality designation* 这一国际标准，该标准建立了天然气气质指标参数的一般说明，指出了相应气质的检测方法，但对这些参数的值或限值没有做出具体定量的规定[20]。

各国各地区所产天然气的组成相差甚大，且天然气的用途不同对气质的要求也不同，因此，各国应根据本国的实际情况制定自己的天然气标准。

国外商品天然气质量指标见表 1–17。欧洲能量交换合理能量协会气体分会（EASEE-Gas）所制定的欧洲 H 类天然气统一跨国输送气质指标见表 1–18。

我国制定的 GB 17820—2018《天然气》质量指标见表 1–19。与 GB 17820—2012 相比，GB 17820—2018《天然气》删除了水露点的技术指标，在"输送和使用"中增加了"在天然气交接点的压力和温度条件下，天然气中应不存在液态水和液态烃"的表述[21]。

表 1-17 国外商品天然气质量指标

国家	H_2S, mg/m^3	总硫, mg/m^3	CO_2, %（体积分数）	水露点	高位发热量, kJ/m^3
英国	5	50	2	夏：6.9MPa, 4.4℃； 冬：6.9MPa, −9.4℃	38.84～42.85
荷兰	5	120	1.5～2	7MPa, 8℃	35.17
法国	7	150	—	操作压力下，−5℃	37.67～46.04
德国	5	120	—	操作压力下，地面温度	30.2～47.2
意大利	2	100	4.5	6MPa, −10℃	—
比利时	5	150	2	6.9MPa, −8℃	40.19～44.38
奥地利	6	100	1.5	4MPa, −7℃	—
加拿大	6	23	2	64 mg/m^3	36.5
	23	115		操作压力下，−10℃	36
美国	5.7	22.9	3	110 mg/m^3	43.6～44.3
俄罗斯	7	16.0	—	夏：−3℃,（−10℃）； 冬：−5℃,（−20℃）*	32.5～36.1

* 括弧外为温带地区，括弧内为寒带地区。

表 1-18 欧洲 H 类天然气统一跨国输送气质指标

项目	最小值	最大值	推荐实行日期
高位发热量, MJ/m^3	48.96	56.92	2010.10.1
相对密度	0.555	0.700	2010.10.1
总硫, mg/m^3	—	30	2006.10.1
硫化氢和羟基硫, mg/m^3	—	5	2006.10.1
硫醇, mg/m^3	—	6	2006.10.1
O_2, %（摩尔分数）	—	0.01[a]	2010.10.1
CO_2, %（摩尔分数）	—	2.5	2010.10.1
水露点（7MPa），℃	—	−8	—[b]
水露点（0.1～7MPa），℃	—	−2	2006.10.1

　　a—EASEE-Gas 通过对天然气中氧含量的调查，将确定氧含量限度的最大值≤0.01%（摩尔分数）；

　　b—针对某些交接点可以不严格遵守公共商务准则（CBP）的规定，相关生产、销售、运输方可另行规定水露点，各方也应共同研究如何适应 CBP 规定的气质指标问题，以满足长期需要。对于其他交接点，从 2006 年 10 月 1 日开始执行。

表 1-19　GB 17820—2018《天然气》质量指标

项目		一类	二类
高位发热量[a, b]，MJ/m³	≥	34.0	31.4
总硫（以硫计）[a]，mg/m³	≤	20	100
硫化氢[a]，mg/m³	≤	6	20
二氧化碳，%（摩尔分数）	≤	3.0	4.0

a—本标准中使用的标准参比条件是 101.325kPa，20℃；

b—高位发热量以干基计。

第二节　凝液产品的性质及质量指标

天然气凝液是指从天然气中回收的且未经稳定处理的液态烃类混合物的总称。一般包括乙烷、液化石油气和稳定轻烃成分。

液化石油气是油气田、炼油厂内，由天然气或者原油通过处理加工得到的一种无色挥发性液体，在常温常压下为气态，经压缩或冷却后为液态，其主要成分是丙烷、丁烷的混合物。

稳定轻烃是从天然气凝析液中提取的，以戊烷和更重的烃类为主要成分的液态石油产品。其终沸点不高于 190℃，在规定的蒸气压下，允许含少量丁烷。

乙烷、液化石油气、稳定轻烃等凝液产品作为重要的化工原料及民用燃料，了解其性质及质量指标具有重要的意义。

一、乙烷的性质及质量指标

1. 乙烷的性质

1）乙烷的物理性质

乙烷是无色无臭气体，相对分子质量为 30.07，临界温度为 32.2℃，临界压力为 4.87MPa，通常在天然气中的含量约为 3%～10%，仅次于甲烷。不溶于水，微溶于乙醇、丙酮，溶于苯，与四氯化碳互溶。

乙烷的相态变化如图 1-6 所示。当压力一定时，乙烷的泡点、露点温度相差不大，气液相间极易转化，故不易运输。因此，在整个管输过程中，需要严格控制乙烷的输送压力和温度。

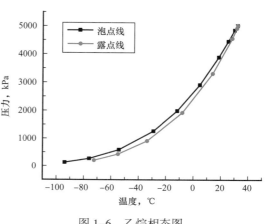

图 1-6　乙烷相态图

2）乙烷的化学性质

乙烷是链烷烃的一种，能发生很多烷烃的典型反应，包括氧化反应、卤化反应、硝化反应、硫化反应等。

乙烷能燃烧，在氧气充足的条件下，发生剧烈的氧化反应，完全燃烧生成二氧化碳和水，同时释放出大量热，见式（1-14）。

$$2C_2H_6+7O_2 \longrightarrow 4CO_2\uparrow+6H_2O \qquad (1-14)$$

乙烷可与卤化物发生卤化反应，在紫外光或热（250～400℃）作用下，与氯气反应生成氯代烷，反应过程见式（1-15）。

$$C_2H_6+Cl_2 \longrightarrow C_2H_5Cl+HCl \qquad (1-15)$$

在400～450℃，乙烷还可与硝酸（HNO_3）或四氧化二氮（N_2O_4）发生硝化反应，生成硝基化合物（RNO_2）。乙烷与硝酸的化学反应见式（1-16）。

$$C_2H_6+HNO_3 \longrightarrow C_2H_5NO_2+H_2O \qquad (1-16)$$

在高温条件下，乙烷可与硫酸发生磺化反应，生成烷基磺酸，反应过程见式（1-17）。

$$C_2H_6+H_2SO_4 \longrightarrow C_2H_6SO_3+H_2O \qquad (1-17)$$

2. 乙烷质量指标

目前，国内外均没有统一的乙烷产品工业指标。美国气体加工协会（Gas Processors Association，简称GPA）根据乙烷组分的含量将产品乙烷分为三个等级，即乙烷原料、乙丙烷混合物、高纯度乙烷，并对三类产品的质量指标提出严格要求，见表1-20。

表1-20　GPA乙烷产品质量指标

项目		乙烷原料			乙丙烷混合物			高纯度乙烷		
		低	高	一般	低	高	一般	低	高	一般
甲烷及更轻组分 %（质量分数）		≤1.0	≤5.0	≤1.0	≤0.6	≤1.0	≤0.6	≤1.5	≤2.5	≤2.5
乙烷，%（质量分数）					≥20	≥80	≥50	≥90.0	≥96.0	≥90.0
丙烷，%（质量分数）			余量		≥20	≥80	≥50	≥6.0	≥15.0	≥6.0
丁烷及更重组分 %（质量分数）					0.2	4.5	≤4.5	≤0.5	≤3.0	≤2.0
杂质最大含量 mg/kg	H_2S^*	NO.1 铜片	≤50	NO.1 铜片	NO.1 铜片	NO.1 铜片	NO.1 铜片	≤6	≤10	≤10
	CO_2	≤100	≤3500	≤500	≤500	≤3000	≤500	≤4	≤5000	≤10
	S	≤5	≤200	≤200	≤5	≤143	≤100	≤5	≤70	≤50

续表

项目		乙烷原料			乙丙烷混合物			高纯度乙烷		
		低	高	一般	低	高	一般	低	高	一般
杂质最大含量 mg/kg	O₂	≤300	—	—	≤500	≤1000	≤1000	≤5	≤5	≤5
	H₂O	75mg/kg	无游离水	无游离水	≤10	无游离水	≤50	≤13	无游离水	≤76

* NO.1 级铜片通常指 H₂S 浓度低于 1～2mg/kg。

中原油田乙烷回收装置规定乙烷产品需满足：甲烷摩尔含量不高于 2%，丙烷及其以上组分的摩尔含量不高于 2.5%。国内相关的乙烯生产装置对原料乙烷也有一定要求，国内典型乙烷回收工程乙烷产品质量指标见表 1-21。

表 1-21　国内典型乙烷回收工程乙烷产品质量指标

项目	塔里木乙烷回收工程	长庆乙烷回收工程	试验方法
乙烷	≥95%（wt）	≥96%（wt）	ASTM D-2163
甲烷	≤1.0%（wt）	≤1.0%（wt）	ASTM D-2163
丙烷及以上组分	≤2.5%（wt）	≤5.5%（wt）	ASTM D-2163
二氧化碳	≤0.01%（mol）	≤0.01%（mol）	ASTM D-2504
水	≤10mg/kg	≤10mg/kg	
总硫	≤30mg/kg	—	ASTM D-4045
汞	≤0.01μg/Nm³	—	

中国石油天然气集团有限公司对乙烷产品的质量指标，提出了其企业标准 Q/SY 01027—2019《天然气回收乙烷技术指标》[22]，该标准适用于从天然气（包括 LNG）中回收、用于制乙烯原料的气体和液体乙烷产品，其乙烷产品的质量指标见表 1-22。

表 1-22　中国石油企业标准中乙烷产品质量指标

气体乙烷			
项目	技术指标		
	一等	二等	三等
乙烷，%（摩尔分数）	≥94	≥90	≥88
甲烷，%（摩尔分数）	≤2.0	≤2.5	≤3.0
丙烷及丙烷以上，%（摩尔分数）	≤4.0	≤5.0	≤6.0
二氧化碳含量，%（摩尔分数）	≤0.05	≤3.0	—

续表

气体乙烷			
项目	技术指标		
	一等	二等	三等
硫化氢含量，mg/m³	≤20		
总硫含量，mg/m³	≤200		
液体乙烷			
乙烷，%（摩尔分数）	≥94	≥90	≥88
甲烷，%（摩尔分数）	≤2.0		
丙烷及丙烷以上，%（摩尔分数）	≤4.0	≤5.0	≤6.0
二氧化碳含量，%（摩尔分数）	≤0.05	≤3.0	—
硫化氢含量，mg/kg	≤30		
总硫含量，mg/kg	≤300		

二、液化石油气的性质及质量指标

1. 液化石油气的性质

液化石油气是丙烷、丁烷的混合物，主要用作石油化工原料、民用燃料、有色金属冶炼、亚临界生物技术低温萃取的溶剂等。

液化石油气是一种易燃物质，在常温常压下是气体，气态密度为2.35kg/m³，比空气重约1.5倍。其在空气中含量达到一定浓度范围时，遇明火即发生爆炸（爆炸极限为1.7%～9.7%）。但液化石油气在一定的压力下或冷却到一定温度可冷凝为液体。

从生产来源划分，液化石油气可分为油气田液化石油气和炼油厂液化石油气。这两种液化石油气的组成基本相似，但油气田液化石油气以饱和的链烷烃即丙烷和丁烷为主，不含烯烃；而炼油厂加工得到的液化石油气主要是从催化裂化装置裂解气中回收得到的，除含有丙烷、丁烷外还含有丙烯和丁烯。

2. 液化石油气质量指标

液化石油气的质量指标主要包括蒸气压、95%挥发温度、戊烷及戊烷以上组分和硫分等。液化石油气中的硫含量和铜片腐蚀试验是液化石油气的重要质量指标，目的是控制液化石油气的硫化物在贮存、运输、使用等方面对设备及管道产生的腐蚀。

GPSA工程数据手册规定了液化石油气的质量指标，具体质量指标见表1-23。我国国家标准GB 11174.1—2011《液化石油气》对液化石油气作出了具体的质量指标要求，其质量指标见表1-24。

表 1-23 GPA—2016 液化石油气质量指标

产品特性		产品指标				试验方法
		商品丙烷	商品丁烷	商品丙—丁烷混合物	丙烷 HD-5	
主要成分		丙烷和/或丙烯	丁烷和/或丁烯	丁烷和/或丁烯同丙烷和/或丙烯的混合物	大于90%的液体丙烷；小于5%的液体丙烯	ASTM D-2163-91
蒸气压（37.8℃），kPa		≤1434	≤483	≤1434	≤1434	ASTM D-1267-95
易挥发物	蒸发95%时的温度，℃	≤-38.3	≤2.2	≤2.2	≤-38.3	ASTM D-1837-94
	丁烷及以上组分液体体积分数	≤2.5	—	—	≤2.5	ASTM D-2163-91
	戊烷及以上组分液体体积分数	—	≤2.0	≤2.0	—	
残留物	100cm³ 样品蒸发后残留物，cm³	0.05	—	—	0.05	ASTM D-2158-92
	油渍观察	合格 a	—	—	合格 a	
铜片腐蚀，不大于		NO.1 c	NO.1	NO.1	NO.1	ASTM D-1838-91 b
总硫，mg/kg		185	140	140	123	ASTM D-2784-92
水含量		合格	—	—	合格	GPA 丙烷干燥测试或 D-2713-91
游离水		—	无	无	无	—

a—按 ASTM D-2158 方法所述，每次将 0.3cm³ 的溶剂残留物混合物以 0.1cm³ 的增量添加到滤纸中，2 分钟后在日光下观察，无持久不退的油环为合格产品；

b—如果这个样品中含有缓蚀剂或其他能减少样品腐蚀的化学物质时，这种方法可能不能准确地定义液化石油气的腐蚀。因此应该防止添加这些化合物，避免对测试产生影响；

c—ASTM 铜片腐蚀标准中 NO.1 指轻度变色（亮到深橙色），表明产品在销售设施中对于铜或铜制品不具有腐蚀性。

我国的液化石油气质量指标跟美国很接近，尤其对总硫含量的要求非常接近。但在组分含量要求方面，美国 GPA 的标准更为详尽。随着环保要求的不断提高，我国的标准还会不断修订，总硫含量越来越小是必然趋势。

三、稳定轻烃的性质及质量指标

1. 稳定轻烃的性质

稳定轻烃是一种无色透明的易燃液体，其主要成分是戊烷及更重的烃类，终沸点不高于190℃，饱和蒸气压小于200kPa，微溶于水，溶于乙醇、乙醚、丙酮、苯、氯仿等多数有机溶剂。稳定轻烃是重要的化工原料及车用汽油的调和原料，可用作溶剂，制造人造冰、麻醉剂，合成戊醇、异戊烷等。

表1-24　GB 11174.1—2011 液化石油气质量指标

项目		质量指标			试验方法
		商品丙烷	商品丙、丁烷混合物	商品丁烷	
密度（15℃），kg/m³		报告			SH/T 0221[a]
蒸汽压（37.8℃），kPa		≤1430	≤1380	≤485	GB/T 12576
组分[b]	C₃烃类组分（体积分数），%	≥95	—	—	SH/T 0230
	C₄及C₄以上组分（体积分数），%	≤2.5	—	—	
	（C₃+C₄）烃类组分（体积分数），%	—	≥95	≥95	
	C₅及C₅以上组分（体积分数），%	—	≤3.0	≤2.0	
残留物	蒸发残留物，ml/100ml	≤0.05			SY/T 7509
	油渍观察	通过[c]			
铜片腐蚀（40℃，1h），级		≤1			SH/T 0232
总硫含量，mg/m³		≤343			SH/T 0222
硫化氢（满足下列要求之一）	乙酸铅法	无			SH/T 0125
	层析法，mg/m³	≤10			SH/T 0231
游离水		无			目测[d]

a—密度也可以用GB/T 12576方法计算，有争议时以SH/T 0221为仲裁方法；

b—液化石油气内不允许人为加入除臭剂以外的非烃类化合物；

c—SY/T 7509方法所述，每次以0.1mL的增量将0.3mL溶剂残留物混合液滴到滤纸上，2分钟后在日光下观察，无持久不退的油环为合格产品；

d—有争议时，采用SH/T 0221的仪器及实验条件目测是否存在游离水。

2. 稳定轻烃质量指标

稳定轻烃按蒸气压范围分为两种牌号，其代号分别为1号和2号。1号产品作为石油化工原料，2号产品可作石油化工原料或车用汽油调和原料。

美国的GPA制定了稳定轻烃的标准，其主要的质量指标见表1-25。国标GB 9053—2013《稳定轻烃》对稳定轻烃的产品质量指标提出了具体要求，其质量指标见表1-26。

对比国内外稳定轻烃的两种标准可看出，美国和我国标准除了检验项目有差别外，在各个指标的具体数值上基本接近。

表 1-25 GPA 稳定轻烃质量指标

项目	质量指标	试验方法
正丁烷含量，%	≤6	ASTM D-2163
雷德蒸汽压，kPa	69～234	ASTM D-323
在 60℃的蒸发百分比，%	25～85	ASTM D-216
在 135℃的蒸发百分比，%	≥90	ASTM D-216
终馏点，℃	≤190.6	ASTM D-216
腐蚀	不超过 1 类	ASTM D-130（修订版）
色度	不低于 +25（赛波特比色计法）	ASTM D-156
活性硫	负的，"不含硫"	GPA 1138

表 1-26 GB 9053—2013 稳定轻烃质量指标

项目		质量指标		试验方法
		1	2	
饱和蒸气压，kPa		74～200	夏 [a] ＜74，冬 [b] ＜88	GB 8017
馏程	10% 蒸发温度，℃	—	≥35	GB/T 6536
	90% 蒸发温度，℃	≤135	≤150	
	终馏点，℃	≤190	≤190	
	60℃蒸发率，%（摩尔分数）	实测	—	
硫含量 [c]，%		≤0.05	≤0.10	SH/T 0689
机械杂质及水分		无	无	目测 [d]
铜片腐蚀，级		≤1	≤1	GB/T 5096
赛波特颜色号		≥+25	—	GB/T 3555

a—夏季从 5 月 1 日至 10 月 31 日；

b—冬季从 11 月 1 日至 4 月 30 日；

c—硫含量允许采用 GB/T 17040 和 SH/T 0253 进行测定，但仲裁试验应采用 SH/T 0689；

d—将试样注入 100mL 的玻璃量筒中观察，应当透明，无悬浮与沉淀的机械杂质和水分。

第三节　天然气凝液回收方法及系统组成

一、天然气凝液回收方法

1. 凝液回收的基本方法

天然气凝液回收的基本方法可分为吸附法、冷油吸收法和冷凝分离法三种。

吸附法是利用具有多孔结构的固体材料吸附天然气中的重组分。其吸附材料吸附容量有限，凝液回收率不高，能耗高，目前应用较少。

冷油吸收法是基于天然气中各组分在吸收油中溶解度的差异而使轻烃、重烃组分得以分离的方法。通常利用天然气中的重组分作为吸收油与天然气在吸收塔中接触，将天然气中的凝液组分分离出来，通常该法对于回收乙烷回收率较低，能耗高。

低温分离法是在一定压力下，将天然气降温，其凝液从天然气中分离出来，再进一步分馏成合格的凝液产品的方法。低温分离法具有工艺流程简单、运行成本低、凝液回收率高等优点。冷凝分离法已成为天然气凝液回收的主流方法，应用普遍[23]。

2. 凝液回收的其他方法

目前凝液回收的其他方法主要有热声制冷、涡流管制冷、膜分离、变压吸附等。

热声制冷是基于热声效应，即在一定的条件下可以将输入的热能转化为声能，产生热致声效应或声制冷效应，构成热声制冷机。热声发动机驱动脉管制冷机系统的优点在于结构简单、无运动部件、投资少。Chart 公司成功研制了基于热声制冷的小型 LNG 实验装置，工业化试验正在进行中[24]。

涡流管制冷是借助涡流管的作用使高速气流产生漩涡分离出冷、热两股气流，利用冷气流而获得冷量，其实质是利用降压获得冷量。某气田处理厂在其侧线进行了涡流管的凝液回收试验，试验装置处理规模为 100m³/h，丁烷及丁烷以上组分的回收率高于 85%，将其实验数据和 J-T 阀及膨胀机制冷对比，表明涡流管的制冷效率高于节流阀，但远不及膨胀机。涡流管虽制冷效率低于膨胀机，但其回收轻烃流程简单、维护方便，在有可用压差且对轻烃回收率要求不高的场合较 J-T 阀具有优势[25]。

膜分离是利用压力驱动，将天然气中各组分在高分子膜表面上吸附能力的差异以及渗透速率差来进行分离。气体膜技术可用于烃露点控制装置的丙烷回收，天然气通过膜系统后被分为高含凝液组分的渗余气和低含凝液组分的渗透气，渗余气再返回作为冷凝的原料，以此达到较高的凝液回收率和能源效率。

胜利油田桩西采油厂轻烃站采用膜分离进行了天然气凝液回收试验，在原有的烃水露点控制装置基础上，加设膜分离系统，回收外输气中的丙烷，装置处理规模为 $6 \times 10^4 \text{m}^3/\text{d}$，丙烷及丙烷以上组分的回收率由 41% 提高至 80% 以上[26, 27]。

变压吸附（PSA）技术主要用于气体分离、回收或精制（丙烷组分的回收，甲烷气体产品纯度可达 95%～99.9%）。西南化工研究院利用 PSA 技术分离天然气中丙烷及丙烷以上组分，处理量为 $3.48 \times 10^4 \mathrm{m}^3/\mathrm{d}$，经处理后天然气中丙烷及丙烷以上组分含量小于 0.1%[28]，其投资和操作费用仅为深冷法的 26%[28]。

以上几种工艺方法处于试验及开发阶段，未得到大规模应用，尚需进一步试验研究和开发。

二、冷凝分离法系统组成

根据天然气的气质条件和产品种类及回收率的不同，天然气凝液回收装置所采取的制冷方式和制冷深度也有所不同，但组成天然气凝液回收装置的工艺单元基本是一致的。采用低温冷凝分离的凝液回收装置主要由原料气预分离、天然气预处理、制冷、冷凝分离及凝液分馏产品储配等单元组成。低温冷凝分离的凝液回收装置系统组成如图 1-7 所示。

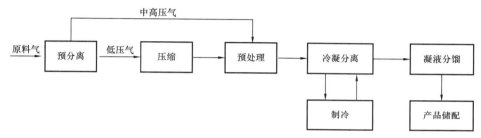

图 1-7　低温冷凝分离的凝液回收装置系统组成

1. 原料气预分离

原料气预分离作用是分离原料气中的固体杂质和液烃，根据原料气含水及液烃量需进行两相分离或三相分离，分离出的气相宜设置过滤分离器或聚结分离器，除去气相中的固体杂质和气相中夹带的液滴。

2. 原料气增压

天然气中各组分沸点不同，在一定压力下，冷凝率差异大。对低压原料气宜增压，提高天然气各组分的沸点，从而提高冷凝温度。

增压的压力高低应以满足适宜的冷凝分离压力和凝液分馏塔操作压力的要求为原则。

以附表 1 中气质组成代号 107 的原料气为例，模拟了不同压力下，冷凝温度为 -60℃时，甲烷、乙烷、丙烷组分冷凝率随压力的变化规律，结果如图 1-8 所示。由此可知，在不同温度下，原料气中

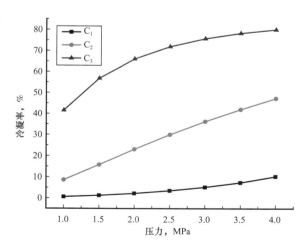

图 1-8　关键组分冷凝率随压力变化曲线

的甲烷、乙烷、丙烷三种组分随压力升高，冷凝率均增大。故对某一组分而言，压力越高越有利于冷凝分离。

凝液回收工艺方案与原料气压力高低密切相关，根据原料气压力的不同将压力分为低压、中高压、高压三类，其分类如下：

低于 4MPa 的原料气称为低压天然气；

压力介于 4～7MPa 的原料气称为中高压天然气；

压力高于 7MPa 的原料气称为高压天然气。

为便于对计算条件和结果进行说明，全书所提及的压力均指绝对压力，后续不再声明。

3. 原料气预处理

原料气预处理是指脱除天然气中的水、二氧化碳、硫化氢和汞等非烃类组分，其目的是保障工艺装置及管道的安全和满足凝液产品的质量指标。预处理工艺由原料气组成和处理要求决定。

1）酸性气体的脱除

天然气中酸性气体（CO_2、H_2S）杂质的存在会增加天然气对金属的腐蚀，影响产品质量，污染环境。原料气中二氧化碳的存在将在乙烷回收装置形成二氧化碳固体，堵塞设备与管线。对于含二氧化碳和硫化氢的原料气，在凝液回收装置中，大部分二氧化碳和硫化氢分布于脱乙烷塔塔顶气相，少部分有机硫分布于脱乙烷塔底部的凝液。详细的分布规律与原料气组成、硫化物的种类、脱乙烷塔压力有关。

对高含二氧化碳和硫化氢的原料气应在进入冷凝分离单元前脱除，高含酸性气体凝液回收装置系统组成见图 1-7，其预处理单元由脱汞、脱除酸性气体、脱水组成。对于低含二氧化碳和硫化氢的原料气应在凝液分馏单元后脱除，低含酸性气体凝液回收装置系统组成见图 1-9，脱汞、脱水工艺单元应放在冷凝分离单元前。

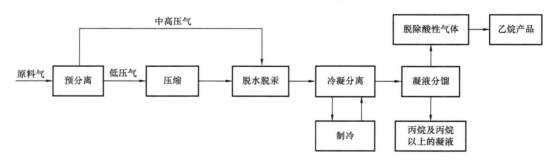

图 1-9　低含酸性气体凝液回收装置系统组成

酸性气体含量的高低没有明确界限，在凝液回收装置中，应依据原料气组成对工艺流程进行详细模拟，根据酸性气体在凝液产品中的分布规律和质量指标确定脱除酸性气体工艺单元的位置。

凝液回收中脱除酸性气体（二氧化碳和硫化氢）的方法以醇胺法为主。

2）水分的脱除

冷凝分离的温度低，如果气体中含有水分，则极易形成水合物而堵塞管道、发生腐蚀，故气体进入在凝液回收装置前需对水分进行脱除。对天然气凝液回收装置而言，脱水后气体的水露点应至少比最低制冷温度低 3～5℃。

天然气脱水的常用方法有溶剂吸收法和固体吸附法。溶剂吸收脱水多采用三甘醇作为脱水剂，三甘醇脱水适合于流程中最低温度高于 −20℃ 的凝液回收装置。固体吸附深度脱水主要采用分子筛作为吸附剂，分子筛脱水广泛应用于凝液回收装置，脱水深度可达水露点 −100℃ 以下。

3）汞的脱除

天然气中极少量的汞都会对凝液回收装置中的铝制板翅式换热器具有腐蚀作用。因此，凝液回收装置中必须要脱除汞。天然气脱汞主要采用化学吸附工艺。要求原料天然气进板翅式换热器前汞含量低于 $0.01\mu g/m^3$。

4. 冷凝分离与制冷

冷凝分离法是凝液回收的主流方法。合理的冷凝压力和温度是选择制冷工艺的重要依据。凝液回收工艺设计中，应根据原料气压力、组成、外输气压力、产品的凝液回收率，选择合理的制冷工艺，并通过详细的流程模拟及分析选用合理的工艺流程。

工业上常用的制冷方法有冷剂制冷、膨胀机制冷、冷剂制冷与膨胀机制冷相结合的联合制冷三种。丙烷回收装置的制冷工艺是以膨胀机制冷、丙烷制冷与膨胀机制冷相结合的联合制冷为主；乙烷回收装置的制冷工艺是以丙烷制冷与膨胀机制冷相结合的联合制冷为主。

5. 凝液分馏

凝液分馏是根据凝液组分相对挥发度的差异按产品种类和质量要求对天然气凝液进行分离的过程。凝液分馏流程由产品方案来确定，分馏时合理组织分离流程，对于节约建设投资、降低系统能量至关重要。

凝液回收分馏的流程顺序是脱甲烷塔、脱乙烷塔、脱丙烷塔等。分馏塔的设置应充分利用低温凝液的冷量、减少分馏塔的冷热负荷。

第四节　天然气及凝液产品的需求与用途

随着天然气资源的不断开发，其消费结构也逐渐向多元结构转变。我国天然气的利用方向主要有城市燃气、工业燃料、发电、化工等。天然气凝液是石油化工的重要原料和民用燃料，可用于生产乙烯、丙烯、溶剂油等重要化工产品。

一、天然气发展现状及需求

全世界天然气探明储量小幅增长，其储量分布呈现世界范围内区域性分布不均的特点[29]，中东地区拥有世界上最大的天然气探明储量（791000×10⁸m³），占全球储量的40.9%，其次是原独联体国家（592000×10⁸m³），占全球储量的30.6%[30]。1997年、2007年和2017年世界天然气探明储量分布如图1-10所示。

在需求较快增长的拉动下，世界天然气产量增速明显加快，2007—2017年，全球天然气产量从29413×10⁸m³增加至36804×10⁸m³。同样的，世界天然气消费增速也逐年稳步提高。2007—2017年，全球天然气消费量从29580×10⁸m³/a[31]增长到36700×10⁸m³/a[32]。2007—2040年世界年度天然气产量、消费量及预测折线图如图1-11所示。

从图1-11可以看出，全球天然气贸易活跃，天然气行业获得强势增长。在渐进型转型的情境下，天然气作为一次清洁能源的供需年均增长率为1.7%，到2040年翻倍增长53700×10⁸m³（产量）/53690×10⁸m³（消耗），是目前至2040年间唯一和可再生能源一样份额增长的能源[33]。

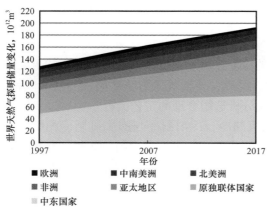
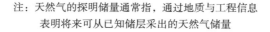

图1-10　1997年、2007年和2017年世界天然气
探明储量分布

注：天然气的探明储量通常指，通过地质与工程信息
表明将来可从已知储层采出的天然气储量

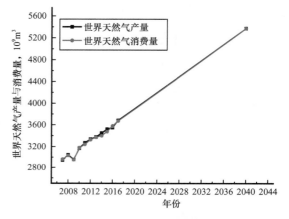

图1-11　2007—2040年世界年度天然气产量、
消费量及预测折线图（渐进转型情景）

近年来，在国际形势的驱动下，中国的能源结构持续演变，天然气市场的发展仍呈现供需增长相对独立的趋势。中国在政策上大力推进天然气的利用及消费，明确指出在2020年将天然气在一次能源消费结构中的比例提升至10%，但因天然气上中游开发周期长、成本高、市场化改革难度大等因素，导致中国天然气的供应无法满足需求的增加。

中国历年天然气产量、消费量、对外依存度及预测见表1-27[29-31]。从表中数据可知，我国天然气的产量、消费量、对外依存度逐年上升。现今，"一带一路"沿线国家是中国天然气海外进口的主要来源，也是国家新战略指引下的重要战略布局。

我国是天然气化工大国，拥有40多年的天然气化工历史，形成了一定的生产规模。我国天然气利用包括城镇燃气、天然气发电、工业燃料、化工等多个领域。目前，天然气消费结构中，工业燃料、城市燃气、发电、化工分别占38.2%、32.5%、14.7%、14.6%。近年来，随着城市化水平和环境质量要求的提高，天然气被大量应用于城镇燃气和工业燃料领域，化工用气占比大幅度下降。截至2018年年初，我国化工用气量延续低迷态势，

约为 $262 \times 10^8 m^3$，占比由 2016 年的 12.2% 降为 11.0%[33]。

天然气在不同领域的主要用途见表 1-28。

表 1-27 中国历年天然气产量、消费量、对外依存度及预测

年份	2010	2011	2012	2013	2014	2015	2016	2017	2018	2020	2040
产量，$10^8 m^3$	965	1062	1115	1218	1312	1357	1379	1490	1610	2070	3670
消费量，$10^8 m^3$	1089	1352	1509	1719	1884	1947	2094	2404	2803	3500	6410
天然气对外依存度，%	11	21	29	31	31.5	31	35	39.1	45.3	—	—

表 1-28 天然气在不同领域的主要用途

领域	用途
城镇燃气	民用及商业燃气灶具、热水器、采暖及制冷
工业燃料	以天然气代替煤，用于工厂采暖，生产用锅炉以及热电厂燃气轮机锅炉
天然气发电	相对燃煤发电具有更高的清洁性及经济效益，天然气发电所占消费比例逐年升高
天然气化工	以天然气为原料的一次加工产品主要有合成氨、甲醇、氢气、乙炔、羰基合成化学品、甲烷氯化物、二硫化碳、炭黑、硝基甲烷、单细胞蛋白等十几个品种。经二次或三次加工后的重要化工产品则包括甲醛、醋酸、碳酸二甲酯等 50 个品种以上
交通运输	LNG 载货汽车、城市天然气公交车、城市 CNG 出租车、城际天然气客车，LNG 动力船舶

二、乙烷需求及用途

石油化工行业作为现代社会经济发展的重要支柱，其乙烯生产装置就是使用天然气凝液（NGL）作为裂解原料发展而来。

目前，乙烯的生产原料呈现多元化，主要有以石脑油为主的液态烃、以渣油为主的重质液态烃、不饱和烯烃、以乙烷为主的气态轻烃等。但拥有乙烯收率高、能耗低、流程短、成本低等优点的乙烷仍是首选的裂解优质原料[34]。在发达国家，乙烷制乙烯已是生产乙烯的主要工艺。

2018 年，世界新增乙烯产能 $831 \times 10^4 t$，总产能达 $1.77 \times 10^8 t/a$，与上年相比增长 5.3%，增速明显高于 2017 年。世界前 10 大乙烯生产国乙烯产能达到 $1.23 \times 10^8 t/a$，约占世界乙烯总产能的 69.3%。北美乙烯产能约为 $4577 \times 10^4 t/a$，在世界总产能中的占比从 2017 年的 24% 升至 26%；亚太地区乙烯产能约为 $6000 \times 10^4 t/a$，约占世界总产能的 34%；中东和西欧等其他地区的占比基本保持不变。美国和中国大陆地区的乙烯产能仍稳居世界前两位，韩国超过德国位居世界第六。2018 年全球乙烯产能分布见图 1-12[35]。

据相关部门估计，2019—2022 年，全球新增乙烯产能仍主要来自美国和中国，其中

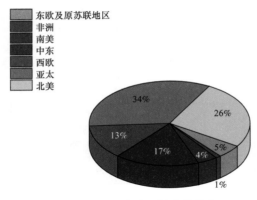

图 1-12　2018 全球乙烯产能分布

美国将是新增乙烯产能最多的国家。北美所有在建和等待最终投资决策的项目有望在 2023 年前建成。这些项目建成投产后预计可提高乙烯产能 2000×10^4t/a。

2018 年，全球乙烯需求增加约 600×10^4t/a，达 1.64×10^8t/a，连续 5 年保持增长态势，需求增长主要来自东北亚、南亚和中东等消费升级地区。欧洲乙烯市场出现需求下行信号，初步估计需求与上一年相比下降约 2%。全球其他地区新增乙烯产能有限，建设工期推迟，加之聚乙烯等衍生物新建装置已投产，乙烯市场供应

依然偏紧。全球乙烯需求年均增长约 3.8%，增速超过全球 GDP 年均增长率 2.6%。预计 2035 年全球乙烯需求将从目前约 1.6×10^8t/a 增至 2.5×10^8t/a 以上。近年来世界乙烯需求及预测如图 1-13 所示。

随着国内经济的迅速发展，我国乙烯产能持续攀升。2018 年全国乙烯产量为 1840.97×10^4t，同比增长 1%。2011—2018 年中国乙烯产量如图 1-14 所示。

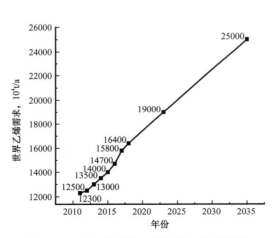

图 1-13　近年来世界乙烯需求变化及预测

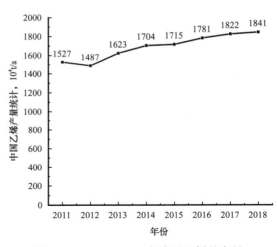

图 1-14　2011—2018 年中国乙烯的产量

目前国内乙烯当量自给率仅 52.5%，当量缺口高达 1965×10^4t。预计到 2025 年国内当量缺口仍将在 1600×10^4t 以上，乙烯市场发展空间依然巨大。乙烯产业链具有较高的盈利能力，乙烷裂解乙烯充满前景。2019 年，随着中国凝液综合利用项目的开发，部分装置的投入使用，会缓解国内乙烯的进口压力。乙烷制乙烯工艺路线，产物单一，企业需科学合理规划下游配套产业，并充分考虑周边产业的协同效应，以提升项目运营能力。中国拟在建乙烯工程见表 1-29[36]。

随着世界经济的快速发展，工业生产对乙烯的需求不断增大。因此，乙烷的市场也将具有广阔的前景，从天然气中回收乙烷对石化工业有着重要的意义。

表 1-29　中国拟在建乙烯工程

地区	公司	乙烯产能，10^4t/a	进展
泰兴	新浦烯烃	65	在建
宁波	华泰盛富聚合材料	60	开工
唐山	东华能源	2×100	前期工作
烟台	万华化学	100	前期工作
	南山集团	2×100	前期工作
连云港	卫星石化	2×125	前期工作
寿光	山东寿光鲁清石化	—	前期工作
东明	山东玉皇盛世化工	60	前期工作
天津	天津渤化	60	前期工作
钦州	广西投资集团	60	前期工作
锦州	聚能重工集团	2×100	前期工作
江苏	新浦化学	65	—
青岛	阳煤集团青岛恒源化工有限公司	150	—
塔里木	中国石油塔里木乙烷制乙烯项目	60	—

三、液化石油气的需求及用途

早年因全球石油行业的带动，液化石油气比天然气更早进入城市终端，并形成了中央集中供应（即瓶装供应）与区域性管道供应的产业模式，其安全性能、便利性也已完全被用户接受。

自 2000 年开始，天然气的消费导致民用液化石油气消费占比缓慢下降，但短期内民用液化石油气仍然是液化石油气消费的主体。

纵观我国能源需求现状与发展趋势，液化石油气与天然气将长期处于共存的状态，两种清洁能源优势互补，实现共同发展。液化石油气具有利用不受管道限制、造价低、见效快、供气灵活等优势，未来工业应用是液化石油气需求的主要增长点。随着城市化进程的加快，城市民用液化石油气用量将会下降，但是农村民用液化石油气仍有增长潜力，尤其是对于远离天然气管网的城市周边地区、中小城镇以及广大农村，液化石油气存在巨大的市场空间。

根据华经产业研究院的数据，截至 2019 年 2 月我国液化石油气产量为 643.3t，同比增长 7.1%[37]。据文献《中国能源展望 2030》预计，到 2020 年和 2030 年中国液化石油气需求量分别达到 3950×10^4t 和 4300×10^4t 左右，2010—2020 年和 2020—2030 年年均增速分别为5.4%和0.9%左右[38]。2012—2030年我国液化石油气产量、消费量及预测如图1-15所示。

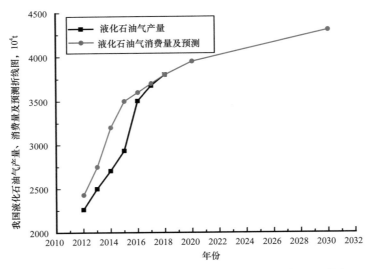

图 1-15　2012—2030年我国液化石油气产量、消费量及预测

液化石油气主要用作石油化工原料，用于烃类裂解制乙烯或蒸气转化制合成气。在化工生产方面，液化石油气是炼油厂在进行原油催化裂解与热裂解时所得到的副产品。液化石油气的主要用途见表1-30。

表 1-30　液化石油气的主要用途

行业	用途
石油化工行业	用于烃类裂解制乙烯或蒸气转化制合成气、C_4深加工等； 用作工业窑炉和加热炉的燃料，如烧瓷制瓷砖、烘焙轧制薄板等
有色金属冶炼	加热汽化后作冶炼炉燃烧原料，代替煤气燃烧工艺；还可用于切割金属
生物	作亚临界生物技术低温萃取"常温浸出、低温脱溶"的溶剂，可降低成本，减少"三废"的排放
交通	代替汽油作汽车燃料
餐饮	家庭炊事、商业烹饪

四、稳定轻烃的用途

稳定轻烃是制取溶剂油和油井清蜡剂的理想原料；也可于制取的发泡剂油抽提溶剂油和建材溶剂油等；同时还是管式炉裂解制取乙烯、丙烯，催化重整制取苯、甲苯和二甲苯的重要原料。稳定轻烃的用途见表1-31[39]。

目前，稳定轻烃已成功用于燃气领域。将其替代二次能源的柴油用作车用汽油的调和原料，不仅有更高的经济效益和环保效益，还具有更深远的能源战略意义。可以肯定地说，以稳定轻烃为原料的稳定轻烃燃气应用在我国有着巨大的市场空间和良好的发展前景。

表 1-31 稳定轻烃的用途

用途	说明
车用汽油的调和原料	稳定轻烃中正烷烃多，辛烷值低，与甲醇、芳烃混合后可提高辛烷值，用作车用汽油的调和原料
分割成各种溶剂油	一般根据稳定轻烃量的多少及市场需求作出不同分割方案。分割产品主要分为丁烷气、石油醚、抽提溶剂油、橡胶溶剂油、油漆溶剂油等
催化改制和生产芳香烃	稳定轻烃可作为裂解制乙烯的原料，但效益差。目前通过稳定轻烃芳构化制取苯、甲苯、二甲苯的工艺技术得到快速发展

参 考 文 献

［1］JORGE H FOGLIETTA. New Technology Aids in Efficient, High Recovery of Liquids from Rich Natural Gas Streams［J］. Randall Gas Technologies, 2004（1）: 24.

［2］TIRANDAZI B，MEHRPOOYA M，VATANI A，et al. Exergy Analysis of C_{2+} Recovery Plants Refrigeration Cycles［J］. Chemical Engineering Research & Design, 2011, 89（6）: 676-689.

［3］汤林, 汤晓勇, 刘永茜. 天然气集输工程手册［M］. 北京: 石油工业出版社, 2016.

［4］何伟, 汤达祯, 严启团. 天然气中汞的分布及其成因机制分析［J］. 资源与产业, 2011（6）: 110-116.

［5］国家质量监督检验检疫总局. 天然气词汇: GB/T 20604—2006［S］. 北京: 中国标准出版社, 2006.

［6］盂宪杰, 常宏岗, 颜廷昭. 天然气处理与加工手册［M］. 北京: 石油工业出版社, 2016.

［7］GETU M, MAHADZIR S, Long V D, et al. Techno-economic Analysis of Potential Natural Gas Liquid（NGL）Recovery Processes under Variations of Feed Compositions［J］. Chemical Engineering Research and Design, 2013, 91（7）: 1272-1283.

［8］JOHN J, WILLIAM A. Encyclopedia of Chemical Processing and Design: Volume 19-Energy, Costing Thermal Electric Power Plants to Ethanol［M］. Basel: CRC Publications.1982.

［9］GPSA, GPSA Engineering Data Book［M］. Tulsa: Gas Processors Suppliers Association, 2016.

［10］MANNING, F S, THOMPSON R E. Oilfield Processing of Petroleum: Natural Gas［M］. Tulsa: Pennwell Books, 1991.

［11］国家技术监督局. 石油液体和气体计量的标准参比条件: GB/T 17291—1998［S］. 北京: 中国标准出版社, 1998.

［12］中华人民共和国建设部, 中华人民共和国国家质量监督检验检疫总局. 城镇燃气设计规范: GB 50028—2006［S］. 北京: 中国建筑工业出版社, 2006.

［13］马国光. 天然气集输工程［M］. 北京: 石油工业出版社, 2014.

［14］中华人民共和国国家质量监督检验检疫总局, 中国国家标准化管理委员会. 天然气压缩因子的计算 第 1 部分: 导论和指南: GB/T 17747.1—2011［S］. 北京: 中国标准出版社, 2011.

［15］国家质量技术监督局.天然气发热量、密度、相对密度和沃泊指数的计算方法：GB/T 11062—2014［S］.北京：中国标准出版社，2014.

［16］郭景洲.反凝析现象在降低外输天然气烃露点中的应用［J］.油气田地面工程，2011，30（5）：49-50.

［17］陈赓良.对商品天然气烃露点指标的认识［J］.天然气工业，2009，29（4）：125-128.

［18］INTERNATIONAL ORGANIZATION FOR STANDARDIZATION. International Organization for Standardization Natural Gas-gas Chromatographic Requirements for Hydrocarbon Dewpoint Calculation：ISO 23874—2006［S］. UK：BSI，2006.

［19］中国国家标准化管理委员会.天然气烃露点的测定　冷却镜面目测法：GB/T 27895—2011［S］.北京：中国标准出版社，2011.

［20］INTERNATIONAL ORGANIZATION FOR STANDARDIZATION. Natural Gas-Quality Designation：ISO 13686：2013（E）［S］Switzerland：ISO，2013.

［21］中国国家标准化管理委员会.天然气：GB 17820—2018［S］.北京：中国标准出版社，2018.

［22］中国石油天然气集团有限公司.天然气回收乙烷技术指标：Q/SY 01027—2019［S］.北京：中国标准出版社，2019.

［23］《油气田地面建设标准化设计技术与管理》编委会.油气田地面建设标准化设计技术与管理［M］.北京：石油工业出版社，2016.

［24］李毅成.热声技术用于零散气轻烃回收工艺探讨［J］.油气田地面工程，2005（5）：24-24.

［25］计维安，郑鹤，温冬云.涡流管回收轻烃侧线试验研究［J］.石油与天然气化工，2008（S1）：154-158，168.

［26］韩玲，李莉.膜分离技术在轻烃生产中的应用［J］.山东工业技术，2015，（18）：5.

［27］韩伟.膜分离技术在轻烃生产中的应用［D］.青岛：中国石油大学（华东），2013.

［28］文军红.凝析气田天然气处理技术研究与应用［M］.郑州：黄河水利出版社，2011.

［29］王志刚，蒋庆哲，董秀成，等.中国油气产业发展分析与展望报告蓝皮书（2018—2019）［M］.北京：中国石化出版社，2019.

［30］BRITISH PETROLEUM. BP世界能源统计年鉴：2018版［R］. British Petroleum，2018-07-30.

［31］王俊奇.天然气资源合理利用方式研究［M］.北京：中国石化出版社，2015.

［32］国家能源局石油天然气司.中国天然气发展报告（2018）［R］.北京：石油工业出版社，2018.

［33］BRITISH PETROLEUM. BP世界能源展望：2019版［R］. British Petroleum，2019-4-9.

［34］李若平.国内外乙烯生产与发展趋势［J］.当代化工，2006，35（4）：217-222.

［35］华经情报网.2018年全球及中国乙烯产业产能及需求情况分析，未来三年美国将是新增乙烯产能最多的国家［EB/OL］.［2019-03-18］. http：//www.huaon.com/story/411410.

［36］聚丙烯人.中国第四个乙烷制乙烯项目浮出水面［EB/OL］.［2018-02-09］. http：//www.cpcia. org. cn/detail/ 864705.

［37］谭雅玲.2018年1—8月中国液化石油气产量统计分析［EB/OL］.［2018-11-04］. https：//www. huaon.com/story/379197.

［38］中国能源研究会.中国能源展望2030［M］.北京：经济管理出版社.2016.

［39］油气集输设计技术手册编写组.油田油气集输设计技术手册［M］.北京：石油工业出版社，1994.

第二章　天然气预处理

天然气中含有硫化氢、二氧化碳、水、汞等杂质。硫化氢会腐蚀金属设备表面，二氧化碳和水会在低温环境下形成固态堵塞管道、阀门等零件，汞会严重腐蚀铝制设备，尤其是铝制板翅式换热器。为保障凝液回收装置正常运行，必须通过天然气预处理工艺脱除天然气中的硫化氢、二氧化碳、水等杂质。本章重点介绍凝液回收装置的原料气预处理工艺，包括天然气脱硫脱碳、天然气脱水、天然气脱汞等工艺。

第一节　概　　述

一、天然气预处理工艺

1. 天然气脱硫脱碳工艺

天然气脱硫脱碳方法种类繁多，可根据不同的方法进行分类，依照脱硫剂的形态，可分为干法和湿法。湿法又分为化学吸收法、物理吸收法、物理—化学吸收法以及湿式氧化法。

针对凝液回收需深度脱除硫化氢和二氧化碳的情况，宜优先考虑醇胺法脱除天然气中的酸性组分，醇胺法主要是利用 MDEA 等醇胺溶剂及其配方溶液作为吸收溶剂，用于凝液回收装置原料气的脱硫脱碳处理及凝液回收产品的深度净化。

干法主要有分子筛法、改性氧化铁法、改性活性炭法等，主要脱除原料气处理规模小、低含硫气体的场所。也可处理凝液产品中硫化物超标的工况。

德国 BASF 公司研究出一种节能活化 MDEA 工艺，该工艺能耗低，主要用于脱除二氧化碳。此工艺中，活化剂（PZ）的加入可以加快 MDEA 吸收二氧化碳的速度[1, 2]。国外 Dow 公司开发了 Gas/Spec 工艺，美国联碳公司开发了 Ucarsol 工艺[3]。

中国石油西南油气田公司天然气研究院成功研出 CT8-5、CT-20 的 MDEA 配方溶剂及 CT8-9（MDEA+DEA）混合胺溶剂，目前应用油田气天然气脱硫脱碳，取得了良好的净化效果[4]。

天然气处理厂已采用 RK-38 型及 RK-33 型分子筛分层装填脱除天然气中硫醇，可将原料气中硫醇含量由 $150mg/m^3$ 最低脱至 $3.1mg/m^3$，脱除率达到 98.4%[5]。

国内炼油厂已有采用碱洗与纤维膜技术脱除液烃中甲硫醇、乙硫醇等有机硫组分，将原料气中总硫含量由 $2478mg/m^3$ 脱至 $25mg/m^3$，脱硫率高达 99.3%[6]。

若天然气中酸性组分含量较少，可采用 Lo-Cat 法、改性氧化铁脱硫法。改性活性炭脱硫法一般适用于硫化氢浓度不超过 $2.4mg/L$ 的低含硫原料气[7, 8]。

2. 天然气脱水工艺

对于凝液回收原料气脱水，常用方法有溶剂吸收脱水和固体吸附法脱水等。

溶剂吸收脱水主要用于浅冷的凝液回收装置，水露点一般不超过 –20℃。溶剂吸收脱水常用的吸收剂是三甘醇，三甘醇脱水工艺采用高效原料气过滤器、甘醇能量转换泵、板式换热器等高效设备，可降低三甘醇脱水工艺甘醇损失，降低脱水能耗。国外也采用高效填料、旋流管塔盘等提高三甘醇脱水装置处理能力及效率[9, 10]。

对于回收率要求高的凝液回收装置，多采用固体吸附法脱水。常用的固体吸附剂有分子筛、硅胶、氧化铝等，其中分子筛应用最广泛，可将天然气水露点降低至 –100℃以下。

根据天然气处理规模和脱水深度要求，其分子筛脱水流程有两塔、三塔和四塔流程[11-13]。

3. 天然气脱汞工艺

目前，天然气脱汞工艺主要有化学吸附、溶液吸收、低温分离、溶液吸收、离子树脂和膜分离等[14, 15]。化学吸附脱汞工艺在经济性、脱汞效果和环保等方面都优于其他脱汞工艺，在国内外天然气脱汞装置中得到广泛应用。

现阶段天然气脱汞装置中应用较多的脱汞剂是载硫活性炭、负载型金属硫化物和载银分子筛。将脱汞塔添加到天然气处理流程中实现含汞天然气脱汞，汞与脱汞剂表面的化学物质发生反应后附着在脱汞剂上，随着脱汞剂的卸载而脱除。经处理后的天然气，汞浓度均能降至 $0.01\mu g/m^3$ 以下。

负载型金属硫化物基于金属硫化物与汞反应生成硫化汞从而达到脱汞的目的。由法国 Axens、美国 Honeywell UOP、英国 Johnson Matthey Catalysts 等公司生产[16]的脱汞剂颗粒强度高，工业应用多，进口价格高，已在德国、日本、印度尼西亚、马来西亚、中国等多个国家的油气田进行应用，用于脱除天然气中的汞。国产化的负载型金属硫化物在某天然气处理厂上游脱汞装置得到了应用，可将天然气中汞含量脱除至 $1\mu g/m^3$ 左右[17]。国内已有多个厂家开发了负载型金属硫化物脱汞剂，并在多个处理厂得到了成功应用。

载银分子筛基于单质银与汞反应生成汞齐的原理达到脱汞目的，由 Honeywell UOP 等公司生产[18]。该类型脱汞剂再生后可重复使用，脱汞效率高，再生能耗高，一般用于汞含量低的天然气。2007 年，美国 Meeker Ⅰ 和 Meeker Ⅱ 气田在凝液回收装置之前脱汞，在干燥容器中放置普通分子筛和 UOP 公司生产的载银分子筛用来脱除天然气中的水和汞，将天然气中汞浓度从 $0.8\mu g/m^3$ 降低至 $0.01\mu g/m^3$ 以下[19]。

二、天然气预处理指标

为满足凝液回收工艺要求，天然气预处理主要是脱除原料气中酸性气体（硫化氢、二氧化碳等）、水、汞等有害物质，保证工艺装置及管线的安全，满足凝液产品质量指标的需要。

对于含二氧化碳和硫化氢的原料气，在凝液回收装置中，大部分二氧化碳和硫化氢分布于脱乙烷塔塔顶气相，少部分有机硫分布于脱乙烷塔底部的凝液。具体的分布规律与原料气组成、硫化物的种类、脱乙烷塔压力有关。

对高含二氧化碳和硫化氢的原料气应在进入冷凝分离单元前脱除，再进入脱水单元、最后进入脱汞单元，若原料气汞含量较高，可将脱汞单元设置于酸性气体脱除单元前。对于低含二氧化碳和硫化氢的原料气应在凝液分馏单元后脱除，脱汞、脱水工艺单元应放在冷凝分离单元前。

在凝液回收装置中，脱除酸性气体工艺单元的位置应依据原料气组成对工艺流程进行详细模拟、研究酸性气体在工艺流程中的分布来确定。

脱水深度：要求天然气水露点低于流程中最低温度 $3\sim5℃$，以保证凝液回收装置不形成水合物。

脱汞深度：要求进板翅式换热器原料气中汞含量低于 $0.01\mu g/m^3$。

脱硫化氢深度：我国石油行业标准 SY/T 0077—2008《天然气凝液回收设计规范》要求原料气中硫化氢含量低于 $20mg/m^3$，但原料气中硫化氢含量为 $20mg/m^3$ 时，丙烷回收装置的外输气中硫化氢含量可能超过一类商品天然气的要求，因此需要根据模拟计算，分析硫化氢在产品中的分布情况以确定其脱除深度。

脱 CO_2 深度：若酸性气体脱除单元在凝液回收前，CO_2 脱除深度以凝液回收装置不发生冻堵为准，若酸性气体脱除单元在凝液回收脱乙烷塔后，CO_2 脱除深度以达到乙烷产品要求为准。

第二节　酸性气体的脱除

天然气中常含有硫化氢（H_2S）、二氧化碳（CO_2）、硫化羰（COS）、硫醇（RSH）等酸性组分。在进入凝液回收装置之前需要脱除这些酸性组分，在凝液回收工艺中，醇胺法应用较为普遍。

一、醇胺法

醇胺法为天然气脱硫脱碳常用的方法之一，多用于天然气中酸性组分分压低和要求脱除深度较高的场所。通过研究醇胺法工艺原理、流程及其模拟分析，对现有的醇胺法脱硫脱碳工艺进行较为全面的探讨，分析不同工艺的关键操作参数、工艺流程特点，为天然气脱硫脱碳方案设计及后续凝液回收提供指导依据。

1.醇胺溶液性质

一乙醇胺（MEA）、二乙醇胺（DEA）、二异丙醇胺（DIPA）、二甘醇胺（DGA）、甲基二乙醇胺（MDEA）均为烷基醇胺类化合物，分子结构中至少有一个羟基和一个氨基。羟基的存在使得醇胺具有水溶性，氨基则在水溶液中提供了一定的碱度，可促进对 H_2S 等酸性成分的吸收。根据连接在氮原子上的"活泼"氢原子数，醇胺可分为伯醇胺、仲醇胺和叔醇胺。

MEA 化学式为 $C_4H_7NO_2$，各类醇胺中 MEA 碱性最强，与酸性气体反应最为迅速，具有良好的吸收性能，可获得高的净化度。当气流中存在 COS 及 CS_2 时会产生不可逆降解，应避免使用 MEA 法。同时因其腐蚀性强、易降解，工程应用较少。

DGA 化学式为 $C_4H_{11}NO_2$，与 MEA 一样均属于伯醇胺，性质接近于 MEA 有高反应性的优点，适于寒冷地区使用。

DEA 与 DGA 有相似分子式，其碱性稍弱于 MEA，与 COS 及 CS_2 反应产物可再生，适用于含 COS 及 CS_2 的天然气。

DIPA 化学式为 $C_6H_{15}NO_2$，在常压下对 H_2S 有较好的选择吸附性，但在有压情况下选择性不显著，与 COS 及 CS_2 反应产物不可再生。

MDEA 化学式为 $C_5H_{13}NO_2$，常温常压下为无色黏稠状液体，有类似于氨的气味，能溶于水和苯。作为叔醇胺，其分子式中不存在活跃的 H 原子，故化学稳定性好，溶液不易降解变质；溶液的发泡倾向和腐蚀性也均低于 MEA 和 DEA，其选择脱硫能力强。MDEA 可使净化气中硫化氢达标，原料气高含碳的情况下，单独使用 MDEA 溶液难以使净化气中二氧化碳达标。常用吸收溶剂是将 MEA\DEA 与 MDEA 按一定配比组合形成混合胺或向 MDEA 中加入活化剂（PZ 等）形成活化醇胺溶液，提高脱碳效果。

醇胺法脱硫脱碳工艺的脱除深度很大程度取决于醇胺溶液的选择，主要醇胺的物化性质见表 2-1[20]。不同醇胺溶液与硫化氢、二氧化碳的反应平衡方程不尽相同，根据不同净化要求可采用不同吸收剂，各种醇胺溶液操作性能见表 2-2[21]。

表 2-1　醇胺的物化性质

项　目		MEA	DEA	DGA	MDEA
相对分子质量		61.09	105.14	105.1	119.17
相对密度		1.0179（20℃/20℃）	1.0919（30℃/20℃）	1.055（20℃/20℃）	1.0418（20℃/20℃）
沸点 ℃	101.325kPa	170.4	221	221	230.6
	6.67kPa	100	—	—	164.0
蒸气压，Pa（20℃）		<28	<1.33	<1.33	<1.33
临界压力，kPa		5985	3273	3772	—
凝固点，℃		10.5	28	9.5	-14.6
闪点（开杯），℃		93.3	137.8	127	126.7
水中溶解度（20℃）		完全互溶	96.40%	完全互溶	完全互溶
黏度，mPa·s		21.4（20℃）	380.0（30℃）	26（24℃）	101.0（20℃）
反应热，kJ/kg	H_2S	1905	1976.1	1976.1	1050
	CO_2	1920	1566.9	1566.9	1420

表 2-2　醇胺溶液操作性能

溶液性能	MEA	DEA	DGA	MDEA
酸气处理能力（38℃），m^3/L	2.3～3.2	2.85～6.4	3.5～5.40	2.2～6.4
酸气处理能力，mol/mol	0.33～0.40	0.20～0.80	0.25～0.38	0.20～0.80
富液酸气负荷，mol/mol	0.45～0.52	0.21～0.81	0.35～0.44	0.20～0.81
处理质量分数，%	15～25	30～40	50～60	40～50
重沸器热负荷，kJ/L	280～335	235～280	300～360	220～250
蒸汽加热再沸器管束平均热通过量，MJ/（h·m^2）	100～115	75～85	90～115	75～85
直接再沸器火管平均热通过量，MJ/（h·m^2）	70～90	NA	70～90	NA
重沸器操作温度，℃	107～127	110～127	121～132	110～132
工艺优点	可深度脱除 CO_2 及 H_2S	与 MEA 相比，溶液循环量较低，投资和操作费用降低	可深度脱除 CO_2 及 H_2S；凝固点温度较低	CO_2 存在下，吸收 H_2S 的选择性很强；化学稳定性好，溶剂不容易变质
工艺缺点	腐蚀强，与有机硫生成不可逆降解产物	与 MEA 和 DGA 相比，反应灵活度较低	能量消耗较高；烃类溶解度较高	因其选择性，不能完全脱除酸气；低压下，吸收效果差

注：NA—不适用或不可用。

2. 反应机理

醇胺溶液的碱性来自氮原子上未配对电子对质子的结合能力。因氮原子毗邻有烷基取代基团的存在，不同程度的削弱了对质子的结合能力，故导致了不同醇胺的碱性。醇胺溶液与酸性气体中 CO_2 及 H_2S 的反应机理见表 2-3。

表 2-3　醇胺溶液与 H_2S 及 CO_2 的反应机理

分类	醇胺	与 H_2S 的主要反应	与 CO_2 的主要反应
伯醇胺	MEA，DGA	$2RNH_2+H_2S \longleftrightarrow （RNH_3）_2S$ $（RNH_3）_2+H_2S \longleftrightarrow 2RNH_2HS$	$2RNH_2+H_2O+CO_2 \longleftrightarrow （RNH_3）_2CO_3$ $2RNH_2+CO_2 \longleftrightarrow RNHCOONH_3R$ $（RNH_3）_2CO_3+H_2O+CO_2 \longleftrightarrow 2（RNH_3）_2CO_3$
仲醇胺	DEA，DIPA	$2R_2NH+H_2S \longleftrightarrow 2RNH_3HS$ $（R_2NH）_2S+H_2S \longleftrightarrow 2R_2NHHS$	$2R_2NH+H_2O+CO_2 \longleftrightarrow （R_2NH_2）_2CO_3$ $（R_2NH_2）_2CO_3+H_2O+CO_2 \longleftrightarrow 2R_2NH_2HCO_3$ $2R_2NH+CO_2 \longleftrightarrow R_2NHCOONH_2R_2$
叔醇胺	MDEA，TEA	$2R_3N+H_2S \longleftrightarrow （R_3NH）_2S$ $（R_3NH）_2S+H_2S \longleftrightarrow 2R_3NHHS$	$2R_3N+CO_2+H_2O \longleftrightarrow （R_2NH）_2CO_3$ $3（RNH_3）_2CO_3+CO_2+H_2O \longleftrightarrow 2RNH_3HCO_3$

从表 2-3 可见，各类醇胺与 H_2S 的反应均相同并属于瞬时质子反应，反应速率均明显高于气相 H_2S 的扩散速率，吸收 H_2S 的过程属于气膜控制过程。但与 CO_2 的反应情况却大不相同，其中伯胺及仲胺与 CO_2 的反应沿着两种途径进行：一种反应吸收 CO_2 并生成氨基甲酸酯，此反应为快速反应并是主要的反应途径；另一种反应生成碳酸盐，为次要反应，具体反应步骤见式（2-1）至式（2-3）。

$$CO_2+RNH_2 \Longrightarrow RNHCOO^-+H^+ （快速反应）\qquad(2-1)$$

$$H^++RNH_2 \Longrightarrow RNH_3^+ （瞬时反应）\qquad(2-2)$$

$$CO_2+2RNH_2 \Longrightarrow RNHCOO^-+RNH_3^+ \qquad(2-3)$$

叔醇胺与 CO_2 的反应仅能产生碳酸盐。其中具有选择脱硫能力的是 DIPA 和 MDEA，由于 DIPA 在常压下具有选择吸收性，工程应用有限，逐渐被 MDEA 取代。现从机理上分析 MDEA 的选择吸收性。

MDEA 选择性脱硫从机理上分析主要原因有两点：

（1）MDEA 与硫化氢的反映属于瞬时反应。根据气液传质的双膜理论，此反应在近界面处液膜内可进行，并且反应速率大于 $10^9 L/（mol·s）$，在界面和液相中处处达到平衡；

（2）MDEA 与二氧化碳的反应属于接近物理吸收的慢反应。MDEA 是叔醇胺，分子中不含有活跃的 H 原子，主要通过反应式（2-4）来吸收 CO_2，而此反应的速率主要受反应式（2-5）慢速反应控制。

$$RNH_2+HCO_3^- \Longrightarrow RNH_3+CO_3^{2-} \qquad(2-4)$$

$$CO_2+H_2O \Longrightarrow HCO_3^-+H^+ （慢速反应）\qquad(2-5)$$

两者反应速率的巨大差别是 MDEA 选择性吸收硫化氢的动力基础，可再通过调节气液比和气液接触方式进一步提高对硫化氢的选择吸收性。

将两种或以上的溶剂组合形成配方型溶剂或复合溶剂，可以实现提高溶液选择性，深度脱除硫化氢或二氧化碳及脱除有机硫等目的。配方溶液通常拥有如下的一些特点：

（1）配方溶液具有特异性，根据不同需要，向 MDEA 溶液中加入不同的添加剂，而不同添加剂决定了溶液具有不同特点；

（2）MDEA 配方溶液系统与其他胺一样，也存在溶液降解的问题，在运行过程中吸收剂也有一定损失；

（3）MDEA 溶液本身腐蚀性较小，但吸收了酸气的富液仍然会对设备造成一定程度的腐蚀。

目前，根据天然气净化要求达到提高选择性、脱除效果或脱出有机硫的目的，基于 MDEA 的配方型溶液已成为天然气净化工艺的主要研究课题。国内外各公司均针对这一技术难题进行大量的实验研究，开发了基于配方型溶液的工艺主要有 Ucarsol 工艺、Flexsorb 工艺、Advamines 工艺及 CT8- 系列工艺等[22]。

3. 工艺流程

根据不同的吸收溶剂衍生出很多对应的工艺流程，现以醇胺法为主，研究不同的工艺流程。工艺流程主要包括贫液吸收硫化氢及二氧化碳、富液再生两部分，其中硫化氢及二氧化碳吸收可分为一段吸收和二段吸收，富液再生包括多级闪蒸再生、闪蒸＋汽提再生以及半贫液分流再生等方式，从而形成不同工艺流程。

醇胺溶液与硫化氢及二氧化碳的反应均为可逆反应，常温时向正方向进行，温度升高后反应向逆向进行。在天然气净化过程中，在吸收塔内醇胺溶液脱除硫化氢及二氧化碳宜在低温高压条件下，与酸性气体反应，生成胺盐并放出热量，将天然气中的酸性气体吸收净化，吸收了酸气的醇胺富液在再生塔中被加热，上述反应向逆反应方向进行，溶液中的胺盐分解放出酸气，再生后的胺液被泵送回吸收塔，循环吸收天然气中的酸性组分。

1）常规工艺

常规工艺由一段吸收和再生塔加热再生组合，该工艺为脱硫脱碳基本工艺。原料气经过滤分离器在吸收塔中与再生后的贫胺液逆流接触，在吸收塔内发生化学反应并脱除原料气中酸性组分。吸收酸性组分的富液从塔底流出经降压后进入闪蒸罐，闪蒸出富液中溶解的大部分烃类和部分酸性组分，闪蒸气可进入燃料气系统。经闪蒸罐底流出的富液与再生塔底贫胺液换热后进入再生塔上部，富液在再生塔中分解出吸收的酸性组分，再生后的贫液从塔底流出与富液换热后再次作为吸收剂循环使用。其工艺流程图如图 2-1 所示。

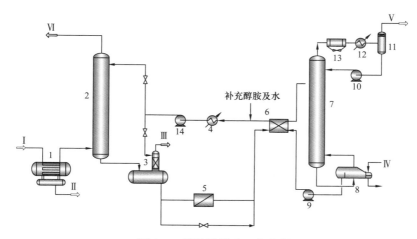

图 2-1　醇胺法脱硫工艺流程

1—原料气过滤分离器；2—吸收塔；3—闪蒸罐；4，12—水冷器；5—过滤系统；6—贫富液换热器；
7—再生塔；8—重沸器；9，10，14—泵；11—回流罐；13—空冷器；Ⅰ—原料气；Ⅱ—污液；
Ⅲ—闪蒸气；Ⅳ—蒸汽；Ⅴ—酸气；Ⅵ—净化气

常规工艺对不同二氧化碳含量天然气适应性强，均可达到净化要求，还可用于深度脱除二氧化碳场所，且该工艺技术成熟，工艺流程简单，操作稳定性好。但由于能耗较高，不适用二氧化碳含量较高的场所。

2）半贫液分流工艺

半贫液分流工艺由二段吸收和再生塔加热再生组合，是专门针对高含碳、高含硫天然气脱硫脱碳的节能工艺。与常规工艺不同的是从再生塔中部抽出一股半贫液与闪蒸罐来的富液换热后进入吸收塔的中部，在吸收塔下部先粗脱一部分酸性组分，可起到降低循环量作用。半贫液分流工艺流程如图2-2所示。

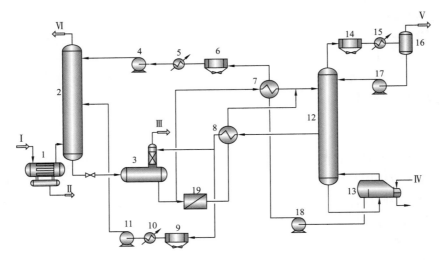

图 2-2　半贫液分流工艺示意图

1—原料气过滤分离器；2—吸收塔；3—闪蒸罐；4，11，17，18—泵；5，10，15—水冷器；
6，9，14—空冷器；7，8—贫富液换热器；12—再生塔；13—重沸器；16—回流罐；19—过滤系统；
I—原料气；II—污液；III—闪蒸气；IV—蒸汽；V—酸气；VI—净化气

此流程中，由再生塔中部抽出部分半贫液（已在塔内汽提出绝大部分酸性组分但尚未在重沸器中进一步汽提的溶液），经冷却后送至吸收塔中部入塔，而经过重沸器进一步汽提后的贫液则送至吸收塔塔顶进料完成溶液循环。由于该流程中再生塔处理的富液量减少，在一定的蒸汽流率下能将贫液中的酸性组分汽提得更加彻底，且可显著降低重沸器的蒸汽能耗。

半贫液工艺相较于常规工艺，原料气中酸性气体含量越高，半贫液分流工艺节能越明显，适用于高含碳（>30%）天然气脱碳场所。但半贫液抽出位置及进料位置及半贫液流量要随原料气气质变化波动，调节繁琐。吸收塔和再生塔均为变径塔，制造成本高。

3）一段吸收汽提再生工艺

一段吸收汽提再生工艺由一段吸收和汽提塔及再生塔加热再生组合而成，适用处理中含碳天然气。与常规工艺不同的是经过闪蒸罐后的富液去汽提塔上部，由再生塔顶部气相作为汽提塔的汽提气，通过汽提作用分离出富液中吸收的酸性组分，汽提塔顶部气相经冷凝后，冷凝回流至汽提塔顶部，酸气则去后续处理装置。一段吸收汽提再生工艺也是目前天然气净化行业中应用广泛的流程。

汽提塔底出来富液经贫富液换热器换热升温后，自顶部进入再生塔，并与自下而上的热蒸汽逆流接触，热蒸汽加热胺液并分离出胺液中的二氧化碳。再生塔下部出来的胺液进入重沸器进一步解吸出溶解的二氧化碳，贫液完成再生操作。出重沸器的热贫液经贫富液换热器回收热量，过滤系统以及贫液冷却器冷却至适当温度后，以溶液循环泵加压送至吸收塔，从而完成醇胺溶液的循环，其工艺流程如图 2-3 所示。

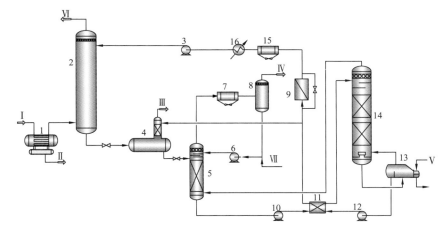

图 2-3 一段吸收汽提再生工艺

1—原料气过滤分离器；2—吸收塔；3，6，10，12—泵；4—闪蒸罐；5—汽提塔；7，15—空冷器；
8—回流罐；9—过滤系统；11—贫富液换热器；13—重沸器；14—再生塔；16—水冷器； Ⅰ—原料气；
Ⅱ—污液；Ⅲ—闪蒸气；Ⅳ—酸气；Ⅴ—蒸汽；Ⅵ—净化气；Ⅶ—补充水

通过表 2-4 可以看出，在净化程度差不多的基础上，半贫液分流流程综合能耗明显低于常规工艺及一段吸收汽提再生工艺。再生塔的参数调节十分重要，再生塔的再生效果直接影响深度净化的效果，还关系到整个装置的运行能耗。酸性天然气深度脱硫脱碳工艺选择时可选择半贫液分流流程作为首选工艺。

4）双溶剂串级吸收工艺

双溶剂吸收工艺利用两种不同吸收溶剂分别吸收硫化氢和二氧化碳，该吸收过程在同一个吸收塔内完成。对于硫化氢和二氧化碳含量都很高的"双高"天然气，若直接同时脱除硫化氢和二氧化碳则会使得获得的酸气中二氧化碳的含量过多，严重影响后续硫黄回收工艺的产品质量。此时，采用两种不同吸收溶剂串级吸收，按顺序脱除气体中的硫化氢和二氧化碳，既保证了天然气的酸性组分脱除程度，又提高了获得的酸气质量。此种流程中两种溶剂不相互混合，各自处于独立的吸收再生循环系统。

此工艺中吸收塔分为上下两个独立吸收段，下部为 MDEA 吸收段，原料气先从下部进入吸收塔，并与 MDEA 水溶液发生反应，选择性脱除几乎所有硫化氢和少部分二氧化碳，含二氧化碳气体进入吸收塔上部与 DEA 水溶液接触，脱除原料气中残余的大量二氧化碳完成天然气的净化，而 MDEA 和 DEA 富液则分别从各吸收段下部流出，进入各自的再生系统，即通过闪蒸脱除溶解的部分烃后进入再生塔再生成为贫液。其工艺流程如图 2-4 所示。

双溶剂串级吸收工艺具有分段吸收优点，适合于硫化氢和二氧化碳含量都很高的"双高"天然气，可以保障酸气质量，提高后续硫黄回收率。该工艺有两个再生塔，分别对不同吸收溶剂进行再生，系统能耗将增加。

天然气凝液回收技术

表2-4　不同流程对高含碳气质的适应性对比

工艺方法	常规工艺	一段吸收汽提再生工艺	半贫液分流工艺
胺液浓度，%（质量分数）	45		
活化剂PZ，%（质量分数）	3		
处理量，$10^4 m^3$/d	99		
原料气CO_2含量，%（摩尔分数）	8		
原料气H_2S含量，mg/m^3	0		
贫液循环量，m^3/h	110	110	75
再生塔再生温度，℃	112.9	112.4	115.4
净化气CO_2含量，mg/m^3	91.42	100.9	100.7
贫液酸气负荷，mol/mol	0.044	0.047	0.027
富液酸气负荷，mol/mol	0.334	0.336	0.379
贫液循环泵轴功率，kW	99	105.5	113.08
再生塔重沸器负荷，kW	5012	4725	4386
装置总能耗，MJ/d	4.454×10^5	4.206×10^5	3.939×10^5
装置综合能耗，MJ/$10^4 m^3$	4537	4284	4013
节能，%	—	5.5	11.5

注：原料气温度0.1℃，处理量为$99 \times 10^4 m^3$/d，压力2.429MPa；原料气组成如下：C_1-1.31%，C_2-89.46%，C_3-1.24%，CO_2-8%，H_2S-0%；吸收塔直径1.6m，再生塔直径1.6m（前者为浮阀塔，后者为填料塔）

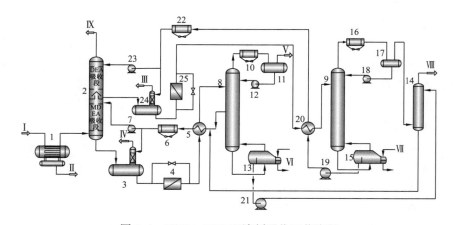

图2-4　MDEA+DEA双溶剂吸收工艺流程

1—原料气过滤分离器；2—分段吸收塔；3，24—闪蒸罐；4，25—过滤系统；5，20—贫富液换热器；6，10，16，22—空冷器；7，12，18，19，21，23—泵；8—MDEA再生塔；9—DEA再生塔；11，17—回流罐；13，15—重沸器；14—MDEA贫酸气吸收塔；Ⅰ—原料气；Ⅱ—污液；Ⅲ，Ⅳ—闪蒸气；Ⅴ—酸气；Ⅵ，Ⅶ—蒸汽；Ⅷ—二氧化碳；Ⅸ—净化气

- 46 -

4. 工艺改进

醇胺法常规工艺应用广泛，适应性强，但因原料气气质、压力、温度等波动，经常出现净化气不达标、能耗过高等问题。通过对工艺提出一些改进措施来增强工艺的适应性。

1）吸收塔设置多股进料

原料气的流量是变化的，其中硫化氢和二氧化碳含量也不会保持恒定，为保证吸收塔运行稳定工作，可在吸收塔设置贫液多股进料，根据原料气中硫化氢和二氧化碳含量的波动来调整进料位置（图2-5），即改变了吸收塔的塔板数，通过控制合理的塔板数来保证净化效果，同时尽可能地减少对二氧化碳的共吸。

2）增设预混合器

在原料气处理量及酸性气体组分含量波动大的情况下，可在吸收塔前原料气管线上设置预混合器，其实质是增加吸收段的理论塔板数，从而提高酸气气体的脱除效率。

增加预混合器不仅限于醇胺法装置，在氧化还原法等类型的装置中也经常使用。

工业上常用的预混合器有多种形式，在净化装置上目前主要有静态式和喷射式两种，静态混合器如图2-6所示。它们都存在一定压降，只有在原料气压力有保证的条件下才能使用；而采用旁路设置方式时，其前提是再生系统的处理量尚有增加空间。

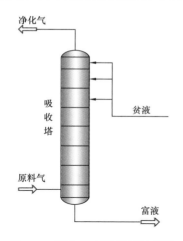

图2-5 吸收塔多股进料示意图

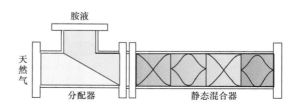

图2-6 静态混合器示意图

3）级间冷却

对高含二氧化碳、碳硫比较高的气体，若采用MDEA溶剂进行选择性脱除硫化氢，由于二氧化碳的吸收速率随温度的升高而增加，而低温有助于硫化氢的吸收，控制溶剂的温度有助于提高MDEA对硫化氢的选择性[23]。

普光气田天然气净化厂在国内首次应用了两级吸收—级间冷却的专利技术，如图2-7所示。在两个吸收塔之间设置级间冷却系统，对胺液进行降温可抑制对二氧化碳的共吸，提高醇胺溶液对硫化氢的选择性，同时减少胺液的循环量，降低装置能耗。

4）简化醇胺法装置工艺

为适应海上气田开发的需要，挪威Statoil石油公司与Framo净化技术公司合作，利用预混合器取代常规的吸收塔，开发了所谓的"简化醇胺法装置[24]"（CAP，compact alkanolamine plant），其工艺流程如图2-8所示。

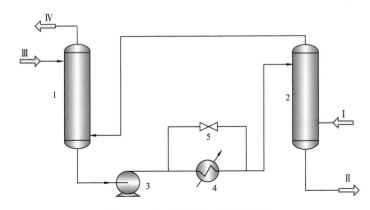

图2-7　级间冷却工艺流程简图

1—二级吸收塔；2——级吸收塔；3—中间胺液泵；4—级间冷却器；5—温度控制阀；

Ⅰ—原料气；Ⅱ—富胺液；Ⅲ—贫胺液；Ⅳ—净化气

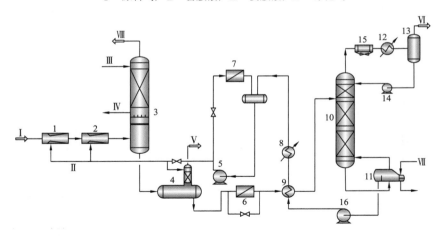

图2-8　简化醇胺法装置工艺流程示意图

1，2—PramoPure 接触器；3—脱水塔；4—闪蒸罐；5，14，16—胺液泵；6，7—过滤系统；8，12—水冷器；

9—贫富液换热器；10—再生塔；11—重沸器；13—回流罐；15—空冷器；Ⅰ—原料气；

Ⅱ—贫胺液；Ⅲ—三甘醇贫液；Ⅳ—三甘醇富液；Ⅴ—闪蒸气；Ⅵ—酸气；Ⅶ—蒸汽；Ⅷ—净化气

该流程适用于处理低含硫化氢天然气或碳硫比极高的天然气，原料气经过两个串联的 FramoPure 接触器，酸性组分被充分脱除，净化气进入下游的三甘醇脱水塔下部进行脱水处理。其中在 FramoPure 接触器中，由高速气流携带进入接触器的溶液被分散为极细微的液滴，使得气液接触界面面积极大，且气相的高度湍流又进一步改善了气液传质效果，降低了胺液对二氧化碳的共吸率。FramoPure 接触器结构示意图见图2-9。

5. 工艺参数控制

影响醇胺法脱除酸性气体效果影响因素较多，主要工艺参数有吸收压力及温度、吸收塔塔板数、气液比、MEDA 贫液溶液浓度。各主要工艺参数对 MEDA 溶液脱硫脱碳效果影响见表 2-5 [25, 26]。

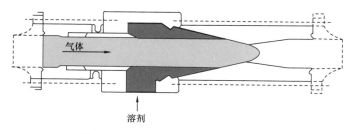

图 2-9　FramoPure 接触器结构示意图

表 2-5　主要工艺参数对 MDEA 脱硫脱碳效果影响

参数	影响
吸收塔操作条件	吸收压力低可提高 MDEA 溶液的脱硫选择性； 吸收温度低可提高 MDEA 溶液的脱碳效果，吸收温度主要受原料气温度及贫液温度的影响，原料气温度宜为 30～50℃，贫液入塔温度宜 45℃以下，且略高于原料气温度 5～6℃；贫胺液进塔不宜超过 50℃； 塔板数少可提高 MDEA 溶液的脱碳效果，而脱硫选择性降低，吸收塔实际塔板数多数为 20 块
MDEA 贫液浓度	提高 MDEA 贫液浓度可改善溶液的脱硫选择性，但浓度过高会降低传质效果，提高腐蚀性、塔底富液温度进而造成主体装置能耗的增加； 脱硫脱碳工艺 MDEA 的质量分数宜为 40%～50%
富液酸气负荷	醇胺法的酸气负荷控制在 0.5～0.65mol/mol； 脱碳装置允许的酸气负荷高于 0.65mol/mol
闪蒸压力及温度	闪蒸压力：满足富液进再生塔要求，闪蒸气进燃料系统要求； 闪蒸温度：30～60℃
再生条件	再生塔压力多数为 160～180kPa； 脱硫再生温度通常在 110～127℃，脱碳再生温度低于脱硫再生温度； 再生塔塔板数多数为 20 块

6. 工艺设备

醇胺法主要涉及的设备有原料气分离器、吸收塔、再生塔、重沸器、闪蒸罐、过滤器和泵等，其主要功能及技术要求见表 2-6。为保证设备平稳运行并降低能耗、简化流程，尽可能选用高效节能设备。

7. 存在问题及处理措施

根据实际净化厂的运行情况，总结醇胺法脱硫脱碳工艺中存在的问题并提出解决措施。主要问题包括醇胺溶液发泡、损失、设备腐蚀、塔板堵塞等，这些问题若不及时解决，将导致醇胺溶液损耗增加，净化效果变差，影响工艺设备运行。

表 2-6 醇胺法主要工艺设备

设备	设备类型	技术要求
原料气分离器	重力分离器、过滤分离器或聚结分离器,三者可组合使用	可除去气流中直径大于 5μm 的雾滴和颗粒
吸收塔和再生塔	浮阀塔及填料塔两种	在计算塔径时,常采用的板间距为 600mm,为检修方便有人孔处板间距为 800mm;当采用填料塔时,填料的设计空塔气速不宜大于泛点流速的 60%
闪蒸罐	宜采用卧式结构并有分油设施	当闪蒸气中含有 H_2S 时,常在闪蒸罐上常设一吸收段,以少量贫液脱除闪蒸气中酸性气体
贫富液换热器	管壳式换热器、板式换热器	换热器宜选用板式换热器,换热面积大,减少热损失
过滤器	袋式过滤器、机械过滤器、活性炭过滤器等	应设活性炭过滤器,其后设置机械过滤器防止碳粉进入系统;溶液的过滤量不宜小于溶液循环量 25%
贫液冷却器	空冷器、循环水冷器	空冷适合于大温差,水冷适合于小温差。贫液进料采用空冷与水冷相组合的降温方式
循环泵	离心泵	贫液进料采用离心泵。为充分利用系统压力能,富液进料采用液力透平回收富液能量

1)醇胺溶液发泡

发泡是醇胺法装置易发生的工艺故障,发泡导致溶液净化效率降低,再生贫液不合格,系统处理能力严重下降,以及净化气质量不达标,严重时低负荷下操作都会引起塔泛,直至停产。溶液发泡不仅影响装置正常运行,而且还会造成严重的经济损失[27]。

采用板式塔时,气相(以气泡形式)从塔板上的胺液中穿过,在正常情况下气泡穿过胺液后应迅速破裂;当塔内产生致密的气泡且相当稳定而不迅速破裂时,胺液就发泡了。固体颗粒、表面活性剂、重烃类物质、热稳定盐类物质容易导致溶液发泡。另外,操作波动过大以及消泡剂加入量过少也会引起发泡。为了保证装置的正常运行,必须采取措施来防止胺溶液发泡[28]。通常采取的措施见表 2-7。

表 2-7 溶剂发泡采取措施

采取措施	方法
净化原料气	进入吸收塔之前设置天然气重力分离器、过滤分离器或聚结式分离器,三种分离器可组合使用
加强溶液过滤	两个机械过滤器及一个活性炭过滤器串联,活性炭过滤器放在中间
提高富液闪蒸	通过闪蒸出吸收塔的富液中可能存在部分烃类,避免这部分烃类直接进入再生塔,可有效避免由重烃引起的发泡
改变气液传质方式	通过变换塔板的几何参数或几何结构,去除或削弱大量泡沫形成的条件,降低泡沫形成的数量,达到扩产、节能、增效的目的,例如使用喷射型的塔板——CJ-GXST 塔板替代浮阀塔板
加入消泡剂	最常用的消泡剂是聚二甲基硅氧烷,要注意用量、注入位置、加入方法才能起到有效的消泡效果。国内外广泛采用的消泡剂是油醇(高沸点的醇类)、聚硅氧烷化合物,国内使用的消泡剂有变压器油、柴油、杂醇油、聚硅氧烷等

2）醇胺溶液损失

醇胺消耗量是胺法装置的重要经济指标之一，胺损失的途径有蒸发、烃液溶解、夹带、降解以及机械损失[29]，其损失原因见表 2-8。

表 2-8 醇胺溶液损失的原因

损失类型	损失原因
蒸发损失	吸收塔、闪蒸罐及再生塔三处蒸发损失
溶解损失	胺液处理 NGL 时，二者互溶
夹带损失	气相或液态夹带，数值常超过蒸发、溶解损失
降解损失	发生化学反应而转化为热稳定性盐（HSS）和其他降解产物，且无益于 H_2S 及 CO_2 的脱除

3）腐蚀与防护

醇胺法装置的腐蚀可导致管道及设备发生泄漏、设备寿命缩短、装置停运甚至产生人员的伤亡事故。影响醇胺法脱硫脱碳装置腐蚀的因素很多，主要是原料气中的酸性组分对设备的腐蚀，且腐蚀形态有全面腐蚀、局部腐蚀以及应力腐蚀开裂（SCC）和氢致开裂（HIC）。另外还有醇胺的降解产物也具有一定的腐蚀，尤其因氧化降解而生成的酸性热稳定性盐（HSAS）有很强的腐蚀性，工程上对热稳定盐的含量也是控制在 1% 之内。醇胺溶液脱硫脱碳装置的防腐蚀设计须采取综合性措施[30, 31]，具体见表 2-9。

表 2-9 醇胺溶液脱硫脱碳装置的腐蚀与防护措施

项目	腐蚀控制措施
合理控制工艺参数	（1）选用合适溶剂； （2）控制管道内流速：应低于 1.0m/s，吸收塔至换热器管程的富液流速宜为 0.6~0.8m/s； （3）严格控制再生塔温度； （4）控制贫液酸气负荷
合理的材质和设备	（1）设备材质宜选用碳钢和不锈钢材质，易腐蚀的部位可选用奥氏体不锈钢； （2）贫/富液换热器的换热管可采用碳钢无缝管，但管材的表面温度超过 120℃时，应考虑使用 1Cr18Ni9Ti 钢管
工艺防护	（1）加强过滤； （2）胺液中加入阻泡剂及缓蚀剂
腐蚀监测	（1）监测热稳定盐含量，超过 1% 时更换胺液或对胺液进行复活； （2）在线监测腐蚀速率
胺液降解及复活	（1）更换胺液； （2）采用蒸馏、离子交换、电渗析等方法

二、脱有机硫

天然气原料气中一般含有一定量的酸气，如二氧化碳（CO_2）、硫化氢（H_2S）等，以及有机硫，如二硫化碳（CS_2）、羰基硫（COS）、硫醇（RSH）、硫醚（R—S—R'）等。为保证天然气及凝液产品达到质量指标要求，有时需脱除天然气及凝液产品中的有机硫。

1. 天然气脱有机硫

天然气脱有机硫方法有活化溶剂的醇胺法、物理—化学溶剂法、气相水解工艺、吸附法等。物理—化学溶剂法中物理溶剂对烃类有吸收作用，不适合应用于凝液回收工艺中天然气脱有机硫。

1）醇胺法

MDEA 水溶液仅脱除 20% 左右 COS，同时对 RSH 的脱除效率几乎为零。MEA 水溶液与有机硫化合物反应生成难再生的化合物，故不能应用于有机硫脱除。DEA 水溶液可脱除50% 左右的 RSH，但会造成溶剂降解，适用于原料气中有机硫含量较低的场合。

通过向醇胺溶液中添加活化剂提高醇胺法脱有机硫效率，活化剂有空间位阻胺、叔丁胺基乙氧基乙醇（TBEE）等，国外开发的新型溶剂，如磺化酞菁铁盐和卟吩铁盐中金属离子和有机硫中硫醇形成配位键，加入 1%（质量分数）磺化酞菁铁盐的 MDEA 溶液中硫醇的脱除率达 99% 以上[32]。

德国 BASF 公司开发的新型活化 MDEA 工艺（new-aMDEA）与法国 Prosernat 公司开发的 HySWEET 新型混合胺工艺均已成功地应用于工业，并取得了良好的效果。法国拉克综合化工厂天然气脱硫装置，其原料气中不仅含有 21% 的 H_2S，以甲硫醇为主的硫醇体积分数也达到 650×10^{-6} 以上。用 HySWEET 工艺处理后的净化气中，H_2S 平均质量浓度为 $10mg/m^3$，硫醇质量浓度为 $140 mg/m^3$，硫醇脱除率达到 90%[33]。

加入活化剂的醇胺法降低了二氧化碳的共吸收率，具有良好的有机硫脱除能力，溶剂再生能耗低。

2）吸附法

吸附法利用活性炭及分子筛等多孔特殊活性物质对有机硫具有吸附作用，达到脱除天然气中有机硫的目的。

其中活性炭吸附脱硫技术一般是对活性炭进行改性处理，提高活性炭的比表面积，调整活性炭的孔隙结构等[34]。也可选择化学浸渍法，将化学药剂浸渍到活性炭中，再经过干燥处理，提高活性炭的反应能力，达到催化氧化的效果。

活性炭吸附法具有操作简便、脱除效果理想、投资少等优势。

分子筛即碱金属铝硅酸盐晶体，其基本特性是能按各组分直径大小对多组分混合物进行吸附分离。13X 型分子筛与 UOP 公司研发的 RK-34 型、RK-38 型分子筛常用于脱除天然气中有机硫。吸附法工艺流程图如图 2-10 所示。

某天然气净化厂装有 RK-38 型脱硫醇分子筛法脱除天然气中硫醇，其原料气中硫醇含量为 $150mg/m^3$，产品气中硫醇质量浓度最高不超过 $3.1mg/m^3$，脱除率达到 98% 以上，进而充分证明分子筛脱硫醇工艺实现了硫醇的深度脱除。

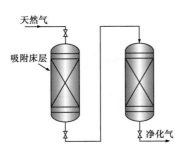

图 2-10　吸附法脱有机硫流程图

对高含硫醇的原料气，可采用混合胺法脱硫脱碳对原料气中硫醇进行粗脱，而后再用分子筛法脱硫醇进行精脱。俄罗斯奥伦堡净化厂采用 DEA/MDEA 混合胺法将原料气总硫醇从 800mg/m³ 降至 250mg/m³，并用分子筛法将硫醇脱至 16mg/m³ 以下，脱硫醇效果显著提高。

中国石化普光天然气净化厂在国内首次应用气相水解法脱除有机硫技术，该法也是近年来较有发展潜力的天然气有机硫脱除技术，将 COS 水解成硫化氢和二氧化碳，然后硫化氢和二氧化碳被 MDEA 溶剂吸收脱除。水解温度在 121～129℃ 时，COS 的脱除率可达 99% 以上，使净化气中的总硫含量小于 70mg/m³，满足管输气质量指标[35]，其水解反应见式（2-6）：

$$COS+H_2O \longleftrightarrow H_2S+CO_2 \qquad (2-6)$$

法国石油研究院（IFP）开发的 COSWEET 工艺采用其专利水解催化剂，能够实现 99% 以上的 COS 转化率，再采用适当的醇胺溶剂进一步脱除水解产物，例如，需选择性吸收硫化氢时可采用 MDEAmax 工艺；需同时脱除硫化氢和二氧化碳时，可采用 HiLoadDEA 或 energized MDEA 工艺，其工艺流程如图 2-11 所示。

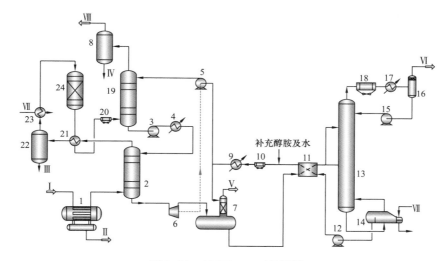

图 2-11　COSWEET 工艺流程

1—原料气过滤分离器；2，19—吸收塔；3，5，12，15—泵；4，9，17—水冷器；6—液力透平系统；
7—闪蒸罐；11—贫富液换热器；13—再生塔；14—重沸器；10，18，20—空冷器；8，16，22—分离器；
21—级间换热器；23—加热器；24—水解反应器；Ⅰ—原料气；Ⅱ，Ⅲ，Ⅳ—污液；
Ⅴ—闪蒸气；Ⅵ—酸气；Ⅶ—蒸汽；Ⅷ—净化气

原料气在胺吸收塔第一吸收段内与从第二吸收段来的胺液逆流接触，脱除大部分硫化氢，吸收酸性气体的富液进入再生装置。从第一吸收段出来的原料气经换热升温，由蒸汽加热后进入 COSWEET 水解反应器，将其中的 COS 水解成硫化氢和二氧化碳，经水解后的原料气通过空冷降温后进入第二吸收段，进一步脱除原料气中酸性气体。

COS 水解工艺与有机硫脱除溶剂相结合，能够最大限度地脱除天然气中有机硫，是满足天然气有机硫气质标准和克劳斯尾气 SO₂ 排放标准的最佳方案之一。

2. 液态烃脱有机硫

根据不同凝液回收工艺，凝液产品有丙烷、液化气、稳定轻烃等产品，二氧化碳和硫化氢容易在乙烷中富集使乙烷产品不达标，有机硫易积聚在液化气等液态烃产品中。为满足凝液产品质量要求，需对凝液回收产品进一步处理。

凝液回收产品液态烃主要有液化气和稳定轻烃，凝液回收过程中，液态烃中主要含有机硫。液化气产品质量要求总硫含量不大于 $343mg/m^3$，硫化氢含量为 0（乙酸铅法测量）或不大于 $10mg/m^3$（层析法测量）。

通常液态烃脱有机硫方法主要分为干法和湿法两类。主要根据液烃中含硫量及净化要求而划分。对于硫含量较低或处理量小的情况，主要采用干法脱硫，如活性氧化锌、氧化铝、活性炭等，以及湿法中的简单碱洗；而对于含硫量较高或处理量大的情况，主要用分子筛法。

1）湿法脱液烃中有机硫

湿法脱液烃中有机硫的方法有碱洗、碱洗与纤维膜、碱洗与液相催化氧化等技术。对硫醇的脱除均采用化学吸收法。

（1）碱洗脱液烃中有机硫。

碱洗即通过酸碱反应，将液化气中的硫醇转化为硫醇钠，转移至氢氧化钠溶液水相中。

碱洗的具体流程为液烃和碱液经过静态混合器进入碱洗罐，完成对硫化氢和部分硫醇的抽提。分离后的液烃再经过一个静态混合器与水混合，进入水洗罐，碱洗罐分离得到的碱液可循环使用，液烃经过水洗后出装置即可得到粗脱的脱硫液烃。碱洗过程中生成硫化钠和硫醇钠，消耗等当量的氢氧化钠。随着碱液中的有效 NaOH 浓度的降低，碱洗效果变差，需要换碱。预碱洗碱液直接排放到碱渣处理装置进行环保处理。碱洗脱硫工艺流程如图 2-12 所示。

碱洗法是简单有效的粗脱硫方法，只能除去结构比较简单、沸点较低的硫化物，可加入异丁酸钾、丹宁、二甲酚等助溶剂提高脱硫率，但仍有一些分子量很大的硫化物如噻吩、硫醚等不能除去，可通过与催化氧化、吸附法相结合的方法来达到净化要求。

（2）碱洗与纤维膜脱液烃中有机硫。

采用碱洗与纤维膜技术脱除液烃中的有机硫，其脱硫醇原理为气液两相在接触器内的接触方式是非分布式液膜之间的平面接触，液烃和碱液分别顺着金属纤维向下流动，因表面张力不同，碱液对金属纤维的附着力大于烃类。当碱液流过交叉的网状金属纤维时，纵横的金属纤维将其拉

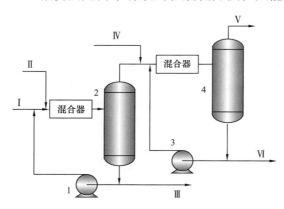

图 2-12　碱洗脱硫工艺流程

1，3—泵；2—碱洗罐；4—水洗罐；Ⅰ—液态烃；
Ⅱ—碱液；Ⅲ—废碱液；Ⅳ—新鲜水；
Ⅴ—碱洗后液化气；Ⅵ—污水

成一层极薄的大面积碱膜，此时液烃流经已被碱液浸润湿透的金属纤维网，则液烃与碱液之间的摩擦力使碱膜更薄，两相之间的接触面更广，在接触过程中发生酸碱反应，实现脱除硫醇。从纤维膜接触器底部排出的带有硫化钠和硫醇钠碱液进入氧化塔，在空气及催化剂的作用下氧化再生，再生后的碱液使用溶剂反抽提碱液中二硫化物后循环使用[36, 37]。纤维膜脱硫工艺流程如图 2-13 所示。

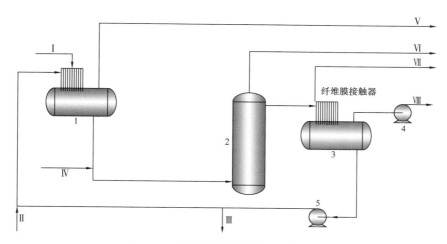

图 2-13 液态烃纤维膜脱硫工艺流程

1—分液罐；2—氧化塔；3—溶剂抽提罐；4，5—泵；Ⅰ—液态烃；Ⅱ—新鲜碱液；
Ⅲ—废碱液；Ⅳ—空气；Ⅴ—精制后液态烃；Ⅵ—尾气；Ⅶ—新鲜碱液；Ⅷ—污水

该工艺适用于硫醇含量较低或处理量小的情况。由于其没有改变碱洗脱硫醇的本质，只是在设备上作了改进，强化了传质效率。用纤维液膜反应器替代了常规的填料抽提塔，碱液对硫醇的抽提效率提高，设备处理能力提高，减少设备投资，并且在碱液处理液烃过程中不会发生碱液被携带的现象，无需在下游设置碱液聚合器，减少了环保治理以及设备费用。但存在纤维膜接触器容易堵塞，工艺过程需间断性地排放碱液等问题。该工艺适用于硫醇含量较低或处理量小的情况。

（3）Merox 脱有机硫技术。

采用碱洗与液相催化氧化法相结合的技术即 Merox 脱有机硫技术，可脱除液烃中的有机硫，脱除效果好。目前国内绝大多数炼厂以液—液脱有机硫法为主，其工艺流程为：从抽提塔塔底出来的富含硫醇钠的富碱液经过换热升温至 55～60℃后，经塔底进入氧化塔与空气顺流接触，硫醇钠在催化剂磺化酞氰钴作用下与氧气反应，碱液实现氧化再生并生成二硫化物。从塔顶出来的混合物进入二硫化物分离罐，完成尾气、碱液和二硫化物液体的分离，以及二硫化物与碱液的沉降分离。吸收硫醇后碱液从分离罐底部出来经冷却后进入抽提塔循环使用，二硫化物进储罐，尾气从脱气塔上部排出，进入焚烧炉进行焚烧处理[38, 39]。其反应原理见反应式（2-7）、式（2-8），Merox 脱有机硫工艺流程见图 2-14。

$$RSH+NaOH \longrightarrow NaSR+H_2O \tag{2-7}$$

$$4NaSR+O_2+2H_2O \longrightarrow 4NaOH+2RSSR \tag{2-8}$$

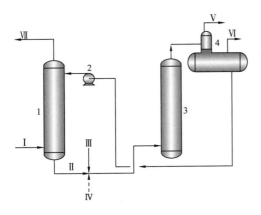

图 2-14   液态烃液相催化氧化脱硫醇
工艺流程

1—抽提塔；2—循环泵；3—氧化塔；
4—二硫化物分离罐；Ⅰ—预碱洗后液态烃；
Ⅱ—富碱液；Ⅲ—空气；Ⅳ—催化剂；Ⅴ—尾气；
Ⅵ—二硫化物；Ⅶ—抽提后液态烃

该工艺流程简单、技术成熟、脱除效果好，但催化剂容易失活导致脱除效果差，需要频繁更换催化剂。该工艺还会间断地排放废碱渣，操作波动时液态烃携带碱液，该方法仅在脱除直链硫醇和分子量较小的硫醇时较理想，在脱除分子量较大的硫醇以及异构硫醇时难以达到工业要求。

2）干法脱液烃中有机硫

干法脱液烃中的有机硫可分为化学吸附和物理吸附。

化学吸附指液态烃中的硫醇、羰基硫等有机硫在催化剂作用下生成硫化物沉积在微孔中，在微量氧的情况下硫醇被转化为二烷基二硫化物达到脱除有机硫目的。脱硫剂有汞盐〔Hg_2Cl_2、$HgAc$、$HgNO_3$、$Hg(NO_3)_2$〕、金属化合物（$AlCl_3$、$SnCl_4$）。SulfaTrap-R7G 是一种高活性的金属氧化物，能选择性脱除 H_2S 和低分子量硫醇以及甲基乙基硫化物等硫化物和噻吩。

物理吸附指利用脱硫剂的微孔结构吸附有机硫颗粒，可采用分子筛、改性氧化铝、活性炭（浸渍 $CuCl_2$）、专用有机硫吸附剂等。吸附法脱有机硫工艺流程见图 2-10。

分子筛法可同时脱除 H_2S 和有机硫。液烃用分子筛法脱有机硫时，主要用 5A、4A、13X 大孔径分子筛可同时脱除水，H_2S，CO_2，COS，CS_2 以及硫醇等。其中脱 COS、甲硫醚（CH_3）$_2S$ 的最优吸附剂为活性氧化铝基选择性吸附剂，脱 RSH 的最优可吸附剂为 13X 分子筛。分子筛可与活性氧化铝、硅胶、活性炭等搭配使用，可高效脱除 H_2S 和有机硫，组合式吸附较单独分子筛来说，其吸附寿命更长、容器的体积更小、操作费用更低。

分子筛法具有无须预碱洗、无污染、常温吸附等优点，但须在 260～290℃ 较高温度再生，因而增大了再生过程的运行成本。

三、酸性组分在流程中的分布

进入凝液回收单元前的天然气中常含有二氧化碳、硫化氢、有机硫等酸性组分，研究酸性组分在凝液回收工艺中的分布规律，有利于合理安排酸性气体脱除单元的工艺顺序。

1. 在丙烷回收流程中的分布

以 DHX 丙烷回收工艺为例（流程介绍详见第六章第二节），其流程图如图 2-15 所示。原料气中二氧化碳含量为 2388.6mg/m³、硫化氢含量为 20mg/m³、有机硫含量为 30mg/m³。利用 HYSYS 软件模拟 DHX 丙烷回收工艺，研究外输气及凝液产品中的酸性组分含量分布，模拟结果见表 2-10，并作出酸性组分在丙烷回收工艺中分布比例图如图 2-16 所示。

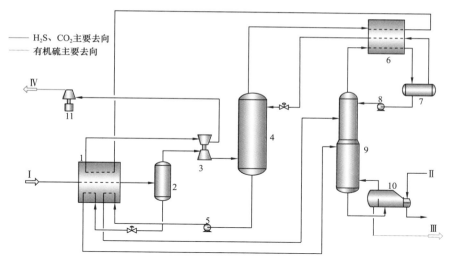

图 2-15　DHX 丙烷回收工艺流程图

1—主冷箱；2—低温分离器；3—膨胀机组；4—吸收塔；5,8—泵；6—过冷冷箱；7—回流罐；
9—脱乙烷塔；10—重沸器；11—外输气压缩机；Ⅰ—脱水后原料气；Ⅱ—导热油；Ⅲ—凝液产品；Ⅳ—外输气

表 2-10　酸性组分在丙烷回收工艺中含量分布模拟结果

酸性组分	原料气		外输气		脱乙烷塔底凝液产品	
	流量，kg/h	含量，mg/m³	流量，kg/h	含量，mg/m³	流量，kg/h	含量，mg/L
CO_2	199.05	2388.6	199.03	2727.5	0.0200	0.66
H_2S	1.6655	20	1.5201	20.8	0.1454	5.06
有机硫	2.4958	30	0.6793	9.3	1.8165	59.69

图 2-16　酸性组分在丙烷回收工艺中分布比例

从图 2-16 中可以看出，原料气中的二氧化碳主要富集在外输气中，占 99.98%，脱乙烷塔底的凝中几乎不含二氧化碳；原料气中的硫化氢主要富集在外输气中，占 91.27%，脱乙烷塔底的凝液产品含少量硫化氢，约占 8.73%；原料气中的有机硫主要富集在脱乙烷塔底的凝液产品中，占 72.78%，在外输气含少量有机硫，约占 27.22%。

丙烷回收流程中酸性组分的分布与原料气压力、组成及流程形式等因素有关，但酸性组分在丙烷回收流程中的分布趋势基本相同，密度较小的二氧化碳、硫化氢等酸性组分主要去外输气中，密度较大的有机硫主要富集在脱乙烷塔底的凝液产品中。

在丙烷回收装置设计中应根据原料气中酸性组分含量研究其分布规律，在凝液回收单元前脱除酸性气体，其脱除深度应满足凝液产品质量为原则。

2. 在乙烷回收流程中的分布

以 GLSP 乙烷回收工艺为例（流程介绍详见第七章第二节），其流程图如图 2-17 所示。原料气中二氧化碳含量为 11693.52mg/m³、硫化氢含量为 20mg/m³、有机硫为 30mg/m³。利用 HYSYS 软件模拟 GLSP 乙烷回收工艺，研究外输气及凝液产品中的酸性组分含量分布，其模拟结果见表 2-11，并作出酸性组分分布图如图 2-18 所示。

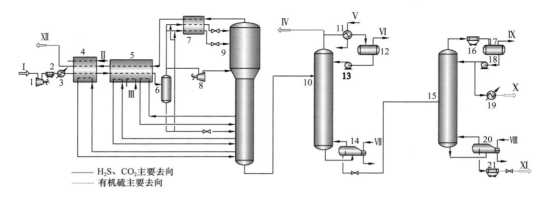

图 2-17　GLSP 乙烷回收工艺流程图

1—膨胀机组增压端；2，16，21—空冷器；3，19—水冷器；4—预冷冷箱；5—主冷箱；6—低温分离器；7—过冷冷箱；
8—膨胀机组膨胀端；9—脱甲烷塔；10—脱乙烷塔；11—冷凝器；12，17—回流罐；13，18—泵；
14，20—重沸器；15—脱丁烷塔；Ⅰ—脱水后原料气；Ⅱ—高温液态丙烷；Ⅲ，Ⅴ—丙烷冷剂；
Ⅳ—脱乙烷塔顶低温乙烷产品；Ⅵ，Ⅸ—放空；Ⅶ，Ⅷ—导热油；Ⅹ—液化石油气；Ⅺ—稳定轻烃；Ⅻ—外输气

表 2-11　酸性组分在乙烷回收工艺中含量分布模拟结果

酸性组分	原料气		外输气		脱乙烷塔顶乙烷产品		脱乙烷塔底凝液产品	
	流量 kg/h	含量 mg/m³	流量 kg/h	含量 mg/m³	流量 kg/h	含量 mg/m³	流量 kg/h	含量 mg/L
CO_2	487.23	11693.52	111.30	2988	375.90	155387	0.0080	1.07
H_2S	0.8330	20	0.0564	1.50	0.7636	315.6	0.0130	1.75
有机硫	1.2500	30	0.0120	0.32	0.2854	117.8	0.9526	128.2

从图 2-18 中可以看出，原料气中的二氧化碳主要富集在低温乙烷产品中，占77.15%，其次部分在外输气中，占22.84%，脱乙烷塔底的凝液中几乎不含二氧化碳；原料气中的硫化氢主要富集在外输气中，占51.75%，其次在乙烷原料气也占一部分，占47.44%，在液态烃含少量硫化氢，约占0.81%；原料气中的有机硫主要富集在液态烃中，

占 76.21%，其次在脱乙烷塔顶的低温乙烷产品也占一部分，占 22.83%，在外输气含少量有机硫，约占 0.96%。

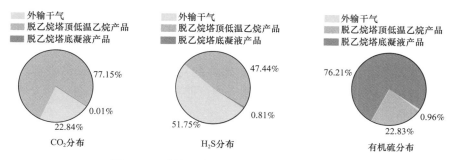

图 2-18　酸性组分在乙烷回收工艺中分布比例

乙烷回收流程中酸性组分的分布与原料气压力、组成及流程形式等因素有关，但酸性组分在乙烷回收流程中的分布趋势基本相同，密度较小的二氧化碳、硫化氢等酸性组分主要分布于脱乙烷塔顶的低温乙烷产品中，密度较大的有机硫主要富集在脱乙烷塔底的凝液中。

在乙烷回收装置设计中应根据原料气中酸性组分含量研究其分布规律，酸性气体脱除单元可在乙烷回收单元前脱除，也可在乙烷回收单元后脱除，与原料气中二氧化碳、硫化氢及有机硫等酸性气体含量有关，宜经技术经济评价后确定酸性气体脱除工艺，安排酸性气体脱除单元的位置。

第三节　天然气脱水

对凝液回收装置，当流程中工作温度低于水露点时，含水原料气将在设备及管道中发生水合物冻堵现象，影响装置安全运行，故需对凝液回收原料气进行深度脱水。其脱水后天然气水露点应低于流程中最低温度 3℃以上。

一、烃—水体系

为避免凝液回收中水合物的形成，现对天然气含水量的估算及检测方法、含水量的影响因素、水合物的形成及预防措施进行研究与分析。

1. 含水量的估算及检测方法

天然气含水量的估算方法主要为查图表法和相平衡模型求解法。

查图表法多用于确定非酸性天然气的含水量，常采用 Mcketta-Wehe 算图，图中曲线按天然气相对密度为 0.6 与纯水相接触制定，使用时需对相对密度和含盐量进行校正，详细使用方法可见 SY/T 0076—2008《天然气脱水设计规范》。该算图仅适用于酸性气体含量低于 5% 的天然气含水量估算，适用范围相对较窄，计算精度较低。

相平衡模型计算天然气中含水量是依据烃—水体系在一定压力及温度下的三相平衡

方程，计算天然气含水量[40]。相平衡模型求解法计算结果精确度高，但需大量迭代计算，还需依靠状态方程求定方程中所用的 K 值，多采用计算机求解。可精确计算含水量的软件包括 Aspen HYSYS，Aspen Plus，ProMax 及 VMGsim 等。

天然气中水分的含量可通过含水量（mg/m^3）（绝对湿度、相对湿度）和水露点（℃）两种单位进行表示。

天然气绝对湿度是指 $1m^3$ 天然气中所含水汽的克数，单位可用 g/m^3 表示。天然气的饱和含水量是指在一定温度和压力下，天然气中可能含有的最大水汽量，即天然气与液态平衡时的含水汽量。

天然气相对湿度是指在一定温度和压力下，天然气绝对湿度和饱和含水量之比。

水露点为一定压力下析出第一滴液态水时的温度，两者可通过 GB/T 22634—2008《天然气水含量与水露点之间的换算》进行换算。

天然气含水量常用的测定方法包括冷却镜面凝析湿度计法、卡尔费休法、电解法等[41]，天然气中水含量的主要测定方法见图 2-19。

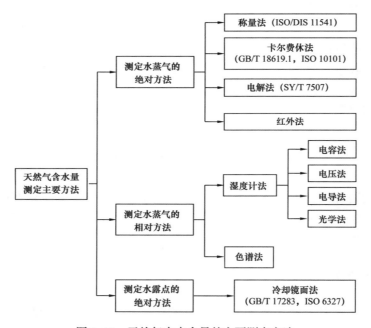

图 2-19　天然气中水含量的主要测定方法

冷却镜面凝析湿度计法通过检测湿度计镜面上水蒸气凝析物的形成温度，间接确定样品气的水露点。此方法测定结果直观，准确度较高，水露点测量范围为 -25～5℃。水露点自动测定仪的准确度一般为 ±1℃；当使用手动装置时，测量的准确度取决于烃的含量，多数情况下准确度为 ±2℃。

卡尔费休法通过气体中的水分与卡尔费休试剂（吡啶/甲醇混合液）中的碘及二氧化硫反应，碘由电解碘化钾产生，通过分析消耗的电量即可测量气体中的含水量。此方法的测量精度可达 $1mg/m^3$，可测定的水含量为 5～$5000mg/m^3$，但不适用于在线测定。

除上述形成标准的方法外，天然气水露点 / 含水量的在线分析仪在国内外的处理厂和输气门站均已普遍采用，有多种类型的仪器可供选择，如电容式、电导式、光学式等方法，将探头直接安装在管道上，连续测定天然气的水含量 / 水露点，在线测量的准确性决定了此方法在天然气行业具有很大的前景。

2. 含水量的影响因素

天然气饱和含水量受烃类组分、酸性气体含量、温度、压力等条件影响较大，应用HYSYS 软件对其建立计算模型，研究酸性气体组分、重烃组分、温度、压力等条件对含水量的影响。

1）天然气中酸性气体组分对含水量的影响

不同硫化氢含量、不同二氧化碳含量的原料气组成分别见表 2-12 和表 2-13。依据表中原料气组成利用 HYSYS 软件计算在 7MPa 下的天然气含水量，将计算结果绘制成曲线图，分别见图 2-20 及图 2-21。

表 2-12　不同 H_2S 含量的原料气组成

原料气编号		1	2	3	4
组成 %（摩尔分数）	H_2	0.09	0.07	0.08	0.06
	N_2	0.72	0.70	0.70	0.70
	H_2S	0	5.7	10.02	15.02
	CO_2	0.2	0.3	0.2	0.4
	CH_4	92.89	86.93	82.86	77.54
	C_2H_6	4.08	4.28	4.06	4.22
	C_3H_8	2.02	2.02	2.08	2.06

表 2-13　不同 CO_2 含量的原料气组成

原料气编号		1	2	3	4
组成 %（摩尔分数）	H_2	0.09	0.07	0.08	0.06
	N_2	0.72	0.70	0.70	0.70
	CO_2	0	5.7	10.02	15.02
	H_2S	0.2	0.3	0.2	0.4
	CH_4	92.89	86.93	82.86	77.54
	C_2H_6	4.08	4.28	4.06	4.22
	C_3H_8	2.02	2.02	2.08	2.06

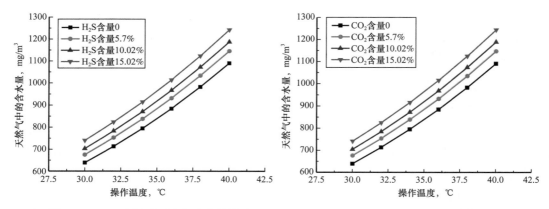

图 2-20　H_2S 含量对天然气含水量影响　　　图 2-21　CO_2 含量对天然气含水量影响

由图 2-20、图 2-21 曲线规律可知：

（1）天然气中硫化氢及二氧化碳含量增加，均会使得天然气含水量上升，其原因是硫化氢原子排列不对称，具有比烃类更高的极性，而水本身是极性较强的物质，在极性高的硫化氢中具有更高的溶解度。

（2）二氧化碳偶极矩虽然为零，但在较高压力下，单个分子之间的距离减小，分子间作用力（如氢键）可能使二氧化碳水溶性增加。硫化氢及二氧化碳的水溶性较高将导致系统的平衡含水量上升，高压条件下气相含水量增加。

2）天然气中重烃组分对含水量影响

天然气中重烃组分对天然气含水量同样具有一定影响，改变天然气中重烃组分含量，利用 HYSYS 软件对天然气含水量进行计算，计算压力为 4MPa，温度为 20℃。不同重烃含量的原料气组成及天然气含水量见表 2-14。

由表 2-14 中计算结果可知，随天然气重烃含量增加，天然气中饱和含水量也相应增加。

3）操作压力和温度对天然气含水量的影响

选用表 2-12 中原料气编号为 3 的天然气，计算不同压力、温度下天然气含水量，压力范围为 1.0～1.6MPa，温度范围为 0～40℃，计算结果见图 2-22。

由图 2-22 可知，压力相同时，天然气含水量随温度升高而增大，斜率逐渐增大，温度升高对含水量的影响逐渐增强；温度相同时，天然气含水量随压力升高而减小，且斜率不断减小，压力增大对含水率的影响逐渐减弱。

3. 水合物的形成及预防措施

天然气水合物是天然气集输和处理过程中关键问题之一，水合物的存在将增加天然气凝液回收装置安全隐患。近年来，关于天然气水合物的研究报道很多，特别对水合物的结构、形成条件及其预防措施有较深入的研究。

1）水合物的类型及结构

天然气水合物是在一定的温度和压力条件下，天然气中某些气体组分（CH_4，C_2H_6，N_2，CO_2，H_2S 等）与液态水形成笼状结构的冰状晶体，相对密度为 0.96～0.98。在水合物中，其主体分子（水分子）通过氢键相互结合形成主体结晶网格（笼形空腔），而客体分子（气体分子）则有选择地填充于这些空腔（晶穴）中，气体分子与水分子之间通过范德华力来相互作用。

表 2-14　不同重烃含量的原料气组成及天然气含水量

原料气编号		1	2	3	4	5	6
组成 %（摩尔分数）	N₂	0.192	0.9148	0.5457	0.2512	2.03	1.25
	C₁	91.37832	88.537	87.558	89.31	75.63	72.80
	C₂	5.80	5.305	5.304	2.39	8.31	6.36
	C₃	1.59	3.1733	3.1422	2.142	5.61	6.12
	iC₄	0.349	0.6603	1.71	2.101	4.12	3.27
	nC₄	0.313	0.6256	0.5759	2.012	1.26	3.13
	iC₅	0.104	0.2442	0.5	1.52	1.18	3.01
	nC₅	0.0833	0.1550	0.2553	0.0836	0.67	2.07
	C₆	0.0680	0.1309	0.1452	0.07	0.60	1.38
	C₇	0.0650	0.1220	0.1320	0.063	0.35	0.39
	C₈	0.0473	0.0856	0.0522	0.0472	0.17	0.18
	C₉	0.00756	0.0342	0.0455	0.00747	0.05	0.03
	C₁₀₊	0.00256	0.0121	0.034	0.00255	0.02	0.01
重烃组分，%（摩尔分数）		1.03972	2.0699	3.4501	5.90682	8.42	16.32
含水量，mg/m³		569	570	580	592	605	628

　　天然气水合物结构有 I 型、II 型和 H 型三种结构。自然界中的水合物一般以 I 型、II 型为主，其结构图如图 2-23 所示。在水合物中，与 1 个气体分子结合的水分子数不是恒定的，可用 $M \cdot nH_2O$ 表示水合物的分子式（M 表示气体分子，n 称为水合数）。

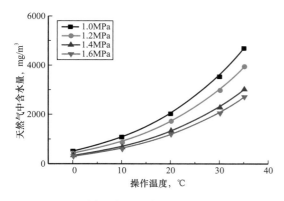

图 2-22　不同压力、温度对天然气含水量的影响

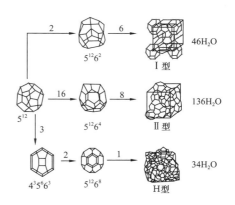

图 2-23　三种类型水合物晶体结构示意图

气体分子大小是决定其是否可形成水合物、形成何种结构水合物以及水合物稳定性的重要因素。当气体分子尺寸和晶穴尺寸相吻合时容易形成水合物，且水合物的稳定性也较强。气体分子太大则无法进入晶穴，气体分子太小（如 H_2 及 He 等）则范德华力太弱，也无法形成稳定的水合物。三种类型水合物晶体结构尺寸以及各自可容纳的分子种类见表 2-15。

表 2-15　三种类型水合物单元晶体结构尺寸

晶体类型	单位形体尺寸 nm	晶穴 种类	晶穴 数目	晶穴直径 nm	水分 子数	可容纳分子	理想分子式
I 型结构	立方形晶体边长 1.201	小晶穴	2 个	7.9	46 个	CH_4，C_2H_6，H_2S，CO_2	$8M \cdot 46H_2O$
		大晶穴	6 个	8.6			
II 型结构	菱形晶体边 1.730	小晶穴	16 个	7.8	136 个	N_2，CH_4，C_2H_6，C_3H_8，iC_4H_{10}	$24M \cdot 136H_2O$
		大晶穴	8 个	9.8			
H 型结构	六方形晶体边长 1.226	小晶穴	3 个	7.5	34 个	比 nC_4H_{10} 大的分子	$6M \cdot 34H_2O$
		中晶穴	2 个	8.1			
		大晶穴	1 个	11.2			

2）水合物形成条件及预测方法

天然气水合物的形成条件与天然气压力、温度及组成等因素有关。天然气形成水合物的必要条件如下：

（1）天然气的含水量处于饱和状态；

（2）足够高的压力和足够低的温度；

（3）形成水合物的辅助条件，如压力的脉动、气体的高速流动、流向突变产生的搅动、弯头、孔板、阀门、粗糙的管壁等。

天然气水合物的临界温度是指该组分水合物存在的最高温度，高于此温度不管压力多大，都不会形成水合物。不同组分形成水合物的临界温度见表 2-16。

表 2-16　天然气组分形成水合物的临界温度

名称	CH_4	C_2H_6	C_3H_8	iC_4H_{10}	nC_4H_{10}	CO_2	H_2S
临界温度，℃	21.5	14.5	14.5	2.5	1.0	10.0	29.0

水合物形成的预测方法可分为经验图解法、相平衡计算法和统计热力学模型法。

经验图解法根据气体相对密度和压力（或温度），通过查图计算水合物的形成温度（或压力）。对含硫化氢的天然气，相对密度法误差较大，不宜使用此法。

相平衡计算法基于气—固平衡常数来估算水合物生成条件，适用于典型烷烃组成的无硫天然气，而对非烃含量多的气体或高压气体则准确性较差。相平衡计算法曾得到广泛应用，但计算速度慢，易产生人为误差。

随计算机的运用及普及，以经典统计热力学为基础的热力学模型已得到普遍应用。天然气水合物生成条件的严格热力学模型是将宏观的相态行为和微观的分子间相互作用联系起来，它最早是由 van der Waals 和 Platteeuw 基于统计热力学方法提出的。

大部分商业化的软件都具有预测天然气水合物生成条件的功能，如 HYSYS，PIPESIM 及 PVTSim 等，压力的预测误差在 10% 以内，对于工程应用来说，预测值较准确。

HYSYS 软件适用于预测常规天然气体系和含醇天然气体系的水合物形成条件。初始水合物的模拟是基于 van der Waals–Platteeuw 提出的原始模型，通过 Parrish–Pransnitz 的改进，其蒸气模型是基于 Ng–Robinson 模型。

PIPESIM 软件可预测盐存在的情况下水合物形成条件，这在水合物预测方面优于其他同类软件，PIPESIM 软件在水合物预测上应用的是 Multiflash 水合物模型。Multiflash 水合物模型将 van der Waals–Platteeuw 模型作为基本的水合物模型，状态方程采用的是改进的 SRK 方程。常用的水合物预测软件及特点见表 2–17。

表 2–17　水合物预测软件及特点

软件	开发公司	水合物模型	适应性		
			含醇体系	含盐体系	醇盐混合体系
HYSYS	Aspen Tech	vdW+PP+NR	适用	不适用	不适用
PIPESIM	Schlumberger	Multiflash	适用	适用	适用
PVTsim	Calsep	PR+SRK	适用	适用	适用

3）水合物形成的影响因素

影响水合物形成的主要因素包括气质组成（烃类组成与酸性气体组成）、温度、压力等，其他因素包括混合过程、动力学、晶体形成和凝聚条件（如管子弯头、孔板、温度计槽等）、盐度等。

（1）烃类组成对水合物形成的影响。

天然气气质组成是决定是否生成水合物的内在因素，在同一温度下，随着天然气压力升高，形成水合物的次序依次为硫化氢、异丁烷、丙烷、乙烷、二氧化碳、甲烷、氮气；随天然气相对密度增加，相同压力下水合物的形成温度逐渐升高，几种天然气组分的水合物生成曲线见图 2–24[42]。

天然气组分中丙烷对天然气水合物形成温度的影响最明显，丁烷次之，乙烷和戊烷的影响较小；相比于低压条件下，高压条件

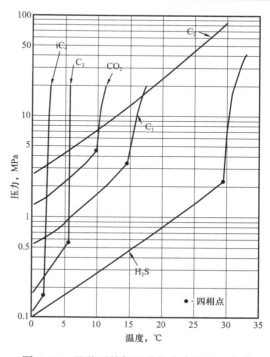

图 2–24　几种天然气组分的水合物生成曲线

下天然气组成的变化对水合物形成温度的影响较弱。

（2）天然气中硫化氢和二氧化碳对水合物形成的影响。

酸性组分对水合物的形成条件具有显著的影响，在一定压力下，天然气中硫化氢和二氧化碳的存在会提高水合物的生成温度。

以表 2-12 和表 2-13 的气质为样本，利用 HYSYS 软件计算天然气压力 1.2～2.0MPa 时的水合物形成温度，结果分别见图 2-25 和图 2-26。可见，在一定压力下，硫化氢及二氧化碳的含量增加，水合物形成温度升高，但硫化氢含量变化对水合物形成温度的影响明显大于二氧化碳。

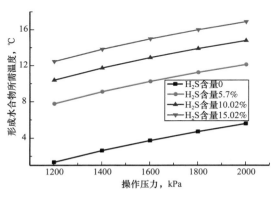

图 2-25　H_2S 含量对水合物生成温度影响

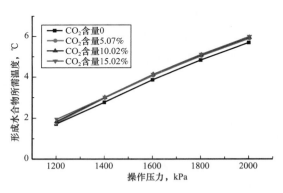

图 2-26　CO_2 含量对水合物生成温度影响

4）水合物防止措施

防止天然气形成水合物主要措施有加热法、注水合物抑制剂、脱水法及降压法等。对大多数天然气凝液回收装置，需对天然气进行深度脱水，其脱水工艺多采用分子筛等深度脱水，以确保凝液回收过程不会发生水合物冻堵现象。

二、溶剂吸收法

溶剂吸收法利用脱水吸收剂（二甘醇、三甘醇等）对水分的强吸收性，在吸收塔中使高含水天然气与吸收溶剂逆流接触，以脱除天然气中的水分，吸收了水分的溶剂富液可于再生后循环使用。该工艺脱水深度较浅，脱水后天然气水露点可满足浅冷凝液回收及外输气要求，但对于深冷凝液回收工艺，需采用脱水深度更强的分子筛脱水等方法。

1. 甘醇的性质

天然气脱水装置的吸收溶剂多采用甘醇类化合物，具有强吸水性、溶液冰点低、毒性低等特点，广泛应用于天然气脱水装置。甘醇类化合物的每个甘醇分子中都有两个羟基（OH），可与水分子形成氢键，使得甘醇与水可完全互溶，将天然气中的水蒸气萃取，形成甘醇稀溶液，从而达到天然气脱水的目的。再利用甘醇沸点远比水高的特点，将含水的甘醇富液加热至水的沸点以上，使甘醇溶液中的水分蒸发后循环使用，从而达到甘醇富液再生的目的。二甘醇（DEG）和三甘醇（TEG）的分子结构如图 2-27 所示。

天然气脱水的常用甘醇类化合物包括二甘醇、三甘醇和四甘醇等，常用的甘醇类化合物脱水溶剂的物理性质见表2-18，其中三甘醇为天然气脱水的常用溶剂，具有热稳定性好、易于再生、吸湿性很高、蒸气压低、运行可靠、达到的露点降大等优点。采用三甘醇脱水后的干天然气水露点低于 −10℃，可满足管输对天然气的露点要求，工艺成熟可靠[43]。

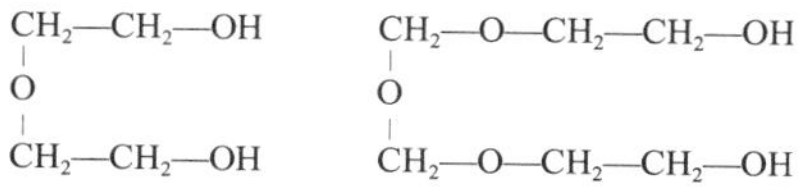

图2-27　二甘醇和三甘醇的分子结构图

表2-18　甘醇类化合物脱水溶剂的物理性质

甘醇脱水剂	二甘醇	三甘醇	四甘醇
分子式	$C_4H_{10}O_3$	$C_6H_{14}O_4$	$C_8H_{18}O_5$
相对分子质量	106.1	150.2	194.2
沸点（101.325kPa），℃	244.8	285.5	314
密度（25℃），kg/m³	1113	1119	1120
折射率（25℃）	1.446	1.454	1.457
凝固点，℃	−8	−7	−5.5
闪点，℃	124	177	204
燃点，℃	143	166	191
蒸气压（25℃），Pa	<1.33	<1.33	<1.33
黏度（20℃），mPa·s	28.2	37.3	44.6
比热容（25℃），kJ/（kg·K）	2.30	2.22	2.18
表面张力（25℃），N/m²	4.4	4.5	45
理论热分解温度，℃	164.4	206.7	238

2. 工艺流程

三甘醇脱水工艺流程主要由天然气吸收脱水、三甘醇富液再生两部分组成。天然气在吸收塔内部与三甘醇贫液逆流接触后脱除水分，输送至下游单元；吸收水分后的三甘醇富液经再生后送回吸收塔循环使用。三甘醇脱水工艺流程如图2-28所示。

湿天然气首先进入过滤式分离器，分离出固体、游离水等杂质，进入吸收塔底部，与塔顶注入的贫三甘醇溶液逆流接触而脱除水，分离出少量三甘醇溶液后外输。吸收塔底部排出的高压三甘醇富液经节流调压后与再生塔顶部换热后进入闪蒸罐，尽可能闪蒸出其中溶解的烃类，闪蒸出的天然气可作燃料气，含硫化氢的闪蒸气应去火炬或作进一步处理。闪蒸后的三甘醇富液经过固体过滤器和活性炭过滤器除去固体、烃等液体杂质，进入甘醇贫/富液换热器以提高三甘醇进再生塔的温度。最后，从再生塔中部进料，再生后的三甘醇贫液经三甘醇贫富液换热器冷却后由甘醇泵加压后返回吸收塔，实现三甘醇贫液的循环利用。

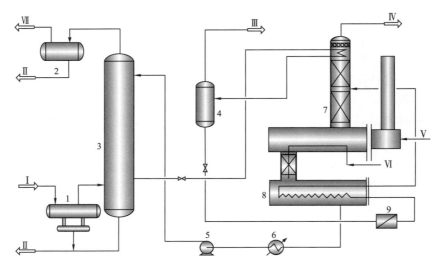

图 2-28　三甘醇脱水工艺流程

1—过滤分离器；2—净化气分离器；3—吸收塔；4—闪蒸罐；5—TEG 循环泵；
6—TEG 后冷器；7—再生塔；8—TEG 换热罐；9—过滤器系统；Ⅰ—原料气；Ⅱ—污液；
Ⅲ—闪蒸气；Ⅳ—尾气；Ⅴ—燃料气；Ⅵ—气提气；Ⅶ—外输气

三甘醇脱水工艺流程具有以下特点：

（1）能耗小，操作费用低；

（2）处理量小时，可作橇装式，紧凑并造价低，搬迁和移动方便，预制化程度高；

（3）三甘醇使用寿命长，损失量小，成本低；

（4）该工艺脱水后天然气露点可达 −30℃左右，能满足浅冷凝液回收要求；

（5）脱水后天然气露点温度高于吸附脱水，无法满足深冷凝液回收的要求；

（6）原料气中携带有轻质油时，易起泡，破坏吸收；

（7）吸收塔的结构要求严格，最好用泡罩塔。

传统的三甘醇脱水工艺流程换热后三甘醇贫液的热能未能有效的利用，温度较高（>95℃）；高压甘醇富液的压力能未得到充分有效的利用，能量综合利用率低；脱水装置能耗增加，操作参数未得到最大优化。可通过设备的改进来达到能量的有效利用。针对以上问题，对传统的三甘醇脱水工艺进行节能改进，脱水塔前推荐采用 SMMSM 高效分离器代替过滤式分离器，提高分离效果；处理量较大时，三甘醇吸收塔采用旋流塔作为吸收塔；采用新型能量转换泵代替柱塞式计量泵可有效利用高压甘醇富液压力能；采用板式换热器代替绕管式换热器[9]；富液过滤器采用机械过滤器 + 活性炭过滤器 + 机械过滤器，机械过滤溶液中的固体杂质（固体杂质质量分数低于 0.01%），活性炭过滤器溶解性杂质（重烃类）。三甘醇脱水装置节能改进流程见图 2-29。

三甘醇脱水流程经改进后，取消了泵前冷却器和泵后缓冲罐以及循环水系统，流程得以简化；富液进再生塔温度更高，重沸器的热负荷下降；采用旋流塔盘，装置的处理能力得以提升；新型能量转换甘醇泵有效利用高压甘醇富液的压力能；优化工艺流程和操作参数，降低三甘醇脱水能耗。

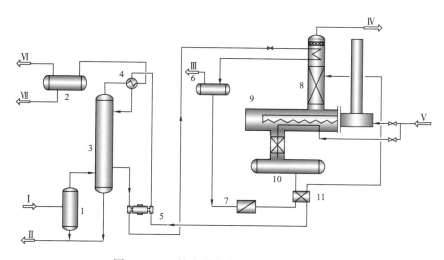

图 2-29 三甘醇脱水装置节能改进流程图

1—SMMSM 高效分离器；2—净化气分离器；3—吸收塔；4－TEG 贫液换热器；5－能量转换泵；
6—闪蒸罐；7－过滤器系统；8－再生塔；9—重沸器；10－TEG 缓冲罐；11—板式换热器；
I—原料气；II—污液；III—闪蒸气；IV—尾气；V—燃料气；VI—外输气；VII—污水

3. 工艺参数控制

三甘醇脱水工艺的主要工艺参数包括原料气温度与压力，贫三甘醇溶液浓度、温度、循环量，吸收塔操作压力及塔板数，甘醇闪蒸分离器压力及温度，再生塔的压力及再沸器温度等，各工艺参数的变化均会对三甘醇脱水的处理效果造成一定影响[44]。三甘醇脱水参数见表 2-19。

表 2-19 三甘醇脱水工艺参数

项目		参数	备注
吸收塔	气体进吸收塔温度 ℃	15～48	大于 50℃时可设前置冷却装置
	操作压力，MPa	2.5～10	—
	塔板数，块	理论板数 6～8	实际塔板效率为 25%～40%
三甘醇	贫液浓度	浓度越高，脱水效果就越好	工艺流程模拟计算具体确定
	循环量	脱除 1kg 水需 20～30L 三甘醇	
	进塔温度	高于气流温度 3～6℃，且低于 60℃	避免发泡与损失
闪蒸分离器	压力	0.27～0.62MPa	保证有足够的压力进精馏塔，有足够的温度进行醇烃分离，卧式分离器
	温度	60～70℃，停留时间 5～10min（贫气），20～30min（富气）	
再生塔	压力	常压	—

项目		参数	备注
再生塔	进塔温度	150~165℃	—
	重沸器温度	190~204℃	—
	贫甘醇浓度	98%~99.9%	需进一步提高三甘醇贫液浓度时，可采用汽提方式再生
机械过滤器	压力	0.27~0.62MPa	可将 50μm 以上杂质过滤
	温度	60~70℃	
	精度	50 μm	
活性炭过滤器	压力	0.27~0.62MPa	—
	温度	60~70℃	

采用 HYSYS 软件对三甘醇脱水单元进行工艺模拟，取川中净化厂天然气组分，处理规模 $100 \times 10^4 m^3/d$，压力 3.98MPa，温度 42℃，对原料气进塔温度及压力、吸收塔塔板数、再生温度及汽提气用量对脱水效果的影响进行分析。

原料气进吸收塔的温度和压力主要影响天然气的含水量[45]，决定了需脱除的水量。当进塔温度较高时，其水含量呈指数形式升高。为控制进塔天然气含水量，进吸收塔的天然气温度应维持在 15~48℃之间，最好在 27~38℃之间。原料气的温度及压力，可能会影响汽提气量（TEG）的循环速度，也会降低气体的密度，从而导致入口气体的体积流量变高。随原料气进塔温度的升高，进气水含量将会呈指数倍增加，天然气露点降也越大，原料气进气温度对脱水效果的影响如图 2-30 所示。甘醇—吸收塔塔板数增加导致天然气与三甘醇在吸收塔中达到气液相平衡从而降低三甘醇循环效率，随吸收塔塔板数增加天然气露点降也越大，塔板数对脱水效果的影响如图 2-31 所示。

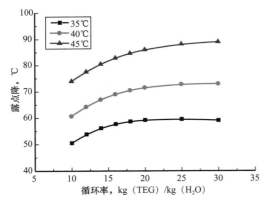

图 2-30　原料气进气温度对脱水效果的影响

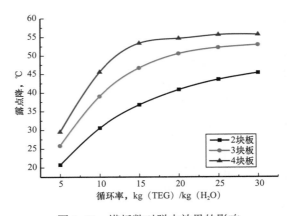

图 2-31　塔板数对脱水效果的影响

原料气在吸收塔中获得的露点降随贫甘醇浓度、甘醇循环量和吸收塔塔板数增加而增加。选择甘醇循环量时必须考虑贫甘醇进吸收塔时的浓度、塔板数和所要求的露点降。甘醇循环量通常用每吸收原料气中 1kg 水分所需的甘醇体积量，一般从天然气中脱除 1kg 水需 20～30L 三甘醇。根据溶液吸收原理，循环量、浓度与塔板数存在如下相互关系：

（1）循环量和塔板数固定时，三甘醇贫液浓度越高，天然气露点降越大。

（2）塔板数和三甘醇贫液浓度固定时，循环量越大则露点降越大，但循环量升到一定程度后，露点降增加值明显减少。

（3）在甘醇循环量和三甘醇贫液浓度恒定的情况下，塔板数越多，天然气露点降越大，但一般不超过 10 块实际塔板。

三甘醇的贫液浓度仅随重沸器温度增加而增加，其理论热分解温度为 206.7℃，故重沸器内的温度不应超过 204℃。当固定吸收塔板数为 3 块板时，随再生温度增加，天然气的脱水效果越来越明显，再生温度对脱水效果的影响如图 2-32 所示。

在甘醇循环量和塔板数一定的情况下，三甘醇的浓度越高，天然气露点降就越大。因此，降低出塔天然气露点的主要途径是提高三甘醇贫液浓度[46]。对于要求更低的水露点情况下，单独增加再沸器温度无法满足要求，三甘醇在温度高于 204℃时会失效，需搭配使用纯度为 99.9% 的汽提气，可有效增加脱水效率。三甘醇离开再生塔时汽提气与之短暂接触，随汽提气量增加，天然气的脱水效果越来越明显，汽提气对脱水效果的影响见图 2-33。

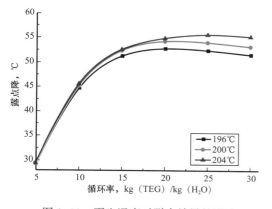

图 2-32　再生温度对脱水效果的影响

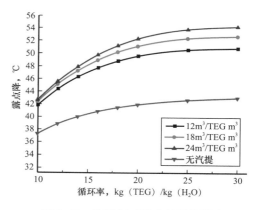

图 2-33　汽提气对脱水效果的影响

三、固体吸附脱水

固体吸附法利用多孔性固体材料对天然气中各组分的选择性吸附，使其中一种或多种组分吸附于固体表面上，其他的不予吸附，从而将天然气中水与烃类气体分离。常用的吸附剂主要有分子筛、硅胶、活性氧化铝等。对于需深度脱水的工艺过程则必须采用固体吸附法脱水。分子筛脱水应用最广泛，技术成熟可靠，脱水后天然气水露点可低于 −100℃以下，可满足凝液回收、天然气液化等装置对水露点的要求[47]。

1. 吸附及再生过程

固体吸附脱水由吸附过程及再生过程组成，吸附过程利用多孔性固体吸附剂的吸附性，处理气体混合物，使其中一种或多种组分吸附于固体表面上，从而达到分离操作。吸附作用主要是由于固体的表面力，根据表面力的性质可将吸附分为两大类型：物理吸附和化学吸附。在天然气脱水装置中大多采用半连续操作，即固定床吸附。对于单一可吸附物质的气体混合物，吸附阶段分子筛床层的变化情况如图 2-34 所示。

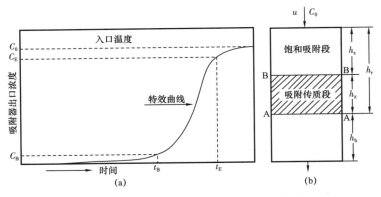

图 2-34　吸附阶段分子筛床层的变化情况

图 2-34（a）为流出吸附剂床层的气体中吸附物浓度随时间变化的情况。吸附开始时，吸附物浓度为零，到达 t_B 时，吸附物浓度开始增加，最终，床层出口气体中吸附物浓度达到 C_0 即与进料气的浓度相等。t_B 称为吸附过程的转效点，C_B 为转效点浓度，故图 2-34（a）上的曲线又称为转效点曲线。吸附传质段是指吸附床层饱和段与未吸附段间的动态区间；图 2-34（b）为吸附剂床层示意图，图中阴影部分为吸附传质段，其长度用 h_z 表示，在此区域区中吸附物浓度分布如转效曲线所示。在吸附传质段上部（即后边线 BB 以上部分）的吸附剂床层已被吸附物所饱和段，其长度用 h_s 表示。在吸附传质下部（前边线 AA 以下部分）的吸附剂则不尚未吸附物质，故称为未吸附段，其长度用 h_b 表示，随操作时间延长，吸附传质段不断下移，当 AA 线到达床层出口端时达到了此吸附的转效点，此时出口气流中吸附物浓度迅速上升，表明此床层必须进行再生解吸。

要保证吸附工艺正常进行，需对饱和的吸附剂进行再生。对固定床气—固吸附而言，主要的再生方法有温度转换再生法、压力转换再生法及冲洗解吸再生法，其中温度转换再生法是目前常用的再生方法。温度转换再生法的再生和冷却周期温度变化曲线见图 2-35。图中曲线 1 表示进吸附器的再生气体的温度变化，曲线 2 表示再生过程中流出床层的气体温度变化，曲线 3 表示原料气温度（即环境温度）。

整个操作周期 8h，再生过程中加热时间为 6h，冷却时间为 2h。分子筛吸附剂的再生过程可划分为 A，B，C 及 D 四个阶段，在 A 阶段，烃类全部被脱附，水的脱附集中在阶段 B，阶段 C 主要清除

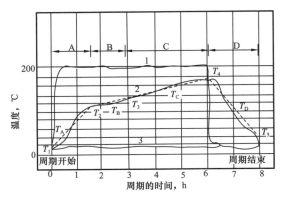

图 2-35　再生过程温度变化曲线

重烃等不易脱附的物质，增加再生后吸附剂的湿容量，阶段 D 则冷却床层至吸附温度。$T_2 \approx 110℃$，$T_3 \approx 127℃$，$T_B \approx 116℃$，$T_4 \approx 127 \sim 260℃$，$T_5 \approx 50 \sim 55℃$。再生气体温度和流量控制了每一阶段的时间；吸附塔的数目和吸附操作周期决定了再生过程可延续的时间。分子筛床层出口气体温度达到 $175 \sim 260℃$，吸附剂均能较好地得到再生。为脱除吸附的重烃，加热到一定高温是必须的，然而，在不影响吸附剂再生质量的前提下，应尽可能采用较低的再生温度，以减少加热设备的负荷，降低再生能耗。

2. 工艺流程

分子筛脱水工艺包括吸附和再生（加热、冷却）两个过程。根据分子筛再生气不同，分子筛脱水流程可分为干气与湿气再生流程。天然气首先经过进口分离器脱除游离水、液烃、固体杂质后，自上而下流经分子筛吸附塔吸附天然气中水汽，脱水后的天然气由过滤器脱除夹带的分子筛粉末，进入下一个工艺单元。

1）分子筛脱水二塔流程

分子筛脱水工艺应根据处理量大小选择二塔、三塔或者多塔，分子筛脱水二塔工艺最常见，当吸附过程经过一操作周期（8～24h）后，吸附床被天然气中的水汽饱和，将塔切换为再生过程，天然气分子筛脱水工艺流程如图 2-36 所示。

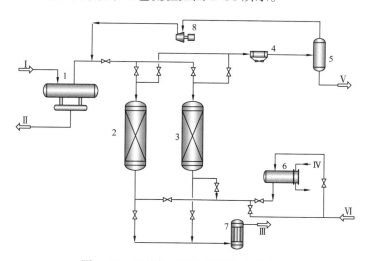

图 2-36　天然气二塔分子筛脱水流程图

1—过滤分离器；2，3—吸附塔；4—空冷器；5—再生气分离器；6—再生气加热器；7—粉尘过滤器；8—再生气压缩机；
Ⅰ—原料气；Ⅱ—污液；Ⅲ—脱水后天然气；Ⅳ—导热油；Ⅴ—污水；Ⅵ—再生气

再生气进入再生气加热器直接加热至 240～300℃，自下而上流经床层，再生气量约为原料气的 5%～10%。当塔内的温度升高时，捕集在吸附剂孔隙内的水分会转变成水蒸气，并由天然气所携带出塔，气体离开塔顶后经空冷器冷却，再生气经再生气分离器分离冷凝水后，经再生气压缩机增压后返回至装置进料管线上。当吸附床层出口气体温度升至预定温度后，加热再生完毕，再生气加热器停止加热，再生气经旁通进入吸附塔，用于冷却再生床层，当床层温度冷却至要求温度（40～50℃）时又可开始进入下一循环的吸附。

吸附法脱水具有以下优点：

（1）脱水后水露点温度可达 –100℃以下；

（2）对进料气的温度、压力及流量变化不敏感，操作弹性大；

（3）操作简单，占地面积小。

吸附法脱水具有以下缺点：

（1）吸附剂使用寿命短，一般使用三年就得更换，增加了运行成本；

（2）气体压降大于溶剂吸收脱水；

（3）系统脱水能耗高，再生气量大。

2）分子筛脱水三塔流程

分子筛脱水三塔流程，分子筛脱水 1 个操作周期内吸附 24h，再生 6h，冷却 6h，运行期间保持两塔吸附、一塔再生 / 冷却，根据不同情况操作周期可适当调节，分子筛脱水三塔流程如图 2-37 所示。

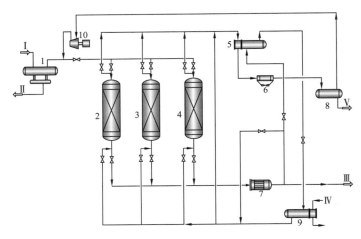

图 2-37　分子筛三塔脱水流程图

1—过滤分离器；2，3，4—吸附塔；5—再生气预热器；6—空冷器；7—粉尘过滤器；8—再生气分离器；
9—再生气加热器；10—再生气压缩机；Ⅰ—原料气；Ⅱ—污液；Ⅲ—脱水后天然气；Ⅳ—导热油；Ⅴ—污水

再生气取自脱水后的干气，并采用与原料气吸附脱水相反的介质流动方向，自下而上通过刚完成吸附过程的分子筛脱水塔。再生气经再生气换热器与高温再生气换热后进入再生气加热器，用导热油加热至约 260～280℃后进入分子筛脱水塔，以再生分子筛床层。分子筛吸附的水被高温再生气加热脱附，与再生气一起进入再生气换热器与低温再生气换热后，进入空冷器。冷却后的再生气进入再生气分离器分离出液态水后，经再生气压缩机增压后返回至装置进料管线上。

脱水塔再生完成后，再生气加热器停止加热。未经加热的同一股气流作为冷却气，冷却气自下而上通过刚完成再生过程的分子筛脱水塔，以冷却该塔。冷却床层出口温度为40～50℃时视为冷吹完成。冷吹气依次进入再生气换热器、再生气冷却器、再生气分离器，经再生气压缩机增压后返回至装置进料管线上。

分子筛再生气加热过程中消耗大量的能量，再生气余热未能得到有效回收，该流程中增设再生气预热器，利用热吹后的高温再生气对即将进入再生器的低温再生气进行余热，回收一部分高温再生气的热量，可有效降低再生加热器的热负荷。

分子筛脱水三塔流程特点如下：

（1）再生速度较快，在相同处理量下可使单塔的再生与冷却时间更长，提高再生效果、保护分子筛；

（2）有效缓解分子筛因温度、压力急剧变化而造成的粉化问题，降低下游过滤器的堵塞可能性；

（3）投资较两塔流程高，流程复杂，运行管理难度大。

3）分子筛再生方式

分子筛再生方式有同压再生和降压再生两种。分子筛同压再生工艺是指分子筛再生压力与吸附工作压力几乎一样，再生后饱和湿天然气用压缩机增压返回原料气入口分离器的再生方式。分子筛同压再生工艺利用干燥后的部分干气做再生气，其最大优点是能够将分子筛提前完成再生，深冷系统装置一旦开车就可迅速地投料和降低深冷温度，很快建立物料能量平衡。其特点是再生压力及温度高，再生能耗较大。

分子筛降压再生工艺是指分子筛再生压力低于吸附工作压力，再生气经再生气分离器后未返回原料气入口的再生方式，再生气可作其他单元燃料气。低压再生气有较高的携水能力，与高压再生相比再生气量小。降压再生时，切换程序必须考虑系统压力与床层压力相平衡的问题，以避免切换时因气流的剧烈流动而对分子筛床层造成损坏。其特点是再生压力及温度低，能耗较小，且省去再生压缩机。

3. 吸附剂类型及性能

吸附剂的性能直接影响到脱水效果，主要取决于很多因素，如吸入气体的相对湿度、气体流量、吸附区域温度、颗粒大小、吸附剂工作时间、污染程度以及吸附剂自身等，常以吸附剂的湿容量表示其吸附量的大小。

吸附剂湿容量是每100g吸附剂能从气体中脱除的水汽克数，吸附剂的湿容量一般与吸附剂的比表面积和其堆积密度的乘积成正比，吸附剂湿容量可用平衡湿容量和有效湿容量表示。

平衡湿容量是指在给定温度下，吸附剂与一相对湿度的气体充分接触，最后水蒸气在吸附剂和气体中达到平衡时的湿容量，静态条件下（气体不流动）测定的平衡湿容量称为静态湿容量。

动态条件下（即气体以一定速度连续流过吸附床层）测定的平衡湿容量称为动态平衡湿容量，其值为静态平衡湿容量的40%～60%。

常用的天然气脱水固体吸附剂包括分子筛、活化氧化铝及硅胶等，天然气脱水常用吸附剂特性参数见表2-20[26]。

1）硅胶

硅胶是透明或乳白色固体，主要成分为SiO_2，分子式为$mSiO_2 \cdot mH_2O$。其按照孔径大小分为粗孔硅胶与细孔硅胶两种，其中细孔硅胶用于天然气脱水，平均孔径为20～30Å，其化学组成见表2-21。

2）活性氧化铝

活性氧化铝是一种多孔、吸附能力较强的极性吸附剂。主要成分为 Al_2O_3，其他为少量金属化合物。由于活性氧化铝呈碱性，不宜用于含硫天然气脱水，且其孔分布较宽对分子尺寸无选择性，对天然气中重组分有吸附作用，再生能耗高。目前国内外常用于天然气脱水的活性氧化铝有 F-1 型粒状、H-151 型球状两种，它们的化学组成见表 2-22。

表 2-20 天然气脱水常用吸附剂特性参数

特性	分子筛 4A	分子筛 5A	硅胶 R 型	活性氧化铝 F-1 型
表面积，m^2/g	700～900	800～900	550～650	210
孔体积，cm^3/g	0.27	0.27	0.31～0.34	—
孔直径，Å❶	4.2	4.2	21～23	—
平均孔隙度，%	55～59	58～60	—	51
堆积密度，g/L	660～688	665～690	780	800～880
假密度，g/cm^3	0.9～1.3	0.9～1.3	0.7～1.3	0.8～1.9
真密度，g/cm^3	2.0～2.5	2.0～2.5	2.1～2.3	2.6～3.3
比热容，$J/(g \cdot ℃)$	0.837～1.032	0.856～1.047	1.047	1.005
再生温度，℃	150～307	156～307	150～230	180～310
有机物吸附量	大	大	中	小
分子大小的吸附性选择性	中	中	中	小
磨损耗，%（质量分数）	0.2～0.5	0.2～0.5	0.5～5	0.2～1
静态有效吸附容量，%（质量分数）	22	22	33.3	14～16
颗粒形状	圆柱状	圆柱状	球状	颗粒

表 2-21 细孔硅胶化学组成

组成	SiO_2	Fe_2O_3	Al_2O_3	TiO_2
含量，%（摩尔分数）	99.71	0.03	0.1	0.09
组成	Na_2O	CaO	ZrO_2	其他
含量，%（摩尔分数）	0.02	0.01	0.01	0.03

3）分子筛

分子筛是一种人工合成沸石，是强极性吸附剂，对水有很大的亲和力，可对气体和液体具有干燥作用。分子筛的热稳定性和化学稳定性高，且具有许多孔径均匀的微孔通道和

❶ 1Å = 0.1nm。

排列整齐的空腔，故其比表面积大（800~1000m²/g），且只允许直径比其孔径小的分子进入微孔，使大小和形状不同的分子分开，起到选择性吸附的作用。

表 2-22 活性氧化铝化学组成

组成	Al₂O₃	Na₂O	SiO₂	Fe₂O₃	灼烧失重
F-1 型	92	0.9	<0.1	0.08	6.5
H-151	90	1.4	1.1	0.1	6

分子筛的化学通式见式（2-9）。

$$M_{2/n} \cdot O \cdot Al_2O_3 \cdot xSiO_2 \cdot yH_2O \tag{2-9}$$

其中　M——可交换的金属阳离子（如 Na，K 及 Ca 等）；

　　　n——金属阳离子价数；

　　　x——硅铝比，亦即 SiO_2/Al_2O_3 的摩尔比；

　　　y——1 个分子筛分子所能吸附的水分子个数。

现已有多种型号分子筛，根据分子筛孔径、化学组成、晶体结构及 SiO_2 与 Al_2O_3 物质的量比不同，可将分子筛分为 A，X 和 Y 型几种，其晶体结构如图 2-38 所示。它们的吸附机理相同，区别在于晶体结构的内部特征。A 型基本组成是硅铝酸钠，孔径为 0.4nm（4Å），称为 4A 分子筛。用钙离子交换 4A 分子筛中钠离子后形成 0.5nm（5Å）孔径的孔道，称为 5A 分子筛。X 型分子筛基本组成也是硅铝酸钠，但因晶体

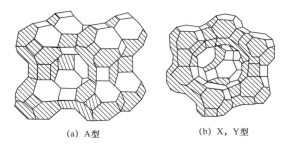

(a) A 型　　　　　　(b) X，Y 型

图 2-38 A，X 与 Y 型分子筛结构

结构与 A 型不同，形成约 1.0nm（10Å）孔径的孔道，称为 13X 分子筛。用钙离子交换 13X 分子筛中钠离子后形成约 0.8nm（8Å）孔径的孔道，称为 10X 分子筛。Y 型具有与 X 型相同的晶体结构，但其化学组成（硅铝比）与 X 型不同，通常多用作催化剂。

X 型分子筛易吸收重烃，不宜用在凝液回收工艺中脱水，推荐采用 4A 或 5A 型分子筛脱水。AW 型是丝光沸石或菱沸石结构，为耐酸性分子筛，AW-500 型孔径为 5Å。分子筛的选择吸附性能参数见表 2-23。

表 2-23 分子筛的选择吸附性能

类型	孔径尺寸，nm	能吸附的分子	不能吸附的分子
3A	0.3	H₂O，NH₃	大于乙烷
4A	0.4	C₂H₅OH，H₂S，CO₂，SO₂，C₂H₆，C₃H₆	大于丙烷
5A	0.5	nC₄H₉OH，nC₄H₁₀，C₃H₉—C₂₂H₄₆	异构物和大于四个碳的环状物
13X	1.0	直径为 1.0nm 以下的分子	直径大于 1.0nm 的分子

在分子筛脱水过程中，水蒸气分压（相对湿度）、吸附温度、气体流速以及分子筛的使用时间对分子筛的吸附湿容量的影响较大[48, 49]。图 2-39、图 2-40 分别给出了相对湿度、吸附温度对分子筛脱水效果的影响；表 2-24 及表 2-25 分别列出了气体流速、分子筛使用时间对吸附容量的影响。

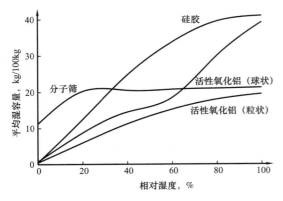

图 2-39　不同吸附剂的等温（常温）线

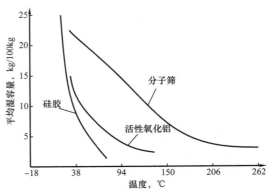

图 2-40　不同吸附剂的吸附等压线（10mmHg 柱）

表 2-24　气体流速对吸附剂有效湿容量的影响

气体流速，m/min		15	20	25	30	35
吸附湿量，%	分子筛（绝热）	17.6	17.2	17.1	16.7	16.5
	硅胶（恒温）	15.2	13.0	11.6	10.4	9.6

表 2-25　湿容量与再生次数的关系

吸附剂运转时间 月	有效湿容量，kg/100kg		再生次数，次	
	硅胶	活性氧化铝	硅胶	活性氧化铝
0	7.0	7.0	1	1
8	5.0	3.9	145	145
18	2.7	2.5	272	283
27	2.0	2.2	425	436
35	1.2	2.1	587	598

与活性氧化铝、硅胶相比，用分子筛为天然气脱水吸附剂具有以下特点：

（1）在水蒸气分压很低时，分子筛的平衡湿容量远大于其他吸附剂。吸附选择性强，可按分子大小及极性不同进行选择性吸收；特别适用于深度脱水，经分子筛脱水后的气体，水露点可达到 -100℃以下。另外，高水蒸气分压下，分子筛的动态湿容量可高于其他吸附剂。

（2）分子筛具有高效吸附特性，分子筛在低水汽分压、高温、高气体流速等苛刻的条件下仍然保持较高的湿容量，例如在100℃时，分子筛的湿容量是15%，而活性氧化铝小于3%，硅胶小于1%，但在较高相对湿度下，硅胶的平均湿容量，可先采用硅胶粗脱一部分水，再用分子筛进行深度脱水。

（3）分子筛使用寿命较长，不容易被液态水破坏，吸附水的同时，可进一步脱除残余酸性气体。

（4）在酸性环境下，活性氧化铝呈碱性不宜使用，硅胶吸附湿量小且容易被液态水或缓蚀剂腐蚀，多采用抗酸性分子筛。分子筛能在pH值5～10范围内的介质中使用，当高温再生气冷却后的分离器底部酸性水pH值小于5，人工合成的分子筛在酸性环境中常遭受到破坏，美国UOP公司开发出专门在酸性环境下使用的分子筛AW-300和AW-500，专门用于H_2S、HCl、NO_2等酸性气体的干燥。在高酸性天然气中脱水多采用AW-500型分子筛，其技术指标见表2-26。

表2-26 抗酸性分子筛AW-500技术指标

参数	1/16in 条状	1/8in 条状
直径，mm	1.6～1.8	3.0～3.4
孔径，10^{-1}mm	5	5
堆积密度，kg/m^3	≥670	≥670
抗碎强度，N	≥35	≥80
平衡水容量，%（质量分数）	≥19	≥19
包装含水量，%（质量分数）	≤2.5	≤2.5
平均吸附热，kJ/kg	3369.7	3369.7

对于含水量较多的天然气，先用活性氧化铝或硅胶与分子筛组成的双床层脱水处理，以达到深度脱水的目的，同时也可脱除天然气中部分酸性组分。

4. 工艺参数控制

吸附法脱水工艺主要由吸附操作和再生操作组成，影响干燥器安全、高效、经济运行的因素较多，如现场条件（环境温度、系统配置）、进口状态（压力、温度、流量）、出口状态（露点、压力损失、有效供气量）、选择参数（吸附剂种类、动态吸附量、工作周期、空塔流速、再生气回流比等）。

1）原料气的温度和压力

吸附剂的湿容量与床层吸附温度有关，吸附温度越高，吸附剂的湿容量越小，吸附效果变差。为使吸附剂能保持较高的湿容量，进床层的原料气温度不宜过高，最高不宜超过50℃。同时，原料气温度也不能低于其形成水合物的温度。压力对吸附剂湿容量影响甚微，但在操作过程中应注意压力平稳，避免波动。

2）操作周期

操作周期分为长周期和短周期两类。需达到管输天然气的露点要求时采用长周期操作，即在达到转效点时才进行吸附塔的切换。周期通常为8h，也有用16h或24h的。吸附周期长，则再生次数少，吸附剂寿命长，但床层长，投资高。对于含水量较高的天然气，易采用较短的周期；对于含水量较低的天然气，易采用较长的周期。吸附剂寿命不仅与周期有关，还与原料气中酸性组分有关。当干气的露点要求严格时，应采用较短操作周期，即在吸附传质段前达到床层长度的50%～60%时就进行切换。

吸附周期应根据气中含水量、空塔流速、床层高径比（不应小于1.6）、再生能耗、吸附剂寿命作技术经济比较，对于两塔脱水流程，吸附周期一般为8～24h。对于压力不高，含水量较多的天然气，吸附周期宜小于或等于8h。再生周期时间与脱水时间相同，其中再生气加热床层时间一般是再生周期的50%～65%。

3）再生气源、流量及再生温度

再生气和冷却气宜用净化后的天然气，两者都应回收。再生气的流量大约为原料气的5%～15%，由具体操作条件而定。再生气的流量应足以保证在规定的时间内将再生吸附提高到规定的温度。

再生温度取决于分子筛的特性和干气要求的露点。以分子筛深度脱水时，再生温度可能高达220～290℃，脱水干气的露点可降到–100℃以下。为脱除重烃等残余吸附物，加热到较高温度是必须的，但在不影响再生质量的前提下，应尽可能采用较低的温度，这样既可降低能耗，又可延长吸附剂的使用寿命。

规范规定吸附时气体通过床层的压降宜小于或等于0.035MPa，不宜高于0.055MPa，否则应重新调整空塔气速。

5. 工艺设备

吸附脱水单元需确定的主要参数包括吸附器的直径和床层高度、再生加热负荷、再生气和冷却气用量等。

1）吸附塔直径和床层高度

计算吸附脱水器直径按雷督克斯的半经验公式计算空塔质量流速，再用转效点效核。

$$G_g = \left(C \rho_B \rho_g D_p \right)^{0.5} \tag{2-10}$$

$$D = \sqrt{\dfrac{4 Q_m}{\pi G_g}} \tag{2-11}$$

式中　G_g——允许气体空塔质量流速，kg/（$m^2 \cdot s$）；

　　　C——常数，气体自上向下流动，可取 $C = 0.25 \sim 0.32$；气体自下向上流动，可取 $C = 0.167$；

　　　ρ_g——气体在操作状态下的密度，kg/m^3；

　　　ρ_B——吸附剂的堆积密度，kg/m^3；

D_p——吸附剂的平均直径，m；

Q_m——气体流量，m^3/s。

吸附床层高度按下式计算：

$$H_T = \frac{V_w}{F} \qquad (2-12)$$

式中　H_T——吸附床层高度，m；

　　　V_w——分子筛体积，m^3；

　　　F——床层的横截面积，m^2。

床层高径比 H_t/D 不应小于 1.6，否则应调整床层高度。

2）传质区长度

从饱和到初始吸附之间的床层称传质区长度，传质区长度通常为 0.15～1.8m，气体停留时间 2～3s。传质区长度按下式计算：

$$H_Z = 1.41A \frac{q^{0.7895}}{V_g^{0.5506} R_s^{0.2646}} \qquad (2-13)$$

式中　H_Z——吸附剂的传质长度，m；

　　　A——吸附剂系数，对于硅胶 $A=1$，活性氧化铝 $A=0.8$，分子筛 $A=0.6$；

　　　V_g——空塔气速，m/min；

　　　R_s——进口天然气相对湿度，%；

　　　q——床层截面积水负荷，$kg/(h \cdot m^2)$。

床层截面积水负荷按下式计算：

$$q = \frac{G_1}{6\pi D^2} \qquad (2-14)$$

床层的湿容量包括饱和段和吸附传质段两部分，故吸附剂的有效吸附容量按经验公式计算：

$$XH_T = X_S H_T - 0.45 H_Z X_S \qquad (2-15)$$

式中　X——吸附剂的有效吸附容量，

　　　X_S——吸附剂的动态湿容量，单位为 kg（水）/100kg（吸附剂）。当 $X<X_S$ 时，H_T 才满足要求，否则应调整 H_T。

公式（2-15）中的 0.45 是基于实验数据所取的平均值，在关于传质区高度的函数中其取值范围也在 0.40～0.52 之间，也用于构建很多工程实例的分布曲线。吸附剂的动态湿容量 X_S 必须反映吸附剂的寿命和其他相关因素。传质区的有效吸附容量低于正常值，因为在生产运行中吸附剂的吸附效果不断降级，所使用的值必须反映出将来某个时间的吸附容量，以优化干燥剂重置成本。

3）转效点时间 θ_B 校核

吸附传质段到达床层底部时，流出床层气体中的水浓度迅速上升的点成为转效点。计

算吸附转效点 θ_B，并验证 θ_B 与确定的吸附周期 τ 是否一致。转效点时间 θ_B 必须大于操作周期，才能满足要求。

$$\theta_B = \frac{0.01 X \rho_B H}{q} \qquad (2\text{-}16)$$

式中　θ_B——转效时间，h；

　　　H——床层总高度，m；

　　　X——有效吸附容量，kg（水）/100kg（吸附剂）。

4）床层压降

床层压降可按下式计算：

$$\frac{\Delta p}{H} = B\mu_g + C\rho_g V_g^2 \qquad (2\text{-}17)$$

式中　Δp——脱水器床层压降，kPa；

　　　μ——气体黏度，mPa·s；

　　　B，C——常数，查表 2-27。

吸附时气体通过床层的压降宜小于 0.035MPa，不宜高于 0.055MPa，否则应重新调整空塔气速。

表 2-27　吸附剂粒子类型常数表

粒子类型	常数 B	常数 C
直径 3.2mm 球形	4.155	0.00135
当量直径 3.2mm 条形	5.357	0.00188
直径 1.6mm 球形	11.278	0.00207
当量直径 1.6mm 条形	17.660	0.00319

条形当量直径 d：

$$d = \frac{d_0}{\dfrac{2}{3} + \dfrac{d_0}{3l_0}} \qquad (2\text{-}18)$$

式中　d_0——圆柱（条）直径，mm；

　　　l_0——条长度，mm。

5）再生气和冷却用量计算

再生加热所需的热量为 Q，则

$$Q = Q_1 + Q_2 + Q_3 + Q_4 \qquad (2\text{-}19)$$

式中　Q_1——加热分子筛的热量，kJ；

　　　Q_2——加热吸附器本身（钢材）的热量，kJ；

Q_3——脱附吸附水的热量，kJ；

Q_4——加热铺垫的瓷球的热量，kJ。

算出 Q 后，加10%的热损失，设吸附后床层温度是 t_1，热再生气进出口平均温度为 t_2，则

$$Q_1 = m_1 C_{p1} (t_2 - t_1) \qquad (2-20)$$

$$Q_2 = m_2 C_{p2} (t_2 - t_1) \qquad (2-21)$$

$$Q_3 = 4186.8 m_3 \qquad (2-22)$$

$$Q_4 = m_4 C_{p4} (t_2 - t_1) \qquad (2-23)$$

式中：m_1，m_2，m_3，m_4 分别是分子筛的质量、吸附器筒体、脱附水和铺垫物的质量；4186.8kJ/kg 是水的脱附热；C_{p1}，C_{p2}，C_{p4} 分别为上述各种物质的定压比热；设 t'_2 是再生加热结束时气体出口温度；t_3 为再生气进吸附器时的温度。

再生气温降为：

$$\Delta t = t_3 - 0.5 (t'_2 + t_1)$$

每千克再生气放出热量：

$$q_H = C_p \Delta t$$

总共需再生气量：

$$G = 1.1 Q / q_H$$

加热后床层温度很高，需通入冷的干气冷却，需冷却到原来吸附开始时的温度，此值应比吸附正常进行时的床层温度低3～6℃（即减去吸附热使床层温度升高的温度），设此值为 t'_1。吸附器由加热的平均温度 t_2 冷却到 t'_1，冷却吸附塔需移去的热量 Q' 是：

$$Q' = Q_1 + Q_2 + Q_4 \qquad (2-24)$$

吸附器由加热的平均温度 t_2 冷却到 t'_1，平均温度 $t_m = \frac{1}{2}(t_2 + t'_1)$。

设冷却初温是 t_a，每千克干气移去的热量：

$$q_c = c_p (t_m - t_a) \qquad (2-25)$$

总共需冷却气量：

$$G' = Q' / q_c$$

上述计算湿天然气、再生气、冷却气的吸放热量也可根据对应温度的焓差值计算。

6）再生气空塔速度计算

再生时再生气压力原则上根据外输系统压力决定。经过吸附器压降一般在10～20kPa，再生气空塔速度可按雷督克斯公式计算，再生气是自下向上流动的，其中 C 值

0.167 实践证明，根据上述公式计算的结果，基本上符合实际操作情况。再根据再生气空塔速率，校核空塔截面积是否足够。

7）加热炉热负荷和燃料气量

一般取再生气出加热炉的温度比 t_3 高 10～15℃，加热炉热负荷 Q''。

$$Q'' = G\left(H_{out} - H_{in}\right) \tag{2-26}$$

式中　G——再生加热气量，kg/s；

　　　H_{in}——再生气加热炉进口焓值，kJ/kg；

　　　H_{out}——再生气加热炉进口焓值，kJ/kg。

当用加热炉加热再生气体时，则加热炉燃料消耗按下式计算：

$$V = \frac{Q''}{H\eta} \tag{2-27}$$

式中　V——燃料气耗量，m³/h；

　　　η——加热炉热效率；

　　　H——燃料气的低位发热量，kJ/m³。

6. 分子筛脱水工艺常见问题

分子筛脱水适用于要求深度脱水的场合，在凝液回收、天然气液化、压缩天然气装置等中得到广泛应用，装置对原料气的温度、压力和流量变化不敏感，也不存在严重的腐蚀及发泡问题。典型分子筛脱水装置运行情况见表 2-28[50]。分子筛脱水装置运行中出现的问题常由吸附塔的设计、操作以及维护不当而引起。表 2-29[51, 52]为分子筛脱水的常见问题、造成原因及相应的解决方法。

表 2-28　典型分子筛脱水装置运行情况

项目	轮南轻烃厂	高尚堡油气处理厂	南堡天然气处理厂
处理量，10⁴ m³/d	1500	25	135
吸附压力，MPa	6.1	0.25	4.0
吸附温度，℃	30	40	40
分子筛型号	4A	4A	4A
再生流程	三塔流程	两塔流程	两塔流程
再生方式	干气再生	干气再生	干气再生
操作周期	6h	8h	8h
再生温度，℃	260	280	230～250
水露点，℃	≤-80	≤-80	≤-80

表 2-29　分子筛脱水常见问题处理

存在问题	原因	解决方案
分子筛的粉化	操作压力不稳使分子筛产生摩擦和流动；进塔前气体未分离干净；重组吸附于分子筛表面，经加热等操作发生结焦；差压再生时，干燥塔充压或泄压操作速度过快；气体透过床层的压力降过大	在干燥系统上游尽可能将重烃和游离水分离；用水蒸气作为再生气，每年再生操作 1~2 次，可防止结焦现象；安装并及时切换和清洗粉尘过滤器
出塔气体露点偏高	干燥塔内部隔热衬里出现裂缝，使入口湿气体发生短路；干燥塔的阀泄漏也可能使湿气绕过脱水器；吸附干燥剂不完全再生；吸附剂受油类、化学介质等污染而失去吸附活性；在较高温度下反复加热再生	—
分子筛寿命短	原料气中含蜡和重烃、再生温度过高，使分子筛结焦、粉化结块；液烃回流，与分子筛溶解组分粘结，加速粉化，减小干燥塔的有效截面积，增大压降	降低再生温度与减慢再生气流的升温速度；对现有分子筛进行改造，如使用 UOP 公司的 Molsiv™ UI-94 分子筛能很好地解决因回流引起的过早粉化和压降升高问题

第四节　天然气脱汞

近年来，凝液回收装置原料气中汞含量控制越来越受关注。凝液回收装置脱汞的主要目的是保护工艺设备（尤其是低温铝制换热器）、人员安全及环境，通常要求凝液回收装置进料气中汞含量低于 $0.01\mu g/m^3$。天然气脱汞工艺主要以化学吸附为主。

一、化学吸附法

1. 脱汞原理及流程

化学吸附法是将天然气脱汞剂装填成固体吸附床，天然气中的汞流经吸附床时与脱汞剂中的活性物质反应，以汞化合物的形式从天然气中分离出来。天然气脱汞剂由载体和活性物质两部分组成，一般将单质硫、金属硫化物、银、金、铜等物质作为活性物质，活性氧化铝、分子筛、活性炭、硅胶等多孔物质作为载体。利用浸渍技术将活性物质负载于多孔隙载体上，不仅能增加汞分子与活性物质的接触面积，也能提高脱汞剂的机械强度。该方法具有工艺流程简单，脱汞效率高，设备较少，占地面积小等优点。

天然气化学吸附脱汞单元主要包括过滤分离器、气液聚结器、脱汞塔和粉尘过滤器。脱汞剂的载体具有一定的亲水性，要求脱汞塔进料气不能含有大量的游离水及液烃。因此，需在脱汞塔前设置过滤分离器和气液聚结器，它们的主要作用是脱除天然气中的游离水、液烃和固体颗粒杂质，以保证脱汞剂的脱汞性能。脱汞塔可单塔吸附、双塔吸附或多塔吸附，单塔吸附工艺流程简单，当处理规模较大时，建议采用双塔或多塔吸附。粉尘过滤器的主要作用是脱除低含汞天然气从脱汞塔带出的脱汞剂粉末。化学吸附脱汞工艺流程如图 2-41 所示。

2. 脱汞剂类型

常用的天然气脱汞剂主要有载硫活性炭、负载型金属硫化物和载银分子筛三种[53]。天然气脱汞剂对比见表 2-30。通常根据天然气脱汞单元位置、脱汞成本、脱汞深度等要求，选择合适的脱汞剂。

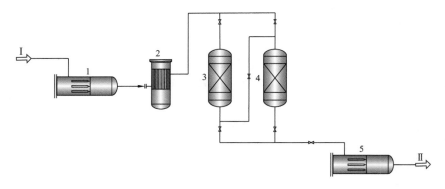

图 2-41　化学吸附脱汞工艺流程

1—过滤分离器；2—气液聚结器；3，4—脱汞塔；5—粉尘过滤器；Ⅰ—高含汞天然气；Ⅱ—低含汞天然气

表 2-30　天然气脱汞剂对比

脱汞剂类型	脱汞机理	工艺特点	适用场合
载硫活性炭	$Hg+S \longrightarrow HgS\downarrow$	技术成熟，价格便宜，脱汞成本低；遇液相易发生毛细管冷凝现象；不可再生，废弃脱汞剂需进一步处理	干气脱汞
负载型金属硫化物	$Hg+2MS \longrightarrow HgS\downarrow+M_2S$	性能稳定，适用范围广；脱汞深度可达 $0.01\mu g/m^3$；载体对湿度、高分子化合物不太敏感，能避免毛细管冷凝现象	干气湿气脱汞
载银分子筛	$Hg+Ag \longrightarrow HgAg$	可再生，能再生循环使用；能耗高，投资较大；脱汞深度可达 $0.01\mu g/m^3$；与普通分子筛联用能实现脱水脱汞双重功能	天然气及天然气凝液

1）载硫活性炭

载硫活性炭脱汞原理是利用单质硫与汞发生反应生成稳定的硫化汞，继而将汞从天然气中分离出来。载硫活性炭遇游离水或液烃时，活性炭易发生毛细管冷凝现象从而堵塞单质汞与硫的接触通道，且单质硫易溶于液烃从而污染天然气[54, 55]。毛细管冷凝和硫融现象将使脱汞剂的脱汞性能下降、汞吸附容量降低、吸附床使用寿命缩短，导致天然气中汞含量不达标，汞进入下游从而影响下游工艺及设备。因此，载硫活性炭只能用于干气脱汞。

载硫活性炭脱汞剂的载体具有发达的微孔结构，吸附过程中载体可能会对单质汞有一定的物理吸附能力，失效脱汞剂中可能含有单质汞以及微量的有机汞，增加了失效脱汞剂的处理难度。载硫活性炭属于不可再生脱汞剂，具有应用技术成熟、一次投资省、长期运行成本较低的优势，全球范围内已有多套载硫活性炭脱汞装置正在含汞气田处理厂运行。

2）负载型金属硫化物

负载型金属硫化物脱汞原理是汞蒸气与反应相金属硫化物发生化学反应，生成难挥发、稳定的硫化汞。当原料气中含有硫化氢时，脱汞剂可以选择负载型金属氧化物，金属氧化物吸收硫化氢后，活化成金属硫化物再与单质汞反应，能同时脱除天然气中汞和硫化氢。汞与反应相金属硫化物紧密、牢固地结合在一起，达到了很好的脱汞效果，能将天然气中汞含量降低至 $0.01\mu g/m^3$。负载型金属硫化物遇游离水和液态烃时，大孔隙的氧化铝载体能很好地阻止毛细管冷凝作用，适应性强[56]。因此，负载型金属硫化物能用于湿气脱汞和干气脱汞。

负载型金属硫化物脱汞剂技术成熟，已有专业化的脱汞剂和脱汞设备。制备过程中，先对脱汞剂前体进行硫化处理达到活化状态，再经过稳定化处理，因此脱汞剂产品性能稳定、不起火、不自燃。金属硫化物均匀地分布于具有高孔隙容积的氧化铝载体上，这种高孔隙容量使得脱汞剂具有超长的使用寿命。

负载型金属硫化物具有适应性强、脱汞效率高、使用寿命长、汞吸附容量大等优势，同时能够抵御偶尔的液体夹带，脱汞剂不会发生板结，不会产生不良的副反应。该类脱汞剂在工业上应用较广泛，目前全球至少有一百套负载型金属硫化物脱汞装置在埃及、英国、德国、挪威等国家用于天然气脱汞。

3）载银分子筛

载银分子筛脱汞原理是单质银与汞蒸气反应生成汞齐合金，从而达到从天然气中脱汞的目的。单质汞与金属之间形成的结合键并不强，汞与银之间的结合键能只有 $10kJ/mol$（与范德华力相当），因此汞饱和后的载银分子筛可通过加热方式与银分离，实现载银分子筛的再生重复利用。载银分子筛若单独设置吸附塔和再生塔，则成本偏高，一般在同一吸附塔内与普通分子筛联合使用更加经济，能实现脱水脱汞双重功能。

经银改性后的分子筛提高了脱汞能力，但其边缘分布仅有厚度为 $1mm$ 的银颗粒，因此汞吸附容量不大，且制备成本高，主要用于低含汞天然气脱汞。湿天然气中的汞主要以气相和气溶胶态两种形式存在，分子筛对气溶胶态的汞具有物理吸附能力，导致载银分子筛很快达到汞饱和状态，降低脱汞剂的使用寿命和脱汞效率，主要用于天然气下游脱汞。因此，载银分子筛推荐用于下游汞含量较低的天然气和天然气凝液脱汞，主要用于天然气液化和凝液回收装置前脱汞。

载银分子筛再生能耗高、初期设备投资较大、价格昂贵及工艺复杂，一般在同一吸附塔内设置联合床层，设备占地少且更经济。目前，在全球至少有几十套天然气脱汞单元采用该类脱汞剂，它们广泛分布于远东、中东、非洲、南美洲和美国。

国内外有多家脱汞剂生产厂家生产了天然气脱汞剂产品，常用的天然气脱汞剂性能参数对比见表2-31。

二、脱汞方案

根据脱汞单元位置不同，天然气脱汞方案可以分为湿气脱汞和干气脱汞两种[57]。工程实际中，通常根据原料气中汞含量、用户要求、环境保护、脱汞成本及维护成本等条件，综合比较两种方案，提出不同适用条件的脱汞方案。天然气净化推荐顺序见图 2-42。当天然气中汞含量高于 $50\mu g/m^3$，推荐采用湿气脱汞方案；当天然气中汞含量低于 $50\mu g/m^3$，推荐采用干气脱汞方案。

表 2-31   天然气脱汞剂性能参数对比

类型	负载型金属硫化物			载硫活性炭	载银分子筛
供应商	Axens	Johnson Matthey	UOP	Calgon Carbon	UOP
活性物质	CuS	CuS/CuO	CuS/CuO	S	Ag
硫元素含量，%	6	5.1	5.5	10～15	—
载体	活性氧化铝	活性氧化铝	活性氧化铝	活性炭	分子筛
颗粒直径，mm	2.4～4	1.6	2～4	4×10目	1.5～2.0
堆积密度，kg/m^3	810	897～1153	850	560	688.73/736.78
抵御液滴能力	较强	较差	较强	较差	较强
是否再生	否	否	否	否	是

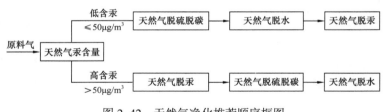

图 2-42   天然气净化推荐顺序框图

1. 湿气脱汞方案

湿气脱汞在处理厂入口处脱汞，即将脱汞单元设置在酸性气体脱除单元、脱水单元上游。含汞原料气先后经过滤分离器和气液聚结器脱除游离水和液烃，随后由上至下进入脱汞塔，再进入粉尘过滤器脱除脱汞剂粉末，脱汞后的天然气随后进入酸性气体脱除装置和脱水装置，处理合格后的天然气去凝液回收装置。该脱汞方案中，若天然气中酸性组分含量较低时，酸性气体脱除单元可设置于凝液回收装置脱乙烷塔后。湿气脱汞工艺流程如图 2-43 所示。

该方案中，原料气携带的游离水和液烃对脱汞剂的吸附性能影响很大，因此脱汞剂的选择非常重要。负载型金属硫化物载体采用活性氧化铝，对湿度和高分子化合物不太敏感，优化孔隙尺寸后，遇微量的游离水和液烃能够阻止毛细管冷凝现象发生，同时增加了汞与活性物质的接触空间，提高了脱汞效率[58, 59]。偶尔遇游离水和液烃时，负载型金属硫化物脱汞剂结构不会发生改变，其干燥后能恢复其脱汞性能。对于湿气脱汞，脱汞剂推荐采用适应性强、经济、环境友好的负载型金属硫化物。

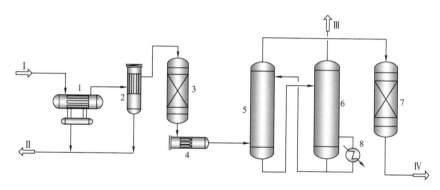

图 2-43 湿气脱汞工艺流程

1—过滤分离器；2—气液聚结器；3—脱汞塔；4—粉尘过滤器；5—脱酸吸收塔；6—脱酸再生塔；7—脱水塔；8—加热器；
Ⅰ—高含汞天然气；Ⅱ—含汞废液；Ⅲ—酸气；Ⅳ—低含汞天然气

湿气脱汞的技术难点是如何脱除天然气中携带的游离水和液烃，以保证脱汞剂的脱汞性能，其解决措施是在脱汞塔前设有过滤分离器和气液聚结器，其技术要求如下：

（1）对直径 0.3μm 以上液滴的脱除率达 99.9%；

（2）确保脱汞塔进料气的温度高于水露点 5℃以上；

（3）原料气中液相含量最大为 $10μg/m^3$，保证进入脱汞塔的天然气必须完全为气相。

湿气脱汞在处理厂上游设置脱汞装置，具有以下工艺特点：

（1）避免汞污染设备及其他物流，从根本上解决汞污染问题，降低处理厂安全生产风险；

（2）处理厂入口处的天然气携带有游离水和液烃，对脱汞剂的选择非常严格，推荐采用负载型金属硫化物；

（3）湿气脱汞难度非常大，如清扫进气管线时有液体进入脱汞塔，液体会吸附在脱汞剂表面，降低脱汞剂的脱汞效率，致使出口天然气汞含量不达标。

根据天然气处理厂的汞分布研究规律，原料气中汞含量较高时，多个工艺设备和物流中汞含量也很高，这将增加设备和管线的清汞难度，同时还需对其他工艺物流脱汞以满足生产需要，这将产生额外的处理费用。因此，最优的脱汞系统应尽量将脱汞单元设置在脱水单元和脱酸单元上游。国内外普遍推荐采用湿气脱汞方案，尤其是高含汞天然气，从源头上解决汞污染问题，避免二次污染。

例如埃及 Salam 处理厂原料气中汞含量为 75～175μg/m³，天然气脱汞单元在脱酸单元和脱水单元上游，脱汞剂采用负载型金属硫化物，能将原料气中汞含量降低至 0.1μg/m³；泰国 PTT GSP-5 气田原料气中汞含量为 50～200μg/m³，采用湿气脱汞方案，脱汞剂采用负载型金属硫化物，能将原料气中汞含量降低至 0.01μg/m³。

2. 干气脱汞方案

干气脱汞在处理厂下游脱汞，将脱汞单元设置在酸性气体脱除单元、脱水单元下游，凝液回收或天然气液化单元上游。该脱汞方案中，若天然气中酸性组分含量较低时，酸性气体脱除单元可设置于凝液回收装置脱乙烷塔后。

该方案中，脱汞塔进料气中无游离水和液烃夹带，因此脱汞剂选择范围较广，可供选择的脱汞剂有载硫活性炭、负载型金属硫化物和载银分子筛。根据脱汞剂是否可再生，干气脱汞方案又可以分为不可再生干气脱汞和可再生干气脱汞两种。不可再生干气脱汞方案中，使用的脱汞剂包括载硫活性炭和负载型金属硫化物；可再生干气脱汞方案中，使用的脱汞剂是载银分子筛。

1）不可再生干气脱汞方案

该方案中，需设置独立的脱汞设备，不需设置脱汞剂再生设备和特殊阀门，操作简单，但额外的脱汞设备会增加工艺中物流压降。此外，由于天然气脱汞剂除了吸附汞外，还会吸附其他有害物质，如苯、其他烃类物质、进料气中未检测到的其他微量有毒物质，这将增加废弃脱汞剂的处理费用。不可再生干气脱汞方案适用于天然气处理装置下游脱汞。不可再生干气脱汞工艺流程如图2-44所示。

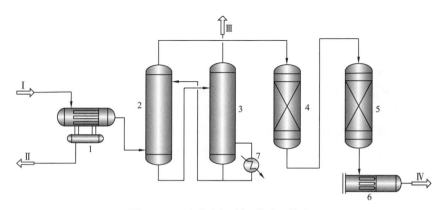

图2-44　不可再生干气脱汞工艺流程

1—过滤分离器；2—脱酸吸收塔；3—脱酸再生塔；4—脱水塔；5—脱汞塔；6—粉尘过滤器；7—加热器；
Ⅰ—含汞天然气；Ⅱ—含汞废液；Ⅲ—酸气；Ⅳ—低含汞天然气

2）可再生干气脱汞方案

该方案中，天然气脱水采用分子筛脱水工艺，脱汞剂推荐采用载银分子筛。在同一吸附塔内设置联合床层，即在吸附塔上部装填普通分子筛用于脱水，在吸附塔下部装填载银分子筛用于脱汞，在同一吸附塔内能实现脱水脱汞双重功能。载银分子筛再生系统与普通分子筛再生系统相同，载银分子筛再生过程中，再生气冷凝后先进入气液分离器脱除部分汞，再进入装有不可再生脱汞剂的脱汞塔进一步脱汞。脱汞后的再生气经压缩机增压后重新进入分子筛吸附塔原料气管线，或者直接进入燃料气系统。可再生干气脱汞工艺流程如图2-45所示。

可再生干气脱汞方案无需在上游安装更大的脱汞塔，避免产生更多的脱汞费用。该方案中，不需设置额外的脱汞塔和管线，减少了设备投资，设备占地面积少，无额外压降产生。由于再生气汞含量低且流速慢（相当于入口原料气流速的10%左右），因此装有不可再生脱汞剂的脱汞塔体积较小。可再生干气脱汞方案主要用于天然气液化以及凝液回收装置前。

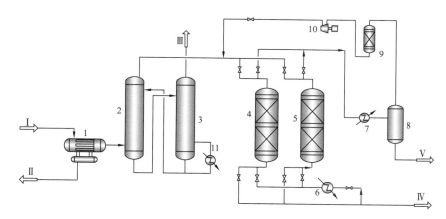

图 2-45　可再生干气脱汞工艺流程

1—过滤分离器；2—脱酸吸收塔；3—脱酸再生塔；4—脱水脱汞塔；5—分子筛再生塔；6，11—加热器；
7—冷却器；8—气液分离器；9—不可再生脱汞塔；10—再生气压缩机；Ⅰ—含汞天然气；
Ⅱ，Ⅴ—含汞废液；Ⅲ—酸气；Ⅳ—低含汞天然气

干气脱汞在处理厂下游设置脱汞装置，具有以下工艺特点：

（1）汞会进入分子筛再生气、酸性气体、乙二醇再生液等物流中，二次污染问题严重；

（2）汞从工艺物流中解吸出来，大量的汞易聚积在工艺设备内，增加了设备清汞难度；

（3）处理厂多个设备及物流中汞含量很高，增加了处理厂安全生产和设备维护风险；

（4）进入脱汞塔的气体无液体夹带，延长了脱汞剂的使用寿命，保持良好的脱汞性能。

为避免处理厂中多个装置处于高含汞环境，干气脱汞方案适用于低含汞天然气。例如美国 Meeker Ⅰ气田原料气中汞含量为 $0.8\mu g/m^3$，采用可再生干气脱汞方案，脱汞剂采用载银分子筛，将原料气中汞含量降低至 $0.01\mu g/m^3$；某凝液回收处理厂原料气中汞含量为 $25\sim50\mu g/m^3$，采用可再生干气脱汞方案，脱汞剂采用载银分子筛，将原料气中汞含量降低至 $0.01\mu g/m^3$；某凝液回收处理厂原料气中汞含量为 $80\mu g/m^3$，采用可再生干气脱汞方案，脱汞剂采用载银分子筛，将原料气中汞含量降低至 $0.1\mu g/m^3$。

参 考 文 献

［1］姚春旭. 川东北高含硫天然气脱硫脱碳工艺研究［D］. 青岛：中国石油大学，2011.

［2］朱道平，毛松柏. 活化 MDEA 脱碳溶剂的研究［J］. 能源化工，2013，34（2）：27–29.

［3］姜雪. 天然气脱 H₂S 胺液吸收与解吸性能研究［D］. 青岛：中国石油大学，2015.

［4］陈赓良. 天然气配型脱碳溶剂的开发与应用［J］. 天然气与石油，2011，29（2）：18–24.

［5］周彬，侯开红，郭建平. 分子筛脱水脱硫醇工艺在哈萨克斯坦扎那若尔油气处理新厂的应用［J］. 石油与天然气化工，2006，35（5）：382–384.

［6］郭莉，郭强国. 利用纤维膜脱除液化气中的硫［J］. 石油化工安全环保技术，2008，24（3）：49–51.

［7］孔玉普，李春虎，王亮，等.改性方法对活性炭脱除模拟合成气中硫化氢的影响［J］.化工进展，
　　2010，29（S1）：508-511.

［8］李树琰.多元改性氧化铁制备及脱硫再生性能研究［D］.河北：河北科技大学，2018.

［9］蒋洪，杨昌平，吴敏，等.天然气三甘醇脱水装置节能分析［J］.石油与天然气化工，2010，39（2）：
　　122-127.

［10］陈赓良.天然气三甘醇脱水工艺的技术进展［J］.石油与天然气化工，2015，44（6）：1-9.

［11］王泉波，闫飞，于波，等.三塔等压吸附脱水天然气脱水工艺［J］.油气田地面工程，2013，32（12）：
　　94-95.

［12］赵超凡.关于三塔等压吸附脱水天然气脱水工艺的若干思考［J］.化工管理，2014（5）：243.

［13］宋东辉，汪贵，祁亚玲.土库曼斯坦某工程分子筛脱水装置优化及应用［J］.天然气与石油，2014，
　　32（2）.

［14］ZETTLITZER M，SCHOLER H F，EIDEN R，et al. Determination of Elemental, Inorganic and
　　Organic Mercury in North German Gas Condensates and Formation Brines［J］. SPE International
　　Symposium on Oilfield Chemistry, 1997：509-516.

［15］MISRA A LAUKART，LUOCHE T.Mercury Removal and Hydrocarbon Dewpoint Control in Sohlingen
　　Gas Field［J］. Dehydration, 1993，2（109）：67-72.

［16］ECKERSLEY N. Advanced Mercury Removal Technologies［J］. Hydrocarbon Processing，2010，89（1）：
　　29-50.

［17］吴志虎，刘海燕，张勇.固定床吸附脱汞工艺在克拉2第二天然气处理厂的应用［J］.山东化工，
　　2014，43（6）：113-115.

［18］MARKOVS J. Purification of Fluid Streams Containing Mercury：US4874525［P］. 1989-10-17.

［19］ECKERSLEY N.Advanced Mercury Removal Technologies：New Technologies Can Cost-Effectively
　　Treat 'Wet' and 'Dry' Natural Gas while Protecting Cryogenic Equipment［J］. Hydrocarbon
　　Processing, 2010，89（1）：29-35.

［20］U.S.GPA. Engineering Data Book 14th Edition［R］.U.S.Gas Processing Midstream Association, 2016.

［21］ALIREZA B.Natural Gas Processing：Technology and Engineering Design［M］. Netherlands：
　　Elsevier, 2014.

［22］孟宪杰，常宏岗，颜廷昭.天然气处理与加工手册［M］.北京：石油工业出版社，2016.

［23］ROBERTSON K，STERN L，TONJES M，et al. Increase H_2S/CO_2 Selectivity with Absorber Interstage
　　Cooling［C］. Proceedings of The Laurance Reid Gas Conditioning Conference, 2004：21-30.

［24］NILSEN F P，NILSEN I S L，LIDAL H.Novel Contacting Technology Selectively Removes H_2S［J］.
　　Oil & Gas Journal, 2002（19）：56-62.

［25］傅敬强.天然气净化工艺技术手册［M］.北京：石油工业出版社，2013.

［26］王开岳.天然气净化工艺：脱硫脱碳、脱水、硫磺回收及尾气处理［M］.北京：石油工业出版社，
　　2005.

［27］徐莉.TETA-MDEA溶液吸收法脱碳的相关基础问题研究［D］.天津：河北工业大学，2009.

［28］张兵，王柱祥，蒋宏贵，等.膜喷无返混塔盘在天然气胺法脱硫塔盘改造中的应用［J］.化工进展，
　　2009，28（S2）：368-370.

［29］聂崇斌.醇胺脱硫溶液的降解和复活［J］.石油与天然气化工，2012，41（2）：164-168.

［30］何茂林，李永生，王遇冬.靖边气田脱硫脱碳装置腐蚀现状及防护措施［J］.天然气与石油，2011，29（4）：68-72.

［31］陈惠，万义秀，何明，等.离子交换技术脱除胺液中热稳定盐的应用分析［J］.石油与天然气化工，2006，35（4）：298-299.

［32］HAKKA L E，FORTE P. Process for Removing Sulfur Compounds from Gas and Liquid Hydrocarbon Streams：US6531103［P］. 2003-03-11.

［33］陈赓良.天然气脱硫醇工艺评述［J］.石油与天然气化工，2017（5）：1-9.

［34］王剑，张晓萍，李恩田，等.天然气脱硫技术研究现状与发展趋势［J］.常州大学学报（自然科学版），2013，25（3）：88-92.

［35］周家伟，吴静.有机硫水解技术在普光净化厂的应用［J］.化学工程与装备，2011（2）：57-58.

［36］郭莉，郭强国.利用纤维膜脱除液化气中的硫［J］.石油化工安全环保技术，2008，24（3）：49-51.

［37］仪得志.吸附法脱除油品中有机硫的研究［D］.上海：华东理工大学，2014.

［38］王寒非，吴明清.液化气脱硫工艺现状探讨［J］.科技创新与应用，2013（16）：66-66.

［39］默云娟.催化裂化液化气深度脱硫工艺研究［D］.西安：西安石油大学，2016.

［40］CARROLL J. Natural Gas Hydrates：A Guide for Engineers［M］. Netherlands：Elsevier，2009.

［41］中华人民共和国国家质量监督检验检疫总局.天然气水露点的测定 冷却镜面凝析湿度计法：GB/T 17283—2014［S］.北京：中国标准出版社，2014.

［42］MOKHATAB S，POE W A，SPEIGHT J G. Handbook of Natural Gas Transmission and Processing［J］. Elsevier Ltd Oxford，2012，7（4）：45-56.

［43］王遇东.天然气处理原理与工艺［M］.北京：中国石化出版社，2011.

［44］国家发展和改革委员会.天然气脱水设计规范：SYT 0076—2008［S］.北京：中国标准出版社，2008.

［45］HUBBARD R A，CAMPBELL J M. An Appraisal of Gas Dehydration Processes［J］. Hydrocarbon Engineering，2000，5（2）：71-77.

［46］POLDERMAN H，KONIJN G，NOOIJEN H，et al. Experience with Debottlenecking of Gas Dehydration Plants［C］.Proceedings of the Laurance Reid Gas Conditioning Conference，2006.

［47］王瑞莲，刘东明，韦元亮.凉风站分子筛脱水装置运行现状分析［J］.石油与天然气化工，2010，39（3）：196-199.

［48］ZANGANA F S A. A Study of the Dehydration Process of Natural Gas in Iraqi North Gas Company and the Treatment Methods of Molecular Sieve Problems［D］. Australia：University of Technology，2012.

［49］BOMBARDIERI R J，ELIZONDO T. Extending Mole-Sieve Life Depends on Understanding How Liquids Form［J］. Oil & Gas Journal，2008，106（19）：55-61.

［50］赵建彬，艾国生，陈青海，等.英买力凝析气田分子筛脱水工艺的优化［J］.天然气工业，2008，28（10）：113-115.

［51］郭洲，曾树兵，陈文峰.分子筛脱水装置在珠海天然气液化项目中的应用［J］.石油与天然气化工，2008，37（2）：138-141.

［52］关盛军.解决分子筛粉化及变黑问题［J］.油气田地面工程，2003，22（6）：88.

［53］ABBAS T，ABDUL M I，AZMI B M. Developments in Mercury Removal from Natural Gas—A Short Review［J］. Applied Mechanics & Materials，2014，625：223–228.

［54］SINHA R K，JRP L W.Removal of Mercury by Sulfurized Carbons［J］. Carbon，1972，10（6）：754–756.

［55］MCNAMARA J D，WAGNER N J. Process Effects on Activated Carbon Performance and Analytical Methods Used for Low Level Mercury Removal in Natural Gas Applications［J］. Gas Separation & Purification，1996，10（2）：137–140.

［56］CARNELL P H，FOSTER A，Gregory J. Mercury Matters［J］. Hydrocarbon Engineering，2005，10（12）：37–38.

［57］CORVINI G，STILTNER J，CLARK K. Mercury Removal from Natural Gas and Liquid Streams［R］. Houston：Uop L.L.C，2002.

［58］MARKOVS J. Purification of Fluid Streams Containing Mercury［J］. Zeolites，1991，11（1）：90.

［59］COUSINS M J. Mercury Removal：US8177983[P]. 2012–05–15.

第三章 制 冷 技 术

制冷工艺是凝液回收装置重要的工艺单元之一，制冷工艺直接决定凝液回收装置的产品回收率及系统能耗。根据原料气工况条件和凝液回收的产品要求，选用合理的制冷工艺有利于简化凝液回收流程、降低系统能耗。本章包括膨胀制冷、冷剂制冷、制冷工艺选用及应用实例等内容。

第一节 概 述

一、制冷工艺

低温冷凝法是天然气凝液回收的主导方法，其原理是将天然气降温，将其凝液冷凝分离下来，同时利用精馏原理将冷凝分离的凝液分割成不同产品的工艺方法。将天然气降温的制冷工艺主要有膨胀机制冷、冷剂制冷以及冷剂制冷与膨胀机制冷相结合的联合制冷。根据冷凝分离温度的高低，冷凝分离法分为浅冷分离与深冷分离两种，浅冷分离的冷凝温度一般在 $-35\sim-20\,^{\circ}\mathrm{C}$，深冷分离的冷凝温度一般在 $-100\sim-45\,^{\circ}\mathrm{C}$。制冷工艺的选用应依据原料气气质及工况条件（原料气压力等）、外输气压力、产品种类及回收率。

二、制冷工艺的应用

1964 年，美国首次在凝液回收装置中成功应用透平膨胀机制冷[1]。随着膨胀机技术发展与应用，膨胀机制冷已发展成为凝液回收的主流制冷工艺，推动了凝液回收装置向处理规模大型化、产品回收率高及流程多样化的方向发展。

天然气凝液回收包括丙烷回收和乙烷回收两种流程。丙烷回收流程的制冷工艺主要有膨胀机制冷、丙烷制冷与膨胀机制冷结合的联合制冷、混合冷剂制冷等。膨胀机制冷主要用于原料气有差压可利用的丙烷回收装置，而对于原料气为富气、超富气的气质多数采用丙烷制冷与膨胀机制冷结合的联合制冷，少数丙烷回收装置采用混合冷剂制冷，如西南油气田安岳丙烷回收装置采用混合冷剂制冷，也有部分丙烷回收率不高的丙烷回收装置单独采用丙烷制冷。乙烷回收装置的制冷工艺主要采用丙烷制冷与膨胀机制冷结合的联合制冷、冷剂制冷等。

第二节 膨 胀 制 冷

膨胀制冷是指利用天然气本身的压力能膨胀降压降温而产生冷量的制冷技术。膨胀制冷的制冷能力直接取决于原料气的压力、膨胀比以及绝热效率等。膨胀制冷技术具有工艺流程简单、设备少、工程投资省及操作管理方便等特点。根据膨胀制冷所采用的设备不同，可分为膨胀机制冷工艺和节流制冷工艺。在凝液回收装置中，膨胀机制冷占主导地位，节流制冷作为压力调节辅助制冷手段。

一、膨胀机制冷

1. 制冷原理

膨胀机膨胀制冷原理是利用一定压力的气体在膨胀机内进行绝热膨胀对外做功，使气体本身降温从而产生冷量。膨胀机工作原理如图 3-1 所示。气体进入膨胀机膨胀制冷过程是近似等熵膨胀过程，等熵膨胀过程的温熵曲线图如图 3-2 所示。

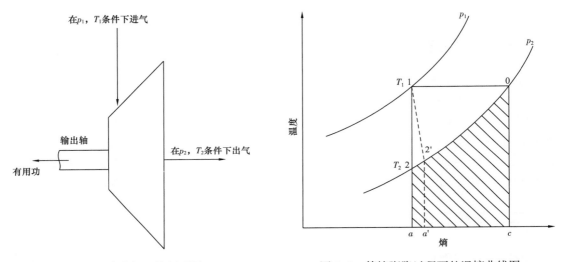

图 3-1　膨胀机工作原理图　　　　图 3-2　等熵膨胀过程下的温熵曲线图

从图 3-2 可看出，当气流从压力 p_1 膨胀到 p_2 时，在等熵膨胀过程中，温度从 T_1 下降至 T_2，所获得的制冷量可用 02ac 四点围成的面积表示；膨胀机的等熵膨胀效率不可能到达 100%，膨胀机实际所获得的制冷量为 02'a'c' 四点所围成的面积，而 02'a'c' 与 02ac 的面积之比就是膨胀机的等熵效率 η_s：

$$\eta_s = \frac{H_1 - H_2'}{H_1 - H_2} \times 100\% \qquad (3-1)$$

式中　H_1——膨胀前气流的焓值，kJ/kg；

　　　H_2'——膨胀后气流的实际焓值，kJ/kg；

　　　H_2——等熵膨胀后气流的理论焓值，kJ/kg。

透平膨胀机的膨胀机输出功率可用下式计算：

$$W = m\left(H_1 - H_2'\right) \qquad (3-2)$$

式中　W——膨胀机输出功率，kJ/h；

　　　　m——通过膨胀机的气体流量，kg/h。

在实际膨胀过程中，已知气体在膨胀机进口物流条件（组成、摩尔流量、温度 T_1 和压力 p_1）以及膨胀机出口压力（p_2），可计算膨胀机等熵膨胀时的理论出口温度 T_2 和实际膨胀时的出口温度 T_2'。

2.流程形式

根据气流流入透平膨胀机组膨胀端和增压端的先后次序不同，可分为正升压流程和逆升压流程两种形式[2]。正升压流程中，原料气是先进入膨胀机组压缩端增压，后进入膨胀端膨胀，原料气回收膨胀功；而逆升压流程中，原料气是先进入膨胀机组的膨胀端膨胀，后进入增压端增压，外输气回收膨胀机组的输出功。两种形式的流程如图3-3和图3-4所示。

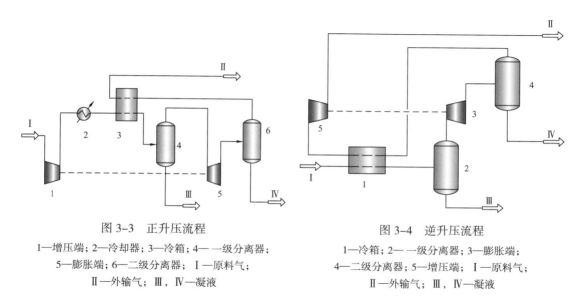

图3-3　正升压流程

1—增压端；2—冷却器；3—冷箱；4——一级分离器；
5—膨胀端；6—二级分离器；Ⅰ—原料气；
Ⅱ—外输气；Ⅲ，Ⅳ—凝液

图3-4　逆升压流程

1—冷箱；2——一级分离器；3—膨胀端；
4—二级分离器；5—增压端；Ⅰ—原料气；
Ⅱ—外输气；Ⅲ，Ⅳ—凝液

正升压流程中，膨胀端输出功大小会影响同轴压缩端出口压力，而同轴压缩端出口压力又影响透平膨胀机输出功，因此，原料气进口条件的变化对膨胀机输出功影响较大，引起流程参数波动较大，适用于原料气压力较低的情况[3]。

逆升压流程中，膨胀机膨胀端的输出功由外输气吸收，外输气压力增高，适用于原料气压力较高（大于4MPa），有足够压差可利用的情况。

二、节流阀制冷

目前，大多数凝液回收装置采用膨胀机制冷，节流阀制冷作为凝液回收装置的压力调节或降压降温的制冷方法，也常用于高压天然气烃水露点控制装置的制冷。

1.节流阀制冷工作原理

节流阀制冷是指气体通过节流阀等焓膨胀降压降温从而产生冷量的过程，节流过程

原理如图3-5所示。在管线中，当气体通过
孔口或阀门时，由于通径截面缩小，局部阻
力增加使流体流速迅速增加，压力显著降低，
气体体积膨胀对外界做功，消耗内能而降温。
气体在节流过程来不及与外界进行热交换，
故可近似认为是绝热节流。

图3-5　节流过程原理

2. 节流阀制冷特点及应用

节流阀比较简单，其制冷能力主要取决于原料气的组成、压力以及膨胀比，适用于气
量波动大的原料气，操作简单，节流阀出口允许较大的带液量。当气体有可供利用的压力
能，而且不需要很低的制冷温度时，采用节流阀制冷是一种简单有效的制冷方法。由于节
流阀的制冷量较小，难以提供较低制冷温度，实现高凝液回收率的要求，节流制冷很少在
凝液回收中单独使用，常与其他制冷方式联合作为辅助冷源使用。

第三节　冷剂制冷

冷剂制冷是利用沸点低于环境温度的冷剂由液相变为气相时的吸热效应来实现制冷。
冷剂制冷由独立设置的蒸气压缩制冷循环向天然气提供冷量，其制冷能力与原料气的温
度、压力及组成无关，与制冷剂的物理性质相关。通常根据制冷温度和单位制冷量所耗功
率来选择冷剂种类。冷剂制冷根据冷剂类型不同可分为单一冷剂制冷和混合冷剂制冷。单
一冷剂制冷主要有单级、多级压缩制冷及复叠式压缩制冷；混合冷剂制冷包括独立闭式制
冷和等压开式制冷。

一、制冷原理及制冷剂

1. 制冷原理

在凝液回收中，冷剂制冷采用蒸气压缩式制冷循环。蒸气压缩式制冷循环是利用冷
剂由液态转化为蒸气相变吸热从而提供冷量的制冷循
环，可分为膨胀、蒸发、压缩和冷凝四个过程，其原
理如图3-6所示。冷剂的实际制冷循环在压力—焓
（p—H）图上的表示如图3-7所示，其中A′—B为膨
胀过程，B—C为蒸发过程，C—D为压缩过程，D—A
为冷凝过程。

（1）膨胀过程：在膨胀（A′—B）过程中，从冷
凝器流出的高压液态制冷剂，经节流阀节流膨胀降压
至蒸发压力p_B，节流后温度相应降低到T_B，形成气液
混合物。由于A—B膨胀过程无能量交换，该过程可
看成等焓膨胀过程。

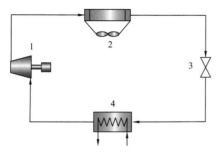

图3-6　冷剂制冷循环原理图
1—压缩机；2—冷凝器；3—节流阀；
4—蒸发器

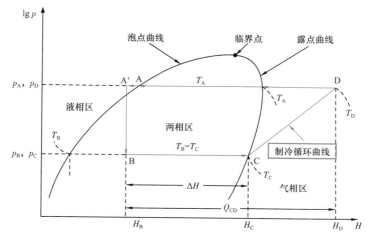

图 3-7　冷剂制冷过程压力—焓（p—H）图

（2）蒸发过程：蒸发（B—C）过程为恒温恒压过程，低温低压的制冷剂送入蒸发器内，与被冷却介质换热，在蒸发器内冷剂吸热汽化，冷却介质放热而得以降温。制冷量是由液相制冷剂蒸发提供。制冷剂的流量 m 用式（3-3）表示：

$$m = \frac{Q_f}{H_C - H_B} \tag{3-3}$$

式中　m——制冷剂的流量，kg/s；

　　　Q_f——制冷过程中蒸发器吸收的总热量，kW；

　　　H_B——蒸发前（点 B 处）制冷剂的焓值，kJ/kg；

　　　H_C——蒸发后（点 C 处）制冷剂的焓值，kJ/kg。

（3）压缩过程：在压缩（C—D）过程中，离开蒸发器的低温低压气态冷剂在压缩机内压缩为高压、高温的制冷剂蒸气，实际的压缩功率 W 可由式（3-4）得到：

$$W = m(H_D - H_C) \tag{3-4}$$

式中　W——实际压缩功率，kW；

　　　H_C——压缩前（点 C 处）制冷剂的焓值，kJ/kg；

　　　H_D——压缩后（点 D 处）制冷剂的焓值，kJ/kg。

（4）冷凝过程：在冷凝（D—A）过程中，制冷剂进入冷凝器中与低温的水和空气接触，蒸气制冷剂在过热状态降至露点温度 T_A，然后露点温度的气体在恒温下开始冷凝成饱和液体。

实际过程中，一般会将冷剂冷凝至略低于露点温度，以保证其完全液化，即图 3-7 中 A—A′ 的过程，高温制冷剂的冷凝负荷 Q_c 可按式（3-8）计算：

$$Q_c = m(H_D - H_A) \tag{3-5}$$

式中　Q_c——冷凝热负荷，kW；

H_D——冷凝前（点 D 处）制冷剂的焓值，kJ/kg；

H_A——冷凝后（点 A 处）制冷剂的焓值，kJ/kg。

2. 制冷剂

在冷剂制冷循环中，制冷剂通过相变获得冷量。制冷剂种类的选择影响着所能提供的制冷温位和低温冷量。

1）制冷剂的选用要求

冷剂类型的选用主要根据原料气的组成及压力、工艺流程及外输压力、产品回收率要求、装置投资、运行费用等因素来确定冷剂类型[4]。制冷剂选用技术要求见表 3-1。

表 3-1　制冷剂技术要求

热力学性质要求	物理化学性质要求	经济要求
（1）冷剂的冷凝压力尽可能低，降低对设备材料强度的要求，降低密封要求； （2）冷剂的蒸发压力应高于当地大气压力，以防止空气渗入系统中； （3）单位冷剂的汽化潜热值大，释放冷量多，可减小制冷剂的循环量，缩小压缩机尺寸	（1）冷凝温度要高，蒸发温度要低； （2）黏度和密度要小，减少制冷剂流动时阻力； （3）导热系数和传热膜系数要高，提高蒸发器和冷凝器的传热效率； （4）不燃烧，高温不分解，无毒，无刺激性臭味； （5）对金属无腐蚀作用，与水及润滑油无化学变化	制冷剂价格便宜，获取容易

2）主要制冷剂

在天然气凝液回收中常用的烃类冷剂有甲烷、乙烷、丙烷、丁烷、乙烯和丙烯等，也有由两种或两种以上冷剂组成的混合冷剂。将常用的烃类冷剂分为单一冷剂和混合冷剂两种。

（1）单一冷剂。

单一冷剂制冷是通过冷剂在蒸发器中相变蒸发吸收潜热释放冷量，冷剂在不同压力下沸点的高低决定了释放冷量的多少。图 3-8 给出了常用单一冷剂的蒸发温度与压力关系。

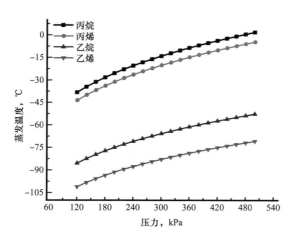

图 3-8　冷剂的压力与蒸发温度关系

单一冷剂的蒸发温度随压力的降低而降低；同一压力下，冷剂的种类不同使蒸发温度不同，所能提供的制冷温度也不同。丙烷和丙烯适用于制冷温度高于 -40～-35℃的工况；乙烷和乙烯适用于制冷温度为 -90～-60℃的工况[5]。

（2）混合冷剂。

混合冷剂是由两种及两种以上冷剂组分混合而来的制冷剂。在原料气气质条件发生变化时，所需要的低温温位也随之改变，可通过调节混合冷剂组分含量使其与原料气换热时换热效率较好，以达到混合冷剂组分最优配比。

在天然气凝液回收中，常用冷剂组分的主要物理性质见表3-2。

表 3-2　常用制冷剂物理性质

名称	相对分子质量	常压蒸发温度 ℃	常压凝固温度 ℃	临界温度 ℃	临界压力 kPa	蒸发潜热（101.325kPa）kJ/kg
氮气	28.0	−195.8	−210	−146.9	3394	198.4
甲烷	16.0	−161.5	−182	−82.6	4604	511.3
乙烯	28.1	−103.8	−169	9.2	5041	484.2
乙烷	30.1	−88.6	−183	−12.8	4880	489.2
丙烯	42.1	−47.7	−185	91.7	4600	440.0
丙烷	44.1	−42.1	−187	96.7	4249	425.5
正丁烷	58.1	−0.5	−138	152.0	3797	386.9
异丁烷		−11.7	−159			

二、单一冷剂制冷

单一冷剂制冷是指制冷剂采用纯组分的蒸气压缩式制冷循环，多选用丙烷、丙烯及乙烯作为制冷剂。

1. 单级压缩制冷

制冷循环中，缓冲罐中的液相制冷剂经节流阀等焓膨胀降压降温，变成气液两相进入冷剂吸入罐，冷剂吸入罐液相进入蒸发器等温相变释放冷量，汽化成蒸气进入低温分离器，冷剂吸入罐气相进入压缩机增压，高温高压的气相冷剂进入冷凝器，在冷凝器中冷却放热冷凝为高压液体，进入缓冲罐，完成制冷循环。单级压缩制冷循环如图3-9所示。

单级压缩制冷的优点是设备结构简单，但受压缩机压缩条件和制冷剂本身性质的限制，所能达到的蒸发温度有限，一般控制在 −40～−20℃ 之间[6]。当制冷温度过低时，随着蒸发温度的降低，冷凝压力和蒸发压力之差增大，主要存在以下问题：

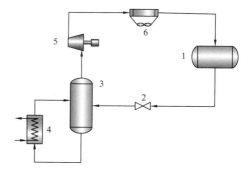

图 3-9　单级压缩制冷循环

1—缓冲罐；2—节流阀；3—冷剂吸入罐；
4—蒸发器；5—压缩机；6—冷凝器

（1）压缩机压缩比增大，压缩机的输气系数大为降低，压缩机的排量及效率显著下降；

（2）吸气状态下制冷剂比体积增大，使得压缩机吸气质量减少，对压缩机排气量需求增加；

（3）压缩机的排气温度过高，影响压缩机的润滑；

（4）制冷剂节流压能损失增加，单位质量冷剂制冷量下降过大，经济性下降。

2. 制冷循环节能形式

为了使单级制冷更加节能，对图 3-9 的制冷流程形式进行改进。改进的带经济器制冷流程采用两级节流、两级增压的形式，能有效降低压缩机压缩功率，提高制冷系数。经济器有换热式经济器和闪蒸式经济器，其制冷流程分别如图 3-10 和图 3-11 所示。

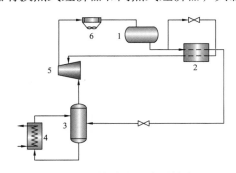

图 3-10　换热式经济器制冷

1—缓冲罐；2—换热经济器；3—冷剂吸入罐；
4—蒸发器；5—压缩机；6—空冷器

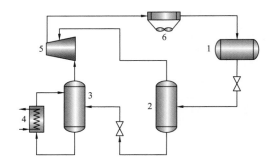

图 3-11　闪蒸式经济器制冷

1—缓冲罐；2—闪蒸经济器；3—冷剂吸入罐；
4—蒸发器；5—压缩机；6—空冷器

制冷循环采用了经济器后能耗降低，其原因是循环的冷剂中有一部分气态冷剂不经一级压缩而直接去压缩机二级入口，故进入蒸发器中的冷剂中含蒸气较少。这些蒸气在蒸发器中不能再提供冷量，但会增加压缩的能耗，通过经济器将气体分离后，避免了部分气体降压后再压缩，减小了总的压缩能耗。

闪蒸式经济器制冷循环结构简单，但体积偏大，机组布局困难，一般应用在带有储液功能的大型系统上[7]；换热器式经济器体积小，可使机组结构紧凑，在水冷机组上得到广泛应用，但成本较高。

换热式经济器分出一股丙烷节流降温后作为冷流给其余部分丙烷换热，有效降低了丙烷节流温度。但两侧流体存在温差，液体过冷度会小于闪蒸式经济器，能耗略高于闪蒸式经济器。

为比较增设经济器后的制冷循环能耗，对单级压缩制冷（图 3-9）及带闪蒸经济器的制冷（图 3-11）进行模拟，对比两种压缩制冷的能耗。设定制冷负荷为 500kW，制冷温度为 -37℃，制冷剂类型选择丙烷和丙烯两种，冷剂为丙烷时增压压力为 1400kPa，冷剂为丙烯时增压压力为 1700kPa，丙烷及丙烯在两种制冷循环中的能耗模拟结果见表 3-3。

由表 3-3 明显可知，不论制冷剂为丙烷还是丙烯，带经济器的单级压缩制冷其制冷系数高于不带经济器的单级压缩制冷。

为探明带经济器的单级压缩制冷与不带经济器的流程在提供不同制冷温位时的适用性，分析出这两种流程在不同温位下压缩功率的变化规律，如图 3-12 所示。

由图 3-12 可知，随着制冷温位降低，带经济器的单级压缩制冷节能效果显著。这是因为在带经济器的制冷中，压缩机的高压段与低压段的丙烷循环量之比在 1/3～1/2 之间，各级压力比适中，解决了单级压缩压比大的问题，使压缩机的耗功减少，可靠性、经济性均有所提高[8]。

表 3-3　丙烷及丙烯在两种制冷循环中的能耗模拟结果

项目	单级压缩制冷		闪蒸式经济器制冷	
制冷负荷，kW	500			
制冷温度，℃	−37			
制冷剂	丙烷	丙烯	丙烷	丙烯
循环量，kmol/h	186.1	179.9	174.3	172.1
循环量变化，%	100	−3.33	−6.34	−7.52
压缩功率，kW	353.8	340.2	280.3	218.6
压缩功率变化量，kW	—	−13.6	−73.5	−135.2
压缩功率变化率，%	100	−3.844	−20.774	−38.21
冷凝负荷，kW	744.7	682.4	699.3	651.7
冷凝负荷变化，%	100	−8.37	−6.10	−12.49
制冷系数	1.41	1.47	1.78	2.29

3. 制冷剂过冷

制冷剂过冷是指液相制冷剂进一步冷却，处于过冷状态。当有辅助冷源可利用时，可通过在液态制冷剂节流前设置一个换热器，将液态制冷剂温度进一步降低即可实现制冷剂过冷。图 3-13 为制冷剂过冷的单级压缩制冷，此循环是在冷凝器后设置了过冷器将高压的液态冷剂的温度降低。

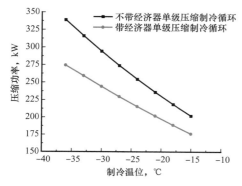

图 3-12　制冷温位对两种制冷循环压缩功率的
影响

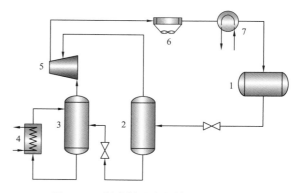

图 3-13　制冷剂过冷的单级压缩制冷

1—缓冲罐；2，3—冷剂吸入罐；4—蒸发器；
5—压缩机；6—空冷器；7—过冷器

液相制冷剂经过过冷器进一步冷却，过冷度大小对冷剂循环量和压缩功率有影响，当冷剂选用丙烯，冷剂增压压力为 1.8MPa，冷凝温度为 50℃时，过冷温度变化对单级压缩制冷系统的影响见表 3-4。由表 3-4 可知，在制冷循环所需要的制冷温度和制冷负荷一定时，随着过冷温度降低，冷剂循环量和压缩功率均降低，制冷系数上升。在实际工程中，应尽可能降低冷凝温度，提高制冷循环工作性能[9]。

表 3-4　过冷度对闪蒸式经济器单级压缩制冷系统的影响

过冷度，℃	1.3	6.3	11.3	16.3	21.3	26.3	31.3	36.3
制冷温度，℃	−37	−37	−37	−37	−37	−37	−37	−37
制冷负荷，kW	500	500	500	500	500	500	500	500
过冷器负荷，kW	0	36.97	68.60	95.41	118.9	139.4	157.6	173.9
循环量，kmol/h	196.8	184.5	174	164.7	156.6	149.4	142.9	137
压缩功率，kW	336.1	325.8	317.2	306.9	298.1	289.4	281.3	273.5
压缩功率下降率，%	—	3.06	5.62	8.69	11.31	13.89	16.30	18.63
制冷系数	1.49	1.53	1.58	1.63	1.68	1.73	1.78	1.83

4. 多级压缩制冷

当制冷温度较低时，制冷剂蒸发压力较低，多级压缩制冷每级的压缩比较小，避免了单级压缩压缩比大，压缩机出口温度高，润滑油和密封材料高温变质等问题。多级压缩制冷循环在各压缩段级间利用冷却水或依靠制冷剂蒸发作为中间冷却，在一定程度上减小了制冷循环的换热温差，不可逆损失减小，比单级压缩制冷的能耗更低[10]。典型两级丙烷制冷如图 3-14 所示，典型三级丙烷制冷如图 3-15 所示。

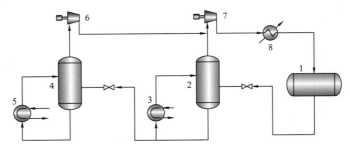

图 3-14　典型两级压缩制冷

1—缓冲罐；2—高压冷剂吸入罐；3，5—蒸发器；4—低压冷剂吸入罐；6—低压压缩机；7—高压压缩机；8—水冷器

通常，冷剂丙烷可提供 −38～0℃的温位。冷剂的年损耗量占制冷循环冷剂总量的 5%～10%。

借助 HYSYS 软件对两级压缩制冷和三级压缩制冷建立流程模拟模型，分析了压缩制冷的级数变化对制冷系统的影响。模拟过程中，设定冷剂类型为丙烷，制冷温位为 −37℃，制冷负荷为 500kW。压缩制冷的级数对制冷效果的影响如表 3-5 所示。

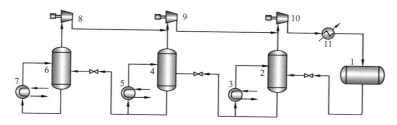

图 3-15　典型三级压缩制冷

1—缓冲罐；2—高压冷剂吸入罐；3，5，7—蒸发器；4—中压冷剂吸入罐；6—低压闪蒸罐；8—低压压缩机；

9—中压压缩机；10—高压压缩机；11—水冷器

表 3-5　级数对压缩制冷的影响

项目 级数	制冷负荷 kW	制冷温度 ℃	冷凝温度 ℃	循环量 kmol/h	压缩功率 kW	压缩功率 变化，%	冷凝器负 荷，kW	冷凝负荷 变化，%
单级				185.1	354.8	100	746.7	100
两级	500	−37	40	174.3	280.3	−21.00	699.3	−6.29
三级				168.0	264.2	−25.54	673.8	−9.76

由表 3-5 可知，两级压缩制冷的压缩功率比单级压缩制冷低 21%，节能优势明显，三级压缩制冷系统比两级压缩系统进一步节能 6.1%。随着压缩级数增加，压缩机投资成本增加，制冷系统的安装费用也会升高。因此，压缩制冷循环的级数不仅取决于压缩功率、冷凝负荷，还取决于压缩机类型和投资。

三、复叠式制冷

采用丙烷等冷剂制冷获得 −38～−30℃ 的温位，如果需要更低的温位，须用乙烷、乙烯等作为冷剂，这些冷剂虽能提供较低的温位，但其临界温度也较低，不能直接采用空冷或水冷的方式冷凝，否则将产生冷凝压力高，蒸发压力低，制冷循环的节流损失大等问题[11]。单靠多级压缩制冷已不适宜，需采用复叠式制冷循环。

1. 制冷流程

复叠式制冷是以不同沸点的单一制冷剂为基础，由高温制冷循环和低温制冷循环串联而成。在高温制冷循环中，制冷剂沸点较高，压缩机出口的气相制冷剂通过空冷、水冷等介质将制冷剂冷却降温变成液相，液相冷剂节流降压降温，然后在冷凝—蒸发器中相变蒸发，为低沸点冷剂提供冷量。在低温制冷循环中，冷凝蒸发器里，低沸点制冷剂依靠高温制冷剂提供的冷量冷凝成液体，同样节流降压降温，然后在

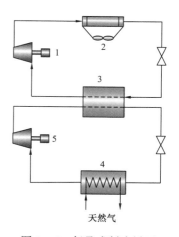

图 3-16　复叠式制冷循环
原理图

1，5—压缩机；2—冷凝器；

3—冷凝—蒸发器；4—蒸发器

温度更低的冷凝—蒸发器中相变蒸发，为沸点更低的制冷剂提供冷量。复叠式制冷原理如图 3-16 所示。

　　复叠式制冷有多种形式，常见的有两级复叠式制冷和三级复叠式制冷，根据每级节流蒸发次数不同，每个压缩制冷循环可提供多个温位点。以丙烷—乙烯复叠式制冷循环为例，此复叠式制冷循环采用乙烯、丙烷压缩制冷循环进行联合制冷，丙烷提供 −15～−10℃ 和 −38～−25℃ 两个层级的温位冷源，其中低温位段温度为冷剂乙烯提供冷量，乙烯提供 −60～−50℃ 和 −100～−80℃ 两个层级的温位冷源，为冷却介质提供冷量。丙烷—乙烯复叠式制冷如图 3-17 所示。

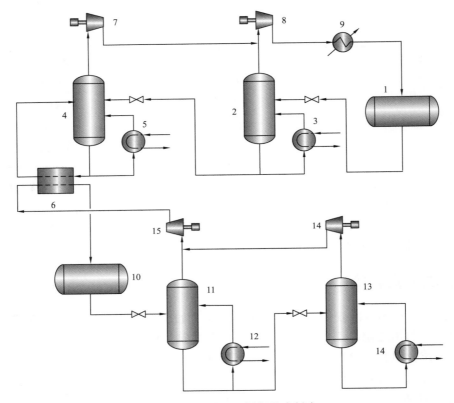

图 3-17　丙烷—乙烯复叠式制冷

1—丙烷缓冲罐；2，4，11，13—冷剂吸入罐；3，5—丙烷蒸发器；6—冷凝—蒸发器；
7，15—低压压缩机；8，14—高压压缩机；10—乙烯缓冲罐；12，14—乙烯蒸发器

2. 特点及应用

　　（1）复叠式制冷利用制冷剂等温相变释放冷量，可提供多个温位的冷量，能有效地控制循环的最高温度和最低温度，其制冷温度范围一般为 −100～−60℃[12]，且具有较大的制冷系数。

　　（2）复叠式制冷的关键是选用合理的制冷冷剂，低温制冷剂既要满足在较低蒸发温度下具有合适的蒸发压力，又要满足在环境温度下适中的冷凝压力，让高温系统的热源温度

与低温系统的冷却温度之间获得很大的温差[13]。可针对各种制冷工况选择合适的制冷剂，具有较大的灵活性和适应性。

（3）复叠式制冷的级数较多，所提供的制冷温位范围大，闪蒸级数多，能量利用效率高[13]。但制冷循环中压缩机及工艺设备多，制冷工艺流程复杂，装置建设投资大。

（4）复叠式制冷应用于大型天然气液化装置，满足不同温位冷量的需求，因其流程复杂，用于凝液回收装置较少。

3. 温位匹配

对于丙烷—乙烯复叠式制冷，在 $-38℃$ 以下由乙烯提供冷量，在 $-38℃$ 以上由丙烷提供冷量。在换热网络设计中，应首先提供低温位的冷剂，满足低温位冷量的需求，使冷箱夹点由低温位向高温位移动。

复叠式制冷中，原料气气质贫富程度不同，换热曲线匹配情况也不同。为说明原料气气质贫富不同对冷箱换热效果的影响，以基于复叠式制冷的 RSV 流程为例，对比分析冷箱的换热效果。

天然气处理规模：$200 \times 10^4 m^3/d$ ；

进站压力：0.3MPa ；

进站温度：25℃ ；

外输气压力：大于 1.6MPa ；

乙烷回收率：95% 。

富气和超富气气质条件见表 3-6。

表 3-6　富气和超富气气质组成　　　　　　　　　单位：%（摩尔分数）

气质（GPM 值）	N_2	CO_2	C_1	C_2	C_3	iC_4	nC_4	iC_5	nC_5	C_6	C_7	C_8	C_9	C_{10}
富气（3-7）	0.56	0.37	85.88	8.38	2.76	0.64	0.58	0.28	0.12	0.14	0.15	0.09	0.04	0.01
超富气（9-3）	0.15	1.53	67.38	9.38	8.81	3.19	4.97	1.65	1.41	0.92	0.45	0.14	0.02	0.00

采用丙烷—乙烯复叠式两级制冷的 RSV 流程如图 3-18 所示，复叠式制冷循环流程图见图 3-17。低压富气下，原料气增压压力为 2.7MPa，采用复叠式制冷的 RSV 乙烷回收工艺换热曲线如图 3-19 所示；低压超富气下，原料气增压压力为 2.4MPa，采用复叠式制冷的 RSV 乙烷回收工艺换热曲线如图 3-20 所示。

对比图 3-19 和图 3-20 可知：

（1）丙烷—乙烯复叠式制冷中，乙烯提供 $-90℃$ 和 $-60℃$ 中冷温位，丙烷提供 $-37℃$ 和 $-15℃$ 浅冷温位。低压富气和低压超富气的夹点温度为 3.5℃，均处在换热曲线的热端；$-90℃$，$-60℃$，$-37℃$ 及 $-15℃$ 处的冷热物流温差略高 3.5℃，温位匹配较为合理。

（2）原料气为低压富气时的乙烯循环量低于原料气为低压超富气时，而丙烷循环量高于低压超富气时。

（3）在中冷温位段（$-37℃$ 以下），低压富气的冷热物流温差在 $3.5 \sim 11.0℃$ 内波动，低压超富气的冷热物流温差 $3.5 \sim 16.0℃$，冷热复合曲线靠近，温位匹配较好。

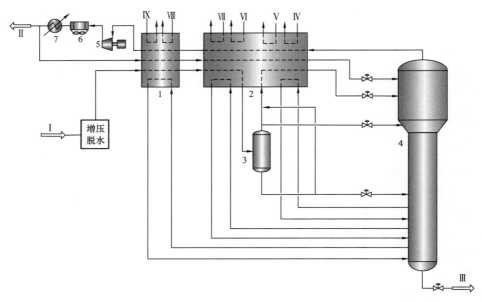

图 3-18　基于复叠式制冷的 RSV 流程

1—预冷冷箱；2—主冷箱；3—低温分离器；4—脱甲烷塔；5—外输气压缩机；6—空冷器；7—水冷器；
I —原料气；II —外输气；III —凝液；IV、V—乙烯冷剂；VI、VII—丙烷冷剂；
VIII—脱乙烷塔顶低温乙烷；IX—高温液态丙烷

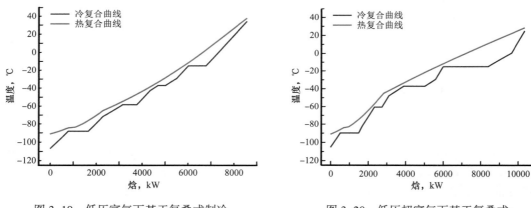

图 3-19　低压富气下基于复叠式制冷　　　　　图 3-20　低压超富气下基于复叠式
　　　　的冷热复合曲线　　　　　　　　　　　　制冷的冷热复合曲线

（4）在浅冷温位段（-37℃以上），特别是温度 -15℃以上时，低压超富气的冷热复合曲线距离较远，冷热物流温差在 3.5～26.0℃内波动，这是因低压超富气的重组分含量较多，浅冷温位的冷量需求量较大，丙烷循环量较大，使得换热物流温差较大。

四、混合冷剂制冷

混合冷剂制冷是指以 C_1—C_5 的碳氢化合物以及 N_2 等的多组分混合物为制冷剂工质，

进行逐步冷凝、蒸发等过程获取可连续变动的低温温位，达到逐步冷却降温的制冷循环。采用混合冷剂制冷回收天然气凝液的基本原则是要将原料气的降温曲线和制冷剂的升温曲线相互匹配。

1. 制冷流程

混合冷剂制冷是非等温相变蒸发制冷循环，利用多元非共沸混合制冷剂在等压下蒸发释放冷量，其制冷流程如图 3-21 所示。在混合冷剂制冷循环中，混合冷剂轻组分首先汽化，然后较重组分汽化，提供由低到高的连续变化温位，经过一次或多次的气液分离，制冷循环中有两种以上成分的混合冷剂同时流动和传递能量，在高沸点组分和低沸点组分之间实现复叠，达到获得低温的目的[14]。

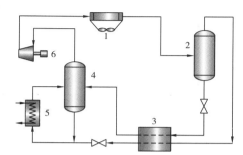

图 3-21 混合冷剂制冷流程
1—冷凝器；2—闪蒸罐；3—冷凝—蒸发器；
4—冷剂吸入罐；5—蒸发器；6—压缩机

混合冷剂的组成随被冷却介质的不同和制冷深度的差异而有所变化。一般而言，原料气中重烃组分含量多则混合冷剂组成较"重"，并且混合冷剂的相对分子质量与原料气基本贴近。在不同制冷温位要求下，混合冷剂构成见表 3-7。

表 3-7 不同制冷温度对应混合冷剂构成

最低制冷温度，℃	构成
-80 左右	乙烷或乙烯与丙烷的混合物
-110 左右	甲烷、乙烷、丙烷和丁烷混合物
-160 左右	氮、甲烷、乙烷、丙烷和丁烷混合物

在混合冷剂制冷中，被冷却介质的温度变化始终与制冷剂的冷凝温度和蒸发温度同步，原料气的冷却曲线与制冷剂蒸发曲线十分"贴近"[15]。凝液回收工艺中混合冷剂制冷和复叠式冷热复合曲线如图 3-22 和图 3-23 所示。

混合冷剂制冷所提供的冷量不受原料气贫富程度限制，对原料气压力无严格要求。混合冷剂制冷的关键参数有压缩机吸入压力、压缩机出口压力、冷剂流量及组分配比。在运行过程中，混合冷剂的组成应优先选择在制冷条件下能形成凝液的组分。混合冷剂制冷的特点如下[16]：

（1）其流程较复叠式制冷流程大为简化；

（2）仅用一台压缩机组，系统可靠性高；

（3）混合冷剂配比困难，运行调节复杂。

在应用混合制冷剂循环时，应考虑制冷压缩机组进出口压力、压缩机类型、冷箱冷热复合曲线。

混合制冷剂在压缩冷却时存在制冷剂冷凝分离的问题，即轻组分富集在气相进入制冷

压缩机，重组分浓缩在液相进入增压泵。混合制冷循环的冷凝压力高，混合制冷剂的制冷
压缩机功率显著增加。

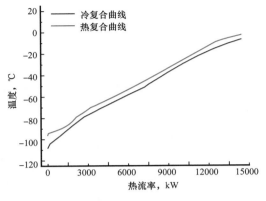

图3-22　混合制冷剂冷热复合曲线　　　　图3-23　复叠式制冷冷热复合曲线

　　根据混合冷剂来源不同，混合冷剂制冷分为闭式和开式两种制冷工艺。闭式混合冷剂
制冷是采用独立的制冷循环，其制冷剂组分是与冷却介质隔离的，其制冷循环的关键是混
合冷剂组分的配比。闭式混合冷剂制冷的乙烷回收流程如图3-24所示。

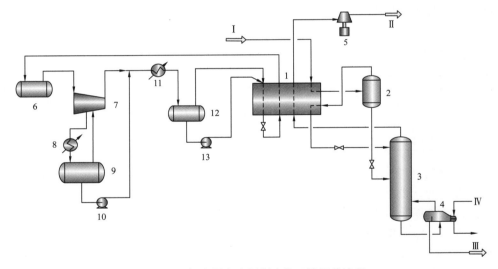

图3-24　闭式混合冷剂制冷的乙烷回收流程

1—冷箱；2—低温分离器；3—脱甲烷塔；4—重沸器；5—外输气压缩机；
6—缓冲罐；7—冷剂压缩机；8，11—水冷器；9，12—冷剂吸入罐；10，13—泵；
Ⅰ—脱水后原料气；Ⅱ—外输气；Ⅲ—凝液；Ⅳ—导热油

　　开式混合冷剂制冷的制冷剂从原料气中分离而来。开式混合冷剂制冷典型的丙烷回收
流程有等压开式制冷工艺（Iso Pressure Open Refrigeration Process，简称 IPOR），其流程图
如图3-25所示。原料气在预冷冷箱部分冷凝后送入脱乙烷塔，塔底液体为丙烷及丙烷以
上的凝液。塔顶气在塔顶冷凝器部分冷凝后进入塔顶分离器，分离器气相分别经塔顶冷凝

器和预冷冷箱升温后作为外输气。分离器液相富含乙烷，作为开式混合制冷循环的冷剂。塔顶分离器液相通过 J–T 阀节流降温并部分汽化，再进入混合冷剂冷箱升温汽化，然后进入混合冷剂压缩机组增压。增压后的混合冷剂进入混合冷剂冷箱换热部分冷凝，随后流入脱乙烷塔顶回流罐，回流罐液体回流至脱乙烷塔塔顶，回流罐气相部分返回至塔顶分离器，另一部分作为燃料气，丙烷冷剂为混合冷剂冷箱和预冷冷箱提供冷量。

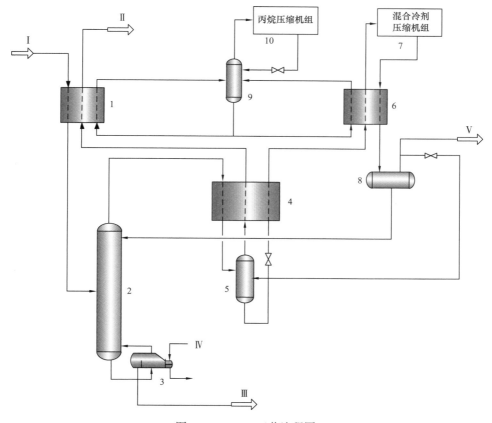

图 3-25　IPOR 工艺流程图

1—预冷冷箱；2—脱乙烷塔；3—重沸器；4—塔顶冷箱；5—塔顶分离器；6—混合冷剂冷箱；
7—混合冷剂压缩机组；8—脱乙烷塔顶回流罐；9—丙烷吸入罐；10—丙烷压缩机组；Ⅰ—脱水后原料气；
Ⅱ—外输气；Ⅲ—丙烷及丙烷以上的凝液；Ⅳ—导热油；Ⅴ—燃料气

塔顶分离器不仅具有两相气液分离作用，并且分离出的液体为混合冷剂系统提供制冷冷剂。塔顶分离器液相节流后压力在 690～1380kPa 范围内，以满足脱乙烷塔顶换热器中的冷却要求并使压缩功率最小化。IPOR 工艺中，混合冷剂经压缩机增压后的出口压力大约为 2520kPa，比脱乙烷器的操作压力高大约 270kPa，制冷温度在 -92～-23℃ 内[17]。脱乙烷塔的最低工作温度为 -42℃。

与闭式混合冷剂制冷相比，开式制冷的冷剂来源于原料气，避免了混合冷剂组分配比优化的复杂性，仅需控制分离温度等参数来调节混合冷剂组分，且减少了混合冷剂的储存设备，降低了工程投资。

2. 混合冷剂制冷的应用

为说明闭式和开式混合冷剂制冷的差异，对两种混合冷剂制冷进行模拟与对比。混合冷剂制冷的主体工艺为 GLSP 乙烷回收流程（流程详见第七章第二节）。闭式混合冷剂制冷的制冷剂采用甲烷、丙烷及丁烷组分混合，闭式混合冷剂制冷的 GLSP 乙烷回收流程如图 3-26 所示；开式混合冷剂制冷的制冷剂采用从原料气中分离而来的液烃，笔者基于 GLSP 乙烷回收流程，提出了开式混合冷剂制冷的乙烷回收流程，如图 3-27 所示；乙烷回收流程的凝液分馏单元见图 3-28。

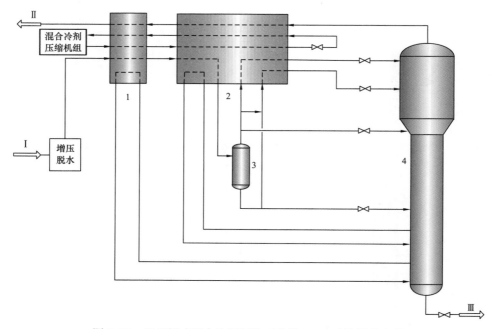

图 3-26 基于闭式混合冷剂制冷工艺的 GLSP 乙烷回收流程

1—预冷冷箱；2—主冷箱；3—低温分离器；4—脱甲烷塔；

I —原料气；II —外输气；III —凝液

采用 HYSYS 软件分别对这两种制冷工艺的乙烷回收流程进行流程模拟。流程模拟的气液平衡模型选用 Peng-Robinson 方程，熵焓模型采用 Lee-Kesler 方程。模拟条件及计算结果见表 3-8。

由表 3-8 可知：原料气为低压超富气时，开式混合冷剂制冷的制冷循环压缩功率仅比闭式混合冷剂制冷略低 45kW。这是因开式混合冷剂的相对分子质量略大于闭式混合冷剂制冷，且开式混合冷剂的循环量略小于闭式混合冷剂制冷。

为说明开式和闭式混合冷剂制冷的区别，对闭式和开式混合冷剂制冷预冷冷箱和主冷箱的冷热复合曲线进行分析比较。闭式和开式混合冷剂制冷预冷冷箱冷热复合曲线如图 3-29 所示，闭式和开式混合冷剂制冷主冷箱冷热复合曲线如图 3-30 所示。

由图 3-29 可知，闭式和开式制冷的预冷箱的换热负荷分别为 2918kW 和 5278kW，这是因闭式和闭式制冷的预冷温度不同。相比开式制冷，闭式制冷的预冷箱夹点温度略高，但对数平均温差略低。

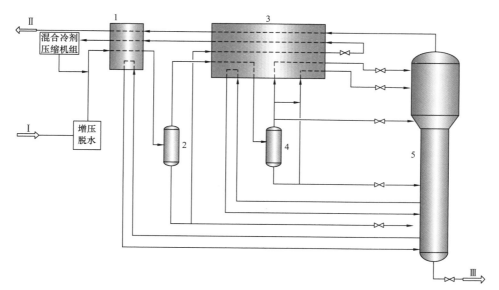

图 3-27　基于开式混合冷剂制冷工艺的 GLSP 乙烷回收流程

1—预冷冷箱；2—预冷分离器；3—主冷箱；4—低温分离器；5—脱甲烷塔；
Ⅰ—原料气；Ⅱ—外输气；Ⅲ—凝液

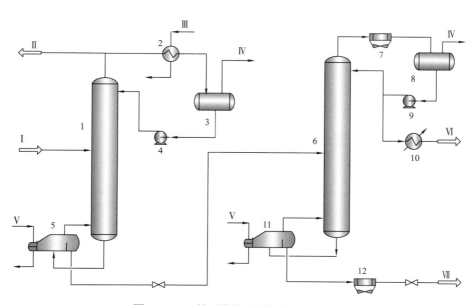

图 3-28　乙烷回收流程的凝液分馏单元

1—脱乙烷塔；2—冷凝器；3，8—回流罐；4，9—泵；5，11—重沸器；6—脱丁烷塔；7，12—空冷器；10—水冷器；
Ⅰ—脱甲烷塔底凝液；Ⅱ—乙烷；Ⅲ—丙烷冷剂；Ⅳ—不凝气放空；Ⅴ—导热油；Ⅵ—液化石油气；Ⅶ—稳定轻烃

　　由图 3-30 可知，闭式和开式混合冷剂制冷的主冷箱夹点温度相同，但开式制冷的主冷箱的换热对数平均温差略低于闭式制冷，冷热换热曲线更加贴近，热集成效果略高于闭式制冷。因此，开式制冷的总压缩功率略高于闭式制冷。

表 3-8　两种制冷工艺的模拟结果

制冷工艺		闭式混合冷剂制冷	开式混合冷剂制冷
原料气增压后压力，MPa		3.0	3.0
预冷分离温度，℃		−3	−30
低温分离温度，℃		−70	−70
预冷分离器液相分流比，%		—	75
低温分离器气相分流比，%		46	45
低温分离器液相分流比，%		30	62
脱甲烷塔	塔顶压力，MPa	1.9	1.9
	塔顶温度，℃	−104.6	−104.7
	塔底温度，℃	22.05	22.24
脱乙烷塔	塔顶压力，MPa	2.2	2.2
	回流冷凝温度，℃	−10	−10
脱甲烷塔 CO_2 最小冻堵裕量，℃		20.51	17.27
制冷循环压缩功率，kW		2194	2149
原料气压缩机压缩功率，kW		4182	4182
总压缩功率，kW		6376	6331
混合冷剂相对分子质量		42.41	44.15
混合冷剂流量，kmol/h		716	697
乙烷回收率，%		94.00	94.00
丙烷回收率，%		99.88	99.90

注：原料气压力、温度分别为 0.3MPa、25℃，处理量为 $100 \times 10^4 m^3/d$，原料气组成代号为 305（GPM 值为 6.57），外输气压力大于 1.6MPa。闭式混合冷剂组分：C_1—0.30；C_2—0.08；C_3—0.33；iC_5—0.29。

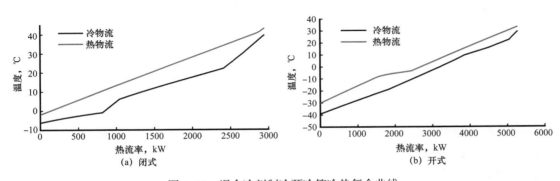

图 3-29　混合冷剂制冷预冷箱冷热复合曲线

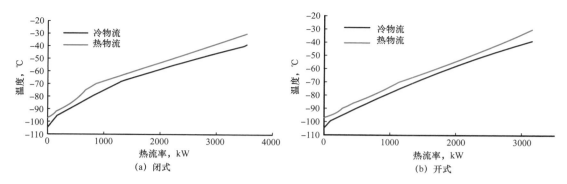

图 3-30　混合冷剂制冷主冷箱冷热复合曲线

基于上述的实例分析可得：

（1）开式混合冷剂制冷只需根据气质条件调节预冷分离温度和液相分流比来满足换热过程中的冷热物流温位匹配，调节能力较强。

（2）开式混合冷剂制冷的冷剂组分来源于天然气自身，不需要单独建立冷剂储存罐，节省投资成本。

（3）笔者提出的开式混合冷剂制冷可用于低压超富气（低压油田伴生气）的其他乙烷回收流程，值得推广应用。

第四节　制冷工艺选用

在天然气凝液回收装置中，制冷循环提供的温位应与流程所需的温位相匹配。若冷剂制冷循环提供的温位与所需冷量的温位匹配不合理，将导致传热温差过大，传热不可逆损失增加，系统能耗高。制冷工艺的选用直接影响凝液回收流程的能耗和回收率、流程复杂性及装置运行的经济性，因此，凝液回收装置设计必须高度重视制冷工艺选用的合理性。

一、选用基本原则

（1）应依据原料气工况条件（组成及压力）、处理规模、凝液回收产品种类及回收率要求，制冷工艺按照简化流程，降低运行能耗和投资，流程适应性强的原则选用。

（2）制冷工艺应以具体的凝液回收流程相结合，优化换热网络。

（3）制冷工艺应特别注意温位和能耗之间的对应关系，以最少的能耗来换取最多的冷量。

在凝液回收工艺中，制冷工艺主要有冷剂制冷、膨胀机制冷和冷剂制冷与膨胀机制冷联合工艺。

冷剂制冷包括单一冷剂制冷、混合冷剂制冷和复叠式制冷。对于低压富气或低压超富气，在流量变化大时，可选用混合冷剂制冷。

膨胀机制冷适用于原料气处理量及压力较稳定、原料气有差压可利用及回收率要求较高的情况。

冷剂制冷与膨胀机制冷联合工艺适用于原料气压力高，膨胀机产生的制冷量不足的情况。冷剂制冷多以丙烷冷剂为主，为膨胀机制冷提供预冷冷量。

对于无差压可利用、外输压力高的条件应采用多种制冷工艺进行技术经济对比，确定其制冷工艺。

混合冷剂制冷的冷剂配比优化较为复杂，操作运行调节不便，混合冷剂制冷主要应用于中等规模的天然气液化装置。复叠式制冷工艺流程复杂，压缩机机组较多，主要应用于大型天然气液化装置。在天然气凝液回收制冷工艺中应谨慎选用，需通过详细的技术经济分析。

冷剂制冷的适用温度范围：

（1）丙烷制冷可获得比氨制冷更低的温度，适用于原料气冷凝温度高于 $-37℃$ 的工况。

（2）以 C_2H_6、C_3H_8 为主的混合冷剂适用于冷凝温度低于 $-40℃$ 的工况。

（3）复叠式制冷适用于冷凝温度低于 $-60℃$ 的工况。

二、制冷工艺的应用实例

该实例针对低压富气原料气乙烷回收装置，分析了丙烷制冷与膨胀机制冷相结合的联合制冷、复叠式制冷以及混合冷剂制冷的应用效果。

1. 基础数据

乙烷回收装置的凝液产品为乙烷、液化石油气和稳定轻烃。计算基础数据如下：

天然气处理规模：$300 \times 10^4 m^3/d$；

原料气进装置压力：0.3MPa；

原料气进装置温度：25℃；

外输气压力：大于 1.6MPa；

乙烷回收率：95%。

原料气气质组成见表 3-9。

表 3-9　原料气气质组成

气质组分	N_2	CO_2	C_1	C_2	C_3	iC_4	nC_4	iC_5	nC_5	C_6	C_7	C_8	C_{9+}
含量 %（摩尔分数）	1.75	0.67	84.40	5.48	3.12	1.14	1.27	0.72	0.61	0.45	0.24	0.10	0.05

2. 工艺流程

原料气中乙烷及乙烷以上含量为 13.18%，属于富气。乙烷回收流程采用 GLSP 流程。乙烷回收流程的制冷工艺采用丙烷制冷与膨胀机联合制冷工艺、复叠式制冷工艺及混合冷剂制冷工艺，三种制冷工艺的乙烷回收流程凝液分馏单元相同，如图 3-28 所示。

1）丙烷制冷与膨胀机联合制冷工艺流程

其流程对低压原料气增压到 4.4MPa，经原料气脱水后进入膨胀机组压缩端增压至

4.9MPa，膨胀机提供主冷源，丙烷冷剂分别为主冷箱提供 –37℃温位和为脱乙烷塔顶冷凝器提供 –15℃温位。基于丙烷制冷与膨胀机联合制冷工艺的 GLSP 流程如图 3–31 所示，其中原料气增压和分子筛脱水流程简化用方框图表示，以下两种流程处理方式相同。

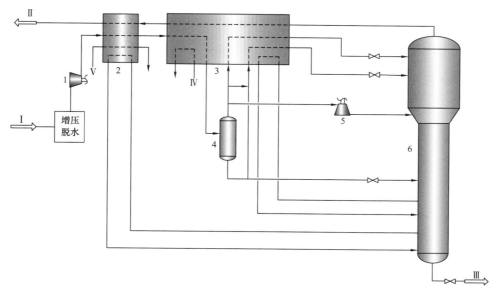

图 3–31　基于联合制冷工艺的 GLSP 流程

1—膨胀机组增压端；2—预冷冷箱；3—主冷箱；4—低温分离器；5—膨胀机组膨胀端；6—脱甲烷塔；
Ⅰ—原料气；Ⅱ—外输气；Ⅲ—凝液；Ⅳ—丙烷冷剂；Ⅴ—高温液态丙烷

2）复叠式制冷工艺

复叠式制冷工艺，即 GLSP 乙烷回收流程的制冷工艺采用丙烷—乙烯复叠式两级制冷循环工艺，其工艺流程图如图 3–32 所示。GLSP 流程中原料气增压至 3.0MPa，以满足脱甲烷塔的操作压力。复叠式制冷工艺采用乙烯、丙烷独立循环串联进行制冷，丙烷制冷循环提供 –14℃和 –37℃两个温位，乙烯提供的低温温位根据换热过程中热复合曲线的具体情况进行温位匹配，提供 –70℃和 –100℃两个温位。

3）混合冷剂制冷工艺

混合冷剂制冷工艺即 GLSP 乙烷回收流程的制冷工艺采用混合冷剂制冷工艺，闭式混合冷剂制冷工艺流程图如图 3–33 所示。GLSP 流程中原料气增压至 3.2MPa，制冷剂采用甲烷、丙烷及戊烷组分混合，制冷循环提供从 –100℃以上连续变动的低温温度。

3. 流程模拟

运用 HYSYS 软件分别对三种制冷工艺流程进行模拟。流程模拟的气液平衡模型选用 Peng-Robinson 方程，熵焓模型采用 Lee-Kesler 方程。三种制冷工艺的 GSLP 流程的模拟结果见表 3–10。

由表 3–10 可知：

（1）原料气为低压富气时，丙烷制冷与膨胀机制冷相结合的联合制冷的总压缩功率低，混合冷剂制冷循环的总压缩功率最高。

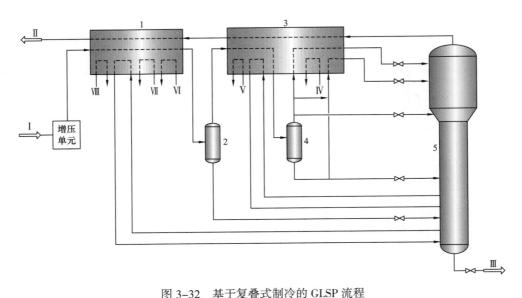

图 3-32　基于复叠式制冷的 GLSP 流程

1—预冷冷箱；2—预冷分离器；3—主冷箱；4—低温分离器；5—脱甲烷塔；
Ⅰ—原料气；Ⅱ—外输气；Ⅲ—凝液；Ⅳ，Ⅴ—低温乙烯冷剂；
Ⅵ，Ⅶ—低温丙烷冷剂；Ⅷ—高温液态丙烷

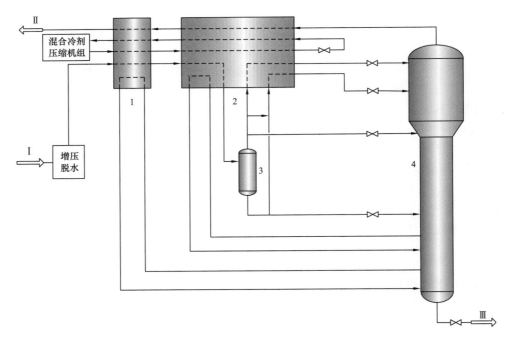

图 3-33　基于混合冷剂制冷的 GLSP 流程

1—预冷冷箱；2—主冷箱；3—低温分离器；4—脱甲烷塔；
Ⅰ—原料气；Ⅱ—外输气；Ⅲ—凝液

表 3-10　三种制冷工艺的 GSLP 流程的模拟结果

制冷工艺		丙烷制冷与膨胀机制冷相结合的联合制冷	复叠式制冷	混合冷剂制冷
原料气增压后压力，MPa		4.4	3.0	3.0
预冷分离器温度，℃		—	−33	—
低温分离器温度，℃		−45	−70	−70
低温分离器气相分流比，%		33	63	35
低温分离器液相分流比，%		35	50	40
脱甲烷塔	塔顶压力，MPa	1.9	1.9	1.9
	塔顶温度，℃	−103.8	−106.7	−103.8
	塔底温度，℃	20.75	21.94	20.81
脱乙烷塔	塔顶压力，MPa	2.5	2.2	2.2
	回流冷凝温度，℃	−10	−10	−10
脱甲烷塔 CO_2 冻堵裕量，℃		5.279	5.365	5.228
外输气压力，MPa		1.8	1.8	1.8
制冷循环压缩功率，kW		1279	3662	5395
制冷循环制冷系数		2.423	1.387	0.7062
原料气压缩机压缩功率，kW		14753	12996	12996
总压缩功率，kW		16031	16657	18392
乙烷回收率，%		94.00	94.00	94.00
丙烷回收率，%		99.29	99.83	99.34

注：原料气压力、温度分别为 0.3MPa、25℃，处理量为 $300\times10^4m^3/d$，原料气组成代号为 216（GPM 值为 3.97），外输气压力大于 1.6MPa。混合冷剂组分：C_1—0.450；C_3—0.245；iC_5—0.305。

（2）与复叠式制冷和混合冷剂制冷相比，联合制冷的原料气增压后压力高，膨胀机可回收一部分压力能，丙烷制冷压缩功率低，因此总压缩功率比复叠式制冷工艺低。

（3）混合冷剂制冷总压缩功率高的原因是混合冷剂中甲烷、乙烷等轻组分的冷凝压力较高，冷剂增压压力达 2.3MPa，且轻组分比热容较小，所能携带冷量较少，间接增大了混合冷剂循环量，造成总压缩功率高。

参 考 文 献

[1] 王修康，张辉，颜世润，等.具有先进深冷工艺技术的大型 NGL 回收装置［J］.天然气工业，2003，6：133-135，186-187.

[2] 孟宪杰，常宏岗，颜廷昭.天然气处理与加工手册［M］.北京：石油工业出版社，2016.

［3］张卫，等．透平膨胀机的工作原理［M］.北京：机械工业出版社，2011.

［4］吴业正，等．制冷与低温技术原理［M］.北京：高等教育出版社，2011.

［5］王修康．天然气深冷处理工艺的应用与分析［J］.石油与天然气化工，2003，32（4）：200-203

［6］王子宗，等．石油化工设计手册：第3卷 化工单元过程 上［M］.北京：化学工业出版社，2015.

［7］杨丽，王文，白云飞．经济器对压缩制冷循环影响分析［J］.制冷学报，2010，31（4）：35-38，56.

［8］张雪亮．制冷经济器循环与普通制冷循环的性能比较［J］.中国科技信息，2011（10）：124-125.

［9］王雪，孙志利，崔奇，等．独立式过冷循环对改善单级蒸气压缩制冷系统性能分析［J］.冷藏技术，2018，41（1）：8-17.

［10］家田恒．多级压缩式制冷循环装置：CN108027176A［P］.2018-05-11.

［11］姜守忠，匡奕珍．制冷原理［M］.北京：中国商业出版社，2001.

［12］吕金虎．食品冷冻冷藏技术与设备［M］.广东：华南理工大学出版社，2011.

［13］殷浩，徐德胜．制冷原理［M］.上海：上海交通大学出版社，2009.

［14］NOGAL F L，KIM J，PERRY S，et al. Optimal Design of Mixed Refrigerant Cycles［J］. Industrial & Engineering Chemistry Research，2008，47（22）：8724-8740.

［15］王松汉，何细藕．乙烯工艺与技术［M］.北京：中国石化出版社，2000.

［16］赵敏，厉彦忠．丙烷预冷混合制冷剂液化流程中原料气与制冷剂匹配研究［J］.西安交通大学学报，2010，44（2）：108-112.

［17］邱鹏，王登海，刘子兵，等．等压开式制冷天然气凝液回收工艺优化研究［J］.石油与天然气化工，2017，46（3）：46-50.

第四章　凝液分馏

天然气凝液分馏是将来自冷凝分离单元的凝液物料，根据产品品种和质量要求分离为所需产品，是由凝液分馏塔实现精馏多元分离。天然气凝液分馏单元与制冷、冷凝分离等单元相互联系，共同影响产品质量、凝液产品回收率和装置能耗。根据所需的产品种类不同，凝液回收流程中设置的分馏塔也有区别。本章主要介绍精馏的基本原理和关键参数，研究凝液回收工艺流程中的多种分馏塔的特性，对凝液分馏过程中的理论塔板数、侧线重沸器等几个关键问题进行分析。

第一节　概　　述

凝液可根据产品品种和质量要求进行精馏，分割成不同种类的凝液产品，这是一个多元组分的精馏分离系统。凝液分馏过程合理的流程组织，对于节约建设投资、降低系统能耗、提高经济效益至关重要。

一、精馏的基本原理

精馏是实现液液分离的基本单元，简单精馏过程的原理图如图4-1所示。蒸气由塔底进入，蒸发出的气相与下降液进行逆流接触，两相接触中，下降液相中的易挥发组分不断向气相中转移，气相中的难挥发组分不断向下降的液相中转移，气相越接近塔顶，其中的易挥发组分浓度越高，而越接近塔釜的液相中的难挥发组分越富集，从而达到液液分离的目的。从塔顶上升的气相进入冷凝器，凝液的液体部分作为回流液由塔顶返回精馏塔，其余部分则为馏出液；塔底一部分送入重沸器，加热蒸发后的气相返回塔中，液体作为塔底产品取出。

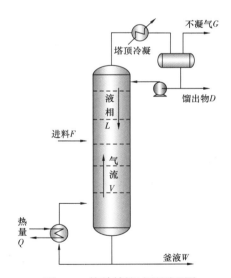

图4-1　简单精馏过程原理图

二、精馏过程的关键参数

精馏塔是实现精馏操作的重要设备。精馏塔的设计包括确定操作压力、操作温度、塔板数、回流比等。这些关键的工艺参数决定了塔的处理能力和分离效果，对产品是否达标起着决定性作用。

1. 轻重关键组分

在多组分精馏中，为简化塔两端产品组成的估算，广泛采用了关键组分的概念。所谓关键组分就是在多元物系中，按工艺要求，指定某两个主要组分作为分离的基准，称为关键组分。关键组分对物料的分离起着关键性的控制作用。这两个关键组分中，挥发度大的组分称为轻关键组分；挥发度小的组分称为重关键组分。

关键组分在塔顶、塔底的分配，根据工艺要求（纯度及回收率等）事先规定。通过对关键组分的物料平衡，即可确定其在塔顶、塔底的分布量，但对其他组分则不能任意规定，必须由汽液平衡关系及操作线方程联立求解。

根据各组分间挥发度的差异，可按清晰分割、非清晰分割两种情况进行组分在产品中的预分配[1]。清晰分割指轻重关键组分相对挥发度较大，且为相邻组分的情况；非清晰分割指轻重关键组分非相邻，其中间组分在塔顶和塔底都出现的情况。采用清晰分割时，非关键组分在塔顶和塔底的分配可通过物料衡算求得。非清晰分割时，估算各组分在塔顶和塔底产品中的分配情况时需作以下假设：

（1）在任何回流比下操作时，各组分在塔顶和塔底产品中的分配情况与全回流操作时相同；

（2）非关键组分在产品中的分配情况与关键组分相同。

根据上述假设，任何回流比下各组分在塔顶和塔底产品中的分配情况可由亨斯特别克（Hengstebeck）公式计算：

$$\frac{\lg\left(\dfrac{D}{W}\right)_l - \lg\left(\dfrac{D}{W}\right)_h}{\lg\alpha_{lh} - \lg\alpha_{hh}} = \frac{\lg\left(\dfrac{D}{W}\right)_i - \lg\left(\dfrac{D}{W}\right)_h}{\lg\alpha_{ih} - \lg\alpha_{hh}} \qquad (4-1)$$

式中　D_l，D_h，D_i——分别为塔顶产品中轻、重关键组分和 i 组分的流量，kmol/h；

　　　W_l，W_h，W_i——分别为塔底产品中轻、重关键组分和 i 组分的流量，kmol/h；

　　　α_{lh}——轻关键组分对重关键组分的相对挥发度；

　　　α_{hh}——重关键组分对重关键组分的相对挥发度，$\alpha_{hh}=1$；

　　　α_{ih}——i 组分对重关键组分的相对挥发度。

相对挥发度可取为塔顶和塔底的或塔顶、进料口和塔底的几何平均值。但在开始估算时，塔顶和塔底的温度均为未知值，故需要用试差法，即先假设各处的温度，由此算出相对挥发度，再用亨斯特别克公式算出塔顶和塔底的组成，而后由此组成校核所设的温度是否正确，如两者温度不吻合，则可根据后者算出的温度，重复前述的计算，直到前后两次温度相符为止。为了减少试算次数，初值可按清晰分割计算得到的组成来估计。

2. 最小回流比

最小回流比是指需要无限多塔板才能达到分离要求的回流比，如果实际回流比小于此值，则不管用多少块塔板，也不能将混合物分离到所希望得到的产品要求。因此在精馏计算中必须确定此值，并在此基础上根据经济合理性选用实际回流比。

最小回流比的计算方法较多，因恩德伍德（Underwood）法的计算过程较简单，且能满足工程设计的要求，因此一般多用此法计算最小回流比。

$$\sum_{i=1}^{n}\frac{\alpha_{ij}x_{Fi}}{\alpha_{ij}-\theta} = 1-q \qquad (4-2)$$

$$R_{\min} = \sum_{i=1}^{n} \frac{\alpha_{ij} x_{Di}}{\alpha_{ij} - \theta} - 1 \qquad (4\text{-}3)$$

式中　　n——组分数；

α_{ij}——组分 i 对基准组分 j 的相对挥发度；

θ——方程的一个根；

x_{Fi}——进料中 i 组分的摩尔分数；

x_{Di}——塔顶产品中 i 组分的液相摩尔分数。塔顶产品为气相出料时，x_{Di} 改用 i 组分的气相摩尔分数 y_{Di}；

q——进料状态参数；

$R_{\min}$——最小回流比。

3. 最小理论板数

最小理论板数指在全回流的条件下，达到要求的分离效果所需的最少理论塔板数。这是精馏计算中常用的一个重要参数。最少理论板数可按芬斯克（Fenske）方程计算：

$$N_{\min} = \frac{\lg\left[\left(\dfrac{x_{lD}}{x_{hD}}\right)\left(\dfrac{x_{hW}}{x_{lW}}\right)\right]}{\lg \alpha_{lh}} - 1 \qquad (4\text{-}4)$$

式中　　$N_{\min}$——最少理论板数；

x_{lD}，x_{hD}——轻、重关键组分在塔顶的摩尔分数；

x_{lW}，x_{hW}——轻、重关键组分在塔底的摩尔分数；

α_{lh}——轻关键组分对重关键组分的相对挥发度。

4. 实际回流比下的理论板数

当实际回流比 R 等于 $R_{\min}$ 时，要达到产品的分离要求，需要无数多的塔板；当 R 值大大超过 $R_{\min}$ 值时，操作费用变得很大，经济上不合理。增加塔板数可以减少回流量，但塔板数增加增大了投资。因此，必须按装置的分离要求，确定一个适宜的塔板数和实际回流比，使一次投资和生产运行费用尽可能降低。一般情况下，实际回流比 R 在（1.1～2.0）$R_{\min}$ 之间[2]。

计算中用吉利兰关联式求取理论塔板数：

$$A = \frac{R - R_{\min}}{R + 1} \qquad (4\text{-}5)$$

$$B = 0.75\left(1 - A^{0.5668}\right) \qquad (4\text{-}6)$$

$$N_1 = \frac{B + N_{\min 1}}{1 - B} \qquad (4\text{-}7)$$

$$N_2 = \frac{B + N_{\min 2}}{1 - B} \qquad (4\text{-}8)$$

式中　N_1，N_{min1}——精馏段理论板数和最小理论板数；

　　　N_2，N_{min2}——提馏段理论板数和最小理论板数；

　　　A，B——常数。

5. 冷凝器和重沸器的热负荷

精馏塔的冷凝器有全凝器和分凝器之分，全凝器是指塔顶气相经冷凝器降温后全部为液相，塔顶产品为液相，分凝器是指塔顶气相经冷凝器降温后为气、液两相，塔顶产品为气相。全凝器的热负荷按式（4-9）计算，分凝器的热负荷按式（4-10）计算。

$$Q_c = (R+1)D(H_V - H_L) \qquad (4-9)$$

$$Q_c = (R+1)DH_V - D(H_D + RH_L) \qquad (4-10)$$

式中　Q_c——冷凝器的热负荷，kJ/h；

　　　D——塔顶产品的流量，kmol/h；

　　　H_V——进入冷凝器气体的焓值，kJ/kmol；

　　　H_D——冷凝器出口的气相焓值，kJ/kmol；

　　　H_L——冷凝器出口的液相焓值，kJ/kmol。

重沸器的热负荷按式（4-11）计算：

$$Q_b = Q_c + DH_D + WH_W - FH_F \qquad (4-11)$$

式中　Q_b——重沸器的热负荷，kJ/h；

　　　D——塔顶产品的流量，kmol/h；

　　　W——塔底产品的流量，kmol/h；

　　　F——进料流量，kmol/h；

　　　H_D——塔顶产品的焓值，kJ/kmol；

　　　H_W——塔底产品的焓值，kJ/kmol；

　　　H_F——进料混合物的焓值，kJ/kmol。

6. 操作参数

从系统㶲损失的角度来看，随着塔压增加，凝液产品分馏系统的有效能损失增加[3]。提高操作压力，必然使塔顶和塔底的温度上升，这意味着需要相应提高重沸器和塔顶冷凝器的负荷，塔压与冷凝温度是对应关系，若要脱乙烷塔压低，则需要更低温位的冷源，塔压的设置综合考虑冷凝温度和重沸器负荷[4]。

对凝液分馏还需考虑保证分馏塔的压力合理性，而塔的操作压力对塔顶、塔底温度影响明显，通常脱甲烷塔的压力主要取决于达到合理乙烷回收率时的膨胀机出口压力，脱乙烷塔压力的设置需要考虑塔顶冷凝器的冷剂温位。

设计分馏塔还应综合考虑投资和能耗双重因素的作用，其中最主要的参数是塔板数和回流比。在一定的分离过程中，回流比和塔板数的关系如图4-2所示，塔板数趋于无穷大时的回流比为最小回流比，全回流时对应的塔板数为最小塔板数。随着回流比的增加，能耗和操作费用上升，塔板数和设备费用减少，为满足总费用最低原则，最佳回流比常为最小回流比的 1.2～2.0 倍[5]。典型凝液回收分馏塔的工艺参数见表 4-1[6]。

表 4-1　典型凝液回收分馏塔的工艺参数

塔名	操作压力 MPa	实际塔板数 块	回流量与塔顶产品之比 mol/mol	回流量与进料量之比 m^3/m^3	塔效率 %
脱甲烷塔	1.38～2.76	18～26	顶部进料	顶部进料	45～60
脱乙烷塔	2.59～3.10	25～35	0.9～2.0	0.6～1.0	50～70
脱丙烷塔	1.65～1.86	30～40	1.8～3.5	0.9～1.1	80～90
脱丁烷塔	0.48～0.62	25～35	1.2～1.5	0.8～0.9	85～95
丁烷分离塔	0.55～0.69	60～80	6.0～14.0	3.0～3.5	90～110
凝液稳定塔	0.69～2.76	16～24	顶部进料	顶部进料	40～60

三、凝液分馏顺序

根据精馏原理，凝液产品的分馏大多采用顺序流程，即先将不同碳原子数的烃类，分子量从小到大逐级分出，然后再将正、异构分开，经精馏可获得甲烷、乙烷、丙烷、正丁烷、异丁烷及天然汽油等产品，从凝液中分离出的甲烷并入外输气，凝液分馏顺序流程如图 4-3 所示。

由于两组分的蒸气压相差越小分离难度越大，所以不同碳原子烃的分离较易，而同碳原子烃的分离较难，所有流程都是根据先易后难的原则来考虑的。采用顺序分馏流程可以合理利用低温凝液的冷量和减少分馏塔的负荷及热量消耗。分馏塔的数目和组织方式取决于需要得到的产品。

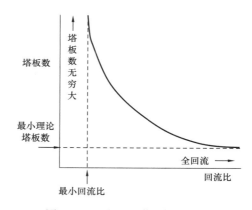

图 4-2　回流比和塔板数的关系

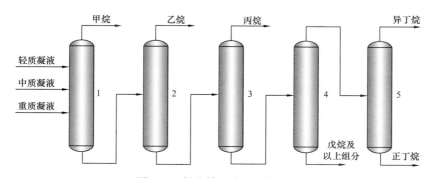

图 4-3　凝液精馏分离顺序流程

1—脱甲烷塔；2—脱乙烷塔；3—脱丙烷塔；4—脱丁烷塔；5—正、异构丁烷分馏塔

第二节　分馏塔特性

凝液分馏根据分子量大小分离生产乙烷、丙烷、丁烷、液化石油气、稳定轻烃等产品，其中较复杂的设备包括脱甲烷塔、脱乙烷塔和脱丙丁烷塔，对凝液分馏中关键塔器的操作条件、结构及特性等进行分析。

一、脱甲烷塔

脱甲烷塔不仅仅是一个分馏塔，还有制冷和从未凝气中回收乙烷及以上组分的作用。脱甲烷塔塔顶与塔底温差较大，往往需要设置一至两个侧重沸器回收脱甲烷塔的冷量。

1. 脱甲烷塔的操作条件

脱甲烷塔的冷源来自进料的节流膨胀或是膨胀机出口的流体，并且脱甲烷塔通常有两个以上的进料。这说明脱甲烷塔的复杂性和常规的分馏塔是不同的。当需要回收乙烷时，即乙烷是目的产品时，脱甲烷塔底凝液中甲烷与乙烷的摩尔分数比需严格控制，以保证进入脱乙烷塔后可获得符合质量要求的乙烷产品。

脱甲烷塔通常设置一个或两个侧线重沸器，将液相从上一块塔板上抽出，通过侧重沸器加热后的混合相返回抽出位置以下的塔板上。采用侧重沸器会降低下方的提馏段的液体负荷，从而允许设计者通过使用较小尺寸的填料来降低床层高度或减小提馏段塔径。脱甲烷塔的流程设计，应符合下列规定：

（1）采用多股凝液按不同浓度及温度分别在与塔内浓度及温度分布相对应的部位进料。

（2）应适当设置1～2台侧重沸器。

（3）应利用塔底物流的冷量，冷却原料气或冷剂。

2. 脱甲烷塔的工作特性

脱甲烷塔的主要特性包括脱甲烷塔的温度分布、各塔板气液相分布、各塔板中甲烷乙烷的分布。

脱甲烷塔的主要任务是通过多级相平衡，将原料气中的甲烷释放至气相，使乙烷及更重的组分停留于液相中，脱甲烷塔的温度和压力将决定各平衡级（塔板）的平衡常数。利用HYSYS模拟RSV工艺流程，计算出各塔上的气液相流量，其含量变化参见图4-4，脱甲烷塔中第8块理论板以上气相流量远大于下部流量，脱甲烷塔结构通常为上部粗下部细。

塔顶外输气过冷回流是RSV工艺的特点，这股液态的甲烷物流从顶部进入塔，降低了塔顶的温度，使得气相中的乙烷进一步被液相吸收。图4-5是脱甲烷塔各板气液相甲烷和乙烷的摩尔分数（原料气压力为5.9MPa，温度为25℃，气质代号为107，处理规模为 $1500 \times 10^4 m^3/d$，脱甲烷塔压力为2.6MPa），从图4-5中也可看出，前十块塔板气相中的乙烷都很低，而液相中的甲烷不断地从液相进入气体，最终从塔顶流出。

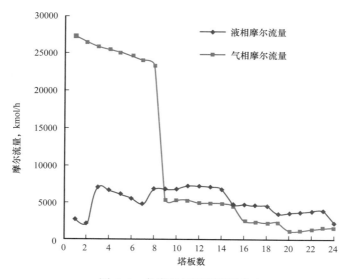

图 4-4　各塔板气液相流量分布

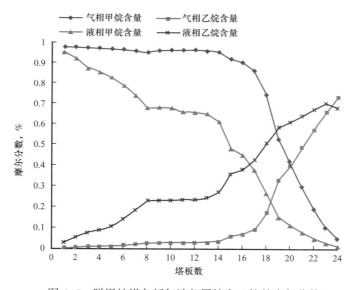

图 4-5　脱甲烷塔各板气液相甲烷和乙烷的摩尔分数

精馏塔通过各层塔板的温度变化，形成逐级分离的过程，完成轻重关键组分的分离，利用 HYSYS 软件模拟不同原料气时，脱甲烷塔的温度分布情况，贫气选用气质代号为107，GPM 值为 2.3，原料气压力为 5.9MPa，温度为 25℃，脱甲烷塔压力为 2.6MPa；富气选用气质代号为 211，GPM 值为 3.66，原料气压力为 5.0MPa，温度为 35℃，脱甲烷塔压力为 2.8MPa；超富气选用气质代号为 301，GPM 值为 5.33，原料气增压压力为 4.2MPa，冷却后温度为 40℃，脱甲烷塔压力为 1.9MPa，保证乙烷回收率为 94%。

不同气质原料气的脱甲烷塔温度分布见表 4-2、图 4-6。分析表 4-2、图 4-6 中结果可知：

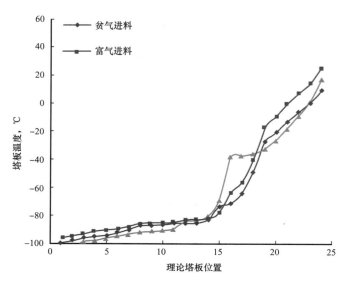

图 4-6　不同气质原料气的脱甲烷塔温度分布

（1）脱甲烷塔通过塔顶回流降低温度，造成脱甲烷塔温度上部塔板（1～15 块理论板）的温度较低，为达到较高的回收率，无论气质贫富都需要比 -90℃ 更低的塔顶温度。

（2）塔底部提馏段的温度则随气质组成的不同产生了明显差异，气质由富气原料气的塔底温度较贫气原料气的塔底温度高 16℃。

（3）低压超富气的脱甲烷塔温度较高压的贫气和富气更低，其原因是低压气采用前增压加膨胀机制冷的方式，塔压力较低，脱甲烷塔整体温度分布则更低。

脱甲烷塔的温度分布特点会对乙烷回收流程中的热集成方式产生影响，主要对脱甲烷塔重沸器与 / 和侧线重沸器的设置具有影响，如原料气为超富气进料时，侧线重沸器的抽出温位较高，为塔顶部过冷进料提供的冷量更少。

表 4-2　不同气质原料气的脱甲烷塔温度分布

理论塔板位置	塔板温度，℃		
	贫气 107	富气 211	超富气 301
1	−99.2	−96.1	−104.5
2	−97.8	−94.4	−102.3
3	−96	−93.1	−98.7
4	−95.2	−91.2	−97.6
5	−94.1	−90.6	−96.4
6	−92.4	−89.6	−94.9
7	−90.1	−87.9	−93.3
8	−87.2	−85.5	−91.9

续表

理论塔板位置	塔板温度，℃		
	贫气 107	富气 211	超富气 301
9	−86.8	−85.3	−91.5
10	−86.6	−85.2	−90.9
11	−85.8	−84.8	−89.4
12	−85.7	−83.1	−84.3
13	−85.1	−82.8	−83.4
14	−82.9	−82	−80.2
15	−73.7	−78.3	−68.8
16	−71	−63.3	−38.3
17	−63.9	−56.1	−37.6
18	−49.2	−40.6	−35.9
19	−27.7	−17	−32.5
20	−20.8	−9.3	−26.4
21	−13.4	−0.7	−17.8
22	−6.5	7	−8.4
23	0	14.1	1
重沸器	9.3	25.2	16.9

二、脱乙烷塔

脱乙烷塔在乙烷回收和丙烷回收两种流程中作用不同。

1. 丙烷回收流程的脱乙烷塔

当回收丙烷时，凝液产品是丙烷及丙烷以上更重组分，塔顶脱出的乙烷与甲烷同时进入外输气。此时的脱乙烷塔压力应是塔顶温度下产品的露点压力。脱乙烷塔的进料形式和流程相关，不同流程的塔顶具有特殊性，以常用的 DHX 流程和 GSP 流程为例，比较两种典型的脱乙烷塔形式。

1）DHX 流程的脱乙烷塔

DHX 流程的特征是设置重接触塔，减小外输气中的丙烷损失，以提高丙烷回收率。通过脱乙烷塔回流罐，实现重接触塔塔顶进料的乙烷富集。其流程如图 2-15 所示。

此流程中脱乙烷塔共有三股进料，其塔顶进料是塔顶气相冷凝后的液相回流，以此方式为塔顶提供冷量，保证脱乙烷塔顶部的分离效果，同时DHX流程中乙烷回流罐温度较低，保证其回流罐的气相出料中丙烷及以上组分很少，气相过冷后进入重接触塔顶部，乙烷汽化制冷降低塔顶温度，达到提高丙烷回收率的作用。

DHX流程中的脱乙烷塔结构上是上部细下部粗，原料气中的大部分甲烷和乙烷均从重接触塔上部流出，脱乙烷塔上部凝液量少，下部凝液量多，脱乙烷塔采用变径塔设计。

2）GSP流程的脱乙烷塔

GSP丙烷回收流程（流程详见第六章第二节）的特征是低温分离器气相过冷进入塔顶，其流程如图4-7所示。此流程塔顶低温进料，脱乙烷塔顶温度受塔顶进料温度影响，通过控制塔顶进料温度可保证流程具有较高的丙烷回收率。

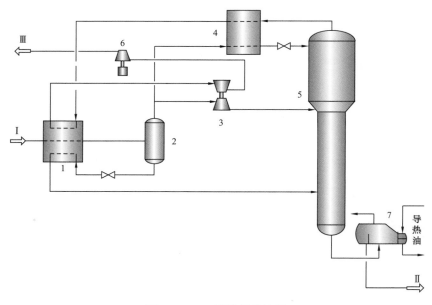

图4-7　GSP丙烷回收流程

1—主冷箱；2—低温分离器；3—膨胀机组；4—过冷冷箱；5—脱乙烷塔；6—外输气压缩机；7—重沸器；
Ⅰ—脱水后原料气；Ⅱ—凝液；Ⅲ—外输气

GSP流程中大部分气相通过膨胀机膨胀制冷后，进入脱乙烷塔中部，脱乙烷塔中上部存在大量气相，故从膨胀机出口进料开始，GSP流程的脱乙烷塔结构上分为上粗下细的两部分。

为比较两种不同脱乙烷塔形式差异，模拟了DHX流程和GSP流程，其脱乙烷塔的关键参数见表4-3。

根据表4-3的对比结果可知：

（1）采用GSP和DHX流程进行丙烷回收时，DHX流程比GSP流程达到更高的回收率。这是因DHX流程中脱乙烷塔顶回流罐具有回流和乙烷富集的双重作用，同时DHX流程中重接触塔顶具有汽化制冷作用。

（2）GSP流程的脱乙烷塔采用部分预冷原料气的气相作为塔顶回流，进料中丙烷含量较高，造成塔顶出料丙烷含量较高，丙烷损失量大，回收率较低。

表 4-3　DHX 和 GSP 丙烷回收流程中脱乙烷塔对比

流程		DHX	GSP
塔顶进料组成 %（摩尔分数）	C_1	20.42	90.33
	C_2	73.17	4.31
	C_{3+}	1.02	1.59
塔顶出料组成 %（摩尔分数）	C_1	52.22	91.47
	C_2	41.77	4.99
	C_{3+}	0.346	2.86
塔顶温度，℃		−32.86	−79.11
丙烷回收率，%		99%	95%

注：原料气压力为 5MPa，温度为 30℃，处理量为 $500 \times 10^4 \mathrm{m}^3/\mathrm{d}$，气质组成代号为 203，GPM 值为 2.87。

　　根据流程的不同，脱乙烷塔的关键参数也区别，DHX 流程中脱乙烷塔的理论塔板数在 26 块左右，第一股塔顶进料，第二股进料位置为第 6 块理论板，第三股进料位置为第 16 块理论板；GSP 流程中脱乙烷塔理论塔板数约 24 块，第一股为塔顶进料，第二股进料位置为第 6 块理论板，第三股进料位置为第 15 块理论板。以原料气压力为 5MPa，温度为 30℃，处理量为 $500 \times 10^4 \mathrm{m}^3/\mathrm{d}$，气质组成代号为 203 为例，DHX 流程和 GSP 流程脱乙烷塔温度分布分别见图 4-8 和图 4-9。对比图 4-8 和图 4-9 的结果可得：DHX 流程和 GSP 流程脱乙烷塔底部温度基本相同，由于 GSP 流程采用低温分离器气相过冷作为塔顶回流，保持回收率，GSP 流程脱乙烷塔顶温度较 DHX 流程脱乙烷塔顶温度低。

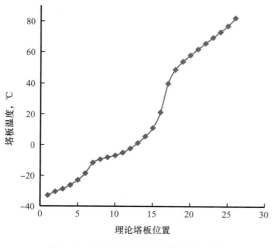

图 4-8　DHX 流程脱乙烷塔温度分布

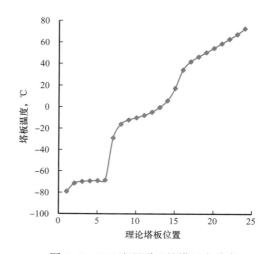

图 4-9　GSP 流程脱乙烷塔温度分布

2. 乙烷回收流程的脱乙烷塔

乙烷回收流程中，脱乙烷塔是全塔，其作用与丙烷回收流程中不同，此处的脱乙烷塔是将乙烷及乙烷以上凝液进行分馏获得乙烷产品的塔设备，塔底同时获得丙烷及丙烷以上的凝液，脱乙烷塔顶通过回流，控制乙烷产品组成。

乙烷回收流程中脱乙烷塔塔顶有两种形式，分别如图 4-10 和图 4-11 所示。

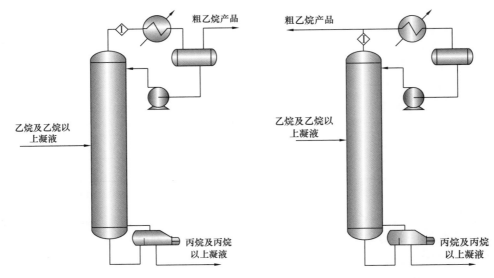

图 4-10　脱乙烷塔塔顶结构一　　　　　　图 4-11　脱乙烷塔塔顶结构二

图 4-10 采用部分冷凝的方式，回流罐中的不凝气作为乙烷产品，此方式为保证回流比、产品质量，需要严格冷凝器控制回流罐温度，保证汽化率。

图 4-11 则是通过塔顶部分气相做产品，剩余气相全部冷凝后作为脱乙烷塔回流，回流比通过阀门进行调节回流比控制产品质量。

利用 HYSYS 对脱乙烷塔顶气（图 4-10 和图 4-11 中物流 I ）的相态特性进行分析，其相包络图如图 4-12 所示，由于塔顶为乙烷纯度较高的气体，其泡点线和露点线十分接近，操作压力 2.3MPa 下的气液相共存的温度范围小。

计算不同温度下塔顶气的液化率，结果参见，温度升高 0.5℃ 后气体产品量可增加，回流液量明显减少，可见温度小范围的波动对塔的稳定操作有极大的影响，十分不利于装置的运行。

常规的脱乙烷塔塔顶结构形式中，塔顶的气体出料对冷凝后的温度十分敏感，0.2℃ 的温度变化，对气化率的变化可到 5%，对此种工艺进行改进，将塔顶流出的气体部分直接作为产品采出，剩余部分通过丙烷制冷完全冷凝后作为塔顶的回流（流程参见图

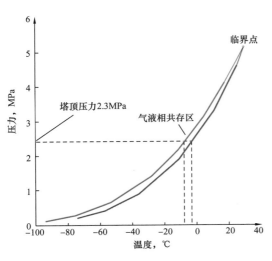

图 4-12　脱乙烷塔顶气相图

4-11），这种方案只需要控制塔顶冷凝器的温度比泡点温度低 2℃ 即可保证工况小幅变化的情况下，回流部分气相全部液化，保证了装置的稳定性。

表 4-4　脱乙烷塔顶出料的温度对液化率的影响

温度，℃	-2	-2.2	-2.4	-2.6	-2.8	-3.0	4.0
回流罐液化率，%	0	2.25	7.15	12.25	17.47	22.74	47.76

注：塔顶物料组成（摩尔分数，%）：CO_2—8.3405；C_1—1.4420；C_2—88.9239；C_3—1.2935；C_{4+}—0.0002。

三、脱丙丁烷塔

天然气凝液回收通常生产液化石油气和稳定轻烃，这需要使用脱丙丁烷塔将丙烷及丙烷以上的凝液进行分离，若丙烷和丁烷各作为一个产品时需分设脱丙烷塔和脱丁烷塔，如需将异丁烷和正丁烷分开，则还需要一个丁烷分馏塔。在 GB 11174《液化石油气》标准下，对于回收丙烷及以上重组分的处理装置，塔顶设空冷即满足要求。当生产丙丁烷混合物，即 LPG 产品时则使用一个塔，则可称之为液化气塔。

1. 脱丙丁烷塔特性

脱丙烷塔、脱丁烷塔等的流程设计，应符合下列规定：

（1）塔底物流的热量应尽量利用，宜用来加热塔的进料物流。

（2）塔顶冷凝器宜采用水冷器或空冷器。塔顶的温度宜比冷却介质的温度高 10～20℃，物流的冷凝温度最高不宜超过 55℃。

（3）塔的工作压力应根据塔顶产品的冷凝温度、泡点压力和压降确定。

表 4-5 为脱丙丁烷塔顶和塔底组成实例，表 4-6 则是在该组成下不同塔压时的塔顶露点和塔底泡点温度。

表 4-5　脱丙丁烷塔塔顶及塔底组成

位置	组成，%（摩尔分数）										
	C_2	C_3	iC_4	nC_4	iC_5	nC_5	C_6	C_7	C_8	C_9	C_{10}
塔顶	2.00	41.06	12.07	21.75	8.54	7.41	7.17	0	0	0	0
塔底	0	0	0.012	0.500	36.41	32.05	31.04	0	0	0	0

表 4-6　脱丙丁烷塔不同塔压下泡点及露点温度

塔压，MPa	1.0	1.1	1.3	1.5
塔顶露点，℃	57.38	61.01	67.69	73.87
塔底泡点，℃	138.8	149.5	151.9	159.6

2. 隔壁塔技术的应用

隔壁塔技术是一种新兴的过程强化与分馏节能技术。对于相同的分离任务，隔壁塔所

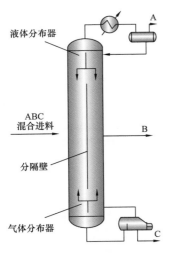

液体分布器

ABC
混合进料

分隔壁

气体分布器

图 4-13　隔壁塔结构示意图

需的能耗较低，设备数量少[7]，隔壁塔在我国化工行业应用还不多，但其特点决定了在石油天然气化工方面具有十分广阔的应用前景。

1949 年，R.O.Wright 等提出了明确的隔壁塔概念，其结构示意图如图 4-13 所示，若不考虑间壁换热，隔壁塔在热力学上与热耦合分离塔等价。相比常规的两塔分离序列，节省一个塔体及其冷凝器和重沸器的投资。相关研究表明[8]，相比普通结构，隔壁塔的节能效果可达原先的 20%～35%，设备投资也可达 30% 左右。

液烃的分馏过程是凝液回收的重要组成部分，对于乙烷及更重组分的分馏，通常以生产乙烷、LPG 和稳定轻烃为目标，这是十分典型的三种产品的顺序分馏方案，采用隔壁塔分离该物系可以明显降低装置投资和运行费用，可以用一个隔壁塔代替常规分馏序列的脱乙烷塔和脱丙丁烷塔。韩国岭南大学的 Nguyen L. 等对丁烷含量较高的凝液回收装置进行了模拟研究[9]，对传统二塔顺序分馏的工艺和隔壁塔分馏的工艺进行对比研究，其模拟得到的塔顶塔底负荷参见表 4-7。

表 4-7　常规塔和隔壁塔凝液分馏的能耗比较

项目	脱丙烷塔	脱异丁烷塔	常规隔壁塔	底部隔壁塔
冷凝器负荷，kW	4793	6366	8152	9658
重沸器负荷，kW	3055	6619	6794	8319
相对操作费用	1		0.71	0.86

采用常规的隔壁塔对操作运行费用的减少十分可观，这也是隔壁塔具有应用前景的主要原因，目前国内相关的设计建设技术还有待提升，但经过简单计算对比足以体现隔壁塔技术在液烃分馏过程的节能方面存在十分巨大的优势，并且将两个塔合并为单个塔器也必然降低装置的建设投资。

第三节　分馏塔设计的关键

脱甲烷塔（或脱乙烷塔）是凝液回收中的关键设备，也是凝液回收流程中冷量消耗的主要装置。凝液分馏塔设计的关键问题包括有理论塔板数、最佳进料位置、侧重沸器的合理设置，以保证流程的凝液回收率同时降低能耗。

一、理论塔板数

塔板数是脱甲烷塔操作优化过程中最重要的参数之一。塔板数过少，达不到要求的分离效果；塔板数过多，则导致低效塔板数上升（温差小于 1℃ 的塔板），塔板温差接近，造成塔板分离效果变差；同时，随着塔板数的增加，塔的操作压力和成本也相应提高，分离效果反而降低。为了达到规定的分离要求，确定所需的最佳理论塔板数显得十分重要。

对某脱甲烷塔理论塔板数和进料位置进行优化分析。文献 [10] 指出了脱甲烷塔相关的工程经验，脱甲烷塔实际塔板数为 18～26 块。

影响塔板传质效率的主要因素为温度、压力、气液两相流量等操作条件，当脱甲烷塔进料物流及操作条件确定后，通过塔板温度分布趋势对塔板数进行优化研究。脱甲烷塔顶压力设置为 2.6MPa，塔底压力为 2.65MPa，脱甲烷塔的各股进料信息见图 4-14 和表 4-8。

保持脱甲烷塔回流比不变的前提下，改变脱甲烷塔的理论塔板数。表 4-9 列出了不同理论塔板数下的计算结果，分析计算结果可知，在保持回流比不变的前提下，随着理论塔板数的增大，乙烷回收率会随之有所上升，但理论塔板数从 25 块继续增大至 30 后，对回收率的影响很小。

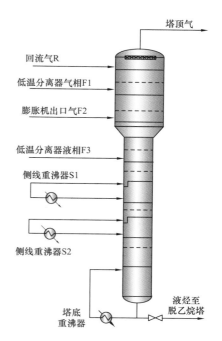

图 4-14 典型的脱甲烷塔配置

表 4-8 脱甲烷塔各股进料参数

项目		低温分离器气相	膨胀机出口气	低温分离器液相
编号		F1	F2	F3
温度，℃		-95.95	-83.81	-74.96
压力，MPa		2.65	2.7	2.75
流量，kmol/h		3666	21682	15944
组分 %（摩尔分数）	N_2	1.2085	1.4968	0.4254
	CO_2	1.0173	0.8686	1.4213
	C_1	83.8379	90.8679	64.7421
	C_2	8.6818	5.5705	17.1332
	C_3	2.9111	0.9323	8.2862
	iC_4	0.6914	0.121	2.2407
	nC_4	0.7998	0.1066	2.6825
	iC_5	0.2781	0.0191	0.9816
	nC_5	0.2243	0.0118	0.8016
	C_6	0.1858	0.0039	0.68
	C_7	0.1639	0.0014	0.6053

表 4-9　不同理论塔板数下的脱甲烷塔特性

理论塔板数	21	23	25
回收率，%	94.79	95.40	95.41
侧线重沸器 S1 负荷，kW	3725	3724	3723
侧线重沸器 S2 负荷，kW	3492	3491	3491
重沸器负荷，kW	4656	4655	4654

比较脱甲烷塔理论塔板数为 21，23 和 25 的情况，分析理论塔板数对脱甲烷塔特性的影响。不同理论塔板数下的塔板温度分布见表 4-10 和图 4-15。

表 4-10　不同理论塔板数下的塔板温度分布

理论塔板位置	塔板温度，℃		
	21 块理论板	23 块理论板	25 块理论板
1	−98.7	−99	−99
2	−96.4	−97.6	−97.6
3	−95.6	−96	−96
4	−94.6	−95.1	−95.1
5	−93	−94	−94
6	−90.7	−92.3	−92.3
7	−87.5	−90	−90
8	−87.1	−87.1	−87.2
9	−86.9	−86.7	−86.7
10	−86.2	−86.5	−86.6
11	−86.1	−85.8	−85.9
12	−85.9	−85.8	−85.8
13	−85.4	−85.6	−85.8
14	−83.5	−85.2	−85.7
15	−76.4	−83.8	−85.4
16	−56.6	−78.4	−84.2
17	−38.8	−61.4	−79.8
18	−19	−45.8	−65
19	−12.1	−24.9	−51.5

续表

理论塔板位置	塔板温度，℃		
	21 块理论板	23 块理论板	25 块理论板
20	−5.8	−18.3	−30.6
21	0.2	−11.6	−24.9
22	—	−5.5	−18.3
23	—	0.4	−11.6
24	—	—	−5.5
25	—	—	0.4
重沸器	9.2	9.4	9.4

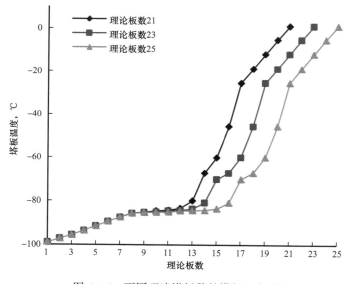

图 4-15　不同理论塔板数的塔板温度分布

　　分析表 4-10 和图 4-15 可以得，随着脱甲烷塔理论塔板数的增加，部分相邻塔板温度相差很小（集中于第 9 至第 15 块板），这些塔板间没有起到的足够的分离作用，表明脱甲烷塔理论塔板数偏高。

　　尤其当理论塔板数高于 25 块后，此现象十分明显，温差在 1℃之内的塔板数超过 6 块，当理论塔板数为 21 块时脱甲烷塔温度分布已经很均匀，但 23 块理论板较 21 块理论板回收率更高且更为保守，推荐脱甲烷塔理论塔板数为 23 块。

二、最佳进料位置

　　合适的进料位置和进料状态，有助于降低塔分离所需的塔板数和重沸器及冷凝器的负荷。对于分馏过程的优化，调整至适宜的进料位置和进料状态是降低分馏塔系统能耗的简单而有效的方法。

1. 确定进料位置的方法

常见的确定塔最佳进料位置的方法主要有经验公式法[1]、McCabe-Thiele 图解法[11]、分离因子图[12]、灵敏度分析[13]与软件优化法[14]等。

1）经验公式法

经验公式法属于分馏简洁计算方法的一部分，可采用芬斯克公式分别计算分馏段和提馏段所需的最少平衡级数，由此确定分馏塔的进料位置；也可采用 Kirkbride 经验式计算，此法简单明了，但仅适用确定于单一进料分馏塔的进料位置，在各类化工分离工程的书籍中均有详细计算方法，此处不再赘述。

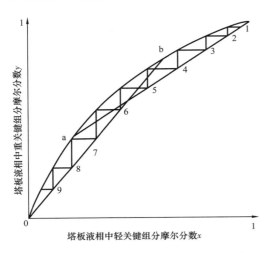

图 4-16　采用 McCabe-Thiele 图确定进料位置

2）McCabe-Thiele 图解法

McCabe-Thiele 图是基于二元分馏过程建立的简化计算方法，早期被化工工业设计应用的十分广泛，通过绘制和分析 McCabe-Thiele 图，最佳进料位置应跨过分馏操作线和提馏操作线的交点，如图 4-16 所示，完成分馏操作需要 9 块理论板，进料位置宜在 a 和 b 两点之间的塔板上，即 5～6 块理论板。此法是由二元分馏为基础推导得出的，并且可能出现图 4-16 中的多个较优的进料位置的情况，加之多元分馏过程的计算较二元分馏更为复杂，此法可为分馏的研究做一些初步参考，但基本不再被用于工程设计当中。

3）分离因子图法

分馏过程最关键的参数是塔板上液相中的轻、重关键组分比例，即轻关键组分和重关键组分摩尔分数之比，塔内该比例应当越向塔顶越大。不合适的进料位置会打破塔内的分馏平衡过程，导致气相中轻组分变少或液相中的重组分增多。将各板液相中关键组分浓度的比值，在单对数坐标纸对板数进行标绘，如图 4-17 所示。当进料位置合适时，精料级两侧的曲线斜率基本相同。进料过高则会在进料下一段塔板上发生严重的逆向分馏；如果塔板进料位置过低则进料上部分会存在逆向分馏[15]。

4）灵敏度分析

采用灵敏度分析来判断最佳进料板位置是最为准确可靠的方法。灵敏度分析法的两种选择：

（1）在给定的回流比下求最佳进料位置；此时需观察塔顶或塔釜的分离纯度，达到最高时即为最佳进料位置。

（2）在给定分离要求下求最佳进料位置；此时需观察塔顶或塔釜的热负荷或回流比，

达到最低时即为最佳进料位置。

采用灵敏度分析法即先在给定的进料位置下完成分馏塔的计算，确定达到分离要求所需的回流比和塔板数，分析的变量为进料位置，所需分析的结果主要包括分离纯度和热负荷等相关参数，根据计算结果，确定最佳的进料位置。

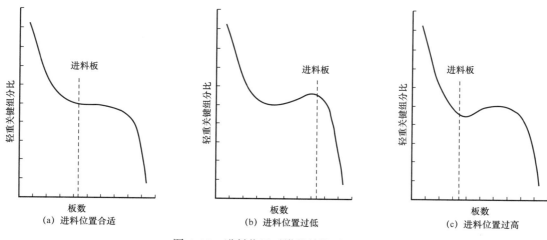

图 4-17　进料位置对塔的精馏过程影响

5）软件优化法

大多数的商业化模拟软件都配备了优化器模块。复杂分馏塔本身就是个优化问题，相关的变量除进料位置外还包括侧线重沸器位置及负荷等，而优化的目标函数则需要根据塔的工艺需求决定。但是采用优化器对进料位置进行优化并不能保证所有情况下都能得到准确的优化结果，由于目标函数的非线性特性，往往求出的是次优可行解，且求出的结果离真正的最优解相差很大。所以，在求最佳进料位置时，还需依靠人工分析判断，当无把握时，还需用严格的灵敏度分析法比较可靠。

2. 脱甲烷塔多股进料优化

凝液回收中的脱甲烷塔是典型的复杂分馏塔，最佳进料位置跟进料温度、进料分离因子、塔板上分离因子等多种因素有关，塔的进料位置可采用分离因子图法快速判断进料位置是否合理，但此法比较粗糙，随着分离物系的不同会有一定误差，特别是对于多股进料且进料位置比较靠近的脱甲烷塔，难以从分离因子图上对进料位置进行准确判断。

对于多股进料且进料位置比较靠近的脱甲烷塔，应采用灵敏度分析法，通过改变进料位置，分别进行严格模拟计算。此方法是判定进料位置是否合理较为可靠准确的方法。模拟的基本要求有：

（1）相同板数及回流比下，塔顶和塔釜产品质量达到规定要求；

（2）相同分离要求和回流比下，使塔板数最少；

（3）进料温位与塔的温位相适应；

（4）侧重沸器设置与塔和换热物流温位相适应。

三、侧线重沸器

分馏塔需要塔顶冷凝回流和塔底加热重沸，温度自塔顶向塔釜逐渐升高，如能在塔中设置中间冷却器，就可作为高温物流的冷却剂；若在塔的中下部设置侧线重沸器，则可以回收温度较低的冷量，这就需要设置侧线换热过程。天然气乙烷回收工艺流程中，脱甲烷塔通常设置有一个或两个侧线重沸器，用于回收凝液冷量。

1. 中间换热的机理及适用条件

分馏塔的中间换热器主要采用不同品位的冷量或热量为分馏塔提供冷量或热量，并非减小了分馏塔本身所需的能耗，从机理角度分析解释中间换热器的适用条件及其在凝液回收工艺流程中的适用性。

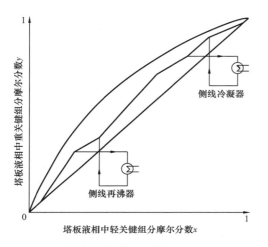

图 4-18　添加侧线换热器后塔的 McCabe-Thiele 图

1）侧线换热的节能机理

侧线冷凝器和侧线重沸器的使用，使操作线向平衡线靠拢，提高了塔内分离过程的可逆程度。图 4-18 给出了二元蒸馏过程添加了侧线换热器后的 McCabe-Thiele 图。添加侧线换热器后，分馏段和提馏段的操作线均发生了改变，它们更加靠近平衡线，也即塔内分离过程的推动力得以减少，因而提高了分离过程的可逆性，使得能量利用的效率更高[16]。

侧线换热器的节能是以板数增加为代价的，通常增加的塔板数不会太多；操作费用的节省带来的效益远远大于设备费用的增加。因此，设置侧线换热器总是可以取得良好的经济效益。

侧线冷凝器和侧线重沸器的热负荷需适当选择，二组分馏时，一般保持塔在最小回流比时的恒浓区仍在进料级处，使全塔保持较高的可逆程度。这便使得进料级处级间气液两相流量与无侧线冷却器和侧线重沸器时一致，于是简单分馏塔的塔顶冷凝器的负荷近似等于带侧线冷凝器的复杂塔的所有冷凝器负荷；简单分馏塔的塔底重沸器负荷也同带中间重沸器的复杂的所有重沸器负荷近似[17]。通常，实际工艺过程中需要有适当温位的热源或冷源，具有足够利用的热负荷，并且塔顶和塔底的温差要足够大时，采用侧线冷凝器或侧线重沸器具有明显的节能效果。

2）侧线重沸器的适用条件

侧线重沸器适用于在生产过程中存在适当温位的加热剂或冷剂与某塔板上的温度相匹配，并能提供足够的冷热负荷的场合。特别是对塔顶和塔底温差较大的情况，这时中间换热器与塔顶和塔底的温度差别明显，所用的热能品位和塔顶、塔底差别较大，故可以较明显地体现出侧线换热的节能效果。

大量的实践经验表明，侧线重沸器的负荷不足总重沸器负荷的 25% 时，侧线重沸器对塔的设计过程和冷凝器的负荷影响很小，侧线重沸器的负荷超过总重沸器总负荷的 25% 后则需要增大塔顶冷凝器的负荷或增加塔板数。有效的经验方法是将侧重沸器的负荷控制在总的重沸器负荷的 50% 以内。另外，设置侧重沸器后，加热后返回的气液混合物返回塔内，还可调整塔内的气液负荷，但所需的塔板间距也会相应增加，进而增加塔高，通常会增加塔高 1.8～2.4m[10]。

2. 侧线重沸器的设置

乙烷回收的工艺过程中，脱甲烷塔提馏段的温度比原料气的温度低，所以可用原料气作为热源，既加热了塔内的流体，降低重沸器负荷，又预冷了原料气，减小制冷膨胀比。这样降低了系统㶲损失。

1）侧线重沸器设置原则

侧线重沸器的热负荷取决于侧线抽出量及侧线物流加热前后的温差，脱甲烷塔侧线抽出量过大会使再沸器蒸发的气相变少，塔板易出现漏液的状况，侧重沸器抽出温差过大，加热后的物流回流会导致相邻塔板的温差太大，传质效率低，不利于脱甲烷塔的稳定运行。为保证侧线重沸器和脱甲烷塔的稳定运行，需要合理设置脱甲烷塔侧重沸器的加热负荷，同时抽出量和加热温差应保证脱甲烷塔的稳定运行。

为保证装置的稳定运行，提出以下几个原则：

（1）单股侧线重沸器负荷小于总重沸器负荷的 25% 时，对分馏操作影响很小，单股侧线重沸器热负荷也不宜大于 50%。

（2）侧重沸器加热后的物流进塔温度宜接近塔板上的温度，避免出现明显的逆向分馏现象。

（3）合理设置各侧线再沸器抽出量，靠下的塔板抽出物流流量不大于靠上侧物流，避免塔板上液量变化造成浮阀漏液。

2）侧线重沸器的应用实例

以某贫气为例，对乙烷回收装置中塔的侧重沸线的抽出位置和返回位置进行优化设计。原料气压力为 5.9MPa，温度为 13℃，处理规模为 $1500 \times 10^4 m^3/d$，外输气压缩机出口压力为 6.4MPa。

此原料气条件适合采用 RSV 流程，贫气进料时脱甲烷塔侧线抽出温度低，设置两个侧线重沸器对节能效果十分明显，分别设置靠近提馏段上部的低温位侧线和靠近提馏段下部的高温位侧线。图 4-19 为此工况下优化后的 RSV 乙烷回收流程图。

侧线重沸器换热负荷的合理设置既要满足冷箱的换热需求又要考虑脱甲烷塔的水力学性能，优化后的侧重沸器换热结果见表 4-11。图 4-20 为主冷箱的冷热负荷复合曲线，根据冷箱换热负荷的需求，两个侧线重沸器的抽出温度较外加丙烷冷剂所能提供的温位低，适当提高侧线重沸器的换热负荷有助于减小外加制冷剂的用量。

此例为处理规模大、原料气气质贫条件下的侧线重沸器设置情况，此流程中的脱甲烷塔通过设置两个侧线重沸器，抽出脱甲烷塔中低温位的物流，使得冷热复合曲线较合理，换热冷物流的换热温差较大，减小了外部冷剂的换热温差，大大减少了外加冷剂的用量。

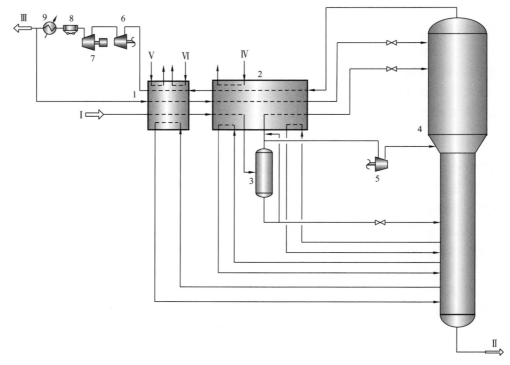

图 4-19 RSV 乙烷回收流程图

1—预冷冷箱；2—主冷箱；3—低温分离器；4—脱甲烷塔；5—透平膨胀机膨胀端；6—透平膨胀机压缩端；
7—外输气压缩机；8—空冷器；9—冷却器；Ⅰ—脱水后原料气；Ⅱ—凝液；Ⅲ—外输气；Ⅳ—丙烷冷剂；
Ⅴ—高温液态丙烷；Ⅵ—脱乙烷塔顶低温乙烷产品

表 4-11 贫气进料的侧重沸器设置情况

项目	低温位侧线	高温位侧线
抽出位置（理论板）	14	19
抽出温度，℃	−82.94	−49.24
返回位置（理论板）	15	20
返回温度，℃	−74.45	−30.98
换热负荷，kW	3917	3917
塔底重沸器负荷，kW	4897	

原料气组成的贫富对脱甲烷塔中温度分布有很大影响，超富气进料脱甲烷塔提馏段的温度较贫气进料高 10～20℃，这对流程的热集成情况有明显影响。一般超富气为油田伴生气，其处理规模远小于气田的处理厂，设置多个侧线重沸器节能效果并不会很明显，反而增大了装置的复杂程度，使得装置的运行维护更为复杂。在设置脱甲烷塔重沸器时，需要针对具体问题进行分析，尽量降低总体能耗的同时，也要考虑装置不宜过于复杂。

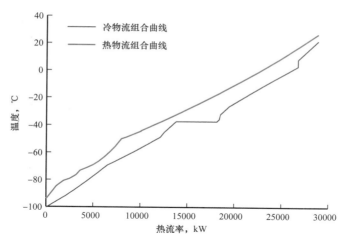

图 4-20　主冷箱冷热物流复合曲线

四、重沸器类型与选用

1. 重沸器类型

重沸器可分为交叉流和轴向流两种大类。在交叉流类型中，沸腾过程全部发生在壳程，常用的形式有釜式重沸器、内置式重沸器和水平热虹吸重沸器。在轴向流类型中，沸腾流体沿轴向流动，最常用的形式为立式热虹吸重沸器，也有采用泵增加循环量的强制流动重沸器。

1）釜式重沸器

釜式重沸器有一个扩大的壳体，汽液分离过程在壳体中进行。重沸器内设置液位挡板，保证管束完全浸没在液体中。管束通常为两管程的"U"形管结构，也可以为多管程的浮头式结构。釜式重沸器特别适用于低压、窄沸点范围以及小温差或大温差条件下的洁净流体。对于近临界压力的条件，尽管壳体较大，造价高，但性能较为可靠，其结构如图4-21所示。

2）内置式重沸器

塔内置式重沸器结构见图4-22，其特点是管束直接插入蒸馏塔的塔底液池中。其他同釜式重沸器一样，其优点亦和釜式重沸器相同，受水力的影响很小。由于省去了壳体及连接管路等，因而内置式重沸器是所有类型重沸器中造价最低的一种。除了没有壳体外，内置式重沸器的缺点和釜式重沸器一样，此外，其传热面也很有限，其应用场合类似于釜式重沸器。

3）虹吸式重沸器

虹吸式重沸器利用虹吸原理，塔内液面高于充满液相的换热器中，塔内的液体会持续通过虹吸管流入重沸器。根据结构形式的不同，虹吸式的重沸器又可分为立式和卧式两种。

卧式重沸器的进料是从塔底下降管引入重沸器，液体在壳程沸腾发生汽化，形成密度较小的气液混合物，流程形式可见图4-23。

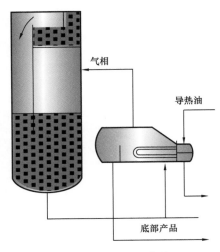

图 4-21　釜式重沸器

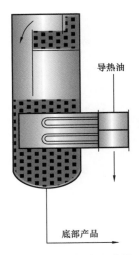

图 4-22　内置式重沸器

由于进料管和排出管中液体的密度差，产生静压差，成为流体自然循环的推动力。加热介质在管内流动，管程可以为单流程，也可以为多流程。其优点是可以防止高沸点组分的积聚，降低结垢的速度。

由于管束为水平方向布置，且流动面积易于控制，因而需要的静压头较低。其缺点是壳程结垢后很难清洗。对于大型热虹吸重沸器，为了使流动分布均匀，需设多个管口和连接管件，重沸器的造价更高。

图 4-24 则是立式热虹吸重沸器的工艺，不仅传热膜系数高于卧式，而且有很好的防垢作用，特别适用于高分子材料。其缺点是垂直管不易拆卸、清洗及维修。塔底液面高度基本与重沸器上部管板相同，提高了塔底的标高，使造价增大。立式热虹吸重沸器对操作条件要求高，对于高真空和高压力（近临界压力）及高黏度的宽沸点的条件，适应性不如釜式重沸器。该类重沸器不适用于小温差的情况。其最佳适用条件为纯组分、中等压力、中等温差、中等热流及易结垢的场合。

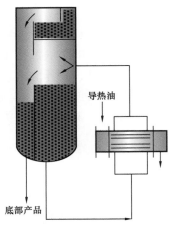

图 4-23　卧式热虹吸重沸器

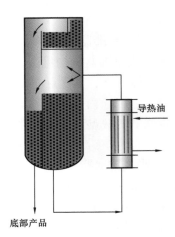

图 4-24　立式热虹吸重沸器

4）强制流动式重沸器

如图 4-25 所示，强制流动式重沸器和虹吸式重沸器的工作方式类似，只是流体循环的动力由泵提供。最主要用于处理严重结垢或极高黏性的流体。在流体保持很高的流速和非常低的蒸发率的条件下，可使结垢的速率大大减小，然而这就要求有效流速在 5～6m/s，因此泵的造价和能源的消耗都很高。

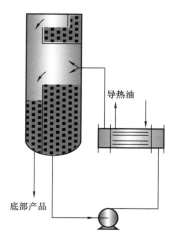

2. 重沸器的选用

重沸器的选用设计主要需考虑重沸器进料的流动形式和进料的气化率、重沸器进料的黏度、为重沸器提供进料的塔内液位。

工程中最常用的重沸器形式主要是釜式重沸器和虹吸式重沸器，标准的釜式重沸器仍是一种应用最广泛、可靠性很强的重沸器，但釜式重沸器投资费用较高；热虹吸式重沸器在化工行业逐渐得到应用。

图 4-25　强制流动式重沸器

从投资费用对比，强制循环重沸器费用最高，釜式重沸器费用较高，投资最低的是热虹吸式重沸器。重沸器的选用需要考虑进料黏度，重沸器的进料如果黏度太大或者含有固体颗粒时，应选用强制循环重沸器；若进料的黏度不是太大，则可选用单程循环卧式重沸器，但对于管束长、黏度大的体系或加热后气化率较高时，液位高差可能无法克服摩阻，所以不适合采用虹吸式重沸器。

凝液回收装置的重沸器中加热的液体是液烃，换热介质黏度小基本不需要采用强制循环的方式，但通常凝液回收装置的重沸器换热负荷和换热面积都较大，采用虹吸式重沸器可能不利于重沸器的稳定操作。釜式重沸器是目前凝液回收流程中应用最多的塔底重沸器，而对于脱甲烷塔的侧线重沸器，则可以通过合理设置冷箱高度，利用脱甲烷塔塔板间的高差实现热虹吸流动。

参 考 文 献

［1］叶国庆. 分离工程［M］. 北京：化学工业出版社，2009.

［2］王子宗. 石油化工设计手册：第 2 卷　标准·规范［M］. 北京：化学工业出版社，2015.

［3］李鑫钢. 现代蒸馏技术［M］. 北京：化学工业出版社，2009.

［4］李鑫钢. 蒸馏过程节能与强化技术［M］. 北京：化学工业出版社，2009.

［5］刘家祺. 分离过程［M］. 北京：化学工业出版社，2002.

［6］苏建华，许可方，宋德琦，等. 天然气矿场集输与处理［M］. 北京：石油工业出版社，2004

［7］孙兰义，李军，李青松. 隔壁塔技术进展［J］. 现代化工，2008（9）：38-41，43.

［8］杨洋. 隔壁精馏塔分离芳烃混合物的动态模拟［D］. 北京：北京化工大学，2017.

［9］NGUYEN L，MOON L. Design and Optimization of Heat Integrated Dividing Wall Columns for Improved Debutanizing and Deisobutanizing Fractionation of NGL［J］. Korean Journal of Chemical Engineering,

2013（30）: 286-294.

［10］U.S. GPA. Engineering Data Book 14th Edition［R］. U.S. Gas Processing Midstream Association, 2016.

［11］MCCABE L, SMITH C, PETER H. Unit Operation of Chemical Engineering Seventh Edition［M］. New York : McGraw-Hill Education, 2005.

［12］Kister H. Distillation Design［M］. New York : McGraw-Hill Education, 1992.

［13］李纾, 魏奇业. 复杂精馏塔的灵敏度分析［J］. 吉林化工学院学报, 1998（4）: 6-9.

［14］雷杨, 张冰剑, 陈清林. 基于MINLP的精馏塔进料板位置优化［J］. 化工进展, 2011（s2）: 80-84.

［15］徐忠, 陆恩锡. 蒸馏过程进料位置优化［J］. 化学工程, 2008（7）: 74-78.

［16］陆恩锡, 李小玲, 吴震. 蒸馏过程中间重沸器与中间冷凝器［J］. 化学工程, 2008（11）: 74-78.

［17］高晓新, 朱碧云, 林方毅, 等. 中间冷凝器与中间再沸器乙烯精馏塔的模拟与优化［J］. 常州大学学报（自然科学版）, 2016, 28（3）: 27-30.

第五章 工艺设备模型及流程模拟

天然气凝液回收工艺由预处理、增压、净化、冷凝分离及制冷、液烃分馏等单元组成，通常采用软件分析方法，模拟各处理单元运行情况，对凝液回收工程设计及生产运行作出指导。本章主要包括气液平衡模型、工艺设备模拟模型、工艺流程模拟方法、天然气处理流程模拟等内容。

第一节 气液平衡模型

气液平衡是烃类体系中最常见的相平衡现象，在烃类混合物的分离过程（精馏、吸收等）中占有极为重要的地位。气液平衡计算的基础为相平衡模型，常见模型为状态方程及活度系数模型。

一、气液平衡关系

在气液相平衡计算中，气相的逸度是通过状态方程计算，而液相的逸度则可通过活度系数或状态方程计算。根据气、液相逸度的算法，所有气液平衡模型可概括为两类：第一类为状态方程法，气相、液相逸度均按状态方程计算；第二类为活度系数法，气相逸度按状态方程法计算，液相逸度按活度系数模型计算[1]。

对 i 组分，平衡方程式写成：

$$f_i^{\mathrm{V}} = \phi_i^{\mathrm{V}} y_i p \qquad (5-1)$$

式中　f_i^{V}——气相混合物中 i 组分的逸度，Pa；

　　　ϕ_i^{V}——i 组分在气相中的逸度系数；

　　　y_i——气相中 i 组分的摩尔分数；

　　　p——该状态下的压力，Pa。

而液相中各组分的逸度系数则通过活度系数按下式计算：

$$f_i^{\mathrm{L}} = \gamma_i x_i f_i^0 \qquad (5-2)$$

式中　f_i^{L}——液相混合物中 i 组分的逸度，Pa；

　　　γ_i——i 组分在液相中的活度系数；

　　　x_i——液相中 i 组分的摩尔分数；

　　　f_i^0——纯液体 i 在系统温度和压力下的逸度，Pa。

1. 状态方程法

状态方程法中，气液两相的逸度均通过逸度系数表达，相平衡方程可表示为：

$$\phi_i^{V} y_i p = \phi_i^{L} x_i p \qquad (5-3)$$

式中　ϕ_i^{L}——i 组分在液相中的逸度系数。

将相平衡常数表示为：

$$K_i = \frac{y_i}{x_i} = \frac{\phi_i^{L}}{\phi_i^{V}} \qquad (5-4)$$

式中　K_i——相平衡常数。

2. 活度系数法

结合式（5-1）和式（5-2）得到活度系数法的基本相平衡方程：

$$\phi_i^{V} y_i p = \gamma_i x_i f_i^{0} \qquad (5-5)$$

将相平衡常数表示为：

$$K_i = \frac{y_i}{x_i} = \frac{\gamma_i f_i^{0}}{\phi_i^{V} p} = \frac{\gamma_i \phi_i^{0}}{\phi_i^{V}} \qquad (5-6)$$

式中　ϕ_i^{0}——纯液体 i 在体系条件下的逸度系数。

状态方程法的热力学一致性更好（两相使用同一模型），此模型可用于气液平衡计算，还可以计算气液两相的热力学性质，可用于烃类体系的分离、精馏、吸收等工艺过程计算。

活度系数法可用于含极性物质、聚合物、电解质等高度非理想体系的中、低压相平衡计算，但该法不适用于高压体系，当体系中含有超临界组分时不便应用。

二、常用状态方程

天然气凝液回收工艺中，多采用状态方程直接求取相平衡参数和热力学参数，因而状态方程法气液平衡模型在实际中应用更为广泛，常用于烃类物系的有 PR，SRK，BWRS，RK，BWR 及 LK 等方程。

1. PR 状态方程

PR 状态方程在 Soave 模型的基础上作出了改进，预测液相密度时更加准确，在烃类系统的气液相平衡计算和液体密度的计算上精度较高，该方程几乎可适用于天然气处理与加工中所有流体性质的全部计算。PR 状态方程[2, 3]如下式：

$$p = \frac{RT}{V-b} - \frac{a(T)}{V(V+b) + b(V-b)} \qquad (5-7)$$

式中　V——气体摩尔体积，m^3/mol；

$a(T)$，b——两特性参数；

p——系统压力，MPa；

T——系统温度，K；

R——气体常数，8.314kJ/（kmol·K）。

用压缩因子 Z 表示的方程形式如下[4]：

$$Z^3 - (1-B)Z^2 + (A - 3B^2 - 2B)Z - (AB - B^2 - B^3) = 0 \qquad (5-8)$$

其中

$$A = \frac{aP}{R^2 T^2}$$

$$B = \frac{bP}{RT}$$

对混合物，PR 状态方程的参数 a 及 b 的混合准则见参考文献［1］。

混合物中气液相的逸度 f_i 的计算式如下：

$$\ln\left(\frac{f_i}{x_i p}\right) = \frac{b_i}{b}(Z-1) - \ln(Z-B) - \frac{A}{2\sqrt{2}B}\left(\frac{\sum_{j=1}^{n} x_j a_{ij}}{a} - \frac{b_i}{b}\right)\ln\left(\frac{Z+2.414B}{Z-0.414B}\right) \qquad (5-9)$$

式中　x_j——混合物中气液相中 j 组分的摩尔分数；

b_i——纯组分相应的状态方程参数；

a_{ij}——j 组分对应的状态方程参数。

液相或气相等温焓差 $H—H^0$ 计算式如下：

$$\frac{H-H^0}{RT} = (Z-1) + \frac{T\frac{\mathrm{d}a}{\mathrm{d}T} - a}{2\sqrt{2}bRT}\ln\left(\frac{Z+2.414B}{Z-0.414B}\right) \qquad (5-10)$$

H^0——理想混合气体在 p，T 下的焓值，kJ/kmol；

H——液相或气相在 p，T 下的焓值，kJ/kmol。

液相、气相等温熵差 $S—S^0$ 计算式如下：

$$\frac{S-S^0}{R} = \ln\left(\frac{Z-B}{P}\right) + \frac{T\frac{\mathrm{d}a}{\mathrm{d}T}}{2\sqrt{2}bRT}\ln\left(\frac{Z+2.414B}{Z-0.414B}\right) \qquad (5-11)$$

式中　S^0——理想混合气体在 p，T 下的熵值，kJ/（kmol·K）；

S——液相或气相在 p，T 下的熵值，kJ/（kmol·K）。

2. SRK 状态方程

SRK 状态方程是在改进 Redlich-Kwong 状态方程基础上提出的一种形式简单的气液平衡模型，通过引入偏心因子，提出对纯组分来说形式简单的 $\alpha \equiv \alpha(T, \omega)$。SRK 模型对含

H_2 及 H_2S 的物系，K 值的预测精度较差，相较于 PR 状态方程的适用范围更窄，无法使用于含甲醇、乙二醇的体系中，液体密度计算上精确度欠佳，多用于气液平衡的计算及蒸汽压的预测计算。SRK 状态方程[5, 6] 如下：

$$p = \frac{RT}{V-b} - \frac{a(T, \omega)}{V(V+b)} \tag{5-12}$$

式中　p——系统压力，MPa；

　　　T——系统温度，K；

　　　V——气体摩尔体积，m^3/mol；

　　　R——气体常数，8.314kJ/（kmol·K）；

　　　$a(T, \omega)$，b——特性常数。

用压缩因子表示：

$$Z^3 - Z^2 + \left(A - B - B^2\right)Z - AB = 0 \tag{5-13}$$

其中

$$A = \frac{a(T, \omega)P}{R^2T^2} \tag{5-14}$$

$$B = \frac{bP}{RT} \tag{5-15}$$

对混合物，SRK 状态方程的参数 a 及 b 的混合准则见参考文献 [1]。

混合物中气液相的逸度 f_i 的计算式：

$$\ln\left(\frac{f_i}{x_iP}\right) = \frac{b_i}{b}(Z-1) - \ln(Z-B) - \frac{A}{B}\left(2\frac{\sum\limits_j x_i a_{ij}}{a} - \frac{b_i}{b}\right)\ln\left(1+\frac{B}{Z}\right) \tag{5-16}$$

式中　x_i——混合物中液相中（或气相中）i 组分的摩尔分数。

液相或气相的等温焓差 H—H^0 计算式如下：

$$\frac{H-H^0}{RT} = Z - 1 - \ln\left(1+\frac{B}{Z}\right)\left(\frac{A}{B} + \frac{\sqrt{a}}{RTb}\sum_{i=1}^{n} x_i m_i \sqrt{a_{ci}T_{ri}}\right) \tag{5-17}$$

式中　H^0——理想混合气体在 p，T 下的焓值，kJ/kmol；

　　　H——液相或气相在 p，T 下的焓值，kJ/kmol；

　　　T_{ri}——i 组分的对比温度；

　　　k_i——i 组分偏心因子的关联值。

液相或气相等温熵差 S—S^0 计算式如下：

$$\frac{S-S^0}{R} = \ln\frac{V-b}{RT} - \frac{a^{\frac{1}{2}}}{bRT}\ln\left(1+\frac{b}{V}\right)\sum_{i=1}^{n} x_i m_i \sqrt{a_{ci}T_{ri}} \tag{5-18}$$

式中　S^0——理想混合气体在 p，T 下的熵值，J/（kmol·K）；

　　　S——液相或气相在 p，T 下的熵值，J/（kmol·K）。

3. BWRS 状态方程

BWRS 状态方程常用于烃类体系的低温过程计算，也可用于烃类体系的压缩过程的热力学计算。该方程的温度和密度适用范围很广，可用于对比温度低至 0.3，对比密度高至 3.0 的条件下。BWRS 计算纯组分热力学化学性质的准确度要比 PR 状态方程高，但 BWRS 状态方程参数较复杂。气液平衡模型中，BWRS 状态方程被认为是烃类分离计算中的最佳模型之一[7, 8]。BWRS 状态方程如下：

$$p = \rho RT + \left(B_0 RT - A_0 - \frac{C_0}{T^2} + \frac{D_0}{T^3} + \frac{E_0}{T^4} \right)\rho^2 + \left(bRT - a - \frac{d}{T} \right)\rho^3$$
$$+ \alpha\left(a + \frac{d}{T} \right)\rho^6 + \frac{c\rho^3}{T^2}\left(1 + \gamma\rho^2 \right)\exp\left(-\gamma\rho^2 \right) \tag{5-19}$$

式中　p——系统压力，MPa；

　　　T——系统温度，K；

　　　ρ——气相或液相的摩尔密度，kmol/m³；

　　　R——气体常数，8.314kJ/（kmol·K）；

　　　α——与温度有关的无因次因子。

纯组分 i 的各参数 B_{0i}，A_{0i}，$\cdots$，E_{0i} 与临界参数 T_{ci}，ρ_{ci} 及偏心因子 ω_i 见参考文献［1］。

混合物中气液相 i 组分的逸度 f_i 的计算式：

$$RT\ln f_i = RT\ln\left(\rho RTx_i \right) + \rho\left(B_0 + B_{0i} \right)RT + 2\rho\sum_{i=1}^{n}x_i\left[-\left(A_0^{\frac{1}{2}}A_{0i}^{\frac{1}{2}} \right)\left(1 - k_{ij} \right) \right.$$
$$- \frac{\left(C_0^{\frac{1}{2}}C_{0i}^{\frac{1}{2}} \right)}{T^2}\left(1 - k_{ij} \right)^3 + \frac{\left(D_{0i}^{\frac{1}{2}}D_{0j}^{\frac{1}{2}} \right)}{T^3}\left(1 - k_{ij} \right)^4 - \left. \frac{\left(E_{0i}^{\frac{1}{2}}E_{0j}^{\frac{1}{2}} \right)}{T^4}\left(1 - k_{ij} \right)^5 \right]$$
$$+ \frac{\rho^2}{2}\left[3\left(b^2 b_i \right)^{\frac{1}{3}}RT - 3\left(a^2 a_i \right)^{\frac{1}{3}} - \frac{3\left(d^2 d_i \right)^{\frac{1}{3}}}{T} \right] + \frac{\alpha\rho^5}{5}\left[3\left(a^2 a_i \right)^{\frac{1}{3}} + \frac{3\left(d^2 d_i \right)^{\frac{1}{3}}}{T} \right] \tag{5-20}$$
$$+ \frac{3\rho^5}{5}\left(a + \frac{d}{T} \right)\left(\alpha^2 \alpha_i \right) + \frac{3\left(c^2 c_i \right)\rho^2}{T^2}\left[\frac{1 - \exp\left(-\gamma\rho^2 \right)}{\gamma\rho^2} - \frac{\exp\left(-\gamma\rho^2 \right)}{2} \right]$$
$$- \frac{2c}{T^2}\left(\frac{\gamma_i}{\gamma} \right)^{\frac{1}{2}}\left[1 - \left(1 + \gamma\rho^2 + \frac{1}{2}\gamma^2\rho^4 \right)\exp\left(-\gamma\rho^2 \right) \right]$$

液相或气相的等温焓差 $H—H^0$ 计算式如下：

$$H - H^0 = \left(B_0RT - 2A_0 - \frac{4C_0}{T^2} + \frac{5C_0}{T^3} - \frac{6C_0}{T^4} \right)\rho$$
$$+ \frac{1}{2}\left(2bRT - 3a - \frac{4d}{T} \right)\rho^2 + \frac{1}{5}\alpha\left(6a + \frac{7d}{T} \right)\rho^5 \qquad (5-21)$$
$$+ \frac{c}{\gamma T^2}\left[3 - \left(3 + \frac{1}{2}\gamma\rho^2 - \gamma^2\rho^4 \right)\exp\left(-\gamma\rho^2 \right) \right]$$

式中　H^0——理想气体混合物在 p，T 下的焓值，kJ/kmol；

　　　H——气相或液相在 p，T 下的焓值，kJ/kmol。

气相、液相的等温熵差计算式如下：

$$S - S^0 = -R\ln\left(\rho RT \right) - \left(B_0R + \frac{2C_0}{T^3} - \frac{3D_0}{T^4} + \frac{4E_0}{T^5} \right)\rho - \frac{1}{2}\left(bR + \frac{d}{T^2} \right)\rho^2$$
$$+ \frac{\alpha d\rho^5}{5T^2} + \frac{2c}{\gamma T^3}\left[1 - \left(1 + \frac{1}{2}\gamma\rho^2 \right)\exp\left(-\gamma\rho^2 \right) \right] \qquad (5-22)$$

式中　S^0——理想气体混合物在 p，T 下的熵值，kJ/（kmol·K）；

　　　S——汽相或液相在 p，T 下的熵值，kJ/（kmol·K）。

三、活度系数模型

对极性溶液和电解质溶液，由于液相的非理想性较强，一般状态方程并不适用，此时通常采用活度系数模型来进行逸度计算。活度系数模型的建立与溶液理论密不可分，多数活度系数模型均以一定的溶液理论为基础，ASPEN HYSYS 中可采用的活度系数模型包括 Electrolyte NRTL、Flory–Huggins、NRTL、UNIQUAC、UNIFAC、WILSON 等，常见的活度系数模型功能和应用情况如下[9]：

（1）活度系数模型是表示高度非理想或极性系统（如胺类、NH_3、腐蚀类、CO_2、H_2S）的最佳方法。

（2）该类模型仅仅应用于二进制和多组分混合物的相平衡预测（VLE 和 LLE），不适用于纯组分的相平衡计算。

（3）仅适用于液相热力学性质的计算，该法对气相性质的计算不准确，需要其他方法来校正，如状态方程法。

（4）需建立单独模型计算液相密度。

活度系数模型应在一定的温度和压力范围下使用，该模型仅适用于低压和中压系统，因为一般情况下活度系数与温度有关而与压力无关，但是在高压液液平衡系统中互溶性就与压力有关。表 5-1 比较了状态方程和活度系数法的优缺点及大概的应用范围。

表 5-1　状态方程法和活度系数法的比较

方法	状态方程法	活度系数法
优点	不需要标准态；可将 pVT 数据用于相平衡的计算；易采用对比态原理；可用于临界区和近临界区	活度系数方程和相应的系数较全；温度的影响主要反应在 f_i^L 上，对 γ_i 的影响不大；适用于多种类型的化合物，包括聚合物、电解质体系
缺点	EOS 需要同时适用于气液两相，难度大；需要搭配使用混合规则，且其影响较大；对极性物质、大分子化合物和电解质体系难于应用	需要其他方法求取偏摩尔体积，进而求算摩尔体积；需要确定标准态；对含有超临界组分的体系应用不便，在临界区使用困难
适用范围	原则上可适用于各种压力下的气液平衡，但更常用于中、高压气液平衡	适用于中、低压下的气液平衡，当缺乏中压气液平衡数据时，中压下使用很困难

第二节　工艺设备模型

工艺设备主要包括节流阀、膨胀机、压缩机、泵、换热器、塔器等，各设备的计算模型直接影响到流程模拟结果与工程实际中的差距，掌握工艺设备的计算模型，有利于专业软件的实际应用。

一、闪蒸分离模型

闪蒸分离计算可分为两相（气—液）平衡模型及三相（气—液—液）平衡模型。

1. 两相平衡模型

气相混合物的部分冷凝和液相混合物的部分汽化均属于闪蒸过程，此时进料的量和组成是已知的，要求计算在指定压力和温度下产生的气液两相的量和组成，计算模型如图 5-1 所示。

焓值是进口的焓加上负荷（加热时，负荷为正；冷却时，负荷为负值）。流量为 F(kmol/h)，组成为 Z_i（摩尔分数）的物料经加热或冷却至温度 T，进入压力为 p 的分离器中分离为气液两相。气相流率为 V（kmol/h），组成为 y_i（摩尔分数）、液相流率为 L，组成为 x_i，i 组分的平衡常数为 K_i。

基本方程式如下：

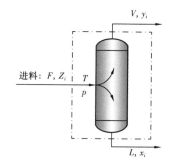

图 5-1　部分汽化与冷凝过程图

相平衡方程：

$$\begin{cases} y_i = K_i x_i \\ \sum_{i=1}^{n} x_i = 1 \\ \sum_{i=1}^{n} y_i = 1 \end{cases} \qquad (5-23)$$

物料平衡方程：
$$F_z = V_y + L \tag{5-24}$$

热量平衡：
$$H_F + Q = H_V V + H_L L \tag{5-25}$$

汽化率：
$$e = \frac{V}{F} \tag{5-26}$$

联立相平衡方程和物料平衡并整理得：

$$F(e) = \sum_i^n \frac{Z_i K_i}{K_i e + 1} = 0 \tag{5-27}$$

计算的任务为求解平衡气相、液相的量 V，L 和组成 y_i 及 x_i。

求解 e 时用 Newton-Raphson 迭代法，直至满足收敛精度 $|F(e)| \leqslant 10^{-4}$。

在应用上式进行汽化、冷凝计算前宜先判断混合物在指定的温度和压力下是否处于两相区，为此仅需对进料作如下检验：

$$\sum_{i=1}^n K_i z_i \begin{cases} = 1 & T = T_B & \text{进料处于泡点} \quad e=0 \\ > 1 & T > T_B & e>0 \\ < 1 & T < T_B & \text{进料处于过冷液体} \end{cases} \tag{5-28}$$

$$\sum_{i=1}^n \frac{z_i}{K_i} \begin{cases} = 1 & T = T_D & \text{进料处于露点} \quad e=1 \\ > 1 & T > T_D & e<1 \\ < 1 & T < T_D & \text{进料处于过热蒸汽} \end{cases} \tag{5-29}$$

只有当 $\sum K_i Z_i$ 和 $\sum Z_i / K_i$ 均大于 1 时，混合物始终处于两相区。

2. 三相平衡模型

多元组分烃—水体系的三相平衡计算模型是三相分离设计计算的基础。含水烃类体系三相平衡过程的通用模型见图 5-2。

假设三相间处于热力学平衡，且所有组分三相中均存在。本过程总物料平衡和组分物料平衡分别表示如下：

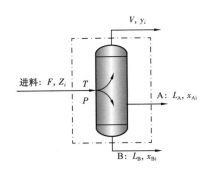

图 5-2　三相系统模型

$$F = V + L_A + L_B \tag{5-30}$$

$$FZ_i = Vy_i + L_A x_{Ai} + L_B x_{Bi} \tag{5-31}$$

当取 $F=1\text{kmol}$ 时，V，L_A 和 L_B 将分别表示部分汽化后气相、富烃相和富水相的摩尔分率。相平衡关系式为：

$$y_i = K_{Ai} x_{Ai} \tag{5-32}$$

$$y_i = K_{Bi}x_{Bi} \tag{5-33}$$

应用上述物料平衡和相平衡关系式，可以导出描述三相平衡状态的方程式：

$$x_{Ai} = \frac{Z_i}{L_A\left(1-K_{Ai}\right)+L_B\left(K_{Ai}/K_{Bi}-K_{Ai}\right)+K_{Ai}} \tag{5-34}$$

$$x_{Bi} = \frac{Z_i\left(K_{Ai}/K_{Bi}\right)}{L_A\left(1-K_{Ai}\right)+L_B\left(K_{Bi}/K_{Ai}-K_{Ai}\right)+K_{Ai}} \tag{5-35}$$

$$y_i = \frac{K_{Ai}Z_i}{L_A\left(1-K_{Ai}\right)+L_B\left(K_{Ai}/K_{Bi}-K_{Ai}\right)+K_{Ai}} \tag{5-36}$$

当指定平衡汽化过程的温度（T）、压力（p）及进料组成（Z_i）时，计算任务是求定能满足以下一组方程的 V，L_A 和 L_B 值：

$$f_i^V = f_{iA}^L \tag{5-37}$$

$$f_i^V = f_{iB}^L \tag{5-38}$$

$$\sum_{i=1}^{n} y_i = 1.0 \tag{5-39}$$

$$\sum_{i=1}^{n} x_{Ai} = 1.0 \tag{5-40}$$

$$\sum_{i=1}^{n} x_{Bi} = 1.0 \tag{5-41}$$

能量方程为：

$$FH_F = VH_V + L_AH_A + L_BH_B \tag{5-42}$$

式中　H_F，H_V，H_A，H_B——进料焓、气相焓、富烃相焓和富水相的焓，kJ/kmol。

二、节流阀模型

当物流经节流阀时，在绝热而不对外作功的情况下急剧降压膨胀的过程称为节流。该过程中存在摩擦与涡流，产生的热量不能完全转变为可利用的能量，故节流过程不可逆，为等焓熵增过程。节流阀制冷过程计算模型如图5-3所示。

基本方程式如下：

物料平衡方程：$Fz_i = Vy_i + Lx_i \tag{5-43}$

热量平衡方程：$FH^I = VH^V + LH^L \tag{5-44}$

相平衡方程：

$$\begin{cases} y_i = K_i x \\ \sum\limits_{i=1}^{n} x_i = 1 \\ \sum\limits_{i=1}^{n} y_i = 1 \end{cases} \tag{5-45}$$

式中 H^l——进料混合物节流前的焓值，kJ/kmol；

　　　H^V，H^l——节流后平衡气、液相的焓值，kJ/kmol；

　　　K_i——i 组分的平衡常数；

　　　n——物料中总组分数。

联立上述三个方程求解，即可计算出节流后的工艺状态参数。

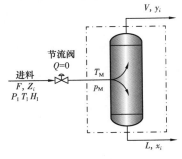

图 5-3　节流制冷工艺过程

三、压缩机与膨胀机模型

1. 压缩机

压缩机增压过程为等熵焓增过程，等熵效率可取 65%～75%，利用被压缩气体理想的进出口焓差、实际进出口焓差来对压缩机模型进行模拟计算。对于压缩机，等熵效率是压缩过程中的等熵（理想）需用功率与实际需用功率之比。

$$\eta_s = \frac{W_{isen}}{W} = \frac{H_{2,\,isen} - H_1}{H_2 - H_1} \tag{5-46}$$

式中 W——实际提供给流体的功率，kW；

　　　W_{isen}——等熵操作提供给流体的功率，kW。

　　　H_1——压缩前的焓值，kJ/kmol；

　　　H_2——实际压缩后的焓值，kJ/kmol；

　　　$H_{2,\,isen}$——等熵压缩后的焓值，kJ/kmol。

2. 膨胀机

对于膨胀机，等熵效率是膨胀过程中实际产生功率与等熵膨胀的产生功率之比。等熵膨胀单位产冷量为气体等熵膨胀的焓降 ΔH_0。该焓降是气体等熵膨胀开始状态 p_1、T_1 时的焓值 H_1 与膨胀终了状态 p_2、T_2 的焓值 H_2 之差值，即为所求的等熵膨胀单位产冷量 ΔH_0 值。

$$\Delta H_0 = H_1 - H_2 \tag{5-47}$$

实际过程中，气体通过膨胀机进行等熵膨胀，在对外作功的同时存在着摩擦、泄漏和冷量损失等各种现象。因此，过程实际不是等熵的，而是熵增大的不可逆过程。实际膨胀单位产冷量，即实际焓降，等于气体绝热膨胀开始状态的焓值 H_1 与膨胀终了状态的焓值 H_2' 的实际差值。

$$\Delta H = H_1 - H_2' \qquad (5-48)$$

气体在膨胀机中进行实际绝热膨胀过程产生的实际焓降 ΔH，比在等熵膨胀过程产生的焓值 ΔH_0 小。衡量其偏差的尺度称为膨胀机的等熵效率 η_s。

$$\eta_s = \frac{\Delta H}{\Delta H_0} = \frac{H_1 - H_2'}{H_1 - H_2} \qquad (5-49)$$

天然气深冷分离装置设计时，膨胀机的等熵效率往往是根据膨胀机的机械性能设定的。通常多在 75%～85% 之间。

气体通过透平膨胀机的膨胀过程接近可逆等熵膨胀过程，可按做外功的绝热可逆等熵过程进行热力学计算，从而确定膨胀机出口的实际气体 T_2'，并同时计算膨胀后凝液量的大小。

流量为 F（kmol/h），组成为 Z_i（摩尔分数）在压力 p_1、温度 T_1 下进入膨胀机，膨胀机等熵效率为 η_s，出口压力为 p_2，等熵出口温度为 T_2，实际出口温度为 T_2'。膨胀机出口的平衡气、液相组成为 y_i、x_i。气、液相量为 V、L；气、液相焓值为 H_V、H_L 及气、液熵值为 S_V、S_L 等。基本方程式如下：

相平衡方程：
$$\begin{cases} y_i = K_i x_i & 1 \leqslant i \leqslant n \\ \sum_{i=1}^{n} x_i = 1 \\ \sum_{i=1}^{n} y_i = 1 \end{cases} \qquad (5-50)$$

物料平衡方程：
$$FZ_i = Vy_i + Lx_i \qquad (5-51)$$

能量平衡方程：
$$FS_1 + VS^V + LS^L \qquad (5-52)$$

膨胀机实际出口焓值：
$$H_2' = H_1 - \eta(H_1 - H_2) \qquad (5-53)$$

式中　H_1——进口状态下气体的焓值，kJ/kmol；

　　　S_1——进口状态下气体的熵值，kJ/（kmol·K）；

　　　S_V——等熵膨胀后气相的熵值，kJ/（kmol·K）；

　　　S_L——等熵膨胀后液相的熵值，kJ/kmol；

　　　H_2——等熵膨胀后混合物的焓值，kJ/kmol；

　　　H_2'——膨胀机实际出口混合物的焓值，kJ/kmol；

　　　η——膨胀机的绝热效率。

联立上述四个方程求解，计算膨胀机出口的工艺参数，计算框图如图 5-4 所示。气体

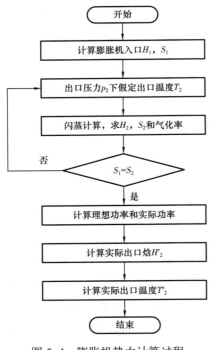

图 5-4　膨胀机热力计算过程

在膨胀机的出口条件下，总是呈气液平衡两相，故而使计算过程复杂化，且计算量很大，常使用计算机求解，计算步骤归结如下：

（1）计算膨胀机入口条件下的焓 H_1 和熵 S_1；

（2）在给定的膨胀机出口压力 p_2 下，求等熵过程中膨胀机出口温度 T_2，平衡汽液两相的焓 H_2、熵 S_2，并且满足 $S_1 = S_2$ 的条件；

（3）计算膨胀过程所产生的理想功率 $W_s = H_1 - H_2$；

（4）理想功率乘以绝热效率 η 而求得实际功率 $W = \eta W_s$；

（5）确定膨胀机实际出口焓 H_2'；

（6）确定膨胀机的实际出口温度 T_2'（即根据实际出口焓与出口压力，闪蒸计算出出口温度）。

现用 HYSYS 模拟软件对工艺过程进行计算，以确定出口温度、凝液量以及膨胀机的输出功率，膨胀机的进口气的压力为 6000kPa，温度为 -50℃，流量为 2960kmol/h，天然气流经膨胀机后的出口压力为 2000kPa，膨胀机绝热效率为 85%。模拟结果见表 5-2。

表 5-2　膨胀机运行 HYSYS 模拟结果表

项目		进口（气相）	出口（液化率，0.1147）	
			气相	液相
流量，kmol/h		2960	2620.6	339.4
压力（绝），kPa		6000	2000	
温度，℃		-50.00	-93.09	
组分 %（摩尔分数）	甲烷	0.9392	0.9810	0.6163
	乙烷	0.0399	0.0174	0.2136
	丙烷	0.0209	0.0016	0.1701
进出口实际焓差，kJ/kmol		896.69	膨胀机输出功率，kW	736.5

四、泵模型

泵主要用于液体的增压，因液体分子的比体积相对气体小很多，泵的能耗明显低于压缩机，其计算模型与压缩机相仿，均为等熵焓增过程。泵体积通常较小且保温性能较好，可假定为绝热操作。已知泵前后的压力差、液体流量和液体密度时，可通过下式计算所需功率：

$$W_s = \frac{(p_2 - p_1) \times F}{\rho} \times 100\% \qquad (5-54)$$

式中　p_2、p_1——泵出口、进口压力；

$\quad\quad$ F——液体摩尔流率，kmol/s；

$\quad\quad$ ρ——液体密度，kg/m³。

利用泵效率定义泵的实际需用功率，如果效率小于100%，剩余能量转化为出口物流温度的上升。由公式（5-54）推导出泵的实际需要功率 W 的表达式：

$$W = \frac{(p_2 - p_1) \times F \times 100\%}{\rho \times \eta_c} \qquad (5-55)$$

实际功率等于出口物流和入口物流的焓差，所以泵效率可由下式表达

$$\eta_c = \frac{W_s}{W} = \frac{H_2 - H_1}{H_2' - H_1} \qquad (5-56)$$

式中　H_1——泵进口状态下液流的焓值，kJ/kmol；

$\quad\quad$ H_2——等熵过程泵出口状态下液流的焓值，kJ/kmol；

$\quad\quad$ H_2'——泵实际出口状态下的液流焓值，kJ/kmol；

$\quad\quad$ η_c——泵的绝热效率。

五、换热器模型

换热器计算模型可以完成能量平衡与物料平衡计算，对温度、压力、热流量（包含热损失和热泄漏）、物流流量、传热系数等参数进行计算。其设计计算基于物料平衡、热平衡、相平衡、设备关联方程四大类方程，其中冷热物流间的热量传递必须满足以下平衡关系式：

$$\varepsilon_B = \left[M_{cold}(H_2 - H_1) - Q_{leak} \right] - \left[M_{hot}(H_1 - H_2) - Q_{loss} \right] \qquad (5-57)$$

式中　M_{cold}，M_{hot}——冷、热物流的质量流量，kg/s；

$\quad\quad$ H_1，H_2——冷热物流的进、出口焓，kJ/kg；

$\quad\quad$ Q_{leak}，Q_{loss}——泄漏、损失的热量，kJ；

$\quad\quad$ ε_B——热交换参数，多数情况下等于0。

管壳式换热器的传热设计主要是确定换热器的换热面积，而管程与壳程总传热量可以由总传热系数、换热器的有效面积和平均温差的对数定义，方程如下：

$$Q = UA\Delta T_{LM} F_t$$
$$\Delta T_m = F(R,\ S)\Delta T_{LM} \qquad (5-58)$$

式中　U——总传热系数（以管外壁面积为基准），W/（m²·K）；

$\quad\quad$ A——有效传热面积，m²；

ΔT_{LM}——对数平均温差（LMTD），℃；

F_{t}——LMTD 的校正因子；

ΔT_{m}——真实平均温度，℃。

校正因子 F_{t} 与 R、S 有关，其通用表达式为：

$$F_{\mathrm{t}} = \frac{\sqrt{R^2+1}\ln\left(\dfrac{1-S}{1-RS}\right)}{(R-1)\ln\left[\dfrac{2-S\left(R+1-\sqrt{R^2+1}\right)}{2-S\left(R+1+\sqrt{R^2+1}\right)}\right]} \qquad (5\text{-}59)$$

$$R = \frac{T_{\mathrm{h},\,1} - T_{\mathrm{c},\,2}}{T_{\mathrm{c},\,2} - T_{\mathrm{c},\,1}} \qquad (5\text{-}60)$$

$$S = \frac{T_{\mathrm{c},\,2} - T_{\mathrm{c},\,1}}{T_{\mathrm{h},\,1} - T_{\mathrm{c},\,1}} \qquad (5\text{-}61)$$

式中 $T_{\mathrm{h},\,1}$——热物流进口温度，℃；

$T_{\mathrm{c},\,1}$——冷物流进口温度，℃；

$T_{\mathrm{c},\,2}$——冷物流出口温度，℃。

$F_{\mathrm{t}} < 0.8$ 时，可能会出现温度交叉，此时应该增加壳程数或增加换热器串联台数。由壳程温度方法计算出，逆流换热器的 F_{t} 为 1，加权衡算方法的 F_{t} 为 1。

换热器进、出口焓值计算中，必须明确各物流压降的大小，可通过以下三种方法决定换热器的压降：指定压降；根据换热器的类型和配置计算压降；指定 K 值来定义换热器的压力与流量的关系。在非严格计算中，可根据经验规定一个定压降值；在较严格计算中，需利用换热器的压降与流量的关系式（相似于普通阀的方程式）计算，压降与流量的关系式见下：

$$f = \sqrt{\rho} \times K\sqrt{p_1 - p_2} \qquad (5\text{-}62)$$

式中 f——流体的流量，m^3/s；

ρ——物流密度，kg/m^3；

p_1，p_2——物流的进出口压力，Pa；

K——流量系数。

传热系数组包含了有关计算的数据信息，即总传热系数、管子内局部传热系数 h_1 和环境传热系数 h_0。由于流体的相态没有变化，管子内局部传热系数 h_1 按照 Sieder–Tate 方法计算，如下式：

$$h_1 = \frac{0.027 k_{\mathrm{m}}}{D_1}\left(\frac{D_1 G_1}{\mu_1}\right)^{0.8}\left(\frac{C_{\mathrm{p},\,\mathrm{i}}\mu_1}{k_{\mathrm{m}}}\right)^{\frac{1}{3}}\left(\frac{\mu_1}{\mu_{1,\,\mathrm{w}}}\right)^{0.14} \qquad (5\text{-}63)$$

式中　G_1——管子中流体的质量速度（速度 × 密度）；

　　　μ_1——管子中流体速度；

　　　$\mu_{1,w}$——管壁上的速度；

　　　$C_{p,i}$——管子内流体的比热。

局部传热系数与总传热系数的关系式如下：

$$U = \cfrac{1}{\left[\cfrac{1}{h_0} + r_0 + r_w + \cfrac{D_0}{D_1}\left(r_1 + \cfrac{1}{h_1} \right) \right]}$$

（5-64）

式中　U——总传热系数；

　　　r_0——管子外污垢系数；

　　　r_1——管子内污垢系数；

　　　r_w——管壁热阻；

　　　D_0，D_1——管子外径、内径。

六、冷却器和加热器模型

物流经加热（或冷却）到要求的温度条件下，可利用进出口物流的焓差计算加热器或冷却器的热负荷。图 5-5 为加热器模型。

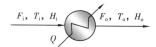

图 5-5　加热器模型

加热器热负荷：

$$Q = H_o - H_i$$

（5-65）

冷却器热负荷：

$$Q = H_i - H_o$$

（5-66）

式中　H_o，H_i——分别表示进口、出口物流焓值，kJ/kmol。

七、复杂塔的精馏模型

天然气凝液回收工艺中可能遇到的精馏操作多种多样，须保证所建立的塔模型和数学模型具有较强的适应性。

1. 复杂塔的通用模型

如图 5-6 所示为一个精馏塔的通用模型，有 N 个理论板，其中包括一个冷凝器（全凝器或分凝器）和一个再沸器。塔板序号是从塔顶开始，冷凝器为第 1 板，再沸器为第 N 块板。除冷凝器和再沸器外，各

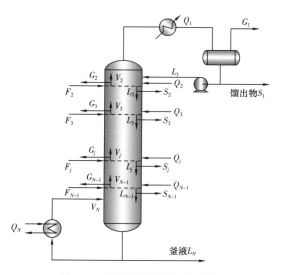

图 5-6　复杂精馏塔的通用模型

塔板均有一个进料 F_j，一个气相侧线采出量 G_j，一个液相侧线采出量 S_j 和一个中间换热器（中间再沸器或中间冷凝器）的换热量 Q_j。每级塔板的液相流量为 L_j、气相流量为 V_j，液相组成为 $x_{i,\,j}$（下标 i 表示组分，j 表示塔板级数），气相组成为 $y_{i,\,j}$，这一普通化的塔模型可模拟各类多元精馏过程的复杂塔或简单塔，其应用灵活性很大。

在进行精馏过程模拟计算前，必须先指定一些变量值（如进料量、组成、回流比等）始能求解。凝液分馏过程涉及的变量数 N_v 多于描述该过程的方程数 N_e，两者的差值为应指定的独立变量数（或称自由变量数）N_f。

$$N_f = N_v - N_e \tag{5-67}$$

通过对塔通用模型涉及变量和方程的分析，复杂塔的精馏计算模型的独立变量见表 5-3，表中 N_F 为进料股数，N_S，N_G 及 N_Q 分别为侧线液相出料股数、气相出料股数、中间加热或冷却器数。独立变量值 N_F 一经指定则所有其他变量值均已被确定，精馏塔过程模拟计算的目的就是要通过联解有关方程组求塔顶、塔底产品组成以及塔内温度、流量和组成分布等。

表 5-3　复杂塔精馏计算模型的独立变量

独立变量名称	变量数
全塔理论板数 N	1
回流罐压力 p_1	1
进料量 F_j	N_F
进料组成 $z_{i,\,j}$	$(C-1)N_F$
进料温度 T_{Fj}	N_F
进料位置 J_{Fj}	N_F
侧线液相出料量 S_j 和位置 J_{Sj}	$2N_S$
侧线气相出料量 G_j 和位置 J_{Gj}	$2N_G$
中间换热设备热负荷 Q_j 和位置 J_{Qj}	$2N_Q$
塔顶产品量 V_1	1
回流量 L_1（或回流比 R_1）	1
总变量数	$(C+2)N_F+2(N_S+N_G+N_Q)+4$

2. 基本方程组

复杂精馏塔的塔通用模型如图 5-6 所示，描述多元精馏过程的基本方程包含物料平衡方程组、相平衡方程组、热平衡方程组、组成的摩尔分数加和式。

1）各组分物料平衡方程组（M 方程）

对第 1 级、第 j 级（$2 \leq j \leq N-1$）及第 N 级，分别做组分 i（$1 \leq i \leq C$）的物料衡算，其物料衡算式为：

$$\begin{cases} V_2 y_{i,2} - V_1 y_{i,1} - \left(S_1 + L_1\right) x_{i,1} = 0 \\ F_j z_{i,j} + L_{j-1} x_{i,j-1} + V_{j+1} y_{i,j+1} - \left(L_j + S_j\right) x_{i,j} - \left(V_j + G_j\right) y_{i,j} = 0 \\ L_{N-1} x_{i,N-1} - \left(V_N + G_N\right) y_{i,N} - L_N x_{i,N} = 0 \end{cases} \quad （5-68）$$

每一级可列出 C 个组分的物料衡算式，全塔有 N 个平衡级，共 $C \times N$ 个物料衡算方程。

2）相平衡方程组（E 方程）

离开任一平衡级气、液两相是平衡的，其组成满足相平衡方程。对任一组分 i 的相平衡方程为：

$$y_{i,j} = K_{i,j} x_{i,j} \quad （5-69）$$

式中 $K_{i,j}$——任一组分 i 在第 j 级的平衡常数。

每一平衡级可列出 C 个相平衡方程，全塔有 N 个平衡级，共 $C \times N$ 物相平衡方程。

3）热平衡方程组（H 方程）

对第 1 级、第 j 级（$2 \leq j \leq N-1$）及第 N 级，分别做热量衡算，其热量衡算式为：

$$\begin{cases} V_2 H_2^{\mathrm{V}} - V_1 H_1^{\mathrm{V}} - \left(L_1 + S_1\right) H_1^{\mathrm{L}} - Q_1 = 0 \\ F_j H_j^{\mathrm{F}} + V_{j+1} H_{j+1}^{\mathrm{V}} + L_{j-1} H_{j-1}^{\mathrm{L}} + Q_j - \left(V_j + G_j\right) H_j^{\mathrm{V}} - \left(L_j + S_j\right) H_j^{\mathrm{L}} = 0 \\ L_{N-1} H_{N-1}^{\mathrm{L}} + Q_N - \left(V_N + G_N\right) H_N^{\mathrm{V}} - L_N H_N^{\mathrm{L}} = 0 \end{cases} \quad （5-70）$$

式中 H_j^{V}，H_j^{L}——分别表示第 j 级板上气相和液相的焓值，kJ/kmol；

H_j^{F}——第 j 级板上进料混相的焓值，kJ/kmol。

每一平衡级可列出一个热平衡方程，全塔有 N 个平衡级，共 N 个热平衡方程。

4）组成总和方程（S 方程）

对任一平衡级 j，气、液相组成应满足各组分的摩尔组成之和等于 1.0，因此总和方程表示为：

$$\begin{cases} \sum_{i=1}^{C} x_{i,j} - 1.0 = 0 \\ \sum_{i=1}^{C} y_{i,j} - 1.0 = 0 \end{cases} \quad （5-71）$$

每一平衡级有两个总和方程，全塔有 N 个平衡级，共 $2N$ 个总和方程。

上述 M、E、H 和 S 方程所组成的方程组称为 MESH 方程组，该方程组共有 $N \times (2C+3)$ 个方程。以上建立的多元精馏过程计算模型是属于校核型计算，其计算模型不仅用于已建精馏塔的校核计算，而且可用于新建精馏塔的设计计算。对设计计算时，可通过调整塔板数、回流比、进料位置等关键参数来满足工艺设计和方案研究的技术要求。

3. 数学模型的求解方法

精馏过程模拟计算是相平衡、物料平衡、热平衡方程组（MESH 方程组）联立求解的结果，其方程组的基本求解法有矩阵法和逐板计算法，逐板计算法的截断误差传递影响大，对复杂塔模拟计算的稳定性差，已很少采用。对多元烃类系统的精馏过程模拟，多采用矩阵法求解方程组，其方程组均为高度非线性，可通过迭代法求解。其计算思路如下：

（1）选用气液平衡和焓模型：对于天然气凝液回收系统，常选用 PR 等状态方程作为多元烃类体系的气液平衡模型，LK 状态方程作为烃类系统焓计算模型。

（2）泡、露点法：将物料平衡方程组化成三对角矩阵形式，求解出各板液相组成 $x_{i,j}$（或气相组成 $y_{i,j}$），由泡点（或露点）计算求出塔中各板新的温度 T_j、相平衡常数 $K_{i,j}$、气液相焓值 H_j^V 和 H_j^L。

（3）流量加合法（SR 法）：通过物料平衡方程组校正各塔板气液两相流量 V_j、L_j，通过热平衡方程组校正 T_j。

第三节 工艺流程模拟方法

为了对天然气凝液回收过程进行模拟，需建立描述天然气凝液回收过程的数学模型，此模型由多组数学方程组成，其求解方法包括序贯模块法、联立方程法、联立模块法等，其中序贯模块法应用较多。

一、序贯模块法

序贯模块法是按照流程物流顺序对各单元模型依次计算，前一模块求解出的物流参

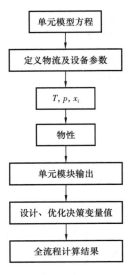

图 5-7 序贯模块法
模拟流程

数，可作为后一模块所需的入口物流参数。其依据是根据物料平衡、能量平衡、相平衡等基本方程对工艺过程建立起相应的模型。序贯模块法模拟流程如图 5-7 所示。当流程中输出物流反向传送为前面单元的输入信息变量时，会发生后方物流输出信息尚未得出的情况，此时前方单元无法计算，导致过程循环无解。此时应在工艺单元内添加循环模块，对循环进行切割迭代计算求解[10-13]。

序贯模块法优点：

（1）系统模型建立便捷，利于应用；

（2）继承大量已有成果，充分利用模型和解算方法；

（3）流程模拟模型发生错误时，容易锁定错误位置，便于调试。

序贯模块法存在的问题：

（1）在收敛块、控制块、优化模块等单元模块内部，均采用迭代计算法求解，计算工作量大，计算效率较低；

（2）对于设计型问题，序贯法在设计变量的选择上较死板，需

依靠设置控制块的迂回方法解决；

（3）对于优化型问题，序贯模块法的工作量相当巨大。

以 RSV 乙烷回收流程为例，该流程中脱甲烷塔塔顶气相、原料气等多股物流需换热后送回脱甲烷塔，直接计算会造成流程无解的情况。此时需对各股进料预估初值，将塔计算至收敛，再将塔顶气等物流依次连接至增压单元及换热单元，所得气相通过循环模块（RCY）与初始物流连接，通过不断迭代计算，完成整个流程的收敛。天然气处理流程模拟过程中，需合理分析循环回路添加位置，以降低计算机的迭代次数、减少运行时间、增加模拟结果准确度。RSV 乙烷回收流程模拟流程如图 5-8 所示。

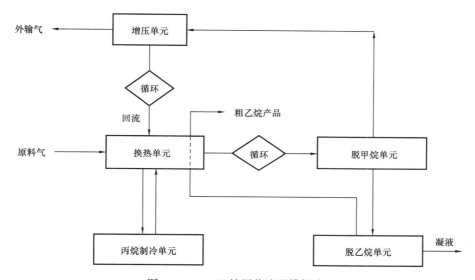

图 5-8　RSV 乙烷回收流程模拟流

二、联立方程法

系统的结构模型与系统中每个单元严格的数学模型构成了一个完整的系统模型，从而形成非线性方程组。其中方程的类型有物料平衡方程，能量平衡方程，热量，质量和动量传递方程及约束条件方程等。方程组联立求解的主要方法有方程组降维法与方程线性化法。

联立方程法成为流程模拟的发展方向，可将凝液回收过程中的所有设备模型（包括物流、能量流）组成需要联立求解的大型非线性方程组[14]，可由下表示：

$$f(x) = 0 \qquad (5-72)$$

通过联立方程法进行流程模拟，其实质是对多个方程组模型的求解。对于变量向量 x 可分成两部分，其中条件变量为 u；其余待解变量用 x 表示，该式可写成为：

$$f(x, u) = 0 \qquad (5-73)$$

联立方程法难点在于方程的搭建及求解[15]。典型的联立方程法模拟流程如图 5-9

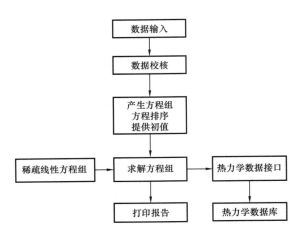

图 5-9 联立方程法模拟流程

所示。

输入有关流程特征参数、进口物流状态和单元设备参数等数据，对物流和设备数据的一致性和完整性进行检查与校核。再利用单元模型库和流程拓扑数据产生整个流程的方程组，采用迭代方法求解非线性方程组，需对所有未知变量的初值设置，模拟系统应配备有效的稀疏方程组的求解程序。

在迭代计算过程中，物性数据需通过热力学数据接口进行更新。该方法的通用化较困难，收敛性依赖于初值的好坏，无法确保大型非线性方程组有解，一旦出错难以找到错误所在。

联立方程法的主要特点：

（1）模拟型、设计型、优化型问题求解方法相同；

（2）计算效率高，对设计类、优化型效果更加明显；

（3）建立方程组较困难，无法继承已开发的单元模块；

（4）求解错误诊断困难，缺少高效的非线性方程组求解算法；

（5）便与优化问题联系，联立方程法构建的方程组可以结合最优化方法寻求最优解。

三、联立模块法

联立模块法是一种将序贯模块法与联立方程法组合后得出的方法。该法将模拟过程分为单元模块和流程系统两个层次，其中单元模块采用严格模型，流程系统采用简化模型。

首先确定各模块的简化模型，简化模型分为线性简化模型与非线性简化模型，线性化模型计算效率不高，非线性模型计算效率相对较高。在模型中含有待估值的模型参数，并采用严格模型模拟计算至一定的精度要求，所得计算结果用于定义简化模型的初值参数。再对各单元的简化模型联立求解，获取连接各单元的物流或能流数据，所得计算结果返回至模块级，进行迭代计算[16, 17]，联立模块法模拟流程如图 5-10 所示。

联立模块法不需要设收敛模块和求解大规模的非线性方程组。避免了序贯模块法收敛效率低、联立方程法计算时间较长等缺点，在涉及设计型问题时联立模块法的计算效率要比序贯贯模块法高。

第四节　天然气处理流程模拟

天然气处理流程常用软件包括 ASPEN PLUS，ASPEN HYSYS，Pro/II，Pro MAXII，VMGsim，ChemCAD 及 DesignII 等，本节主要以 ASPEN HYSYS 软件为例，对脱硫工艺、

丙烷回收工艺及乙烷回收工艺进行模拟。

一、脱硫工艺模拟

1. 模拟基础数据

处理规模：$300 \times 10^4 m^3/d$；

原料气进装置压力：8.6MPa；

原料气进装置温度：35℃；

原料气组成：见表5-4；

外输气 H_2S 含量要求：小于 $15mg/m^3$。

2. 脱硫工艺流程模型建立

对含酸气较多的天然气，优先采用甲基二乙醇胺（MDEA）溶剂吸收法。MDEA 溶液质量分数不宜大于 50%，溶液的酸气负荷应根据吸收塔的操作条件、原料气的组成计算确定，当采用碳钢设备时，酸气负荷不宜超过 0.6mol/mol（酸气/胺），贫液入吸收塔温度不宜高于 50℃，再生塔底重沸器温度不宜超过 127℃，脱硫（碳）装置再生塔回流比不宜大于 2，贫液再生质量达到要求的前提下，再生塔回流比宜取中下限，以节约能量[16-19]。醇胺法脱硫工艺流程见图 5-11 所示。根据 MDEA 脱硫工艺流程，选择酸气包（Acid Gas-Chemical Solvents），建立模型图 5-12 所示的 HYSYS 软件计算模型，关键设备的模型选择及初始参数设置见表 5-5 所示。

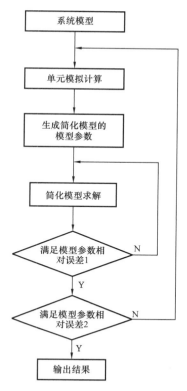

图 5-10　联立模块法模拟流程

表 5-4　原料气组成

组分	C_1	C_2	C_3	N_2	H_2S
含量，%（摩尔分数）	83.57	0.13	0.008	0.63	15.44

HYSYS 模拟过程中，关键步骤如下：

（1）选择 Acid Gas-Chemical Solvents 物性包；

（2）首先添加进料物流 101 和 MDEA 贫液 124，接入吸收塔 T-101 计算至收敛；

（3）塔底富液经节流降压、闪蒸脱烃后，气相进入 T-102 汽提柱，液相经节流、换热后进入再生塔 T-103，计算至收敛；

（4）添加 MAKEUP-101 模块，计算损失的水、MDEA，用于补充吸收塔 T-101 和再生塔 T-102 的液相损失；

（5）混合后物流进空冷、水冷、增压后，通过循环 RCY-2 模块将物流循环回吸收塔塔顶。

针对给定原料气气质工况，对 MDEA 溶液浓度进行优选，其优选的工艺参数见表

5-6。在三种 MDEA 质量分数（40%、45%、50%）下，保证富液酸气负荷下并达到相同的脱硫效果，发现浓度为 50% 时，循环量最小，泵功率最小且装置的单位综合能耗最小，体现出节能优势。针对高含硫天然气脱酸工艺，可适当提高吸收剂浓度，以降低循环量，节省运行费用。

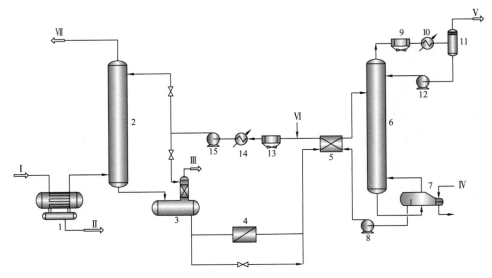

图 5-11　醇胺法脱硫工艺流程

1—原料气过滤分离器；2—吸收塔；3—闪蒸罐；4—过滤系统；5—贫富液换热器；
6—再生塔；7—重沸器；8，12，15—泵；9，13—空冷器；10，14—水冷器；11—回流罐；
Ⅰ—原料气；Ⅱ—污液；Ⅲ—闪蒸气；Ⅳ—蒸汽；Ⅴ—酸气；Ⅵ—补充醇胺及水；Ⅶ—净化气

表 5-5　MDEA 脱硫关键设备模型及初始参数设置

项目	序号	关键设备	模型	初始参数设置
吸收单元	T-101	吸收塔	Absorber	塔压 8400kPa，实际塔板数 20 块，塔径 3.7m
				假设 MDEA 进塔：温度 41℃，压力 8480kPa，流量 25360.9kmol/h，质量浓度 45%
	AC-101	空冷器	Air Cooler	出口温度 50℃
	E-101	水冷器	Heat Exchanger	出口温度 40℃
再生单元	VLV-101	节流阀	Valve	节流后压力 600kPa
	V-101	闪蒸罐	Separator	温度：60.17℃；压力：600 kPa
	T-103	再生塔	Distillation Column	实际塔板数 20 块，塔顶压力 150kPa，塔底压力 170 kPa
				塔顶冷凝温度 45℃，再生负荷 1.2×10^8 kJ/h，塔径 3.5m
	LNG-101	贫—富液换热器	Heat Exchanger	压降 20kPa，换热后富液的温度 90℃

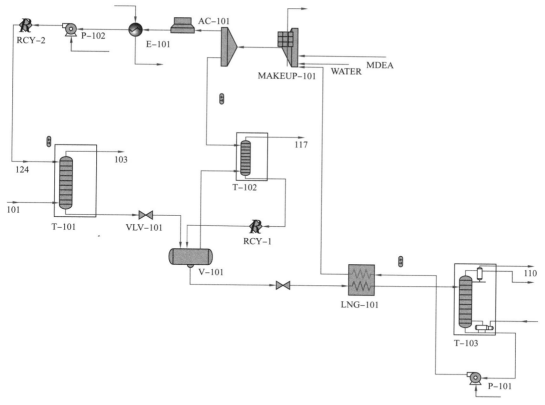

图 5-12 MDEA 脱硫工艺流程 HYSYS 计算模型

T-101—吸收塔；V-101—闪蒸罐；T-102—汽提柱；E-101—水冷；AC-101—空冷器

LNG-101—贫富液换热器；T-103—MDEA 再生塔；P-101，P-102—泵；

101—原料气；103—净化气；110 —酸气；117—闪蒸气；WATER，MDEA—补充醇胺及水

表 5-6 MDEA 溶液浓度对脱硫工艺能耗的影响

MDEA 质量分数，%	40	45	50
原料气 H$_2$S 含量，mg/m^3	2×10^5		
净化气 H$_2$S 含量，mg/m^3	14.87	14.49	14.88
富液酸气载荷，mol/mol	0.4482	0.4485	0.4476
贫液酸气载荷，mol/mol	0.021	0.020	0.019
贫液循环量，m^3/h	550	485	435
贫液进塔温度，℃	41	41	41
吸收塔压力，MPa	8.4	8.4	8.4

吸收塔塔板数	20	20	20
再生塔压力，MPa	0.15	0.15	0.15
再生塔塔板数，块	20	20	20
重沸器热负荷，kW	43340	38620	33350
泵轴功率，kW	1734	1530	1373

注：吸收塔直径 3.7m；再生塔直径 3.5m；吸收塔与再生塔类型均为浮阀塔。

二、丙烷回收工艺模拟

1. 模拟基础数据

处理规模：$1500 \times 10^4 m^3/d$；

脱水后原料气压力：5.9MPa；

脱水后原料气温度：30℃；

原料气组成：见表 5-7；

丙烷回收率要求：高于 98%。

表 5-7　原料气组成

组分	N_2	CO_2	C_1	C_2	C_3	iC_4
含量，%（摩尔分数）	1.43	0.9	89.24	6.29	1.39	0.25
组分	nC_4	iC_5	nC_5	C_6	C_7	C_8^+
含量，%（摩尔分数）	0.27	0.08	0.06	0.05	0.04	0.00

2. 丙烷回收流程模型建立

以 DHX 丙烷回收流程为例（流程详见第六章第二节），运用 HYSYS 软件对 DHX 丙烷回收进行模拟分析，DHX 丙烷回收流程如图 5-13 所示，DHX 丙烷回收流程的 HYSYS 模拟流程如图 5-14 所示，流程中工艺设备名称及初始参数设置见表 5-8。

表 5-8　DHX 工艺关键设备模型及初始参数设置

序号	关键设备	模型	初始参数设置
V-102	低温分离器	Separator	预冷原料气温度 -43.50℃，压力 5.82MPa，流量 26052kmol/h
K-101	膨胀机组膨胀端	Expander	膨胀后压力 3.45MPa
K-102	膨胀机组压缩端	Compressor	压缩后压力 3.827MPa
K-103	外输气压缩机	Compressor	压缩后压力 6.2MPa

续表

序号	关键设备	模型	初始参数设置
T-101	重接触塔	Absorber Columns	理论塔板数 8 块，塔顶压力 3.35MPa，塔底压力 3.37MPa
LNG-101	冷箱	LNG	原料气温度 30℃，压力 5.9MPa，流量 26052kmol/h； 外输气温度 25.68℃，压力 3.27MPa； DHX 塔顶气温度：-73.40℃，压力 3.35MPa，流量 25486kmol/h； DHX 塔底凝液温度：-69.38℃，压力 3.9MPa，流量 2528kmol/h； 脱乙烷塔顶气温度：-17.92℃，压力 3.65MPa，流量 4481kmol/h； 低温分离器进料温度：-43.50℃，压力 5.82MPa； 夹点温度（Min Approach）：5℃
V-103	脱乙烷塔顶回流罐	Separator	预冷塔顶气温度 -34.0℃，压力 3.62MPa，流量 4481kmol/h
T-102	脱乙烷塔	Reboiled Absorber Column	理论塔板数 26 块，塔顶压力 3.65MPa，塔底压力 3.67MPa，塔底凝液产品中 C_2 组分的摩尔分数不超过 2%
AC-101	空冷器	Air Cooler	空冷器压降 50kPa，出口温度 50℃
P-101	DHX 塔底泵	Pump	设置泵出口压力 3.9MPa
P-102	回流罐液相泵	Pump	设置泵出口压力 3.9MPa

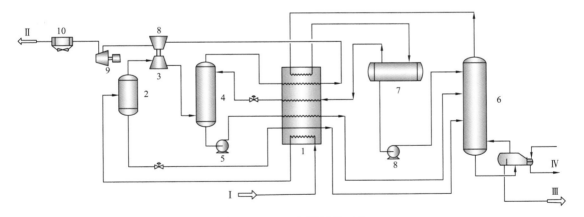

图 5-13　DHX 丙烷回收工艺

1—主冷箱；2—低温分离器；3—膨胀机组膨胀端；4—重接触塔；5，8—泵；6—脱乙烷塔；7—回流罐；
9—外输气压缩机；10—空冷器；11—原料气分离器；Ⅰ—脱水后原料气；Ⅱ—外输气；Ⅲ—凝液；Ⅳ—导热油

该流程 HYSYS 模拟关键步骤如下：

（1）选择 Peng-Robinson 状态方程模型，添加进料物流 3 接入分离器 V-102，分离气相经膨胀机进入 DHX 塔，定义物流 9 初值，运行 DHX 塔至收敛；

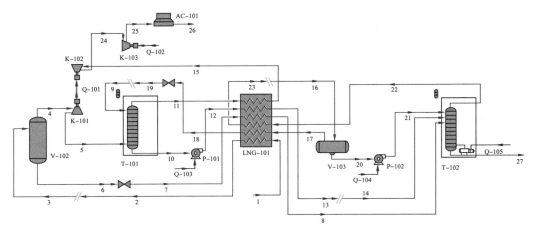

图 5-14　DHX 丙烷回收工艺流程 HYSYS 计算模型

LNG-101—主冷箱；V-102—低温分离器；K-101—膨胀机组膨胀端；

T-101—重接触塔；P-101，P-102—泵；T-102—脱乙烷塔；V-103—回流罐；

K-102—膨胀机组增压端；K-103—外输气压缩机；AC-101—空冷器；

1—脱水后原料气；26—外输气；27—凝液

（2）定义物流 14、16 初值，计算脱乙烷塔 T-102 至收敛，塔顶气相分流后经泵循环回塔顶；

（3）添加冷箱 LNG-101，将各股物流按顺序接入冷箱，设置压降，计算至收敛；

（4）将赋予初值的各股物流通过循环器与计算值连接，迭代计算至整个流程收敛。

当 DHX 塔压升高，主体装置单位能耗不断下降，丙烷回收率也不断下降。其原因是 DHX 塔压越高，膨胀机出口压力随之升高，系统获得的冷量减少，导致回流液相对 DHX 塔中逆流而上的气相中的丙烷及更重烃类组分的吸收效果变差，丙烷回收率下降。此外，由于 DHX 塔压升高，塔顶气相压力随之升高，所需的外输气压缩机功率降低，引起主体装置单位能耗降低。反之，当 DHX 塔压降低，丙烷回收率上升，但主体装置单位能耗也随之升高。所以，选择一个高丙烷回收率、相对装置能耗较低的塔压就尤其重要。

经过对丙烷回收 HYSYS 流程的调节与优化，得到 DHX 塔不同操作压力下的流程参数结果（表 5-9）。最终选择 DHX 塔的操作压力为 3.35MPa，既能满足高丙烷回收率的要求，装置单位能耗也相对较低。

三、乙烷回收工艺模拟

1. 模拟基础数据

处理规模：$1500 \times 10^4 m^3/d$；

脱水后原料气压力：5.9MPa；

脱水后原料气温度：13℃；

原料气组成：见表 5-10；

表 5-9 不同 DHX 塔操作压力对流程参数的影响

DHX 塔压力，MPa		3.05	3.35	3.65
低温分离器	压力，MPa	5.82	5.82	5.82
	温度，℃	−43.5	−43.5	−43.5
膨胀机出口	压力，MPa	3.15	3.45	3.75
	温度，℃	−71.58	−68.1	−64.79
	输出轴功率，kW	4334	3722	3157
脱乙烷塔	压力，MPa	3.35	3.65	3.95
	塔顶温度，℃	−19.56	−17.92	−17.18
	第一股进塔温度，℃	−34.27	−33.59	−33.36
	第二股进塔温度，℃	−6.0	−6.0	−6.0
	第三股进塔温度，℃	26.0	26.0	26.0
脱丙丁烷塔压力，MPa		1.6	1.6	1.6
外输气压缩机功率，kW		13703	11666	9844
脱乙烷塔重沸器负荷，kW		6265	6511	5614
脱丙丁烷塔重沸器负荷，kW		4001	3800	3216
丙烷回收率，%		99.80	99.51	84.25
LPG 产品量，kg/h		24155	24109	21639
稳定轻烃产品量，kg/h		4681	4680	4677
主体装置单位能耗，MJ/10^4m³		3199	2816	2383

乙烷回收率要求：高于 95%。

利用 Aspen HYSYS 软件建立某天然气的凝液回收乙烷回收工艺流程，原料气压力为 5.9MPa，温度为 30℃，处理量为 1500×10^4m³/d。

表 5-10 原料气组成

组分	N_2	CO_2	C_1	C_2	C_3	iC_4
含量，%（摩尔分数）	1.43	0.9	89.24	6.29	1.39	0.25
组分	nC_4	iC_5	nC_5	C_6	C_7	C_8^+
含量，%（摩尔分数）	0.27	0.08	0.06	0.05	0.04	0.00

2. 乙烷回收流程模型建立

以 RSV 乙烷回收工艺为例，进行 HYSYS 模拟分析，RSV 工艺流程如图 5-15 所示，应用 Aspen HYSYS 建立 RSV 乙烷回收工艺流程计算模型如图 5-16 所示，相应的关键设备的模型选择及初始参数设置见表 5-11。

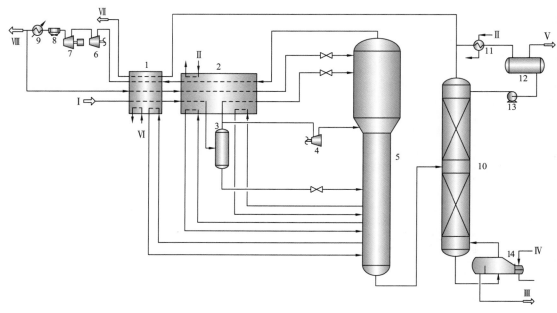

图 5-15　RSV 工艺流程图

1—预冷冷箱；2—主冷箱；3—低温分离器；4—膨胀机组膨胀端；5—脱甲烷塔；6—膨胀机组增压端；
7—外输气压缩机；8—空冷器；9—水冷器；10—脱乙烷塔；11—冷凝器；12—回流罐；13—回流泵；
14—重沸器；Ⅰ—脱水后原料气；Ⅱ—丙烷冷剂；Ⅲ—凝液；Ⅳ—导热油；Ⅴ—不凝气；
Ⅵ—高温液态丙烷；Ⅶ—乙烷产品；Ⅷ—外输气

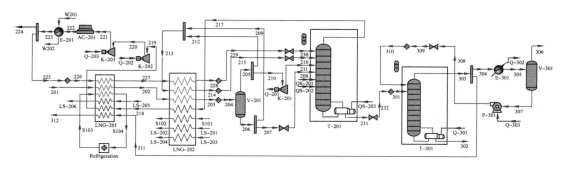

图 5-16　RSV 乙烷回收工艺流程 HYSYS 计算模型

LNG-201—预冷冷箱；LNG-202—主冷箱；V-201—低温分离器；K-201—膨胀机组膨胀端；T-201—脱甲烷塔；
K-202—膨胀机组增压端；K-203—外输气压缩机；AC-201—空冷器；E-201—水冷器；
E-301—冷凝器；T-301—脱乙烷塔；V-301—回流罐；P-301—回流泵；
201—脱水后原料气；302—凝液；224—外输气；312—乙烷产品；306—不凝气

表 5-11　RSV 工艺关键设备模型及初始参数设置

序号	关键设备	模型	初始参数设置
V-201	低温分离器	Separator	换热后进料温度 -54℃，压力 5.8MPa，流量 25980kmol/h
T-201	脱甲烷塔	Reboiled Absorber Column	理论塔板数 23 块，塔顶压力 2.6 MPa，塔底压力 2.65MPa； 物流 230 进第 1 块塔板：-101℃，2.65MPa，3230kmol/h； 物流 216 进第 4 块塔板：-97℃，2.65MPa，5379kmol/h； 物流 211 进第 8 块塔板：-84℃，2.7MPa，19320kmol/h； 物流 208 进第 11 块塔板：-76℃，2.75MPa，1279kmol/h； 运行条件： 能量物流 QS-201 为 QS-203 的 0.8 倍； 能量物流 QS-201 为 QS-203 的 0.75 倍； 塔底甲烷摩尔分数低于 0.008
T-301	脱乙烷塔	Reboiled Absorber Column	理论塔板数 24 块，塔顶压力 2.4 MPa，塔底压力 2.45 MPa； 物流 310 进第 1 块塔板：-10℃，2.75MPa，2154kmol/h； 物流 301 进第 12 块塔板：4.5℃，2.3MPa，2290kmol/h； 运行条件：塔底乙烷摩尔分数低于 0.015
K-201	膨胀端	Expander	膨胀后压力 2.7MPa
K-202	压缩端	Compressor	定义能量 Q-202 与 Q-201 相等
K-203	外输气压缩机	Compressor	出口压力 6.2 MPa
LNG-201	冷箱	LNG	物流 226：40℃，6.12MPa，3230kmol/h，压降 30kPa； 物流 201：13℃，5.9MPa，25980 kmol/h；压降 30kPa； 物流 S103：40℃，1.74MPa，19320kmol/h，压降 30kPa； 物流 218：0.5℃，压降 30kPa； 物流 311：-3.6℃，2.4MPa，压降 20kPa
LNG-202	冷箱	LNG	物流 227：4℃，压降 70kPa； 物流 213：由物流 209、212 混合得出，压降 20kPa； 物流 217：由 T-201 得出，压降 30kPa； 物流 S101：纯丙烷，-37℃，125kPa，606 kmol/h，压降 70kPa

HYSYS 模拟步骤如下所示：

（1）选择 Peng-Robinson 状态方程，定义进料物流 204，进入分离器 V-201，气相 205 经分流膨胀后进入精馏塔 T-201，定义物流 229、215，定义能量物流 Q-201、Q202，计算精馏塔 T-201 至收敛；

（2）脱甲烷塔 T-201 塔顶气相经换热增压后外输，部分外输气回流，通过循环器连接物流 225 和 229 迭代计算；脱甲烷塔底液相送至脱乙烷塔 T-301，定义物流 310，计算收敛后将塔顶回流物流 309 与 310 用循环器连接，计算至塔收敛；

（3）按照计算模型中各物流顺序，分别连接至 LNG-201、LNG-202 冷箱，设置内部物流压降；

（4）定义 Refrigeration 子流程，为丙烷制冷单元，将 Q-201、Q-202 的热量值引入子流程中，计算制冷压缩功。

参 考 文 献

［1］郭天民. 多元气液平衡和精馏［M］. 北京：石油工业出版社，2002.

［2］ADEL M. ELSHARKAWY. Efficient Methods for Calculations of Compressibility, Density and Viscosity of Natural Gas［J］. Fluid Phase Equilibria, 2004, 218（7）: 1-13.

［3］刘新刚. 气液平衡的测定及理论研究进展［J］. 化学推进剂与高分子材料，2005（4）: 45-49.

［4］韩洪升. 天然气压缩因子计算方法的评价［J］. 油气储运，1994（1）: 30-58.

［5］CANAS M, ORTIZ A, JULIAN D, et al. Thermodynamic Derivative Properties and Densities for Hyperbaric Gas Condensates: SRK Equation of State Predictions Versus Monte Carlo Data［J］. Fluid Phase Equilibria, 2007, 253（2）: 147-154.

［6］蒋晓伟，汪洋，关春欣. NRTL方程与SRK方程在非理想体系的气液平衡计算［J］. 化工设计，2007（5）: 11-15.

［7］吴玉国，陈保东. BWRS方程在天然气物性计算中的应用［J］. 油气储运，2003，10: 16-21.

［8］董正远，肖荣鸽. 计算天然气焦耳——汤姆逊系数的BWRS方法［J］. 油气储运，2007（1）: 18-22.

［9］LIHANG B, MAOGANG H, XIANGYANG L. A New Activity Coefficient Model for The Solution of Molecular Solute Ionic Liquid［J］. Fluid Phase Equilibria, 2019: 493.

［10］熊昕东，袁宗明. 序贯模块法在天然气加工系统模拟中的应用［J］. 新疆石油学院学报，2004（2）: 48-51.

［11］崔国民，张勤，陆贞，等. 序贯模块法实现换热器网络的模拟［J］. 工程热物理学报，2006（4）: 682-684.

［12］梁平，陶宏伟，李志铭，等. 基于序贯模块法的天然气处理全流程模拟软件［J］. 天然气工业，2009，29（1）: 100-102.

［13］杨友麒，项曙光. 化工过程模拟与优化［M］. 北京：化学工业出版社. 2006.

［14］胡仰栋，刘芳芝，周传光，等. 联立方程法模拟多循环流程的新解算策略［J］. 化工学报，1991（1）: 104-108.

［15］傅琦文. 基于全联立方程的空分过程模拟与优化［D］. 杭州：浙江大学，2015.

［16］胡伟. 天然气脱酸工艺［J］. 辽宁化工，2017，46（9）: 915-916.

［17］杜廷召，叶昆，田鑫，等. 某天然气脱酸装置操作适应性分析研究［J］. 当代化工，2016，45（10）: 2402-2405.

［18］徐学飞. 天然气脱硫脱碳方法的选择［J］. 化工管理，2015（2）: 227-228.

［19］蒋洪，杨仁杰，陈小榆. 天然气脱碳工艺改进［J］. 现代化工，2019，39（5）: 224-228.

第六章　丙烷回收流程

丙烷回收是指回收天然气中丙烷及丙烷以上的重组分。丙烷回收可提高油气田开发经济效益与社会效益，油气田企业十分重视丙烷回收工程的建设。本章内容包括丙烷回收工艺流程、流程特性分析以及流程适应性分析、丙烷流程选用等内容。

第一节　概　　述

天然气丙烷回收的主要方法有低温油吸收法和低温冷凝法。低温油吸收法与低温冷凝法相结合，提高了丙烷回收率，低温油吸收法作为一种独立的丙烷回收方法，其应用不如低温冷凝法广泛；低温冷凝法是丙烷回收工程主流方法，具有极高的回收率，流程简单，应用较多。

一、国外丙烷回收技术现状

从 20 世纪 60 年代开始，国外勘探开发公司十分重视天然气凝液回收与利用，建设了大量的丙烷回收工程，在凝液回收工艺的开发与应用方面取得了大量的研究成果。美国的 Ortloff、IPSI、Randall 和加拿大的 ESSO 等公司基于降低系统能耗、提高凝液回收率及流程适应性为目标，陆续开发了许多丙烷回收流程，典型丙烷回收流程见表 6–1，其中 SCORE、DHX、HPA 丙烷回收流程应用较多。这些丙烷回收流程具有丙烷回收率高（95% 以上）、对原料气适应性强、流程简单等特点[1]。

表 6–1　典型丙烷回收流程

公司	工艺流程
美国 Ortloff	气体过冷流程（Gas Subcooled Process，简称 GSP）
	塔顶气回流流程（OverHead Recycle Process，简称 OHR）
	改进塔顶回流（Improved Overhead Recycle Process，简称 IOR）
	单塔塔顶循环流程（Single Column Overhead Recycle Process，简称 SCORE）
加拿大 ESSO	直接换热流程（Direct Heat Exchange Process，简称 DHX）
美国 Randall Gas Technologies	等压开式制冷流程（Isopressure Open Refrigeration Process，简称 IPOR）
	高压吸收流程（High Pressure Absorber Process，简称 HPA）
法国 Technip	双塔丙烷回收流程（Dual–column Propane Recovery Process，简称 CRYOMAX DCP）
荷兰 SHELL	壳牌深度液化石油气回收流程（Shell Deep LPG Recovery Scheme Process，简称 SHDL）

二、国内丙烷回收工艺现状

我国丙烷回收技术起步较晚，20世纪60年代，四川首次开展了从天然气中分离、回收凝液产品的试验工作[2]。20世纪90年代，我国吐哈油田引进第一套由德国林德公司设计的DHX丙烷回收流程，该流程较不采用DHX塔的丙烷回收装置，其丙烷回收率提高了10%~20%。此后，DHX丙烷回收流程在我国得到广泛运用和快速发展。各油气田开始陆续建设了多套丙烷回收装置，积累了丙烷回收工艺设计及建设经验。

国内丙烷回收装置原料气主要来源于油田伴生气和凝析气，油田伴生气压力低、气质富、处理规模小。油田伴生气丙烷回收装置流程主要采用单级膨制冷流程（Industry-Standard Stage，简称ISS）和简化DHX丙烷回收流程（无脱乙烷塔回流罐）。对低压油田伴生气需对原料气增压，脱水工艺多数采用分子筛脱水，制冷工艺主要采用丙烷制冷、丙烷制冷与膨胀机制冷相结合的联合制冷等，丙烷回收率为60%~95%。

国内凝析气田气丙烷回收装置流程以ISS流程和简化的DHX流程为主，原料气压力普遍较高，无需增压，制冷方式多数采用膨胀机制冷、丙烷制冷与膨胀机制冷相结合的联合制冷。

国内部分油气田丙烷回收典型装置概况见表6-2[3-12]，凝液产品主要以液化石油气和稳定轻烃为主。

表6-2 国内部分油气田丙烷回收典型装置概况

所属单位		凝液回收工艺	制冷工艺	原料气压力 MPa	处理规模 $10^4 m^3/d$	投产时间
吐哈油田	丘陵油田	简化DHX流程	丙烷与膨胀机相结合的联合制冷	3.6	120	1996
	丘东第二处理厂	简化DHX流程	丙烷与膨胀机相结合的联合制冷	3.6	120	2005
海南福山油田	花场油气处理站	简化DHX流程	丙烷与膨胀机相结合的联合制冷	1.6	50	2005
冀东油田	高尚堡	简化DHX流程	丙烷与膨胀机相结合的联合制冷	2.53	25	2006
	南堡联合站	简化DHX流程	丙烷与膨胀机相结合的联合制冷	3.47	110	2005
西南油气田	中坝气田	ISS流程	膨胀机制冷	3.3	30	1986
	广安气田	ISS流程	膨胀机制冷	3.2	100	2010
	安岳气田	二次脱烃	混合冷剂制冷	4.2	150	2015
塔里木油田	吉拉克气田	多级分离	丙烷与膨胀机相结合的联合制冷	7.1	130	2005

续表

所属单位		凝液回收工艺	制冷工艺	原料气压力 MPa	处理规模 $10^4m^3/d$	投产 时间
中石化 西北 油田	雅克拉气田	简化 DHX 流程	膨胀机制冷	9.1	260	2005
	塔河一号联 合站	简化 DHX 流程	丙烷与膨胀机相结 合的联合制冷	2.24	50	2008
	塔河二号联 合站	ISS 流程	丙烷与膨胀机相结 合的联合制冷	2.4	15	2004

注：对于油田伴生气，其原料气压力指增压后压力。

春晓气田终端、珠海高栏终端、塔里木轮南轻烃厂代表了我国丙烷回收先进水平，其流程采用带回流罐的 DHX 流程，制冷工艺采用膨胀机制冷，单套处理规模由 335 至 $1500 \times 10^4 m^3/d$，冷箱采用多股板翅式换热器、冷热集成度高，产品回收率高，其中春晓气田陆上终端采用正常生产模式（膨胀机运行）、J-T 节流阀生产模式、露点控制三种生产模式设计，提高处理装置对气田开发不同时期的适应性和可靠性，值得借鉴和推广应用。春晓气田终端丙烷回收流程如图 6-1 所示[13]。春晓气田终端等三套丙烷回收装置设计参数见表 6-3。

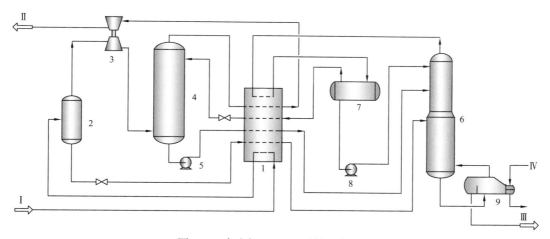

图 6-1 春晓气田 DHX 丙烷回收流程

1—主冷箱；2—低温分离器；3—膨胀机组；4—吸收塔；5，8—泵；6—脱乙烷塔；7—回流罐；9—重沸器；
Ⅰ—脱水后原料气；Ⅱ—外输气；Ⅲ—凝液；Ⅳ—导热油

表 6-3 三套丙烷回收装置设计参数

项目		春晓气田终端	轮南轻烃厂	珠海高栏终端
脱水后原料气	温度，℃	30	25	26.9
	压力，MPa	5.0	6.0	6.9
	处理量，$10^4m^3/d$	335	1500	1000

续表

项目		春晓气田终端	轮南轻烃厂	珠海高栏终端
外输气压力，MPa		2.0	6.0	9.0
低温分离器	压力，MPa	4.74	5.8	6.52
	温度，℃	−36.05	−45.5	−40
膨胀端	出口压力，MPa	1.75	3.45	3.15
	出口温度，℃	−77.2	−68	−72
脱乙烷塔	塔顶压力，MPa	2.76	3.65	3.2
	塔顶温度，℃	−14.92	−18.8	−25.07
丙烷回收率，%		98	96	99

第二节　丙烷回收流程评价与分析

随着透平膨胀机制造技术和多股板翅式换热技术的发展，以提高丙烷回收率、降低系统能耗为目标，将丙烷回收工艺与冷热集成技术相结合，开发了多种丙烷回收高效流程。丙烷回收流程主要有气体过冷（Gas Subcooled Process，简称 GSP）、液相过冷（Liquid Subcooled Process，简称 LSP）、单塔塔顶循环（Single Column Overhead Recycle，简称 SCORE）、直接换热（Direct Heat Exchange，简称 DHX）以及高压吸收（High Pressure Absorber process，简称 HPA）等流程。

一、低温油吸收流程

1. 工艺流程

低温油吸收法是基于天然气中各组分在低温吸收油（稳定轻烃）中溶解度的差异而使轻、重烃组分得以分离的方法。被吸收的组分在低温油中的蒸汽压小于其在气相中的分压，故该组分由气相转移到液相[14]。烃类气体通过油吸收法进行分离，其实质属于多组分的吸收分离。低温油吸收丙烷回收流程如图 6-2 所示。流程中将稳定轻烃作为吸收剂，丙烷制冷为系统提供冷量。需注意的是该流程存在一定量的丙烷及丁烷等烃组分损失。

2. 流程特性分析

在气质组成、原料气压力以及外输压力给定的情况下，低温油吸收丙烷回收流程的关键在于选用合理的脱乙烷塔压力，其丙烷回收率及能耗主要与吸收剂温度、吸收剂流量有关。计算条件如下：

脱水后原料气压力：6.0MPa；

脱水后原料气温度：40℃；

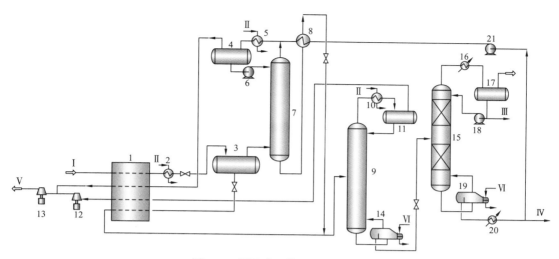

图 6-2 低温油吸收丙烷回收流程

1—主冷箱；2，5，10—丙烷制冷蒸发器；3—低温分离器；4—溶剂预饱和器；6，18，21—泵；7—吸收塔；8—换热器；
9—脱乙烷塔；11，17—回流罐；12，13—压缩机；14，19—重沸器；15—脱丙丁烷塔；16，20—水冷器；
I —脱水后原料气；II —丙烷冷剂；III —液化石油气；IV —稳定轻烃；V —外输气；VI —导热油

处理量：$100 \times 10^4 \mathrm{m}^3/\mathrm{d}$；

外输压力：大于 5.5MPa。

原料气组成见表 6-4。

表 6-4 原料气组成

组分	N_2	CO_2	C_1	C_2	C_3	iC_4	nC_4
含量，%（摩尔分数）	7.21	1.31	72.68	12.6	3.87	0.5	0.83
组分	iC_5	nC_5	C_6	C_7	C_8	C_9	C_{10}
含量，%（摩尔分数）	0.45	0.19	0.27	0.04	0.03	0.02	0.01

1）吸收剂温度

流程特性分析主要分析吸收剂温度对丙烷回收率的影响。吸收剂温度与处理规模、气质组成以及塔压有关。吸收剂温度对丙烷回收率的影响见表 6-5。

表 6-5 吸收剂温度对丙烷回收率的影响

冷剂制冷温度 ℃	吸收剂温度 ℃	丙烷回收率 %	冷剂制冷温度 ℃	吸收剂温度 ℃	丙烷回收率 %
−28	−37.88	93.22	−32	−41.99	95.86
−29	−38.91	93.97	−33	−43.02	96.38
−30	−39.93	94.65	−34	−44.06	96.84
−31	−40.96	95.29	−35	−45.09	97.25

分析结果表明：对于低温油吸收工艺来说，吸收温度受制冷工艺的限制，选用丙烷作为制冷工质，其制冷温度控制为 −35℃可达较高的丙烷回收率。

2）吸收剂流量

吸收剂流量与处理规模、气质组成以及脱乙烷塔压有关。吸收剂流量对丙烷回收率的影响见表 6-6。分析结果表明：

表 6-6 吸收剂流量对丙烷回收率的影响

吸收剂流量循环比	丙烷回收率%	脱乙烷塔		脱丙丁烷塔	
		冷凝器热负荷 kW	再沸器热负荷 kW	冷凝器热负荷 kW	再沸器热负荷 kW
0.4	84.90	373.60	923.63	685.16	608.68
0.5	88.53	385.16	998.21	725.52	650.46
0.6	92.26	399.33	1098.22	783.97	710.97
0.7	95.77	415.17	1247.53	881.79	810.38
0.75	97.25	425.62	1356.13	962.23	889.68
0.80	98.34	438.29	1515.30	1086.49	1008.52
0.85	98.87	458.81	1774.15	1301.49	1205.32
0.90	98.99	492.77	2295.83	1747.03	1589.65

（1）吸收剂循环流量对丙烷回收率、两塔热负荷的影响十分显著，吸收剂循环流量越大，丙烷回收率越高。

（2）吸收剂流量循环比（循环流量与脱丙丁烷塔底产品流量之比）到 0.8 以上后，丙烷回收率增加量变缓，同时脱乙烷塔和塔冷凝器和重沸器热负荷显著增加。吸收剂循环流量比控制在 0.7～0.75 之间比较合理。

二、GSP 丙烷回收流程

1. 工艺流程

气体过冷流程（Gas Subcooled Process，简称 GSP）于 1979 年在单级膨胀制冷流程（ISS）的基础上改进而来。

GSP 流程将低温分离器气相分为两股：其中一股经过冷冷箱降温过冷节流后进入脱乙烷塔塔顶；另一股则经膨胀机膨胀后送入脱乙烷塔的中上部。进入膨胀机气体的量取决于原料气的贫富程度，原料气气质越贫，膨胀送往脱乙烷塔中部的气体比例越大[15]。典型的 GSP 流程如图 4-7 所示。

GSP 流程通过将低温分离器部分气相送往脱乙烷塔塔顶，脱乙烷塔采用多股进料，对塔内上升气相进行精馏，上升气相中的丙烷及以上组分向液相传递，提高了丙烷回收率。

该流程可用于丙烷及乙烷回收，主要适合于气质较贫的天然气，原料气进气压力大于 4MPa 时该流程运行效果更佳。GSP 流程具有以下特点：

（1）利用低温分离器部分气相过冷节流，提高了丙烷回收率；

（2）利用气体"分流"，膨胀机进料量减少，扩大装置处理规模；

（3）通过调节部分气相过冷量可控制丙烷回收率。

2. 流程特性分析

在原料气组成及压力、外输压力一定的情况下，GSP 丙烷回收流程丙烷回收率及能耗主要与低温分离器气相分流比（过冷气相流量占低温分离器气相总流量之比）、塔压、低温分离器温度有关。

随气相分流比增加，丙烷回收率先升高后降低。脱乙烷塔顶过冷气相回流量越大，气体过冷量多，丙烷回收率越高。但随着气相分流比进一步增加，低温分离器的温度升高，导致丙烷回收率下降。模拟表明：GSP 流程中气相分流比与原料气气质贫富及丙烷回收率有关，一般在 20%～50% 之间。

3. GSP 与 ISS 流程对比

为说明 GSP 丙烷回收流程与 ISS 流程丙烷回收率及能耗之间的差异，对 ISS 和 GSP 丙烷回收流程进行模拟与分析。

应用 Aspen HYSYS 软件对其进行模拟分析，依据给定的气质组成和原料气工况条件，选用合理的脱乙烷塔压力，优选合理的低温分离器温度和气相分流比，其模拟条件和模拟结果见表 6-7。模拟结果表明：

表 6-7 ISS 与 GSP 流程工艺模拟对比

丙烷回收流程		ISS	GSP
低温分离器	温度，℃	-45	-38
膨胀机出口	压力，MPa	1.85	1.85
	温度，℃	-82.29	-74.08
脱乙烷塔	压力，MPa	1.80	1.80
	塔顶温度，℃	-71.62	-77.52
脱乙烷塔重沸器负荷，kW		913	1183
丙烷回收率，%		70.0	83.85
主体装置单位能耗，MJ/10⁴m³		355.1	603.1

注：原料气压力为 3.5MPa，温度为 31℃，处理规模为 350×10⁴m³/d，气质组成代号为 203，外输压力大于 1.6MPa，制冷工艺为膨胀机制冷。

（1）GSP 流程丙烷回收率较 ISS 流程有了明显提升，回收率提高 13.85%；

（2）低温分离器部分气相过冷节流进入脱乙烷塔顶，与塔内上升的气相逆向接触精馏气相，显著提高流程丙烷回收率。

三、DHX 流程

1. 工艺流程

直接换热流程（Direct Heat Exchange process，简称 DHX）由加拿大 ESSO 公司于 1984 年开发，于 Judy Creek 工厂得到首次应用，丙烷回收率由 72% 提高到 95%[16]。

原料气经主冷箱预冷后进入低温分离器，分离出的液相先用于冷却原料气，随后进入脱乙烷塔中下部，分离出的气相经膨胀机膨胀端后进入 DHX 塔底部。脱乙烷塔塔顶气相由冷箱 II 冷却，进入脱乙烷塔顶回流罐，回流罐分离出的气相经降温节流后进入 DHX 塔的顶部，分离出的液相返回脱乙烷塔顶作为脱乙烷塔顶回流。DHX 工艺流程如图 2-15 所示。

DHX 流程采用双塔流程，在 GSP 流程的基础上增加重接触塔，脱乙烷塔顶设置回流罐达到乙烷富集的作用。DHX 塔顶进料含有大量液态乙烷（60%～70%），乙烷汽化制冷降低了重接触塔顶温度，将逆流而上的气相中的丙烷及更重烃类组分冷凝下来，提高了丙烷回收率。

重接触塔的操作压力低于脱乙烷塔，一般较脱乙烷塔塔压低 0.2～0.3MPa。脱乙烷塔压力随着原料气压力增加而增加，其塔压一般小于 4MPa。对高压天然气（大于 7MPa），其流程可能存在冷量过剩，此时流程不再是高效流程。重接触塔理论塔板数多数为 6～8 块。

该流程适合于大多数气质，对富气要获得较高的回收率需增加丙烷制冷。DHX 流程具有以下特点：

（1）设置脱乙烷塔回流罐，回流罐具有乙烷富集和回流的双重作用；

（2）重接触塔内乙烷汽化制冷，丙烷回收率高，可达 99%；

（3）对高压原料气（大于 7MPa）可能存在冷量过剩的问题。

2. 流程特性分析

在原料气气质组成、压力以及外输压力一定的情况下，DHX 丙烷回收流程丙烷回收率及能耗主要与重接触塔操作压力及塔板数、低温分离器温度以及回流罐温度有关。计算条件如下：

脱水后原料气压力：5.9MPa；

脱水后原料气温度：25℃；

处理规模：$1500 \times 10^4 m^3/d$；

外输气压力：大于 6.0MPa；

原料气气质代号：107。

1）重接触塔特性分析

重接触塔特性主要分析塔压及塔板数对丙烷回收率及能耗的影响，制冷方式采用膨胀机制冷。

（1）塔板数的影响。

在给定的气质组成、原料气压力以及外输压力条件下，其低温分离器和回流罐温度不变时，应用软件研究重接触塔塔板数对丙烷回收率及能耗的影响，将重接触塔塔板数从 5 块增加至 8 块，其模拟结果见表 6-8。塔板数为 6 时，塔板上乙烷及丙烷含量如图 6-3 所示。模拟结果表明：

表 6-8　重接触塔塔板数对丙烷回收率的影响

重接触塔理论塔板数，块		5	6	7	8
低温分离器	温度，℃	−45	−45	−45	−45
膨胀机出口	压力，MPa	3.25	3.25	3.25	3.25
	温度，℃	−70.30	−70.30	−70.30	−70.30
DHX 塔	塔顶压力，MPa	3.2	3.2	3.2	3.2
	塔顶温度，℃	−73.94	−73.95	−73.96	−73.96
脱乙烷塔	塔顶压力，MPa	3.4	3.4	3.4	3.4
	塔顶温度，℃	−17.70	−17.67	−17.68	−17.70
外输气压缩机功率，kW		12476	12475	12475	12475
脱乙烷塔重沸器负荷，kW		5359	5352	5356	5366
丙烷回收率，%		98.17	98.24	98.26	98.29
主体装置总能耗，MJ/10^4m^3		2678	2677	2677	2678

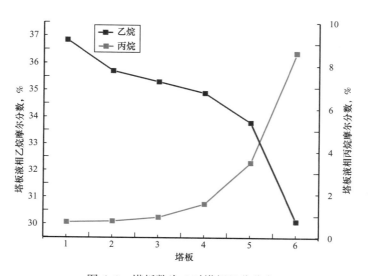

图 6-3　塔板数为 6 时塔板组分分布

① 塔板数由 5 块增加至 8 块时，丙烷回收率从 98.17% 增加至 98.29%；
② 塔板数增加，塔板上富集的乙烷摩尔分数越大，富集量增加，提高了回收率；
③ 重接触塔塔板数推荐采用 6～8 块，对处理规模大时，可适当增加塔板数。

（2）重接触塔塔压的影响。

对于膨胀机制冷，DHX流程中重接触塔塔压直接决定丙烷回收率和能耗。

在给定的气质组成、原料气压力以及外输压力条件下，其低温分离器和回流罐温度不变时，丙烷回收率及能耗主要与重接触塔压力有关。保持其他参数不变，提高重接触塔压力，模拟了重接触塔塔压与回收率及能耗之间的关系。其模拟结果如图6-4所示，模拟结果表明：

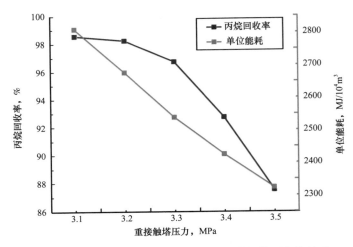

图6-4　单位能耗及丙烷回收率与DHX塔操作压力的关系

① 重接触塔压力从3.1MPa增加至3.5MPa，丙烷回收率以及主体装置单位能耗不断下降；

② 重接触塔压力越高，塔顶进料温度从–74.59℃升高至–70.45℃，进料量从4563 kmol/h减小至2155kmol/h，汽化制冷效果减弱，丙烷回收率下降。

2）回流罐温度对丙烷回收率的影响

回流罐温度与气质组成、脱乙烷塔压力有关。回流罐温度降低，对乙烷的富集作用增强，提高了重接触塔低温汽化制冷效果及丙烷回收率。

在给定的气质组成、原料气压力以及外输压力条件下，其塔压（重接触塔、脱乙烷塔）和低温分离器不变时，以三组原料气工况条件和气质组成为模拟对象，模拟了回流罐温度对丙烷回收率及能耗之间的关系。其模拟条件及结果见表6-9至表6-11，模拟结果表明：

（1）不同气质下，回流罐温度从–32℃升高至–18℃，丙烷回收率从98.62%降低至93.44%；

（2）保证丙烷回收率大于98%，原料气GPM值为2.32（贫气）时，回流罐温度不宜低于–32℃；原料气GPM值为3.72（富气）时，回流罐温度不宜低于–30℃；原料气GPM值为5.85（超富气）时，回流罐温度不宜低于–27℃。

3. 流程适应性分析

DHX流程适合于大多数气质，对于原料气压力在4～7MPa之间均是高效流程，丙烷回收率可达 99%。

以回收丙烷产品为目标，研究 DHX 流程对不同气质下的适应性。选取三组不同原料气工况条件及气质组成进行了模拟，其计算条件及模拟结果见表 6-12。

表 6-9 回流罐温度对丙烷回收率的影响（贫气）

回流罐温度，℃		−26	−28	−30	−32
低温分离器	温度，℃	−45	−45	−45	−45
膨胀机出口	压力，MPa	3.25	3.25	3.25	3.25
	温度，℃	−70.3	−70.3	−70.3	−70.3
DHX 塔	压力，MPa	3.2	3.2	3.2	3.2
	温度，℃	−73.01	−73.35	−73.67	−73.96
脱乙烷塔	压力，MPa	3.4	3.4	3.4	3.4
	温度，℃	−12	−13.69	−15.6	−17.7
外输气压缩机功率，kW		12395	12414	12436	12475
脱乙烷塔重沸器负荷，kW		4967	5071	5182	5366
丙烷回收率，%		93.44	95.19	96.79	98.29
主体装置单位能耗，MJ/10^4m³		2641	2650	2660	2678

注：原料气压力为 5.9MPa，温度为 25℃，处理规模为 1500×10^4m³/d，外输压力大于 6.0MPa。

表 6-10 回流罐温度对丙烷回收率的影响（富气）

回流罐温度，℃		−21	−24	−27	−30
低温分离器	温度，℃	−44	−44	−44	−44
膨胀机出口	压力，MPa	1.95	1.95	1.95	1.95
	温度，℃	−71.86	−71.86	−71.86	−71.86
DHX 塔	压力，MPa	1.9	1.9	1.9	1.9
	温度，℃	−77.38	−77.82	−78.19	−78.48
脱乙烷塔	压力，MPa	2.1	2.1	2.1	2.1
	温度，℃	−11.19	−13.25	−15.54	−17.97
外输气压缩机功率，kW		2651	2648	2671	2692
脱乙烷塔重沸器负荷，kW		1169	1182	1188	1187
丙烷回收率，%		96.12	97.13	97.96	98.61
主体装置单位能耗，MJ/10^4m³		3288	3308	3276	3246

注：原料气压力为 4.0MPa，温度为 30℃，处理规模为 300×10^4m³/d，外输压力大于 4.0MPa。

表 6-11　回流罐温度对丙烷回收率的影响（超富气）

回流罐温度，℃		−18	−21	−24	−27
低温分离器	温度，℃	−38	−38	−38	−38
膨胀机出口	压力，MPa	1.85	1.85	1.85	1.85
	温度，℃	−68.17	−68.17	−68.17	−68.17
DHX 塔	压力，MPa	1.8	1.8	1.8	1.8
	温度，℃	−74.01	−74.63	−75.19	−75.70
脱乙烷塔	压力，MPa	2.0	2.0	2.0	2.0
	温度，℃	−8.89	−10.18	−11.83	−13.93
脱乙烷塔重沸器负荷，kW		1755	1773	1789	1803
丙烷回收率，%		96.83	97.51	98.10	98.62
主体装置单位能耗，MJ/10⁴m³		15213	15239	15265	15285

注：原料气压力为 0.3MPa，温度为 20℃，处理规模为 200×10⁴m³/d，外输压力大于 1.6MPa。

表 6-12　DHX 流程对不同原料气质的适应性模拟结果

气质代号（GPM 值）		102（2.15）	107（2.32）	206（3.04）
原料气	压力，MPa	6.5	6.0	5.0
	温度，℃	27	25	25
	流量，10⁴m³/d	500	1500	500
外输气压力，MPa		6.5	6.0	6.0
低温分离器	温度，℃	−40	−45	−37
膨胀机出口	压力，MPa	3.15	3.35	2.04
	温度，℃	−72.10	−71.51	−74.68
重接触塔	压力，MPa	3.1	3.3	2.0
	塔顶温度，℃	−75.53	−73.60	−80.13
脱乙烷塔	压力，MPa	3.3	3.5	2.2
	塔顶温度，℃	−23.89	−19.48	−20.83
外输气压缩机功率，kW		4528	12043	7105
脱乙烷塔重沸器负荷，kW		2196	6512	2114
丙烷回收率，%		99.40	99.26	99.41
主体装置单位能耗，MJ/10⁴m³		986	2661	4408

模拟结果表明：随着原料气 GPM 值从 2.13 变化至 3.04，DHX 流程丙烷回收率均能够维持在 99% 以上，DHX 流程对于不同现场原料气气质均便显出较强的适用性。

4. DHX 流程形式

DHX 流程根据是否在脱乙烷塔塔顶增设回流罐具有两种不同的流程形式。

流程形式一：脱乙烷塔塔顶取消回流罐，简化流程，降低了工程投资，但乙烷富集作用减弱，进重接触塔塔顶物流中丙烷等重烃较多，造成丙烷回收率下降。适合于丙烷回收率要求不高、处理规模小的工况，其流程图如图 6-5 所示。

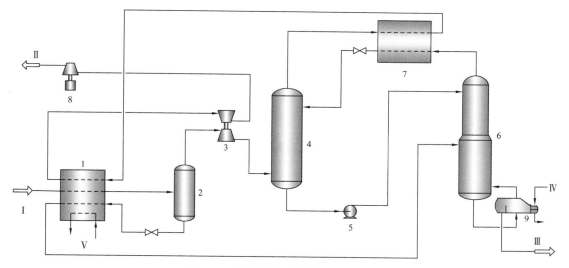

图 6-5　脱乙烷塔无回流的 DHX 流程

1—主冷箱；2—低温分离器；3—膨胀机组；4—重接触塔；5—泵；6—脱乙烷塔；7—过冷冷箱；
8—外输气压缩机；9—重沸器；Ⅰ—脱水后原料气；Ⅱ—外输气；Ⅲ—凝液；Ⅳ—导热油；Ⅴ—丙烷冷剂

流程形式二：通过在脱乙烷塔塔顶增设回流罐，进重接触塔塔顶物流中乙烷得到有效富集，增强了重接触塔冷凝吸收、汽化制冷的效果，提高丙烷回收率。适合于丙烷回收率要求高、处理规模大的工况，其流程图如图 6-6 所示[17]。

为说明 DHX 两种不同流程形式在实际工况中的应用，对两种流程形式进行模拟分析。

依据给定的气质组成和原料气工况条件，选用合理的脱乙烷塔压力，优选合理的低温分离器温度和回流罐温度，其模拟条件和模拟结果见表 6-13 及表 6-14。模拟结果表明：

（1）不同气质下，脱乙烷塔含有回流罐时，丙烷回收率均可达 98% 以上，但当脱乙烷塔塔顶没有回流罐时，丙烷回收率大幅降低（7%～23%）；

（2）脱乙烷塔塔顶增设回流罐，有效富集了乙烷组分，增强塔内汽化制冷效果，提高了丙烷回收率；

（3）对于 DHX 丙烷回收流程，推荐优先采用具有回流罐的 DHX 流程形式，可获得较高的丙烷回收率。

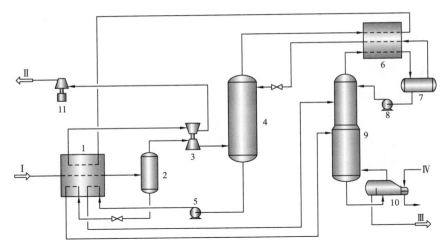

图 6-6 脱乙烷塔有回流的 DHX 流程

1—主冷箱；2—低温分离器；3—膨胀机组；4—重接触塔；5，8—泵；6—过冷冷箱；7—回流罐；
9—脱乙烷塔；10—重沸器；11—外输气压缩机；Ⅰ—脱水后原料气；Ⅱ—外输气；Ⅲ—凝液；Ⅳ—导热油

表 6-13 不同气质下无回流 DHX 丙烷流程模拟结果

气质代号（GPM 值）		107（2.32）	211（3.72）	303（5.84）
原料气	压力，MPa	5.9	4.0	0.3
	温度，℃	25	30	20
	流量，$10^4 m^3/d$	1500	300	200
外输气压力，MPa		6.0	4.0	1.6
低温分离器	温度，℃	−42	−42	−42
膨胀机出口	压力，MPa	3.25	1.95	1.85
	温度，℃	−67.8	−70.0	−65.3
吸收塔	压力，MPa	3.2	1.9	1.8
	塔顶温度，℃	−69.11	−74.29	−69.73
脱乙烷塔	压力，MPa	3.4	2.1	2.0
	塔顶温度，℃	−1.69	−4.46	−1.36
外输气压缩机功率，kW		11958	2741	—
脱乙烷塔重沸器负荷，kW		4149	1055	1647
丙烷回收率，%		75.51	89.07	91.72
主体装置单位能耗，$MJ/10^4 m^3$		2511	2989	14726

表 6-14　不同气质下有回流 DHX 流程模拟对比

气质代号（GPM 值）		107（2.32）	211（3.72）	303（5.84）
原料气	压力，MPa	5.9	4.0	0.3
	温度，℃	25	30	20
	流量，$10^4m^3/d$	1500	300	200
外输气压力，MPa		6.0	4.0	1.6
低温分离器	温度，℃	−45	−44	−43
膨胀机出口	压力，MPa	3.25	1.95	1.85
	温度，℃	−70.30	−71.86	−66.21
吸收塔	压力，MPa	3.20	1.9	1.8
	塔顶温度，℃	−73.96	−78.48	−75.24
脱乙烷塔	压力，MPa	3.40	2.1	2.0
	塔顶温度，℃	−17.70	−17.97	−12.44
外输气压缩机功率，kW		12475	2692	—
脱乙烷塔重沸器负荷，kW		5366	1187	1804
丙烷回收率，%		98.51	98.61	98.15
主体装置单位能耗，$MJ/10^4m^3$		2678	3246	14965

5. DHX 与 GSP 流程对比

为说明 DHX 丙烷回收流程与 GSP 丙烷回收流程丙烷回收率及能耗之间的差异，对 DHX 和 GSP 丙烷回收流程进行模拟与分析。

依据给定的气质组成和原料气工况条件，选用合理的吸收塔及脱乙烷塔压力，优化 DHX 及 GSP 流程的关键参数，其模拟条件和模拟结果见表 6-15。模拟结果表明：

表 6-15　GSP 和 DHX 丙烷回收工艺模拟对比

气质代号（GPM 值）		107（2.32）		211（3.66）		301（5.34）	
丙烷回收流程		GSP	DHX	GSP	DHX	GSP	DHX
原料气	压力，MPa	5.9	5.9	4.0	4.0	0.3	0.3
	温度，℃	25	25	25	25	20	20
	流量，$10^4m^3/d$	1500	1500	300	300	200	200
外输气压力，MPa		6.0	6.0	4.0	4.0	1.6	1.6
低温分离器	温度，℃	−37	−45	−48	−44	−30	−43

气质代号（GPM值）		107（2.32）		211（3.66）		301（5.34）	
膨胀机出口	压力，MPa	3.35	3.25	1.85	1.95	1.85	1.85
	温度，℃	−63.45	−70.30	−78.77	−71.86	−56.22	−66.21
吸收塔	压力，MPa	—	3.20	—	1.9	—	1.8
	塔顶温度，℃	—	−73.96	—	−78.48	—	−75.24
脱乙烷塔	压力，MPa	3.3	3.40	1.8	2.1	1.8	2.0
	塔顶温度，℃	−73.76	−17.70	−73.25	−17.97	−60.09	−12.44
外输气压缩机功率，kW		12001	12475	3463	2692	—	—
脱乙烷塔重沸器负荷，kW		4411	5366	1236	1187	1355	1804
丙烷回收率，%		84.85	98.51	80.79	98.61	77.26	98.15
主体装置单位能耗，MJ/10⁴m³		2528	2678	4585	3246	14192	14965

（1）DHX 流程丙烷回收率较 GSP 流程高 13.66%～20.89%；

（2）GSP 流程通过将低温分离器部分气相过冷节流作为塔顶回流物，塔顶回流中丙烷含量高［（1%～3%（摩尔分数）］，造成丙烷回收率偏低。

四、SCORE 流程

1. 工艺流程

单塔塔顶循环流程（Single Column Overhead Recycle Process，简称 SCORE）是 Ortloff 公司于 20 世纪 90 年代末在 OHR 及 IOR 流程基础上改进而来，用于回收天然气中丙烷及丙烷以上重组组分的高效低温分离流程[18]。

OHR 流程的主要缺陷是吸收塔底部液相出料经低温泵直接进入脱乙塔顶部作为脱乙烷塔回流，此股物流中含有大量丙烷及丙烷以上重组分，导致脱乙烷塔顶气相出料丙烷含量高，吸收塔中的冷凝吸收效果差，丙烷回收率偏低。

IOR 丙烷回收流程将脱乙烷塔底部凝液经低温泵增压再经过换热后进入脱乙塔底部，吸收塔顶部抽出丙烷含量较低的物流经增压后送入脱乙烷塔顶部。塔顶回流气质较贫，丙烷及以上组分含量低，降低脱乙烷塔顶气相出料的丙烷含量，提高了丙烷回收率。OHR 与 IOR 工艺流程分别如图 6-7 和图 6-8 所示。

SCORE 流程中的脱乙烷塔包括上部吸收段和下部分馏段两部分。上部吸收段为膨胀制冷后的进塔物料中的气相和脱乙烷塔塔顶回流下的低温液相提供充分接触。气相中的丙烷及更重组分冷凝吸收下来。下部分馏段则为上升的气相物流和流下的液相物流提供充分接触[19]。

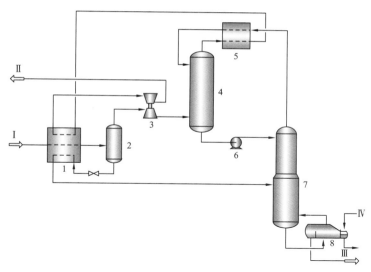

图 6-7 OHR 丙烷回收工艺流程

1—主冷箱；2—低温分离器；3—膨胀机组；4—吸收塔；5—过冷冷箱；6—泵；7—脱乙烷塔；8—重沸器；
Ⅰ—脱水后原料气；Ⅱ—外输气；Ⅲ—凝液；Ⅳ—导热油

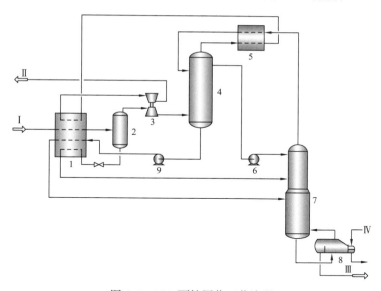

图 6-8 IOR 丙烷回收工艺流程

1—主冷箱；2—低温分离器；3—膨胀机组；4—吸收塔；5—过冷冷箱；6，9—泵；
7—脱乙烷塔；8—重沸器；Ⅰ—脱水后原料气；Ⅱ—外输气；Ⅲ—凝液；Ⅳ—导热油

该流程从脱乙烷塔分馏段的上部侧线抽出一股液相物流进入主冷箱，为原料气提供冷量后被加热部分汽化由脱乙烷塔分馏段中部进料[20]。脱乙烷塔的分馏段上部侧线抽出一股气相，经冷却后的冷凝液作为脱乙烷塔顶和分馏段提供回流。SCORE 丙烷回收工艺流程如图 6-9 所示。

SCORE 流程将双塔流程集成于脱乙烷塔中，膨胀机进口位置以上为吸收段，气相侧线抽出在塔顶富集后为脱乙烷塔提供双回流，液相侧线抽出为原料气提供冷量，提高系统热集成度[21]。

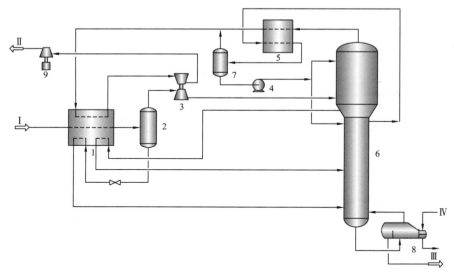

图 6-9　SCORE 丙烷回收流程图

1—主冷箱；2—低温分离器；3—膨胀机组；4—泵；5—过冷冷箱；6—脱乙烷塔；
7—回流罐；8—重沸器；9—外输气压缩机；Ⅰ—脱水后原料气；Ⅱ—外输气；Ⅲ—凝液；Ⅳ—导热油

该流程丙烷回收率可超过 97%。对原料气压力大于 4MPa 的工况条件其回收率较高，对较富的原料气需增加外部制冷系统。

SCORE 流程主要特点有：

（1）流程采用单塔结构，集成传统双塔流程中的吸收塔，回收率高，有效降低工程投资；

（2）流程侧线气相抽出提高丙烷回收率，侧线液相抽出提高系统热集成度；

（3）同样工况条件下，其回收率低于 DHX 丙烷回收流程。

Ortloff 公司对其开发的 OHR、SFR（Split Flow Reflux 流程详见文献［22］）、IOR、SCORE 和 GSP 流程在不同丙烷回收率下的相对功耗进行了比较，如图 6-10 所示[23]。在相同的丙烷回收率条件下 SFR、IOR、SCORE 流程的相对功耗较小，OHR 和 GSP 流程的相对功耗较大。

2. 流程特性分析

在气质组成、原料气压力以及外输压力给定的情况下，SCORE 丙烷回收流程选用合理的脱乙烷塔压力，其丙烷回收率及能耗主要与侧线抽出量与塔顶分流比有关。计算条件如下：

脱水后原料气压力：6.0MPa；

脱水后原料气温度：30℃；

处理量 $500 \times 10^4 \mathrm{m}^3/\mathrm{d}$；

原料气气质代号：102。

1）侧线抽出量对流程的影响

现分析侧线抽出量对丙烷回收率及能耗的影响。侧线液相抽出量以及侧线气相抽出量与处理规模、气质组成以及塔压有关。SCORE 流程侧线液相抽出量、侧线气相抽出量对丙烷回收率的影响如图 6-11 所示。分析结果表明：

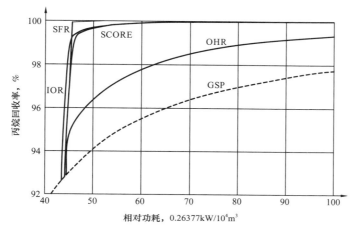

图 6-10 丙烷回收率与能耗关系对比

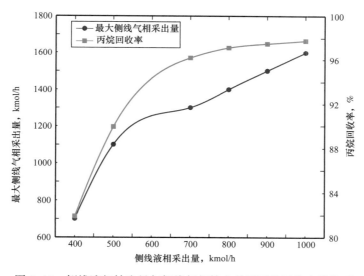

图 6-11 侧线液相抽出量与侧线气相抽出量及丙烷回收率的关系

（1）当侧线液相抽出量从 400kmol/h 增加到 1000kmol/h 时，最大侧线气相抽出量可从 700kmol/h 增加到 1550kmol/h，丙烷回收率从 82% 增加到 98%。

（2）当侧线液相抽出量从 500kmol/h 增加到 900kmol/h 时，低温分离器温度降低 2.6℃，主冷箱中原料气从侧线液相抽出中回收的冷量增加 840kW。

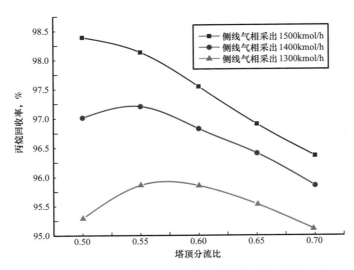

（3）侧线气相抽出量为 1500kmol/h、侧线液相抽出量 850kmol/h 时，丙烷回收率可达 98%。

2）回流分流比对流程的影响

回流分流比指塔顶回流量占总回流量的比值。SCORE 流程回流分流比对丙烷回收率的影响如图 6-12 所示。分析结果表明：

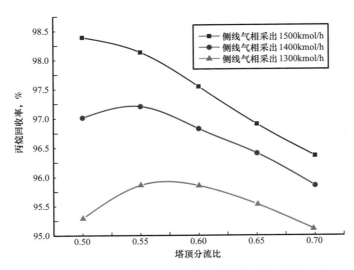

图 6-12　回流分流比对丙烷回收率的变化曲线

（1）控制侧线液相抽出量 900kmol/h，侧线抽出气相量越多，回流分流比对丙烷回收率的影响越大，侧线气相抽出越多，回流分流比可适当减少。

（2）在满足脱乙烷塔上端吸收段所需的回流量下，适当增大分馏段回流量，气相抽出量增加可提高丙烷回收率。

3. 流程适应性分析

SCOER 流程适合于大多数气质，对于原料气压力为 4～7MPa 均是高效流程，丙烷回收率可达 97%。

以回收丙烷产品为目标，研究 SCORE 流程对不同气质的适应性。选用三组不同原料气工况条件及气质组成模拟 SCORE 流程，其模拟条件及结果见表 6-16 所示。模拟结果表明：

（1）随着原料气 GPM 值从 2.32 变化至 9.31，SCORE 流程丙烷回收率均能够维持在 94% 以上；

（2）随着气质变富，丙烷回收率略有下降，但 SCORE 流程对不同原料气气质均显示出较强的适用性。

4. SCORE 与 DHX 流程对比

为说明同样条件下 SCORE、DHX 流程丙烷回收率及能耗之间的差异，对 SCORE 和 DHX 丙烷回收流程进行模拟与分析。

表 6-16　SCORE 流程对三组原料气质的模拟结果

气质代号（GPM 值）		107（2.32）	206（3.04）	308（9.31）
原料气	压力，MPa	5.9	5.0	0.3
	温度，℃	25	23	25
	流量，$10^4 m^3/d$	1500	500	300
外输气压力，MPa		6.0	5.0	1.6
低温分离器	温度，℃	−46	−43	−37
膨胀机出口	压力，MPa	3.25	2.75	1.85
	温度，℃	−71.14	−69.23	−67.67
脱乙烷塔	压力，MPa	3.20	2.7	1.8
	塔顶温度，℃	−73.64	−73.93	−70.08
外输气压缩机压缩功率，kW		12808	3898	—
脱乙烷塔重沸器负荷，kW		6303	2119	4319
丙烷回收率，%		96.20	96.21	94.39
主体装置总压缩功率，$MJ/10^4 m^3$		2791	2582	19246

依据给定的气质组成和原料气工况条件，选用合理的重接触塔及脱乙烷塔压力，优化 SCORE 及 DHX 流程的关键参数，其模拟条件和模拟结果见表 6-17。模拟结果表明：

表 6-17　SCORE 和 DHX 流程模拟结果

气质代号（GPM 值）		107（2.32）		211（3.66）	
丙烷回收流程		SCORE	DHX	SCORE	DHX
原料气	压力，MPa	5.9	5.9	4.0	4.0
	温度，℃	25	25	30	30
	流量，$10^4 m^3/d$	1500	1500	300	300
外输气压力，MPa		6.0	6.0	4.0	4.0
低温分离器	温度，℃	−46	−45	−44	−44
膨胀机出口	压力，MPa	3.25	3.25	1.95	1.95
	温度，℃	−71.14	−70.30	−72.71	−71.86
重接触塔	压力，MPa	—	3.20	—	1.9
	塔顶温度，℃	—	−73.96	—	−78.48
脱乙烷塔	压力，MPa	3.20	3.40	1.9	2.1
	塔顶温度，℃	−73.64	−17.70	−77.32	−17.97

气质代号（GPM 值）	107（2.32）		211（3.66）	
丙烷回收流程	SCORE	DHX	SCORE	DHX
外输气压缩机功率，kW	12808	12475	2990	2692
脱乙烷塔重沸器负荷，kW	6303	5366	1304	1187
丙烷回收率，%	96.20	98.51	96.16	98.61
主体装置单位能耗，MJ/10⁴m³	2791	2678	3209	3246

（1）同样气质条件下，SCORE 流程丙烷回收率低于 DHX 流程；

（2）其原因是在相同气质条件下，SCORE 流程塔顶回流物流中丙烷含量高，而 DHX 流程中重接触塔塔顶进料丙烷含量相对更低。DHX 流程塔顶回流罐具有乙烷富集作用，可进一步提高丙烷回收率。

五、HPA 丙烷回收流程

1. 工艺流程

高压吸收丙烷回收流程（High Pressure Absorber Process，HPA）是美国 Randall Gas Technologies 公司在直接换热流程的基础上针对高压原料气以及外输压力高的工况开发而来的丙烷回收流程[22, 24]。

HPA 丙烷回收流程中吸收塔和脱乙烷塔独立运行，两个塔的操作压力可独立设置，设置小型压缩机将脱乙烷塔物流与吸收塔物流相联系。高压吸收塔压力根据丙烷回收率设定，吸收塔的工作压力没有上限。脱乙烷塔操作压力比吸收塔压力低 0.3～1.5MPa。小型压缩机功耗为整体压缩需求的 5%～10%。

HPA 丙烷回收流程与 DHX 流程相比，增加了一个脱乙烷塔塔顶压缩机。脱乙烷塔顶气相增压后经换热降温后进入吸收塔顶部。低温分离器气相经膨胀机膨胀端后进入吸收塔底部。回流罐分离出的液相为脱乙烷塔提供冷凝回流，低温分离器液相从脱乙烷塔中部进料。HPA 丙烷回收流程如图 6-13 所示。

HPA 丙烷回收流程与传统的双塔流程相似，唯一的区别是用脱乙烷塔塔顶压缩机取代了吸收塔塔底泵。运用高压冷凝吸收、汽化制冷原理，采用回流罐乙烷得到有效富集，提高了回收率。针对高压原料气，提高了吸收塔压力，降低了外输压缩功率[25]。

高压吸收塔的压力设定应综合考虑产品的回收率、原料气气质、外输气压力、制冷温度等因素。吸收塔的压力可在 4.0MPa 以上操作，原料气越贫，吸收塔的操作压力越高。

HPA 丙烷回收流程适合于高压原料气（大于 7.0MPa），外输气压力高的工况条件。HPA 丙烷回收流程具有以下特点：

（1）高压吸收塔压力可独立设置，降低了外输压缩功率；

（2）流程具有乙烷富集、汽化制冷的作用，丙烷回收率高；

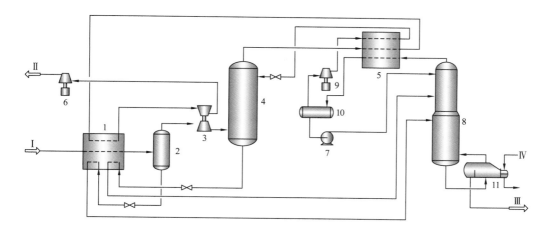

图 6-13　HPA 丙烷回收流程

1—主冷箱；2—低温分离器；3—膨胀机组；4—高压吸收塔；5—过冷冷箱；
6—外输气压缩机；7—泵；8—脱乙烷塔；9—脱乙烷塔顶压缩机；10—回流罐；11—重沸器；
Ⅰ—脱水后原料气；Ⅱ—外输气；Ⅲ—凝液；Ⅳ—导热油

（3）有效降低了脱乙烷塔操作压力，提高了其操作稳定性。

2. 流程适应性分析

HPA 丙烷回收流程适合于原料气压力高、外输压力高的大多数气质，丙烷回收率可达 98%。气质组成不同，适合 HPA 丙烷回收流程的原料气压力高低存在差异。气质较贫，其原料气压力可低于 7MPa[26]。

以回收丙烷为目标，选取一组原料气气质组成，研究 HPA 丙烷回收流程对原料气压力的适应性。其模拟条件及结果见表 6-18。模拟结果表明：随着原料气压力从 7MPa 变化至 9.5MPa，HPA 流程丙烷回收率均能够维持在 98% 以上，HPA 丙烷回收流程对于不同原料气压力均表现出较强的适用性。

表 6-18　HPA 丙烷回收流程模拟结果

原料气压力	压力，MPa	7	8	9.5
外输气压力，MPa		7	8	9
低温分离器	温度，℃	−34	−34	−26
膨胀机出口	压力，MPa	3.95	4.35	4.65
	温度，℃	−59.66	−61.34	−56.68
吸收塔	压力，MPa	3.95	4.35	4.6
	塔顶温度，℃	−64.16	−63.46	−62.43
脱乙烷塔	压力，MPa	3.4	3.8	3.8
	塔顶温度，℃	−16.86	−17.96	−15.99

续表

外输气压缩机功率，kW	7569	8229	2120
脱乙烷塔重沸器负荷，kW	8112	7870	7729
丙烷回收率，%	98.87	98.66	98.11
主体装置单位能耗，MJ/10⁴m³	3233	3187	2063

注：原料气温度为40℃，处理规模为1000×10⁴m³/d，气质组成代号为210（3.59）。

六、IPOR 流程

等压开式制冷（Isopressure Open Refrigeration Process，简称 IPOR）流程是由美国 Randall Gas Technologies 公司开发而来[25]。

1. 工艺流程

脱水后的原料气在预冷冷箱中冷却并部分冷凝后送入脱乙烷塔，分离得到的 LPG 产品从塔底流出。塔顶气体在塔顶冷箱中冷却并部分冷凝后进入塔顶分离器，分离出的液体作为开式混合制冷循环的冷剂，经 JT 阀节流降压依次进入塔顶冷箱、混合冷剂冷箱换热升温后进入混合冷剂压缩机组。塔顶分离器分离出的气体分别经塔顶冷箱和预冷冷箱后作为外输气。经混合冷剂压缩机压缩后的物流进入混合冷剂冷箱冷却后进入脱乙烷塔回流罐，至此完成了混合冷剂开式循环。丙烷制冷系统为预冷冷箱及混合冷剂冷箱提供不同温位的冷量，等压开式制冷工艺流程如图 6-14 所示。

塔顶分离器具有气液分离、为混合冷剂制冷系统提供冷剂的双重作用。从塔顶分离器中分离出的液体节流降压后的压力通常在 690～1380kPa 之间，以满足脱乙烷塔顶冷箱中的冷却要求，并使混合冷剂压缩机组压缩功率最小化。IPOR 流程中，混合冷剂经压缩机增压后的出口压力约为 2520kPa，比脱乙烷塔的操作压力高大约 270kPa。制冷温度为 −92～−23℃。脱乙烷塔的最低工作温度为 −42℃。

IPOR 流程适用于原料气压力低于 4MPa，在不设置透平膨胀机的情况下，对富气实现丙烷回收，其回收率高达 99%，且处理范围在 14×10⁴～850×10⁴m³/d（或更高）之间具有较强的适应性[25]。该流程具有以下特点：

（1）操作灵活。既能回收丙烷，也能回收乙烷，且丙烷回收率为 95%～99%，乙烷回收率能达到 80%。

（2）高效节能、环保。IPOR 流程较 ISS 流程有效节约了 15%～40% 的压缩功率。

（3）拥有超高的处理量调节能力。当原料气处理量仅为设计值的 10% 时仍能正常运行。

2. IPOR 与 DHX 流程对比

为比较 IPOR 与 DHX 流程之间的差异，保持两种流程丙烷回收率相近，比较在原料气进料条件下的两种流程关键参数和能耗，模拟条件及结果见表 6-19。模拟结果表明：低压富气条件下，DHX 流程相比 IPOR 流程单位综合能耗低。

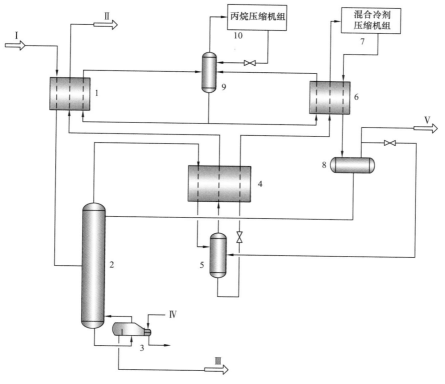

图 6-14 IPOR 工艺流程图

1—预冷冷箱；2—脱乙烷塔；3—重沸器；4—塔顶冷箱；5—塔顶分离器；6—混合冷剂冷箱；
7—混合冷剂压缩机组；8—脱乙烷塔顶回流罐；9—丙烷吸入罐；10—丙烷压缩机组；
Ⅰ—脱水后原料气；Ⅱ—外输气；Ⅲ—丙烷及丙烷以上的凝液；Ⅳ—导热油；Ⅴ—不凝气

表 6-19　IPOR 和 DHX 工艺流程模拟对比

丙烷回收流程	IPOR	DHX
增压后原料气压力，MPa	2.0	3.8
外输气压力，MPa	1.6	1.6
脱乙烷塔重沸器负荷，kW	1371	851
原料气增压总压缩功率，kW	3538	4651
制冷循环总压缩功率，kW	2493	605
丙烷回收率，%	98.37	98.51
主体装置总压缩功率，kW	7402	6107

注：原料气规模为 $300 \times 10^4 m^3/d$，原料气压力、温度分别为 0.3MPa、20℃，气质组成代号为 219，GPM 值为 4.74。

七、SHDL 流程

壳牌深度液化石油气回收流程（Shell Deep LPG Recovery Scheme，简称 SHDL）由 SHELL 公司在 2009 年在开发的丙烷回收流程，此流程设置脱乙烷塔顶回流罐，热集成度高，冷量得到充分回收，提高了流程的丙烷回收率[27]。

脱水后原料气通过主冷箱预冷后进入高压低温分离器。分离出的气相经膨胀机组膨胀端后直接进入脱乙烷塔中部，液相经节流阀节流过冷后进入主冷箱换热，然后进入脱乙烷塔中下部。脱乙烷塔顶气相物料经过冷冷箱冷却进入回流罐，回流罐分离出的液相经泵进入脱乙烷塔顶，作为脱乙烷塔顶回流。回流罐分离出的气相依次经过主冷箱升温、膨胀机组压缩端和外输气压缩机组增压后外输。丙烷制冷系统为主冷箱提供冷量，SHDL 流程流程如图 6-15 所示。

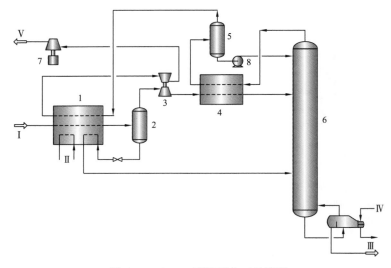

图 6-15　SHDL 丙烷回收工艺流程

1—主冷箱；2—低温分离器；3—膨胀机组；4—过冷冷箱；5—回流罐；6—脱乙烷塔；7—外输气压缩机；8—泵；
Ⅰ—脱水后原料气；Ⅱ—丙烷冷剂；Ⅲ—凝液；Ⅳ—导热油；Ⅴ—外输气

SHDL 流程适用于原料气压力较高的富气。该流程具有以下特点：

（1）低温分离器气相全部进入膨胀机膨胀制冷，脱乙烷塔获得更多的冷量，同时膨胀机组输出的轴功率大，降低了外输气压缩功率。

（2）对原料气 CO_2 含量适应性强 [小于 5%（摩尔分数）]，上游无须深度脱碳处理。

（3）具有较高的丙烷回收率。

八、CRYOMAX DCP 流程

双塔丙烷回收流程（Dual-column Propane Recovery，简称 CRYOMAX DCP）由法国 Technip 公司开发。

脱水后的原料气经主冷箱降温后进入低温分离器，分离出来的液烃节流降温后进入吸收塔底部，低温分离气相经膨胀机组膨胀端后进入吸收塔中下部，脱乙烷塔顶气相出料经主冷箱冷却后进入吸收塔顶部。吸收塔底的液烃经泵增压后去脱乙烷塔塔顶换热，为脱乙烷塔塔顶提供冷量后再进入主冷箱对原料气进行预冷，升温后的液烃进入脱乙烷塔中部。吸收塔顶气相出料依次经主冷箱换热升温、膨胀机组压缩端增压后外输。CRYOMAX DCP丙烷回收工艺流程如图6-16所示[28]。

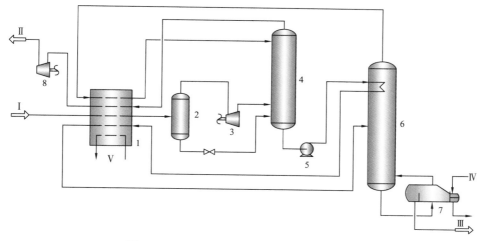

图6-16　CRYOMAX DCP丙烷回收工艺流程

1—主冷箱；2—低温分离器；3—膨胀机组膨胀端；4—吸收塔；5—泵；6—脱乙烷塔；
7—重沸器；8—膨胀机组增压端；Ⅰ—脱水后原料气；Ⅱ—外输气；Ⅲ—凝液；Ⅳ—导热油；Ⅴ—丙烷冷剂

CRYOMAX DCP流程对原料气气质和压力的适应性较强，在外输压力较低的条件下较其他流程有一定优势。该流程具有以下特点：

（1）工艺原理与简化的DHX流程类似，丙烷回收率较高；

（2）采用多股流冷箱和脱乙烷塔上部盘管换热，有效提高流程热集成度；

（3）脱乙烷塔顶冷源来自低温凝液，盘管换热效差。

第三节　丙烷回收流程的应用与实例

一、丙烷回收工艺设计的关键

丙烷回收工艺设计的关键主要包括流程选用、制冷工艺选用、原料气分离级数以及低压气增加。

1. 丙烷回收流程选用

丙烷回收工艺要求流程能达到较高回收率（95%以上），对原料气气质适应性强。常用的丙烷回收流程主要有DHX流程、SCORE流程以及HPA等流程。流程选用的基本原则如下：

（1）原料气为低压，优先选择前增压的 DHX 流程；

（2）原料气为中压，可选用 DHX 及 SCORE 等流程；

（3）原料气为高压，且要求的外输压力高时，宜选用 HPA 丙烷回收流程充分利用原料气的压力能。

2. 制冷工艺

丙烷回收工艺常用的制冷方式为膨胀机制冷、冷剂制冷与膨胀制冷相结合的联合制冷以及冷剂制冷等方式。制冷工艺的选用原则如下：

（1）原料气为贫气、流量稳定、有差压可利用时，优先采用膨胀机制冷；

（2）原料气为富气以及超富气，流量稳定时，宜选用丙烷制冷与膨胀制冷相结合的联合制冷、冷剂制冷等。

（3）当膨胀机制冷无法适应丙烷回收装置的工况条件时，可考虑采用冷剂制冷。

3. 原料气分离及增压

（1）原料气为富气及超富气时，优先采用两级分离，有利于降低预冷量。

（2）低压原料气丙烷回收装置，应对原料气进行增压，其增压压力与丙烷回收率、气质组成、外输压力、流程形式有关。对丙烷回收率高于 90% 时，外输压力大于 1.6MPa，大多数气质原料气增压压力为 3.5～4.0MPa，其流程形式为原料气增压与膨胀机组先增压后膨胀的形式。

二、丙烷回收工艺方案的实例研究

丙烷回收工艺方案的实例研究主要针对低压、中高压以及高压原料气进行丙烷回收方案研究，为丙烷回收工程设计提供技术参考。

1. 低压天然气丙烷回收方案

低压气丙烷回收设计主要包括原料气增压、流程比选、制冷方式的选用、流程热集成方案等。

1）基础数据

丙烷回收装置生产液化石油气和稳定轻烃，外输天然气、液化石油气和稳定轻烃满足国家相关质量指标。基础数据如下：

天然气处理规模：$200 \times 10^4 \mathrm{m}^3/\mathrm{d}$；

脱水后原料气压力：0.3MPa；

脱水后原料气温度：25℃；

外输气压力：大于 1.6MPa；

丙烷回收率：大于 95%；

原料气组成见表 6-20。

2）工艺选用

原料气丙烷及丙烷以上组分为 12.03%（摩尔分数），GPM 值为 6.57，属于低压超富气。

其丙烷回收流程为原料气增压、分子筛脱水、膨胀机组压缩端增压、两级分离。制冷方式采用丙烷制冷与膨胀机制冷相结合的联合制冷。

丙烷回收流程选用 DHX 流程和 SCORE 流程模拟对比后确定，图 6-17 和图 6-18 分别为可行的 DHX 流程和 SCORE 流程。

表 6-20　原料气组成

组分	N_2	CO_2	C_1	C_2	C_3	iC_4	nC_4
含量，%（摩尔分数）	2.03	0.13	75.5	10.31	5.61	1.18	2.12
组分	iC_5	nC_5	C_6	C_7	C_8	C_9	C_{10}
含量，%（摩尔分数）	0.67	1.26	0.6	0.35	0.17	0.05	0.02

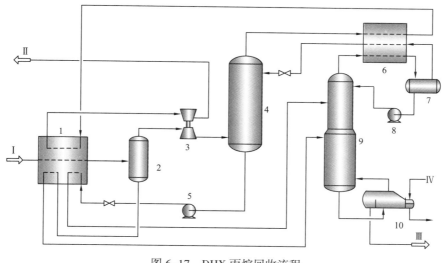

图 6-17　DHX 丙烷回收流程

1—主冷箱；2—低温分离器；3—膨胀机组；4—吸收塔；5，8—泵；6—过冷冷箱；
7—脱乙烷塔回流罐；9—脱乙烷塔；10—重沸器；Ⅰ—脱水后原料气；Ⅱ—外输气；Ⅲ—凝液；Ⅳ—导热油

3）流程模拟与分析

为确定合理的丙烷回收工艺流程，对 DHX 和 SCORE 两种流程进行模拟与分析，其模拟结果见表 6-21。模拟结果表明：SCORE 流程丙烷回收率低于 DHX 流程，选用 DHX 丙烷回收流程为该实例的设计方案。

为了满足冷凝分离和凝液分馏的需要，需对低压原料气增压。DHX 流程原料气增压压力与丙烷回收率之间的关系见表 6-22。模拟分析结果表明：要求丙烷回收率大于 98%，原料气增压压力不宜低于 3.2MPa。

由于该设计方案的原料气属于超富气，可采用丙烷制冷与膨胀机相结合的联合制冷、混合冷剂制冷两种制冷方式。为确定合理的制冷工艺，对两种制冷方式进行模拟，其模拟结果见表 6-23。模拟分析结果表明：与混合冷剂制冷相比，采用丙烷制冷与膨胀机相结合的联合制冷方式单位能耗低 1950MJ/10^4m^3。因此，采用丙烷制冷与膨胀机相结合的联合制冷作为 DHX 流程的制冷工艺。

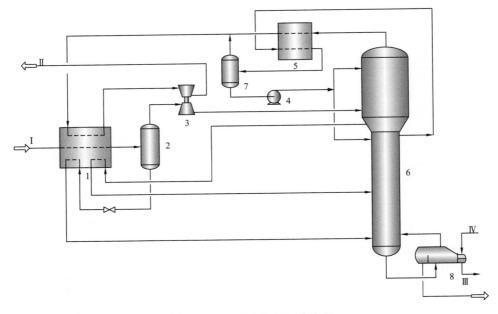

图 6-18　SCORE 丙烷回收流程

1—主冷箱；2—低温分离器；3—膨胀机组；4—回流泵；5—过冷冷箱；6—脱乙烷塔；

7—回流罐；8—重沸器；Ⅰ—脱水后原料气；Ⅱ—外输气；Ⅲ—凝液；Ⅳ—导热油

表 6-21　SCORE 和 DHX 丙烷回收工艺模拟对比

气质代号（GPM 值）		305（6.57）	
丙烷回收流程		SCORE	DHX
原料气增压后压力，MPa		3.2	3.2
低温分离器	温度，℃	−42	−42
膨胀机出口	压力，MPa	1.85	1.85
	温度，℃	−69.24	−67.07
重接触塔	压力，MPa	—	1.80
	塔顶温度，℃	—	−74.79
脱乙烷塔	压力，MPa	1.80	2.0
	塔顶温度，℃	−73.22	−16.31
脱乙烷塔重沸器负荷，kW		1926	1599
液化石油气产品量，t/d		361.52	382.4
稳定轻烃产品量，t/d		212.36	211.68

气质代号（GPM 值）	305（6.57）	
丙烷回收流程	SCORE	DHX
丙烷回收率，%	95.09	98.80
主体装置单位能耗，MJ/10^4m³	16161	15965

表 6-22　原料气增压压力与丙烷回收率关系

原料气增压压力，MPa		2.8	2.9	3.0	3.1	3.2
低温分离器	温度，℃	−42	−42	−42	−42	−42
膨胀机出口	压力，MPa	1.85	1.85	1.85	1.85	1.85
	温度，℃	−59.76	−61.74	−63.62	−65.38	−67.07
DHX 塔	压力，MPa	1.8	1.8	1.8	1.8	1.8
	温度，℃	−64.09	−66.9	−69.64	−72.60	−74.79
脱乙烷塔	压力，MPa	2.0	2.0	2.0	2.0	2.0
	温度，℃	−13.54	−11.88	−14.68	−12.74	−16.31
脱乙烷塔重沸器负荷，kW		1358	1432	1497	1557	1599
丙烷回收率，%		81.71	87.01	91.63	95.97	98.80
主体装置单位能耗，MJ/10^4m³		15123	15479	15586	15862	16021

表 6-23　不同制冷工艺对比分析

制冷工艺		膨胀机 + 丙烷制冷	混合冷剂制冷
低温分离器	温度，℃	−42	−64
膨胀机出口	压力，MPa.	1.85	—
	温度，℃	−67.07	—
重接触塔	压力，MPa	1.8	1.8
	塔顶温度，℃	−74.79	−74.56
脱乙烷塔	压力，MPa	2.0	2.0
	塔顶温度，℃	−16.31	−15.17
脱乙烷塔重沸器负荷，kW		1599	1709
丙烷制冷压缩功率，kW		1226	3502
丙烷回收率，%		98.80	98.33
主体装置单位能耗，MJ/10^4m³		15965	17915

该设计的原料气气质较富，DHX流程采用两级分离可减少原料气预冷量，对一级分离和两级分离方案进行模拟对比，其模拟结果见表6-24，两级分离流程如图6-19所示。模拟分析结果表明：原料气采用两级分离能耗降低0.27%，选用两级分离的DHX流程。

表6-24 分离器分离级数分析

分离器级数		一级	二级
一级低温分离器	温度，℃	−39	−5
二级低温分离器	温度，℃	—	−42
膨胀机出口	压力，MPa.	1.85	1.85
	温度，℃	−66.38	−67.07
重接触塔	压力，MPa	1.8	1.8
	塔顶温度，℃	−74.85	−74.79
脱乙烷塔	压力，MPa	2.0	2.0
	塔顶温度，℃	−17.12	−16.31
脱乙烷塔重沸器负荷，kW		1629	1599
丙烷制冷压缩功率，kW		1245	1226
丙烷回收率，%		98.88	98.80
主体装置单位能耗，MJ/10⁴m³		16008	15965

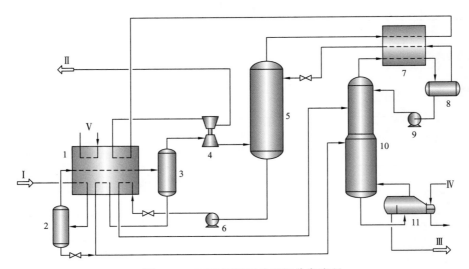

图6-19 DHX丙烷回收两级分离流程

1—主冷箱；2——级分离器；3—二级分离器；4—膨胀机组；5—重接触塔；6，9—泵；7—过冷冷箱；

8—回流罐；10—脱乙烷塔；11—重沸器；Ⅰ—脱水后原料气；Ⅱ—外输气；Ⅲ—凝液；Ⅳ—导热油；Ⅴ—丙烷冷剂

4）冷箱性能分析

DHX 流程将所有的冷热物流均集成在一个多股板翅式换热器（冷箱）中，冷热物流能否合理匹配对工艺流程的能耗、丙烷回收率有着重要的影响。DHX 流程换热冷箱冷热复合曲线如图 6-20（a）所示，冷热物流温差曲线如图 6-20（b）所示。

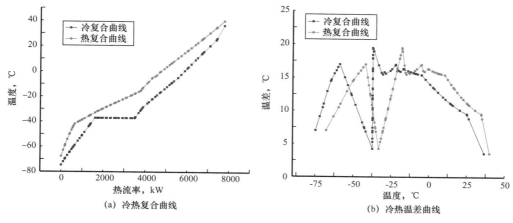

(a) 冷热复合曲线　　　　(b) 冷热温差曲线

图 6-20　冷箱换热曲线图

由图 6-20（a）可以看出，DHX 流程冷箱最小换热温差不小于 3.5℃，满足冷箱设计要求。冷热物流曲线匹配较为贴近，夹点位置位于热端，冷量得到充分利用。由图 6-20（b）可以看出，冷热物流温差均小于 20℃，有利于延长冷箱安全运行时间。

5）脱乙烷塔理论塔板数

脱乙烷塔合理的理论塔板数有利于降低塔高及塔造价。依次将脱乙烷塔理论塔板数从 20 块逐步增加到 30 块，得出理论塔板数对低效塔板数的影响如图 6-21 所示。由图 6-21 可以看出，脱乙烷塔塔板数为 24 块时较为合理。

6）装置产品

该装置主要生产液化石油气、稳定轻烃产品，回收凝液后的天然气作为外输气外输，装置产品组成及产品量见表 6-25。LPG 和稳定轻烃需满足相关的国家标准。

7）能耗估算

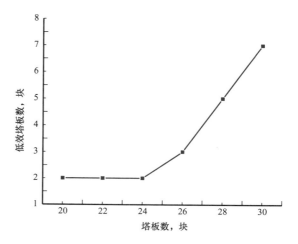

图 6-21　理论塔板数对低效塔板数的影响

装置能耗主要包括丙烷制冷、外输气压缩机、脱乙烷塔和脱丙丁烷塔的塔底重沸器负荷等，不包括分子筛脱水再生能耗。装置的能耗组成参见表 6-26，装置的综合能耗和单位综合能耗计算结果参见表 6-27。

表 6-25 装置产品组成及产品量

产品		外输气	液化石油气	稳定轻烃
压力，MPa		1.76	1.2	0.2
流量		$174.62 \times 10^4 m^3/d$	380.4 t/d	213.64 t/d
组成	N_2	2.32	0	0
	CO_2	0.15	0	0
	C_1	86.42	0	0
	C_2	11.03	5.08	0
	C_3	0.08	59.33	0
	iC_4	0	13.4	0.05
	nC_4	0	22.1	1.0
	C_{5+}	0	0.09	98.5
饱和蒸气压（37.8℃），kPa		—	966.1	110.3

表 6-26 装置能耗组成

项目		电或热负荷，kW
电耗	丙烷制冷压缩功率	1162
	原料气前增压压缩功率	8612
	脱乙烷塔顶回流泵轴功率	1.5
	脱丁烷塔顶回流泵轴功率	7.5
	小计	9783
热消耗	脱乙烷塔底热负荷	1599
	脱丁烷塔底热负荷	3441
	小计	5040

表 6-27 装置综合能耗及单位综合能耗

项目	日消耗量		能量折算值		能耗，MJ/d
	单位	数量	单位	数量	
电	kW·h	234792	MJ/（kW·h）	11.84	2779937.3
循环水	t	1704	MJ/t	4.19	7139.7
导热油	MJ	435456	MJ/MJ	1.47	640120.32
综合能耗	3427197.36MJ/d				
单位综合能耗	17135.99MJ/$10^4 m^3$ 天然气				

2. 中高压天然气丙烷回收方案

1）设计基础数据

对中高压丙烷回收方案实例进行研究，装置主要生产 LPG 和稳定轻烃，LPG 和稳定轻烃需满足相关的标准。设计基础数据如下：

天然气处理规模：$1500 \times 10^4 m^3/d$；

脱水后原料气压力：5.9MPa；

脱水后原料气温度：25℃；

外输压力：大于 6.2MPa；

丙烷回收率：大于 98%；

原料气组成见表 6-28。

表 6-28　中高压贫气原料气组成

组分	CO_2	N_2	C_1	C_2	C_3	iC_4
含量，%（摩尔分数）	0.903	1.4301	89.2415	6.2903	1.3901	0.253
组分	nC_4	iC_5	nC_5	C_6	C_7	——
含量，%（摩尔分数）	0.267	0.079	0.061	0.046	0.039	——

2）工艺选用

该设计的原料气 GPM 值为 2.3，原料气气质较贫、压力高，选用 DHX 丙烷回收流程，该流程通过设置重接触塔、将乙烷富集在重接触塔塔顶，增强汽化制冷效果，提高丙烷回收率。由于原料气气质较贫，不需要设置外部制冷系统，制冷工艺可采用膨胀机制冷。DHX 流程如图 2-15 所示。

3）换热网络分析

DHX 丙烷回收装置包含由主冷箱、过冷冷箱、膨胀机组、重接触塔、脱乙烷塔、外输气压缩机组等构成的凝液回收系统。DHX 丙烷回收流程具有的两种换热网络形式如图 6-22 和图 6-23 两种。两种换热网络模拟结果见表 6-29。模拟结果表明：虽然两种换热网络在流程形式上有所差异，但装置的丙烷回收率及能耗基本相同。

4）热集成方案

对 DHX 流程热集成方案研究发现，将流程中脱乙烷塔顶气相、回流罐气相、重接触塔塔底液相，重接触塔塔顶气相以及原料气均集成于冷箱中，可减少换热次数、热损失及压降损失，冷热物流热集成度高，充分利用系统冷量，降低系统能耗。DHX 热集成后的流程如图 6-24 所示。DHX 热集成后的模拟结果见表 6-30。模拟结果表明：DHX 热集成后乙烷回收率升高，系统能耗小幅降低，热集成效果较好。

5）装置产品

该装置主要生产液化石油气和稳定轻烃产品，回收凝液后的天然气作为外输气外输，装置产品组成及产品量见表 6-31。LPG 和稳定轻烃需满足相关的国家标准。

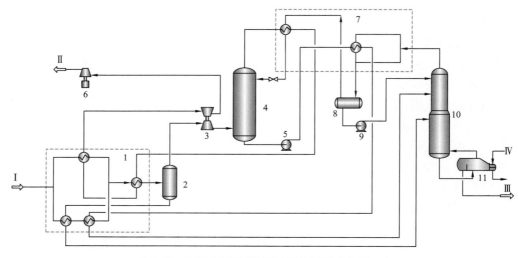

图 6-22　DHX 丙烷回收流程换热网络（方案一）

1—主冷箱；2—低温分离器；3—膨胀机组；4—重接触塔；5，9—泵；6—外输气压缩机；7—过冷冷箱；
8—回流罐；10—脱乙烷塔；11—重沸器；Ⅰ—脱水后原料气；Ⅱ—外输气；Ⅲ—凝液；Ⅳ—导热油

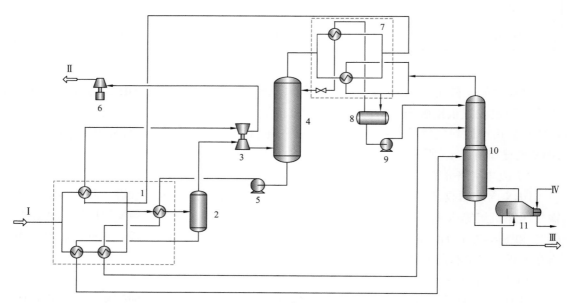

图 6-23　DHX 丙烷回收流程换热网络（方案二）

1—主冷箱；2—低温分离器；3—膨胀机组；4—重接触塔；5，9—泵；6—外输气压缩机 7—过冷冷箱；
8—回流罐；10—脱乙烷塔；11—重沸器；Ⅰ—脱水后原料气；Ⅱ—外输气；Ⅲ—凝液；Ⅳ—导热油

6）能耗估算

装置能耗主要包括丙烷制冷、外输气压缩机、脱乙烷塔和脱丙丁烷塔的塔底重沸器负荷等，不包括分子筛脱水再生能耗。装置的能耗组成参见表 6-32，装置的综合能耗和单位综合能耗计算结果参见表 6-33。

表 6-29 换热网络方案对比

项目		方案一	方案二
原料气	进料温度，℃	25	25
	换热后温度，℃	-46	-46
重接触塔顶气	原始温度，℃	-74.02	-74.02
	换热后温度，℃	17.12	16.88
脱乙烷塔	第一进料温度，℃	-34.55	-33.94
	第二进料温度，℃	-5.63	-6.25
	第三进料温度，℃	20	21
	塔底重沸器负荷，kW	4906	4997
丙烷回收率，%		98.46	98.46
液化石油气产品量，t/d		574.53	574.51
稳定轻烃产品量，t/d		112.33	112.33
主体装置单位能耗，MJ/d		2925	2923

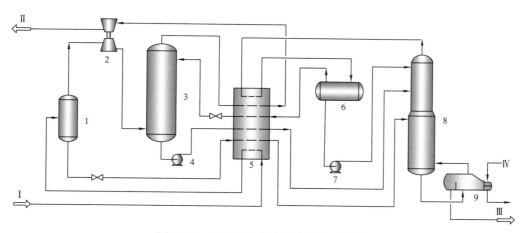

图 6-24 DHX 丙烷回收流程热集成形式

1—低温分离器；2—膨胀机组；3—重接触塔；4，7—泵；5—主冷箱；6—回流罐；8—脱乙烷塔；9—重沸器；
Ⅰ—脱水后原料气；Ⅱ—外输气；Ⅲ—凝液；Ⅳ—导热油

3. 高压天然气丙烷回收方案

1）设计基础数据

对高压丙烷回收方案实例进行研究，丙烷回收装置主要生产 LPG 和稳定轻烃，LPG
和稳定轻烃需满足相关的标准。设计基础数据如下：

表 6-30 DHX 流程热集成方案模拟结果

丙烷回收流程		全部集成流程形式
低温分离器	温度，℃	−45
膨胀机出口	压力，MPa.	3.25
	温度，℃	−70.3
重接触塔	压力，MPa	3.20
	塔顶温度，℃	−73.96
脱乙烷塔	压力，MPa	3.40
	塔顶温度，℃	−17.7
外输气压缩机功率，kW		12475
脱乙烷塔重沸器负荷，kW		5366
丙烷回收率，%		99.1
主体装置单位能耗，MJ/10^4m³		2915

表 6-31 装置产品组成及产品量

产品		外输气	液化石油气	稳定轻烃
压力，MPa		6.0	1.2	0.2
流量		1467.5×10^4m³/d	549.7 t/d	133.3 t/d
组成	N_2	1.46	0	0
	CO_2	0.92	0	0
	C_1	91.21	0	0
	C_2	6.39	1.73	0
	C_3	0.02	73.36	0
	iC_4	0	13.34	1.92
	nC_4	0	11.55	18.62
	C_{5+}	0	0.02	79.46
饱和蒸气压（37.8℃），kPa		—	1079	139.2

天然气处理规模：650×10^4m³/d；

压力：9.5MPa；

温度：36℃；

外输气压力：大于 6.2MPa；

丙烷回收率：大于 98%；

原料气组成见表 6-34。

表 6-32　装置能耗组成

项目		电或热负荷，kW
电耗	外输气压缩功率，kW	12475.4
	重接触塔底增压泵轴功率，kW	25
	脱乙烷塔顶回流泵轴功率，kW	5
	脱丁烷顶回流泵轴功率，kW	7
	小计	12512.4
热消耗	脱乙烷塔底热负荷，kW	5366
	脱丁烷塔底热负荷，kW	3056
	小计	8422

表 6-33　装置综合能耗及单位综合能耗

项目	日消耗量		能量折算值		能耗，MJ/d
	单位	数量	单位	数量	
电	kW·h	300297.6	MJ/（kW·h）	11.84	3555523.6
循环水	t	8040	MJ/t	4.19	33687.6
导热油	MJ	727660.8	MJ/MJ	1.47	1069661.38
综合能耗	4658872.5MJ/d				
单位综合能耗	3105.92MJ/10^4m^3 天然气				

表 6-34　原料气组成

组分	N_2	CO_2	C_1	C_2	C_3	iC_4
含量，%（摩尔分数）	2.8409	0.1	86.27	7.6	1.72	0.32
组分	nC_4	iC_5	nC_5	C_6	C_7	—
含量，%（摩尔分数）	0.38	0.18	0.15	0.14	0.3	—

2）工艺选用

本设计的原料气 GPM 值为 3.0，原料气压力为 9.5MPa，原料气属于高压富气，有较大的压差可以利用，选用 HPA 丙烷回收流程。该流程吸收塔和脱乙烷塔独立运行，两个塔的操作压力可独立设置，运用高压冷凝吸收、汽化制冷原理，采用回流罐乙烷得到有效富集，提高丙烷回收率。制冷方式为丙烷与膨胀机相结合的联合制冷。HPA 丙烷回收流程如图 6-13 所示。

对 HPA 丙烷回收流程利用 HYSYS 对其进行初步模拟分析，模拟结果见表 6-35。由表 6-35 可以看出，当天然气压力较高时，该流程具有回收率高，装置单位能耗低的特点，适合选用 HPA 丙烷回收流程。

表 6-35　流程工艺模拟结果

丙烷回收流程		HPA
低温分离器	温度，℃	-26
膨胀机出口	压力，MPa.	4.45
	温度，℃	-61.94
吸收塔	压力，MPa	4.4
	塔顶温度，℃	-66.20
脱乙烷塔	压力，MPa	3.8
	塔顶温度，℃	-19.87
外输气压缩机功率，kW		1343
丙烷制冷压缩功率，kW		729
脱乙烷塔重沸器负荷，kW		4429
脱丁烷塔重沸器负荷，kW		1785
丙烷回收率，%		98.15
主体装置单位能耗，MJ/$10^4 m^3$		1960

3）吸收塔压力选用

为了满足冷凝分离和凝液分馏的需要，对 HPA 吸收塔塔压进行优化，HPA 吸收塔塔压与丙烷回收率之间的关系如表 6-36 所示。模拟分析结果表明：丙烷回收率需达到大于98% 的要求，高压吸收塔压力宜选用 4.4MPa。

4）冷箱性能分析

HPA 流程将所有的冷热物流均集成在一个多股板翅式换热器（冷箱）中，冷热物流能否合理匹配直接影响流程的能耗、丙烷回收率。HPA 流程换热冷箱冷热复合曲线如图6-25（a）所示，冷热物流温差曲线如图 6-25（b）所示。

由图 6-25（a）可以看出，DHX 流程冷箱最小换热温差不小于 3.5℃，满足冷箱设计要求。冷热物流曲线匹配较为贴近，夹点位置位于冷箱热端，冷量得到充分利用。由图6-25（b）可以看出，冷热物流温差均小于 20℃，有利于延长冷箱安全运行时间。

5）装置产品

该装置主要生产液化石油气、稳定轻烃产品，回收凝液后的天然气作为外输气外输，装置产品组成及产品量见表6-37。LPG和稳定轻烃需满足相关的国家标准。

表6-36 吸收塔压力优化

低温分离器	温度，℃	−26	−26	−26	−26
膨胀机出口	压力，MPa	4.45	4.55	4.65	4.75
	温度，℃	−61.94	−61.05	−60.17	−59.30
高压吸收塔	压力，MPa	4.4	4.5	4.6	4.7
	温度，℃	−66.20	−65.65	−64.29	−62.81
脱乙烷塔	压力，MPa	3.85	3.85	3.85	3.85
	温度，℃	−19.87	−17.98	−17.03	−16.90
外输压缩功率，kW		1449	1219	1017	844
脱乙烷塔重沸器负荷，kW		4429	3837	3504	3329
丙烷回收率，%		98.15	96.67	90.10	82.45
主体装置单位能耗，MJ/10^4m³		1912	1419	1254	1138

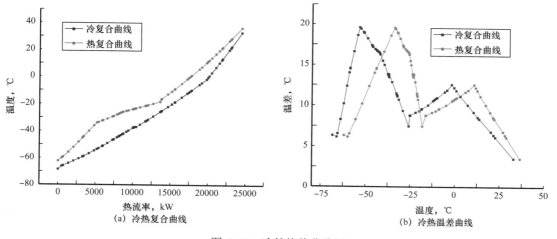

图6-25 冷箱换热曲线图

6）能耗估算

装置能耗主要包括丙烷制冷、外输气压缩机、脱乙烷塔和脱丙丁烷塔的塔底重沸器负荷等，不包括分子筛脱水再生能耗。装置的能耗组成参见表6-38，装置的综合能耗和单位综合能耗计算结果参见表6-39。

表 6-37　装置产品组成及产品量

产品		外输气	液化石油气	稳定轻烃
压力，MPa		6.0	1.2	0.2
流量		$629.1 \times 10^4 m^3/d$	316.9 t/d	177.75 t/d
组成	N_2	2.9	0	0
	CO_2	0.1	0	0
	C_1	89.13	0	0
	C_2	7.8	1.97	0
	C_3	0.03	69.16	0
	iC_4	0	13.12	0.1
	nC_4	0	15.54	0.1
	C_{5+}	0	0.24	99.8
饱和蒸气压（37.8℃），kPa		—	1039	62.84

表 6-38　装置能耗组成

项目		电或热负荷，kW
电耗	外输气压缩功率，kW	1343
	脱乙烷塔顶压缩机压缩功率，kW	440
	丙烷制冷压缩功率，kW	729
	脱乙烷塔顶回流泵轴功率，kW	3
	脱丁烷顶回流泵轴功率，kW	6
	小计	2521
热消耗	脱乙烷塔底热负荷，kW	4429
	脱丁烷塔底热负荷，kW	1785
	小计	6214

三、丙烷回收工程实例

国内已建成多套丙烷回收工程，丙烷回收装置现以四川安岳气田、南堡气田以及春晓气田为例说明工艺现状，以供丙烷回收装置设计参考。

表6-39 装置综合能耗及单位综合能耗

项目	日消耗量		能量折算值		能耗, MJ/d
	单位	数量	单位	数量	
电	kW·h	60504	MJ/（kW·h）	11.84	716367.36
循环水	t	5016	MJ/t	4.19	21017.04
导热油	MJ	536889.6	MJ/MJ	1.47	789227.71
综合能耗	1526612.11MJ/d				
单位综合能耗	2348.63MJ/10^4m³ 天然气				

1. 安岳气田丙烷回收装置

1）装置概况

安岳气田须家河气藏为低压、低渗透、中含凝析油气藏，具有重组分含量高（C_3 及以上组分含量最高达9%）、烃露点高的特点。主要产品为天然气液化气以及稳定轻烃。基础数据如下：

天然气处理规模：150×10^4m³/d；

原料气进装置压力：4.25MPa；

原料气进装置温度：31℃；

外输气压力：大于 4.0MPa；

原料气组成见表6-40。

表6-40 四川安岳原料气组成

组分	N_2	CO_2	C_1	C_2	C_3	iC_4	nC_4
含量, %（摩尔分数）	0.5594	0.3696	85.8841	8.3816	2.7572	0.6394	0.5794
组分	iC_5	nC_5	C_6	C_7	C_8	C_9	C_{10}
含量, %，（摩尔分数）	0.2797	0.1199	0.1399	0.1499	0.0899	0.04	0.01

2）工艺流程

安岳气田采用混合冷剂制冷、低温油吸收的丙烷回收流程，其流程如图6-26所示，原料气经分子筛脱水后进入板翅式换热冷箱换热至 -60℃进入低温分离器。低温分离器气相进入二次脱烃塔，与脱乙烷塔塔顶气的冷凝液逆流接触，吸收气相中的重组分。低温分离器液相进入脱乙烷塔中部，二次脱烃塔底液相进入脱乙烷塔顶部。该工艺投资低、能耗低、丙烷回收率高，且对原料气压力、组成、流量等变化适应性强。

3）产品指标

安岳气田丙烷回收率为92%，主要产品天然气、液化石油气以及稳定轻烃，产品指标符合相关标准要求。产品规模如表6-41所示。

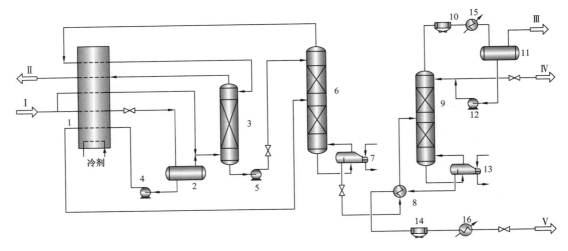

图 6-26　安岳丙烷回收装置流程

1—主冷箱；2—低温分离器；3—重接触塔；4，5，12—泵；6—脱乙烷塔；7，13—重沸器；
8—换热器；9—脱丙丁烷塔；10，14—空冷器；11—回流罐；15，16—水冷器；
Ⅰ—脱水后原料气；Ⅱ—外输气；Ⅲ—不凝气去放空；Ⅳ—液化石油气；Ⅴ—稳定轻烃

表 6-41　安岳丙烷回收装置产品产量及质量

产品及质量	LPG	稳定轻烃
产量，t/d	118.9	36.52
温度，℃	40	40
液化石油气含量，%（摩尔分数）	≥50	74
稳定轻烃，%（摩尔分数）	<3	—
饱和蒸汽压力（37.8℃），kPa	<1380	<74

2. 南堡联合站丙烷回收装置

1）装置概况

南堡联合站位于河北省唐山市境内曹妃甸港区，是冀东油田 1、2 号构造的油气处理中心。南堡联合站天然气处理装置设计规模为 $110 \times 10^4 m^3/d$，天然气处理装置的实际处理量约为 $70 \times 10^4 m^3/d$。装置产品为商品天然气、液化石油气和稳定轻烃。基础数据如下：

天然气处理规模：$70 \times 10^4 m^3/d$；

原料气进装置温度：25℃；

原料气进装置压力：0.33MPa；

外输气压力：大于 2MPa；

原料气组成见表 6-42。

表 6-42　南堡气田原料气组成

组分	N₂	CO₂	C₁	C₂	C₃	iC₄	nC₄	iC₅
含量，%（摩尔分数）	0.15	4.01	79.2056	9.2818	4.3409	0.7802	1.3603	0.03
组分	nC₅	C₆	C₇	C₈	C₉	C₁₀	C₁₁	—
含量，%（摩尔分数）	0.4201	0.2801	0.12	0	0	0.001	0.02	—

2）工艺流程

南堡丙烷回收装置由压缩单元、脱水单元、冷冻分离单元、轻烃分馏单元、辅助系统（包括甲醇注入系统、放空系统、公用工程系统、装置内系统管网）和天然气外输单元构成。

原料气由 0.33MPa 增压至 3.82MPa、冷却至 40℃后进入过滤分离器，过滤掉 5μm 以上的粉尘。脱水后原料气进入主冷箱进行换热，与从脱乙烷塔顶冷凝器来的接触塔顶外输气和一级分离器、二级分离器分离出来的液烃换热，冷却到 -18℃，再进入丙烷制冷机组冷却至 -30℃，进入一级分离器进行分离。一级分离器分离出来的气体进入主冷箱，冷却至 -39℃后，进入二级分离器。二级分离器分离出来的气体进入膨胀机进行膨胀制冷，膨胀机出口温度 -66.0℃。一、二级分离器分离出的液体经主冷箱与原料气换热升温后进入脱乙烷塔中部。脱乙烷塔顶气相出料（1.7MPa，-20℃）经重接触塔顶冷箱冷却后进入重接触塔顶部，重接触塔气相出料（1.65MPa，-72℃）经重接触塔顶冷箱及主冷箱复热、膨胀机组压缩端增压后外输。重接触塔底部凝液经泵增压后进入脱乙烷塔顶部。脱乙烷塔底部的丙烷及丙烷以上的凝液进入脱丙丁烷塔生产液化石油气和稳定轻烃。丙烷制冷系统为主冷箱提供冷量。其流程如图 6-27 所示。

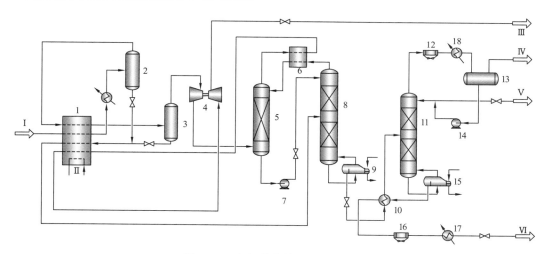

图 6-27　南堡联合站丙烷回收流程

1—主冷箱；2—一级分离器；3—二级分离器；4—膨胀机组；5—重接触塔；6—过冷冷箱；7，14—泵；8—脱乙烷塔；
9，15—重沸器；10—换热器；11—脱丙丁烷塔；12，16—空冷器；13—回流罐；17，18—水冷器；
Ⅰ—脱水后原料气；Ⅱ—丙烷冷剂；Ⅲ—外输气；Ⅳ—不凝气去放空；Ⅴ—液化石油气；Ⅵ—稳定轻烃

3）产品指标

南堡联合站丙烷回收率为98%，主要产品有外输天然气、商品丙烷、丁烷、液化石油气以及稳定轻烃，产品指标符合相关标准要求。产品规模如表6-43所示。

表6-43　南堡联合站丙烷回收装置产品规模

项目	规模
外输气，$10^8 m^3/d$	51～80
液化石油气，t/d	73～120
稳定轻烃，t/d	27～50

3. 春晓气田丙烷回收装置

1）装置概况

春晓气田位于东海区域，气田产出的天然气通过海底管道输送至春晓天然气处理厂，年处理规模为 $25 \times 10^8 m^3$，主要产品为天然气、丙烷、丁烷、液化气以及稳定轻烃。

基础数据如下：

天然气处理规模：$350 \times 10^4 m^3/d$；

原料气进装置压力：5.0MPa；

原料气进装置温度：30℃；

外输气压力：大于2.0MPa；

原料气组成见表6-44。

表6-44　春晓气田原料气组成

组分	N_2	CO_2	C_1	C_2	C_3	iC_4	nC_4
含量，%（摩尔分数）	1.04	2.04	86.95	4.84	2.59	0.95	0.82
组分	iC_5	nC_5	C_6	C_7	C_8	C_9	C_{10}
含量，%（摩尔分数）	0.26	0.25	0.16	0.05	0.03	0.01	0.01

2）工艺流程

春晓天然气处理厂工艺流程包括段塞流捕集器、分子筛脱水、膨胀机组膨胀制冷、凝液分馏。原料气进入段塞流捕集器分离，气相进入分子筛脱水单元后经粉尘过滤器。

脱水后的原料气进入主冷箱换热至 -36℃进入低温分离器。低温分离器液相经节流至 -45℃进入冷箱换热至3.9℃进入脱乙烷塔中部。低温分离器气相经膨胀机膨胀后温度降低至 -77.2℃，进入重接触塔底部。脱乙烷塔塔顶气相换热后进入脱乙烷塔塔顶回流罐，脱乙烷塔回流罐气相经换热至 -81℃，节流降温至 -92.3℃进入重接触塔顶部。回流罐液相经泵增压后进入脱乙烷塔顶部。重接触塔塔顶气相出料（-86.8℃）经冷箱换热至25.8℃进入膨胀机组压缩端，增压至2.4MPa，经冷却计量后外输。重接触塔塔底液相

（-77.8℃，1.8MPa）经塔底泵增压至2.96MPa，经冷箱换热至-5.6℃后进入脱乙烷塔上部，脱乙烷塔塔底液相（101.6℃，2.77MPa）进入分馏单元。凝液回收单元的流程如图6-28所示。

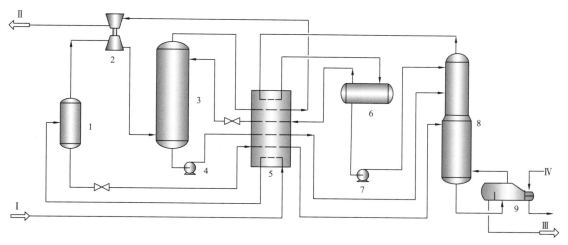

图6-28　春晓气田丙烷回收装置流程图

1—低温分离器；2—膨胀机组；3—重接触塔；4、7—泵；5—冷箱；6—回流罐；8—脱乙烷塔；9—重沸器；
Ⅰ—脱水后原料气；Ⅱ—外输气；Ⅲ—凝液；Ⅳ—导热油

3）产品指标

春晓天然气处理厂丙烷回收率为98%，主要产品有外输天然气、商品丙烷、丁烷、液化石油气以及稳定轻烃，产品指标符合相关标准要求。产品量及质量指标见表6-45。

表6-45　春晓丙烷回收装置产品量及质量指标

项目	产品量	质量指标
天然气，$10^4m^3/d$	760	—
外输气，$10^8m^3/a$	22.6	符合 GB17820—1999 中二类天然气指标
商品丙烷，$10^4t/a$	13.26	符合 GB17548—1998 质量指标
商品丁烷，$10^4t/a$	10.28	符合 GB17548—1998 质量指标
戊烷，$10^4t/a$	3.75	符合用户要求
稳定轻烃，$10^4t/a$	2.90	符合 GB9053—1998 质量指标

参 考 文 献

［1］U.S. GPA. Engineering Data Book 14th Edition［M］. U.S. Gas Processing Midstream Association，2016.

［2］马宁，周悦，孙源. 天然气轻烃回收技术的工艺现状与进展［J］. 广东化工，2010，37（10）：78-79.

［3］刘顺剑，诸林，陈国森，等.天然气冷油吸收法轻烃回收工艺［J］.四川化工，2010，13（3）：43-46.

［4］李士富，李亚萍，王继强，等.轻烃回收中 DHX 工艺研究［J］.天然气与石油，2010，28（2）：18-26.

［5］刘洪杰.天然气处理装置透平膨胀机组存在问题研究［J］.石油和化工设备，2009，12（6）：43-45.

［6］王治红，李智，叶帆，等.塔河一号联合站天然气处理装置参数优化研究［J］.石油与天然气化工，2013，42（6）：561-566.

［7］黄思宇，吴印强，朱聪，等.高尚堡天然气处理装置改进与运行优化［J］.石油与天然气化工，2014，43（1）：17-23.

［8］王治红，吴明鸥，伍申怀，等.江油轻烃回收装置 C_3 收率的影响因素分析及其改进措施探讨［J］.石油与天然气化工，2016，45（4）：10-16.

［9］郭春生.吉拉克凝析气田地面工艺技术［J］.天然气工业，2005，25（10）：127-129.

［10］付秀勇，胡志兵，王智.雅克拉凝析气田地面集输与处理工艺技术［J］.天然气工业，2007，27（12）：136-138.

［11］王沫云.DHX 工艺在膨胀制冷轻烃回收装置上的应用［J］.石油与天然气化工，2018（4）：45-49.

［12］张盛富，曹学文.广安轻烃回收装置分子筛脱水存在问题探析［J］.石油与天然气化工，2011，40（5）：442-444.

［13］仝淑月.春晓气田陆上终端天然气轻烃回收工艺介绍［J］.天然气技术与经济，2007（1）：75-80.

［14］蒋洪，刘晓强，朱聪.冷剂制冷－油吸收复合凝液回收工艺的应用［J］.石油与天然气化工，2007，36（2）：97-100.

［15］CAMPBELL R，WILKINSON J. Hydrocarbon Gas Processing：US4157904［P］.1979-06-12.

［16］SHUAIB A，JAMES H. Process for LPG Recovery：US4507133［P］.1985-05-26.

［17］张世坚，蒋洪.直接换热常规流程的改进及分析［J］.化工进展，2017，36（10）：3648-3656.

［18］JOHN D W，HANK M H，KYLE T C.Hydrocarbon Gas Processing：US5799507［P］.1998-09-01.

［19］朱聪，张世坚，蒋洪.SCORE 丙烷回收流程模拟与分析［J］.石油与天然气化工，2017，46（6）：39-44.

［20］王修康.天然气深冷处理工艺的应用与分析［J］.石油与天然气化工，2003，32（4）：200-203.

［21］张世坚，蒋洪.SCORE 丙烷回收流程特性模拟分析［J］.天然气化工（C1 化学与化工），2017，42（3）：78-85.

［22］JORGE H F，HAZEM H. Cyyogenic Process Utilizing High Pressure Absorber Column：US6712880［P］.2004-03-30.

［23］PITMAN R，HUDSON H，WILKINSON J，et al. Next Generation Processes for NGL/LPG Recovery［C］. Dallas，Texas：GPA，1998.

［24］JIANG H，ZHANG S，JING J，et al. Simulation and Analysis of High-Pressure Condensate Field Gas Propane Recovery Process［J］. Journal of Chemical Engineering of Japan，2019，52（1）：56-68.

［25］JIANG H，ZHANG S，JING J，et al. Simulation and Analysis of High-Pressure Condensate Field Gas Propane Recovery Process［J］. Journal of Chemical Engineering of Japan，2019，52（1）：56-68.

[26] 蒋洪, 申雷昆, 朱聪. 高压天然气丙烷回收工艺 [J]. 天然气化工 (C1化学与化工), 2017, 42 (2): 110-114+123.

[27] AMBARI I G, LEE H T. Method and Apparatus for Liquefying a Hydrocarbon Stream: US WO/2007/110331 [P]. 2007-04-10.

[28] HENRI P C, MICHEL L D. Method of Recovering Liquid Hydrocarbons in a Gaseous Chargr and Plant for Carrying Out the Method: US 5114450 [P]. 1992-06-19.

第七章 乙烷回收流程

天然气乙烷回收是指回收天然气中的乙烷及乙烷以上的重组分。乙烷及凝液产品是重要的化工原料和燃料，通过回收天然气中的乙烷及乙烷以上的组分，可控制天然气烃露点。随着我国石油与天然气工业的发展，石油化工行业对乙烷原料的需求增大，乙烷回收技术越来越得到重视。本章主要包括乙烷回收工艺现状、主要乙烷回收流程、典型乙烷回收流程的模拟与分析、乙烷回收工艺的应用与实例。

第一节 概 述

自 20 世纪 60 年代以来，国外开始运用低温冷凝法回收天然气中的乙烷及乙烷以上的组分，以节能降耗、提高天然气乙烷回收率、减少投资为目的，开发了多种乙烷回收工艺流程。国内乙烷回收工程建设起步相对较晚，但逐渐得到重视，在引进国外技术的基础上，对国外先进技术进行吸收和改进，目前国内已具有自主设计乙烷回收装置的能力。

一、国外乙烷回收工艺现状

国外从 20 世纪 60 年代开始乙烷回收工程建设及相关技术研究，在乙烷回收工艺的开发、改进等方面取得了显著的成果，美国的 Ortloff、IPSI、Randall 和法国的 Technip 等公司以节能降耗、提高乙烷回收率及降低工程投资为目标，陆续开发了多种高效乙烷回收工艺。这些流程不仅乙烷回收率高、适应性强，且处理规模大、气质工况多样化。其乙烷回收装置制冷工艺主要采用丙烷制冷与膨胀机制冷联合制冷[1-3]。国外典型乙烷回收流程见表 7-1。

美国 Ortloff 公司在 20 世纪 70 年代就开展了对天然气乙烷回收技术的研究，并于 1979 年提出了两种以"分流"为主要特征的气体过冷工艺（GSP）和液体过冷工艺（LSP）[4]。为了增强流程的适应性、提高乙烷回收率，Ortloff 公司于 1996 年在 GSP 工艺的基础上提出了改进流程——部分气体循环流程（RSV）。该工艺在高效乙烷回收技术发展历程上向前迈进了一大步，其流程具有超高、可调的乙烷回收率（可达 96% 以上），且对不同气质的适应性较强。

为了提高装置对 CO_2 的适应性，Ortloff 公司在 RSV 工艺的基础上提出了部分气体循环强化流程（RSVE）。此外，该公司还开发了 SRC、SRX 等工艺流程[5]。应用最多的乙烷回收流程是 RSV 流程及其改进型。

不同于 Ortloff 公司脱甲烷塔顶部改进回流的研究思路，美国 IPSI 公司将乙烷回收技术研究的重点集中放在改进脱甲烷塔底部换热集成上，开发了 IPSI 流程，降低了高压操作下的脱甲烷塔热负荷，提高了乙烷回收率[6, 7]。

表 7-1 国外典型乙烷回收流程

公司	流程	开发时间
美国 Ortloff	气体过冷流程（Gas Subcooled Process，简称 GSP）	1979
	液体过冷流程（Liquid Subcooled Process，简称 LSP）	1979
	部分气体循环流程（Recycle Split Vapor Process，简称 RSV）	1996
	部分气体循环强化流程（Recycle Split-Vapor with Enrichmentp Process，简称 RSVE）	1999
	具有压缩的增强精馏流程（Supplemental Rectification with Compression Process，简称 SRC）	2000
	具有回流的增强精馏流程（Supplemental Rectification with Reflux，简称 SRX）	2000
美国 Randall Gas Technologies	高压吸收乙烷回收流程（High Pressure Absorber Process，简称 HPA）	2002
美国 IPSI	改良的凝液回收流程（Enhanced NGL Recovery Process，简称 IPSI）	1999
法国 Technip	多回流乙烷回收流程（Multiple Reflux Ethane Process，简称 CRYOMAX MRE）	2003

美国 Randall Gas Technologies 公司在 21 世纪初期开发了适用于高压原料气工况条件的 HPA 乙烷回收，降低脱甲烷塔底温度，可取消脱甲烷塔底重沸器，同时也降低了外输气再压缩功耗[8，9]。

国外乙烷回收工程技术发展里程时间长、工程设计建设经验和研究成果丰富。国外乙烷回收工程正朝着处理规模大、乙烷回收率高、流程高效多样化等方向发展。

二、国内乙烷回收工艺现状

目前国内乙烷回收装置相对较少，在大庆、辽河、中原等油气田建设了多套乙烷回收装置。这些乙烷回收装置大多采用 LSP 流程，处理规模小（$100 \times 10^4 \text{m}^3/\text{d}$），乙烷回收率低（85%），与国外相比还存在较大的差距[10-12]。

20 世纪 80 年代，我国大庆、中原等油气田主要从国外引进乙烷回收装置，通过消化吸收国外乙烷回收技术，掌握了乙烷回收装置设计和建设的关键技术。现阶段国内具有自主设计和建设乙烷回收装置的能力，开发了多套国产化天然气回收乙烷深冷装置[13-15]。国内典型乙烷回收工艺装置概况见表 7-2。

大庆油田于 1987 年引进萨南深冷乙烷回收装置，该装置由林德公司设计，采用双膨胀机制冷，其流程如图 7-1 所示。通过消化吸收乙烷回收技术，大庆油田于 2011 年，自主设计建成了大庆油田南八深冷乙烷回收装置[16]，其工艺流程如图 7-2 所示，其制冷方式采用丙烷预冷与膨胀机制冷相结合的 LSP 乙烷回收流程。大庆油田萨南和南八深冷乙烷回收装置关键参数见表 7-3。

表 7-2　国内典型乙烷回收工艺装置

所属单位		乙烷回收工艺	原料气		乙烷回收率 %	建成时间
			处理量, 10⁴m³/d	压力, MPa		
中原油田	第三气体处理厂	德国 Linde 公司引进 LSP 工艺	100	4.5	85	1990
		膨胀机制冷、丙烷制冷工艺				
	第四气体处理厂	国产化改进 LSP 工艺	100	3.2	85	2001
		膨胀机制冷、丙烷制冷工艺				
大庆油田	萨南深冷装置	德国 Linde 公司改进 LSP 工艺	60	5.0	85	1987
		两级膨胀机制冷工艺				
	南八深冷装置	国产化改进 LSP 工艺	90	4.46	85	2011
		膨胀机制冷、丙烷制冷工艺				
	红压深冷装置	国产化改进 LSP 工艺	90	4.0	79~83	2003
		膨胀机制冷、丙烷制冷工艺				
	南压深冷装置	国产化改进 LSP 工艺	60	2.8~3.1	80	2006
		膨胀机制冷、丙烷制冷工艺				
辽河油田	80×10⁴m³ 深冷装置	国产化改进 LSP 工艺	80	4.1	85	2016
		膨胀机制冷、丙烷制冷工艺				

注：表中原料气压力指增压后的压力。

表 7-3　大庆油田萨南和南八深冷乙烷回收装置关键参数对比

参数		萨南	南八
原料气	处理量, 10⁴m³/d	60	90
	操作弹性范围, %	80~120	70~110
	增压后压力, MPa	5.0	4.46
	温度, ℃	15.6	-5~20
工艺	乙烷回收流程	LSP 工艺	LSP 工艺
	制冷工艺	两级膨胀机制冷	膨胀机 + 丙烷制冷
低温分离器	一级预冷和分离温度, ℃	-23	—
	二级预冷和分离温度, ℃	-56	-43
膨胀机	出口压力, MPa	1.6	1.4
	出口温度, ℃	-97	-85
外输气	流量, 10⁴m³/d	52.3	59.7
	压力, MPa	0.35	1.2
乙烷回收率, %		85	80

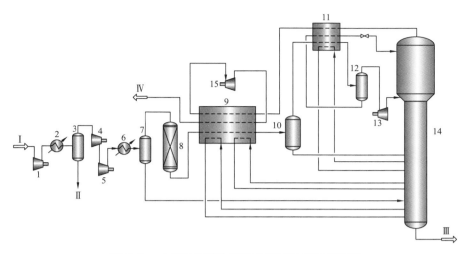

图 7-1　大庆油田萨南深冷乙烷回收装置流程图

1—伴生气压缩机；2，6—水冷器；3—沉降分水罐；4—低压膨胀机组增压端；5—高压膨胀机组增压端；7—凝液分离器；8—分子筛脱水塔；9—主冷箱；10——级低温分离器；11—过冷冷箱；12—二级低温分离器；13—高压膨胀机组膨胀端；14—脱甲烷塔；15—低压膨胀机组膨胀端；Ⅰ—原料气；Ⅱ—脱出水；Ⅲ—凝液；Ⅳ—外输气

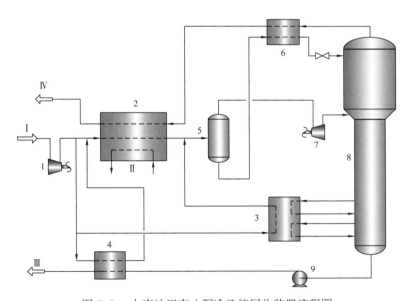

图 7-2　大庆油田南八深冷乙烷回收装置流程图

1—膨胀机组增压端；2—主冷箱；3—侧重沸器冷箱；4—液烃冷箱；5—低温分离器；6—过冷冷箱；7—膨胀机组膨胀端；8—脱甲烷塔；9—脱甲烷塔底泵；Ⅰ—脱水后原料气；Ⅱ—丙烷冷剂，Ⅲ—凝液；Ⅳ—外输气

　　国内乙烷回收技术与国外的差距表现在国内乙烷回收装置少，流程较单一，处理规模小，乙烷回收率有待进一步提高，有较大的工艺改进潜力。

　　随着各油气田提质增效工作的开展，国内乙烷技术正向着大型化方向发展。长庆油田拟建设四列规模 $1500 \times 10^4 m^3/d$ 的大型装置，塔里木油田拟建设两列规模为 $1500 \times 10^4 m^3/d$ 的装置，这些装置的建设已进入了设计与施工阶段。

第二节　主要乙烷回收流程

国外应用广泛的乙烷回收流程主要有气体过冷流程（GSP）及其改进型、液体过冷流程（LSP）、部分气体循环流程（RSV）及其改进型、高压吸收乙烷回收流程（HPA）等。

一、GSP 与 LSP 流程

20 世纪 70 年代，美国 Ortloff 公司在传统的单级膨胀机制冷流程（ISS）和多级膨胀机制冷流程（MTP）的基础上提出了两种以"分流"为主要特征的气体过冷流程（GSP）和液体过冷流程（LSP）[1]。

1. GSP 乙烷回收流程

气体过冷流程（Gas Subcooled Process，简称 GSP）是 1979 年美国 Ortloff 公司在单级膨胀机制冷流程（ISS）基础上改进而来。

GSP 流程特征主要是利用低温分离器将部分气相（20%～40%）过冷进入脱甲烷塔顶部，以提供脱甲烷塔塔顶回流，降低了塔顶温度，提高乙烷回收率。其余部分气相经膨胀机后进入脱甲烷塔中部，GSP 流程比传统的 ISS 流程具有更高的乙烷回收率。典型的 GSP 流程如图 7-3 所示。

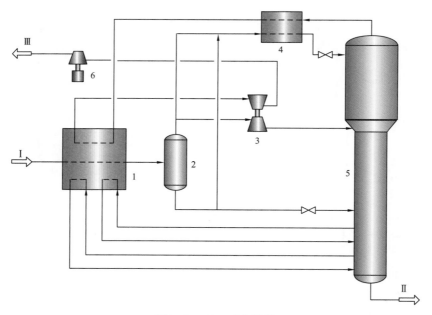

图 7-3　GSP 工艺流程

1—主冷箱；2—低温分离器；3—膨胀机组；4—过冷冷箱；5—脱甲烷塔；
6—外输气压缩机；Ⅰ—脱水后原料气；Ⅱ—凝液；Ⅲ—外输气

　　与传统的单级膨胀机制冷流程（ISS）相比，GSP乙烷回收流程膨胀后的物流分离温度更高，可避免操作条件接近天然气相态图的临界点[17]。同时，该流程具有很强的灵活性，可将ISS流程改造为GSP流程，提高乙烷回收率及经济效益。

　　GSP流程具有以下特点：

　　（1）气相过冷为脱甲烷塔顶提供回流，提高了乙烷回收率，乙烷回收率可高达90%；

　　（2）膨胀机进料量减少，装置处理能力增加；

　　（3）低温分离器的部分液相随着气相进入脱甲烷塔顶，提高脱甲烷塔顶液相泡点温度，提高CO_2冻堵的安全裕量。

　　GSP流程主要用于较贫气体（乙烷及以上烃类含量按液态计量小于$400mL/m^3$）的乙烷回收，适用于4MPa以上的原料气，乙烷回收率可达90%以上。

　　美国GPM气体公司Goldsmith天然气处理厂天然气凝液（NGL）回收装置采用了GSP流程改造，该装置在1976年建成，处理量为$220 \times 10^4 m^3/d$，原采用单级膨胀机制冷法，1995年改为两级膨胀机制冷的GSP法，设计处理量为$380 \times 10^4 m^3/d$，乙烷回收率（设计值）高达95%。

2. LSP乙烷回收流程

　　液体过冷流程（Liquid Subcooled Process，简称LSP）是1979年美国Ortloff公司在单级膨胀机制冷流程（ISS）和多级膨胀机制冷流程（MTP）的基础上开发的一种液体过冷流程。

　　该流程利用液相过冷为脱甲烷塔顶提供回流，增加了塔顶的冷凝回流量，大幅度提高了乙烷回收率，但塔顶进料较富，部分乙烷及以上组分从塔顶蒸出，造成凝液产品回收率比GSP工艺要略微降低，提高了脱甲烷塔的CO_2冻堵裕量。典型的LSP乙烷回收流程如图7-4所示。

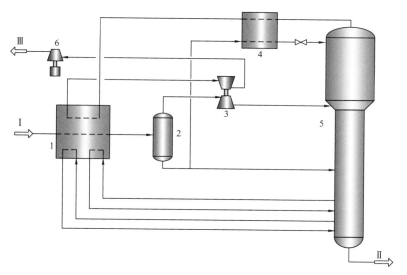

图7-4　LSP工艺流程

1—主冷箱；2—低温分离器；3—膨胀机组；4—过冷冷箱；5—脱甲烷塔；
6—外输气压缩机；Ⅰ—脱水后原料气；Ⅱ—凝液；Ⅲ—外输气

LSP 流程具有以下的特点：

（1）液相过冷为脱甲烷塔顶提供回流，回流液相组成较富，乙烷回收率在 80%～85%，进一步提高乙烷回收率会造成能耗大幅度上升；

（2）低温分离器的部分液烃过冷后进入脱甲烷塔上部，可适应含更多 CO_2 的原料气。

LSP 流程主要用于较富气体（乙烷及以上烃类含量按液态计量大于 $400mL/m^3$）的乙烷回收，适用于 4MPa 以上的原料气，当系统冷量充足时，乙烷回收率可达 85% 以上。当原料气的 CO_2 含量升高时，受脱甲烷塔顶冻堵温度的限制，乙烷回收率会下降。

二、CRR 流程

为了提高乙烷收率，Ortloff 公司在 GSP 流程的基础上进行改进得到了冷干气回流流程（Cold Residue Reflux Process，简称 CRR）[1]。该流程在 GSP 流程的基础上，增加一个小型压缩机，将脱甲烷塔顶的部分干气增压后，与低温分离器出口的部分气相换热冷凝，节流闪蒸进入脱甲烷塔顶提供回流。同时，将脱甲烷塔顶出来的部分干气再次冷凝回流入塔，对塔顶气相进行精馏。外输气中的乙烷及乙烷以上重组分含量低，回流后可降低塔顶气相乙烷含量，提高乙烷回收率。CRR 流程如图 7-5 所示。

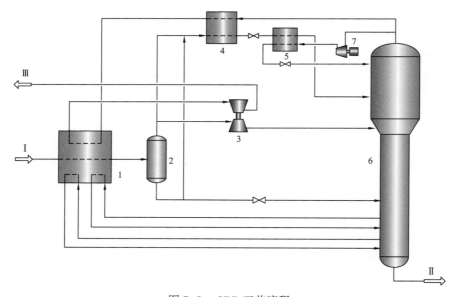

图 7-5　CRR 工艺流程

1—主冷箱；2—低温分离器；3—膨胀机组；4—过冷冷箱Ⅰ；5—过冷冷箱Ⅱ；6—脱甲烷塔；
7—脱甲烷塔顶压缩机；Ⅰ—脱水后原料气；Ⅱ—凝液；Ⅲ—外输气

CRR 流程具有以下特点：

（1）增加了塔顶回流，乙烷回收率高于 GSP 流程，原料气越贫，乙烷回收率越高，最高可超过 99%；

（2）在相同的乙烷回收率下，与 GSP 流程相比，CRR 流程的压缩功耗较低，但需要在脱甲烷塔顶部安装一个小型压缩机，投资较高。

CRR 流程适用于 4MPa 以上的较贫原料气且要求乙烷回收率较高的工况，原料气气质变富，乙烷回收率迅速下降。

三、RSV 流程及其改进

国外公司基于 GSP 流程，开发了 RSV、RSVE、CRYOMAX MRE 等流程，这些流程通过增加更贫的塔顶干气回流，降低脱甲烷塔顶部的制冷温度，乙烷回收率得到了提高。RSV 流程凭借其乙烷回收率、操作灵活性和经济效益上的优势，已经在国内外得到了广泛的应用。

1. RSV 流程

20 世纪 90 年代末，美国 Ortloff 公司在 GSP 流程的基础上进行改进，提出了部分气体循环流程（Recycle Split Vapor Process，简称 RSV），该流程于 2000 年在美国 Patterson-UTI 能源公司位于路易斯安那州的 Pelican 气体处理厂首次得到使用[18]。

RSV 流程的主要特征是将部分外输气送入塔顶换热器冷凝后，节流闪蒸作为回流进入脱甲烷塔顶部，构成一个以甲烷为主的制冷循环，调节其流量可控制乙烷回收率。脱甲烷塔第二股（由塔顶往下数）进料，利用低温分离器气相或气相和液相组成的混合物经过冷换热器降温节流进入脱甲烷塔中上部，其作用一方面产生低温位的冷量，同时液烃可吸收气相中的乙烷和二氧化碳，提高回收率同时降低气相冻堵的风险。RSV 乙烷回收流程如图 7-6 所示。

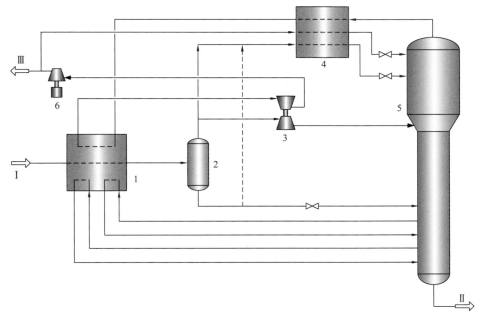

图 7-6　RSV 乙烷回收流程图

1—主冷箱；2—低温分离器；3—膨胀机组；4—过冷冷箱；5—脱甲烷塔；
6—外输气压缩机；Ⅰ—脱水后原料气；Ⅱ—凝液；Ⅲ—外输气

RSV 流程采用外输气回流、多股进料的设计，乙烷回收率可达到超高的水平（大于 96%）。同时，外输气回流的存在，即使在脱甲烷塔操作压力高的情况下仍有高乙烷回收率，脱甲烷塔塔板上的 CO_2 冻堵裕量更高。与 GSP 流程相比，RSV 具有处理原料气中 CO_2 含量更高的能力[19, 20]。

RSV 流程的特点有：

（1）外输回流设计，回收率高且可调，乙烷收率能超过 96%；

（2）脱甲烷塔第二股进料中气液比（低温分离器气相与液相的混合比例）可调，对气质适应性强；

（3）装置在偏离设计工况条件下运行，仍可保证产品的高回收率。

RSV 流程适合于大多气质的乙烷回收装置，原料气压力在 4MPa 以上可获得较高的乙烷回收率。

2. RSVE 改进流程

为了提高乙烷回收率，改善 RSV 工艺对含 CO_2 原料气的适应性，美国 Ortloff 公司在研究 RSV 工艺特点的基础上提出了部分气体循环强化流程（Recycle Split-Vapor with Enrichment Process，简称 RSVE）[21]。

RSVE 流程特征是采用外输气回流与部分低温分离气相及液相混合过冷作为脱甲烷塔塔顶进料。RSVE 流程如图 7-7 所示。

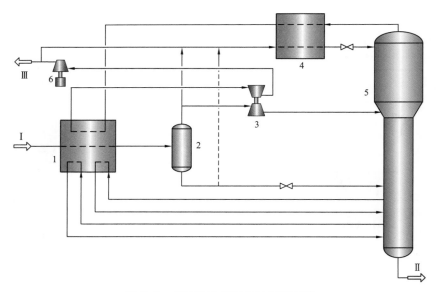

图 7-7　RSVE 乙烷回收工艺流程图

1—主冷箱；2—低温分离器；3—膨胀机组；4—过冷冷箱；5—脱甲烷塔；
6—外输气压缩机；Ⅰ—脱水后原料气；Ⅱ—凝液；Ⅲ—外输气

RSVE 流程利用低温分离器部分液相中的丙烷和丁烷等组分对 CO_2 的吸收作用，提高了脱甲烷塔塔板温度，增加了脱甲烷塔上部 CO_2 冻堵裕量，但同时将造成一定量的丙烷损失，乙烷回收率下降。通过增加外输回流可调节乙烷回收率，但系统能耗较高。

RSVE 工艺适用于 4MPa 以上、含 CO_2 较多的原料气，RSVE 流程具有以下特点：

（1）在塔顶引入部分过冷液烃，可提高流程对二氧化碳的适应性，但系统能耗较高；

（2）与 RSV 流程相比，塔顶回流液相中含较多重烃组分，乙烷回收率低于 RSV 流程。

RSV、RSVE、CRR 等高效流程都是在 GSP 的基础之上发展而来的，这些改进后的流程均有效提高了流程的工作效率。图 7-8 显示了对某典型气质进行乙烷回收时 GSP、CRR、RSV 和 RSVE 的压缩功率与回收率的关系。由图 7-8 可知，在相同的丙烷/乙烷回收率下，CRR、RSV、RSVE 的压缩功率均小于 GSP 流程[20, 22]。

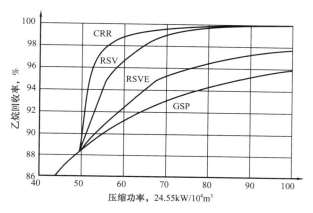

图 7-8 典型乙烷回收流程回收率与压缩功率的关系

3. CRYOMAX MRE 流程

2003 年，法国 Technip 公司开发了多回流乙烷回收流程（Multiple Reflux Ethane Recovery Process，简称 CRYOMAX MRE），此流程采用两级冷凝分离、多股进料提高了乙烷回收率，降低了系统能耗[23]。

此流程原料气先经预冷冷箱预冷后进入一级分离器，分离出的液相经节流阀降压闪蒸后，进入预冷冷箱换热升温后进入二级分离器，分离出的气相经主冷箱降温后再经节流过冷进入脱甲烷塔上部，而分离出来的液相进入脱甲烷塔中上部。一级分离器出来的部分气相经主冷箱降温后进入脱甲烷塔上部，提高乙烷回收率。一级分离器另一部分气相通过透平膨胀机膨胀进入脱甲烷塔上部。回流的部分干气经冷凝后进入脱甲烷塔顶部。典型的 CRYOMAX MRE 工艺流程如图 7-9 所示。

此流程采用多股气相过冷、外输回流、液烃闪蒸等工艺措施，与 RSV 流程相比，二级分离器将液烃中甲烷为主的气体分离出来，过冷后进入脱甲烷塔上部，增加了脱甲烷塔上部冷量，从而可减少外输气回流量及一级分离器气相过冷量，降低了系统能耗。

CRYOMAX MRE 流程适合于气质较富的乙烷回收，原料气压力在 4MPa 以上可获得较高的乙烷回收率，具有以下特点：

（1）对富气有较好的适应性，需增加外部制冷系统；

（2）二级分离气相过冷降低了系统能耗；

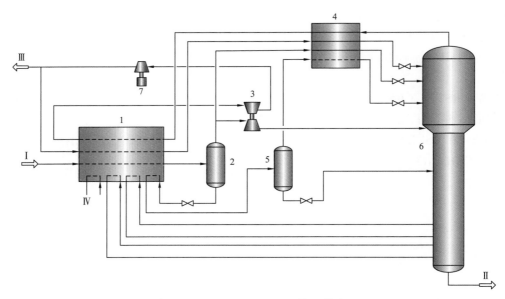

图 7-9　CRYOMAX MRE 乙烷回收流程

1—主冷箱；2——级分离器；3—膨胀机组；4—过冷冷箱；5—二级分离器；6—脱甲烷塔；

7—外输气压缩机；Ⅰ—脱水后原料气；Ⅱ—凝液；Ⅲ—外输气；Ⅳ—丙烷冷剂

（3）操作灵活，乙烷回收率高，但对原料气中 CO_2 含量适应性较差。

四、SRC 流程

2000 年，美国 Ortloff 公司在 GSP 流程基础上开发出一种高效乙烷回收流程——具有压缩的增强精馏流程（Supplemental Rectification with Compression Process，简称 SRC）[24, 25]。2013 年，SRC 流程在美国得克萨斯州的一所工厂首先得到成功运用，装置投产后乙烷回收率达到 98%。

该流程在 GSP 流程的基础上增加了脱甲烷塔侧线气相压缩机。脱水后原料气通过主冷箱预冷后进入低温分离器，分离出的部分气相过冷后进入脱甲烷塔上部，液相节流降压后进入脱甲烷塔中上部。脱甲烷塔塔顶气相通过过冷冷箱回收冷量后通过外输气压缩机增压外输。脱甲烷塔塔盘上的部分气相被抽出，通过脱甲烷塔侧线压缩机增压、与脱甲烷塔塔顶外输气换热并节流过冷后进入脱甲烷塔塔顶提供冷凝回流。脱甲烷塔塔底低温凝液去脱乙烷塔分馏得到乙烷产品。典型 SRC 乙烷回收流程如图 7-10 所示。

SRC 乙烷回收流程将脱甲烷塔上部抽出部分气相，通过压缩机增压后与脱甲烷塔塔顶外输气换热冷凝并节流后进入脱甲烷塔顶部提供回流及冷量。回流的脱甲烷塔抽出气相可对塔顶气相进行精馏，最大限度地减少乙烷和较重组分从塔顶的损失，提高了乙烷回收率。

SRC 流程适合于大多数气质的乙烷回收，要求原料气压力高于 4MPa，贫气进料时，装置能耗较低，具有以下特点：

（1）回收率高，乙烷回收率能超过 96%；

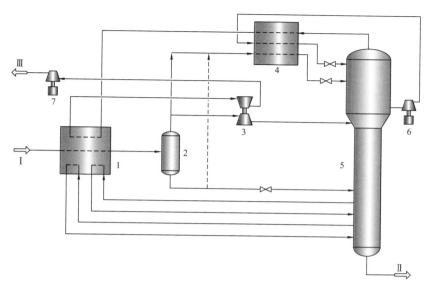

图 7-10　SRC 乙烷回收流程

1—主冷箱；2—低温分离器；3—膨胀机组；4—过冷冷箱；5—脱甲烷塔；6—侧线压缩机；
7—外输气压缩机；Ⅰ—脱水后原料气；Ⅱ—凝液；Ⅲ—外输气

（2）采用侧线抽出替代外输气回流作为塔顶进料，可降低系统能耗；

（3）在处理富气时，冷箱夹点难控制。

五、SRX 流程

2000 年年中，Ortloff 公司对 RSV 乙烷回收流程进行改进，提出了具有回流的增强精馏流程（Supplemental Rectification with Reflux，简称 SRX）。SRX 乙烷回收流程在回收乙烷模式下非常灵活，具有超高的乙烷回收率[26]。

SRX 流程保留了 RSV 流程最具有特色的外输气循环回流至脱甲烷塔顶，为脱甲烷塔塔顶精馏过程提供回流和冷量。脱甲烷塔第二股进料为从脱甲烷塔中部抽出部分气相（或其与低温分离器液相的混合物），冷却后通过塔顶分离器分离出液烃作为塔上部回流物。低温分离器气相全部进入膨胀机制冷，增大了制冷量和膨胀机的输出功。SRX 流程如图 7-11 所示。

SRC 流程适合于大多数气质较富的乙烷回收，要求原料气压力在 4MPa 以上，具有以下的特点：

（1）采用外输气回流，流程乙烷回收率高且可调；

（2）低温分离器气相全部进入膨胀机，气体压力能得到有效利用；

（3）对气质较贫的原料气适应性较差。

六、HPA 乙烷回收流程

高压吸收流程（High Pressure Absorber Process，简称 HPA）是美国 Randall Gas Technologies

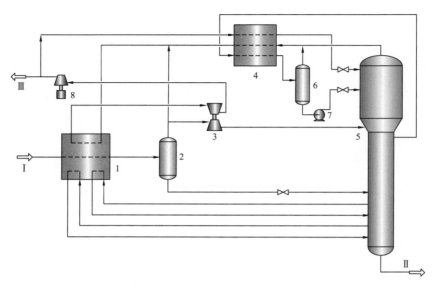

图 7-11　SRX 乙烷回收工艺流程图

1—主冷箱；2—低温分离器；3—膨胀机组；4—过冷冷箱；5—脱甲烷塔；6—塔顶回流罐；
7—回流泵；8—外输气压缩机；Ⅰ—脱水后原料气；Ⅱ—凝液；Ⅲ—外输气

公司针对高压（7MPa 以上）天然气开发的乙烷回收流程。

　　HPA 乙烷回收流程设置了高压吸收塔和脱甲烷塔塔顶压缩机。脱甲烷塔塔顶气相增压后与吸收塔出口气相换热冷凝，再节流闪蒸进入吸收塔顶。低温分离气相分为两部分，大部分经膨胀机制冷后进入高压吸收塔底部，另一部分气相换热冷凝后，再节流闪蒸进入吸收塔中部。高压吸收塔塔底凝液节流闪蒸后为脱甲烷塔提供冷凝回流，低温分离液相从脱甲烷塔中部进料[5, 8]。HPA 乙烷回收流程如图 7-12 所示。

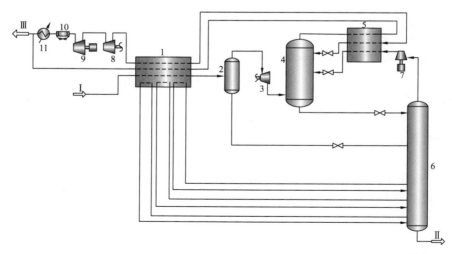

图 7-12　HPA 工艺流程图

1—主冷箱；2—低温分离器；3—膨胀机组膨胀端；4—高压吸收塔；5—过冷冷箱；6—脱甲烷塔；7—脱甲烷塔塔顶压缩机；8—膨胀机组增压端；9—外输气压缩机；10—空冷器；11—水冷器；Ⅰ—脱水后原料气；Ⅱ—凝液；Ⅲ—外输气

此流程主要针对入口压力和外输压力均较高的原料气，流程的关键点在于通过独立设置高压吸收塔降低了外输压缩功，高压吸收塔和脱甲烷塔压力独立设置，较低的脱甲烷塔压力利于将甲烷从乙烷及更重的液烃中分离，有利于热集成。

HPA 乙烷回收流程适合于原料气压力在 7MPa 以上，外输压力较高的工况条件，具有以下特点：

（1）脱甲烷塔与吸收塔操作彼此独立，吸收塔操作压力比脱甲烷塔操作压力高，降低了外输气的再压缩功率；

（2）提高了脱甲烷塔的分离效率和操作稳定性，有利于流程的热集成；

（3）增强对原料气 CO_2 冻堵的适应性。

七、IPSI 流程

IPSI 流程是美国 IPSI 公司对脱甲烷塔塔底进行增强型改造开发而来的乙烷回收流程，这两种流程利用脱甲烷塔塔底液烃构成的冷剂制冷与膨胀机制冷相结合，热集成度高，系统能耗低。

IPSI 高 NGL 回收率流程（Enhanced NGL Recovery Process[SM]，简称 IPSI）是美国 IPSI LLC 公司于 1999 年发明的，也称为汽提气制冷流程（Stripping Gas Refrigeration，简称 SGR）。不同于其他流程注重改善回流，IPSI 流程将重点放在了脱甲烷塔底部流程的改造。

该流程利用脱甲烷塔底部液烃构成了内部冷剂制冷系统，与脱甲烷塔塔底侧重沸器耦合，减少原料气丙烷预冷量。制冷循环系统产生的闪蒸气作为汽提气重新送入塔中，汽提气使塔压升高，导致组分的相对挥发度增加，在塔压较高的情况下提高了乙烷回收率[27]。IPSI 乙烷回收流程如图 7-13 所示。

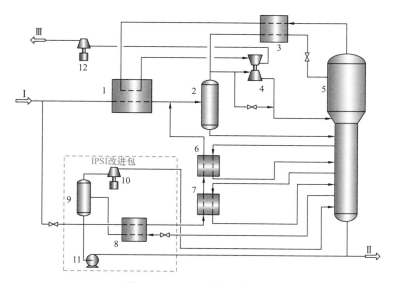

图 7-13　IPSI 乙烷回收流程

1，8—原料气冷箱；2—低温分离器；3—过冷冷箱；4—膨胀机组；5—脱甲烷塔；6，7—侧重沸器冷箱；9—冷剂缓冲罐；
10—冷剂压缩机；11—泵；12—外输气压缩机；Ⅰ—脱水后原料气；Ⅱ—凝液；Ⅲ—外输气

IPSI 流程适合于气质较富，压力在 4MPa 以上的原料气，具有如下特点：

（1）内部制冷系统与脱甲烷塔底部侧重沸器耦合，热集度高，降低了系统能耗；

（2）脱甲烷塔可在较高的压力下操作，外输压缩功小。

八、NGLR 流程

NGLR 凝液回收流程（NGL Recovery Process，简称 NGLR）由英国 Costain 公司开发高效乙烷回收流程，通过增加重接触塔与脱甲烷塔塔顶回流罐大大提高了乙烷回收率[28]。

原料气先经主冷箱预冷后进入低温分离器，分离出的液相经过冷冷箱冷凝进入脱甲烷塔中下部，分离出的气相膨胀后进入脱甲烷塔中部，部分外输气依次经主冷箱和过冷冷箱冷凝，作为塔顶的液相进料，为脱甲烷塔塔顶提供冷量和回流；脱甲烷塔塔顶气相经过冷冷箱、主冷箱回收冷量后外输。典型的 NGLR 工艺流程如图 7-14 所示。

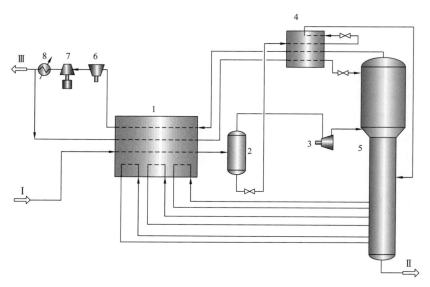

图 7-14　NGLR 乙烷回收流程

1—主冷箱；2—低温分离器；3—膨胀机组膨胀端；4—过冷冷箱；5—脱甲烷塔；6——膨胀机组增压端；
7—外输气压缩机；8—水冷器；Ⅰ—脱水后原料气；Ⅱ—凝液；Ⅲ—外输气

NGLR 工艺适用于高压富气，具有如下的特点：

（1）采用外输气作为脱甲烷塔塔顶回流，与膨胀后的原料气在脱甲烷塔中逆流接触，以吸收汽化制冷方式大大增加了乙烷及以上重组分回收率；

（2）低温分离器气相全部进入膨胀机膨胀制冷，为脱甲烷塔提供更多的冷量，并使得透平膨胀机同轴压缩机回收更多的能量，进而降低外输气压缩机功耗。

九、SHAE 流程

壳牌吸收精馏流程（Shell Absorber Extraction Scheme Process，简称 SHAE）是由美国 SHELL 公司在 2007 年开发的乙烷回收流程，此流程可与生产液化天然气的流程高热集成，且对原料气中二氧化碳的适应性强。

脱水后原料气通过主冷箱预冷后进入低温分离器。分离出的气相通过透平膨胀机膨胀后进入吸收塔中部，液相进入吸收塔下部，吸收塔顶部回流的液相甲烷和乙烷逆流接触，吸收逆流而上的气相中的丙烷及更重烃类组分。吸收塔底部凝液经凝液换热器预冷后进入脱乙烷中部。脱乙烷塔顶部的气相经凝液换热器部分冷凝后进入塔顶回流罐，一部分液相进入脱乙烷塔顶部提供回流，另一部分作为乙烷产品经主冷箱升温后作为乙烷产品。典型的 SHAE 工艺流程如图 7-15 所示。

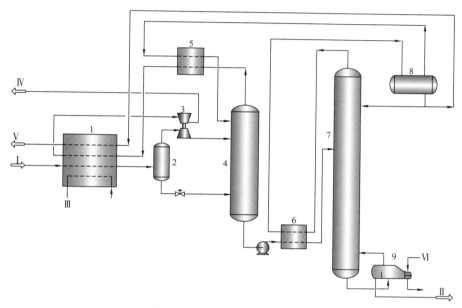

图 7-15　SHAE 乙烷回收流程

1—主冷箱；2—低温分离器；3—膨胀机组；4—吸收塔；5—过冷冷箱；6—凝液冷箱；7—脱乙烷塔；8—回流罐；
9—重沸器；Ⅰ—脱水后原料气；Ⅱ—凝液；Ⅲ—丙烷冷剂；Ⅳ—外输气；Ⅴ—乙烷产品；Ⅵ—导热油

SHAE 流程适用于原料气压力在 4.0~9.0MPa、重组分含量高的富气，具有以下特点：

（1）低温分离器气相全部进入膨胀机制冷，降低了外输气压缩机功耗；

（2）乙烷回收率不高，对原料气中的 CO_2 适应性强。

十、CRYOMAX FLEX-e 流程

CRYOMAX FLEX-e 流程是由法国 Technip 公司开发的乙烷回收流程。

原料气先经主冷箱预冷后进入低温分离器，分离出的液相经节流阀降压闪蒸部分汽化后，进入脱甲烷塔中下部。分离出的气相一部分经过膨胀后进入脱甲烷塔上部，另一部分经过冷冷箱冷凝降温后为进入脱甲烷塔上部。脱乙烷塔塔顶气相经冷凝器部分冷凝后进入塔顶回流罐，回流罐的气相进入过冷冷箱部分冷凝后再经节流闪蒸进入脱甲烷塔顶部提供充分冷量，回流罐的液相进入脱乙烷塔顶部提供回流。乙烷产品从脱乙烷塔中部塔板抽出。脱甲烷塔气相经换热后压缩外输[29]。典型的 CRYOMAX FLEX-e 流程如图 7-16 所示。

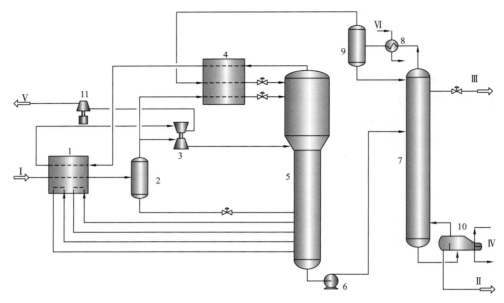

图 7-16　CRYOMAX FLEX-e 乙烷回收流程

1—主冷箱；2—低温分离器；3—膨胀机组；4—过冷冷箱；5—脱甲烷塔；6—泵；
7—脱乙烷塔；8—冷凝器；9—回流罐；10—重沸器；11—外输气压缩机；
Ⅰ—脱水后原料气；Ⅱ—凝液；Ⅲ—产品乙烷；Ⅳ—导热油；Ⅴ—外输气；Ⅵ—丙烷冷剂

CRYOMAX FLEX-e 流程适用于较贫的天然气，要求原料气压力高于 4MPa，其流程特点如下：

（1）利用脱乙烷塔回流罐气相作为脱甲烷塔顶部回流，通过调节回流量和脱甲烷塔塔压可灵活调节乙烷回收率；

（2）乙烷回收率可调节范围大，并保证丙烷回收率高于 99%。

第三节　乙烷回收流程模拟与分析

乙烷回收流程多样，不同流程影响乙烷回收率及能耗的关键参数存在不同。为掌握典型乙烷回收流程的特性，本节对 RSV、SRC、HPA 等典型乙烷回收流程的特性及适应性进行模拟与分析。

一、RSV 流程

为研究 RSV 流程的特性和适应性，模拟 RSV 流程关键参数对回收率和能耗的影响以及不同组成和压力条件下的原料气适应性。

1. RSV 流程特性

在原料气组成、压力和外输压力一定的条件下，确定适宜的脱甲烷塔压力后，影响 RSV 流程回收率和能耗的关键参数包括外输气回流比、气相过冷比和液相过冷比。外输回流比是指脱甲烷塔顶部进料的回流量占脱甲烷塔塔顶气相出料量的比例。气相过冷分流比表示低温分离器进脱甲烷塔顶部的气相量占低温分离器全部气相量的比例。液相过冷分流比表示低温分离器进脱甲烷塔上部的液相量占低温分离器全部液相量的比例。模拟分析的RSV乙烷回收流程如图4-19所示。

外输气回流是 RSV 流程乙烷回收率可调的重要特征，外输气回流相当于以甲烷为主的内部制冷循环。外输气回流量增加，乙烷回收率和系统能耗将增大。

脱甲烷塔第二股进料（从塔顶往下数）由部分低温分离器气相或其与部分低温分离器液相的混合物料组成。第二股进料进入脱甲烷塔上部，起到制冷和吸收的双重作用，可吸收气相中的乙烷组分，提高乙烷回收率，并对脱甲烷塔 CO_2 冻堵裕量进行调节。该股物料的组成与原料气的贫富有关，随着原料气气质组成由贫变富，第二股进料量中低温分离器液相比例逐渐增加。

应用 Aspen HYSYS 软件模拟流程中外输气回流比、气相过冷比及液相过冷比对乙烷回收率及能耗的影响，流程制冷工艺均采用丙烷制冷与膨胀机联合制冷。

1）外输气回流比对乙烷回收率及能耗的影响

在给定的两组原料气压力、气质组成以及和外输气压力的条件下，选用合理的脱甲烷塔压力，研究流程中外输气回流比对乙烷回收率及能耗的影响。计算条件及模拟结果分别见表 7-4 和表 7-5。

表 7-4　外输气回流比对乙烷回收率及能耗的影响（气质代号 102）

参数	数值						
外输回流分流比，%	13	13.5	14	14.5	15	15.5	16
乙烷回收率，%	92.69	93.32	93.93	94.51	95.07	96.1	96.51
外输压缩功率，kW	6226	6307	6354	6401	6448	6513	6562
制冷压缩功率，kW	2278	2141	2175	2195	2225	2314	2341
总压缩功率，kW	8504	8448	8529	8596	8674	8827	8903

注：原料气压力为 6MPa，温度为 35℃，处理量为 $1000 \times 10^4 m^3/d$，气质组成代号为 102，外输压力为 4.5MPa。气相过冷比为 15%，液相过冷比为 0，冷箱夹点为 3.5℃。

表 7-5　外输气回流比对乙烷回收率及能耗的影响（气质代号 211）

参数	数值						
外输回流分流比，%	15	15.5	16	16.5	17	17.5	18
乙烷回收率，%	92.53	93.06	93.59	94.11	94.63	95.13	95.62
外输压缩功率，kW	5565	5609	5653	5698	5744	5790	5837
制冷压缩功率，kW	3682	3715	3746	3778	3812	3845	3877
总压缩功率，kW	9246	9324	9400	9476	9556	9636	9714

注：原料气压力为 6MPa，温度为 35℃，处理量为 $1000 \times 10^4 m^3/d$，气质组成代号为 211，外输压力为 4.5MPa。气相过冷比为 15%，液相过冷比为 10%，冷箱夹点为 3.5℃。

天然气凝液回收技术

由表 7-4 及表 7-5 可知：

（1）对贫气（气质代号 102），在外输气回流比从 13% 增加到 16% 的过程中，乙烷回收率增加了 3.82%，总压缩功率增加了 399kW；对富气（气质代号 211），在外输气回流比从 15% 增加到 18% 的过程中，乙烷回收率增加了 3.09%，总压缩功率增加了 468kW；外输回流比对乙烷回收率及能耗有显著影响。

（2）原料气由贫变富时，为保证较高的乙烷回收率，脱甲烷塔顶部所需的冷量逐渐增加，外输回流量相应增加。

2）气相过冷比对乙烷回收率及能耗的影响

在给定的两组原料气压力、气质组成以及和外输气压力的条件下，选用合理的脱甲烷塔压力，研究气相过冷比对乙烷回收率和主要能耗的影响，计算条件及模拟结果分别见表 7-6 和表 7-7。

表 7-6　气相过冷比对乙烷回收率及能耗的影响（气质代号 102）

参数	数值				
气相过冷分流比	13	14	15	16	17
乙烷回收率，%	93.4	94.32	95.07	95.65	96.07
外输压缩功率，kW	6414	6431	6448	6465	6482
制冷压缩功率，kW	2099	2163	2249	2287	2347
总压缩功率，kW	8513	8594	8698	8752	8829

注：原料气压力为 6MPa，温度为 35℃，处理量为 $1000 \times 10^4 m^3/d$，气质组成代号为 102，外输压力为 4.5MPa。外输气比为 15%，液相过冷比为 10%，冷箱夹点为 3.5℃。

表 7-7　气相过冷比对乙烷回收率及能耗的影响（气质代号 211）

参数	数值					
气相过冷分流比，%	12	13	14	15	16	17
乙烷回收率，%	92.77	93.53	94.27	94.98	95.62	96.19
外输压缩功率，kW	5754	5775	5796	5816	5837	5858
丙烷制冷压缩功率，kW	3623	3690	3753	3814	3877	3938
总压缩功率，kW	9378	9465	9549	9630	9714	9795

注：原料气压力为 6MPa，温度为 35℃，处理量为 $1000 \times 10^4 m^3/d$，气质组成代号为 211，外输压力为 4.5MPa。气相过冷分流比为 15%，液相过冷分流比为 10%，冷箱夹点为 3.5℃。

由表 7-6 及表 7-7 可知：

（1）对贫气（气质代号 102），在气相过冷比从 13% 增加到 17% 的过程中，乙烷回收率增加了 2.67%，总压缩功率增加了 316kW；对富气（气质代号 211），气相过冷比从 12% 增加到 17% 的过程中，乙烷回收率增加了 3.42%，总压缩功率增加了 417kW；气相过冷比对乙烷回收率及能耗有显著影响。

（2）随着气相过冷比的增加，进入膨胀机的气相量减少，膨胀机压缩端输出功减小，外输压缩功增大。由于脱甲烷塔顶气相提供的冷量有限，气相过冷比的增加导致冷箱夹点变小，需要外加冷剂丙烷提供更多冷量，以满足冷箱夹点要求。

3）液相过冷比对乙烷回收率及能耗的影响

在给定的两组原料气压力、气质组成以及和外输气压力的条件下，选用合理的脱甲烷塔压力，研究低温分离器液相过冷分流比对乙烷回收率及能耗的影响。计算条件及模拟结果分别见表7-8和表7-9。

表7-8　液相过冷比对乙烷回收率及能耗的影响（气质代号102）

参数	数值				
液烃分流比，%	20	25	30	35	40
乙烷回收率，%	95.20	95.18	95.14	95.09	95.03
外输压缩功率，kW	6433	6433	6433	9766	6434
制冷压缩功率，kW	2321	2296	2296	2296	2295
总压缩功率，kW	8688	8730	8693	8729	8729
主换热器夹点，℃	3.65	3.55	3.47	3.38	3.28

注：原料气压力为6MPa，温度为35℃，处理量为$1000 \times 10^4 m^3/d$，气质组成代号为211，外输压力为4.5MPa。计算过程保持，低温分离器气相过冷分流比为15%，外输气回流比为15%，控制冷箱换热夹点为3.5℃。

表7-9　液相过冷比对乙烷回收率及能耗的影响（气质代号211）

参数	数值				
液烃分流比，%	10	15	20	25	30
乙烷回收率，%	92.51	92.92	93.31	93.67	94.01
外输压缩功率，kW	12888	12889	12891	12892	12893
丙烷制冷压缩功率，kW	5228	5232	5236	5240	5244
总压缩功率，kW	18116	18131	18127	18132	18137
主换热器夹点，℃	2.81	3.24	3.61	3.53	3.40

注：原料气压力为4.5MPa，温度为35℃，处理量为$1000 \times 10^4 m^3/d$，气质组成代号为211，外输压力为4.7MPa。计算过程保持，低温分离器气相过冷分流比为18%，外输气回流比为14%，控制冷箱换热夹点为3.5℃。

由表7-8及表7-9中可知：

（1）对贫气（气质代号102），在液相过冷比从20%增加到40%的过程中，乙烷回收率减少了0.17%，总压缩功率增加了41kW，主换热器夹点减少0.37℃；对富气（气质代号211），在液相过冷比从10%增加到30%的过程中，乙烷回收率增加了1.5%，总压缩功率增加了21kW，主冷箱夹点先增加后降低；由此可知，液相过冷比对乙烷回收率及能耗有显著影响。

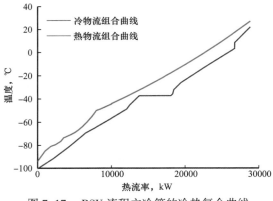

图 7-17 RSV 流程主冷箱的冷热复合曲线

（2）液相过冷比对冷箱夹点及乙烷回收率有一定影响，合理的液相过冷比有利于提高乙烷回收率、降低能耗。但液相过冷比的大小与原料气气质组成有关。

4）RSV 流程主冷箱换热特性

RSV 流程中主冷箱的冷热复合曲线如图 7-17 所示。根据图 7-17 中冷热两条曲线的趋势可知，主冷箱夹点为 3.5℃位于热端，降低回流气和第二股物流的温度也可能引起夹点减小。

低于约 $-40℃$ 的温位的换热过程由外输气和脱甲烷塔侧线重沸器提供冷量，通过合理控制侧线重沸器负荷和脱甲烷塔塔顶进料温度，可有效减小冷箱换热平均温差，提高热集成度。

2. RSV 流程适应性

RSV 工艺可以适应大多数气质组成，包括贫气、富气及超富气，RSV 工艺采用膨胀机制冷工艺，需要足够的压力差，原料气压力要求大于 4MPa。原料气气质由贫变富，需要的外部制冷系统冷量增加。对含 CO_2 的原料气，RSV 流程可通过提高脱甲烷塔压力、增加脱甲烷塔第二股进料的液相组成的方式控制 CO_2 冻堵。原料气 CO_2 含量高于 0.5% 时，流程要达到较高的回收率，系统能耗将增加。

为分析 RSV 流程在处理不同组成的原料气时，流程规律、差异及特点。选用贫富两组气质，模拟不同原料气压力、原料气 CO_2 含量下的工艺参数，分析流程在不同工况条件下的参数变化。RSV 流程如图 4-9 所示，计算条件及模拟结果见表 7-10 及表 7-11。

表 7-10 RSV 对贫气适应性分析结果

原料气	压力，MPa	4.5	6.5
	CO_2 含量，%（摩尔分数）	0.8	2.0
外输气回流分流比，%		10.5	13.7
低温分离器气相过冷分流比，%		23	23.5
低温分离器液相分流比，%		82	0
低温分离器温度，℃		−54	−53
脱甲烷塔	塔顶压力，MPa	2.2	3.1
	塔顶温度，℃	−103.0	−93.42
	塔底温度，℃	6.3	14.83

右上角：续表

脱乙烷塔	塔顶压力，MPa	2.4	2.5
	回流冷凝温度，℃	-10	-12
最小 CO_2 冻堵裕量，℃		5.0（2）	5.3（7）
外输压力，MPa		4.7	6.7
丙烷制冷压缩功率，kW		1970	1372
外输压缩功率，kW		11137	10758
总轴功率，kW		13107	13130
乙烷回收率，%		94	94

注：（1）原料气处理量 $1000 \times 10^4 m^3/d$，温度为25℃，气质组成代号为102，GPM 值为2.15。
（2）表中括号内的数值代表塔板位置。

表 7-11 RSV 对富气适应性分析结果

原料气	压力，MPa	4.5	6.5
	CO_2 含量，%（摩尔分数）	0.8	2.0
外输气回流分流比，%		14.5	13.7
低温分离器气相过冷分流比，%		18.5	18
低温分离器液相分流比，%		45	40
低温分离器温度，℃		-52	-48
脱甲烷塔	塔顶压力，MPa	2.0	2.8
	塔顶温度，℃	-104.1	-95.25
	塔底温度，℃	6.2	16.31
脱乙烷塔	塔顶压力，MPa	2.2	2.5
	回流冷凝温度，℃	-10	-12
最小 CO_2 冻堵裕量，℃		5.0（1）	6.5（2）
外输压力，MPa		4.7	6.2
丙烷制冷压缩功率，kW		5442	4727
外输压缩功率，kW		12361	12838
总轴功率，kW		17803	17565
乙烷回收率，%		94	94

注：（1）原料气处理量 $1000 \times 10^4 m^3/d$，温度为30℃，气质组成代号为211，GPM 值为3.66。
（2）表中括号内的数值代表塔板位置。

由表 7–10 和表 7–11 中的计算结果可知：

（1）RSV 流程在处理中高压的贫富凝析气时均具有很好的适应性，在 CO_2 含量不高的情况下，回收率可以高达 90% 以上；原料气为压力 4.5MPa 的贫气，CO_2 含量为 0.8% 时也可将回收率控制在 90% 以上。

（2）针对高压原料气，脱甲烷塔压力高，CO_2 冻堵易控制，对原料气中 CO_2 含量适应性强。

二、SRC 流程

为研究 SRC 流程的特性和适应性，模拟 SRC 流程关键参数对回收率和能耗的影响、流程对不同组成和压力条件下的原料气适应性，SRC 流程脱甲烷塔第二股进料与 RSV 流程有相同的规律，本节不再进行分析。

1. SRC 流程特性

SRC 流程最显著的特征是从脱甲烷塔抽出部分气相，经增压、冷凝后节流进入脱甲烷塔，为塔顶提供回流和冷量。在原料气组成、压力和外输压力一定的条件下，确定适宜的脱甲烷塔压力后，影响 SRC 流程回收率和能耗的关键参数包括脱甲烷塔侧线抽出量、侧线压缩机压力、低温分离器气相过冷分流比、低温分离器液相过冷分流比等。模拟分析的 SRC 乙烷回收流程如图 7–18 所示。

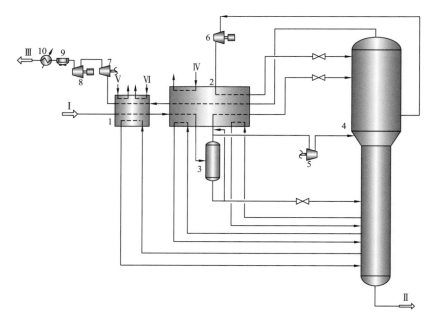

图 7–18　模拟分析的 SRC 乙烷回收流程图

1—预冷冷箱；2—主冷箱；3—低温分离器；4—脱甲烷塔；5—膨胀机组膨胀端；
6—侧线压缩机；7—透平膨胀机增压端；8—外输气压缩机；9—空冷器；10—水冷器；
Ⅰ—脱水后原料气；Ⅱ—凝液；Ⅲ—外输气；Ⅳ—丙烷冷剂；Ⅴ—高温液态丙烷；Ⅵ—脱乙烷塔塔顶低温乙烷产品

适宜的脱甲烷塔侧线抽出量或侧线抽出增压压力均可获得较高的乙烷回收率，侧线抽出量对冷箱夹点和回收率有影响。同时，通过调节气相过冷分流比可提高乙烷回收率和提高 CO_2 冻堵裕量。

应用 Aspen HYSYS 软件模拟流程中侧线压缩机出口压力、脱甲烷塔侧线抽出量对乙烷回收率及能耗的影响。

1）侧线压缩机出口压力对乙烷回收率及能耗的影响

在给定的原料气压力、气质组成以及外输气压力的条件下，选用合理的脱甲烷塔压力和适宜的侧线抽出量，研究侧线压缩机出口压力对乙烷回收率及能耗的影响。计算条件及模拟结果见表 7-12。

表 7-12　模拟侧线压缩机出口压力对乙烷回收率及能耗的影响计算条件与结果

参数	数值		
脱甲烷塔抽出量，kmol/h	1700	1700	1700
脱甲烷塔压缩机出口压力，MPa	3.8	3.9	4.2
脱甲烷塔压缩机轴功率，kW	339	360	418
丙烷制冷压缩功率，kW	4617	4613	4661
外输压缩功率，kW	11774	11783	11782
总轴功率，kW	16391	16397	16442
乙烷回收率，%	92.98	93	93.08

注：原料气压力为 6MPa，温度为 40℃，处理量为 $1000 \times 10^4 m^3/d$，气质代号为 211（GPM 值为 3.66），脱甲烷塔压力 2.4MPa，气相过冷比为 14%，液相过冷比为 30%，冷箱夹点为 3.5℃。

分析表 7-12 中的模拟结果可知：

（1）在侧线抽出量一定的情况下，合理的侧线压缩机出口压力可保证流程获得较高的乙烷回收率，但进一步提高侧线压缩机出口压力，乙烷回收率及能耗的增加十分微弱，出口压力从 3.8MPa 增加至 4.2MPa，回收率仅增加了 0.1%；但总压缩功率增加 51kW；

（2）侧线压缩机出口压力越高，则侧线抽出物流进入冷箱温度越高，所需丙烷预冷量越大，主冷箱夹点难以控制；侧线压缩机出口压力过低，脱甲烷塔第一股进料温度偏高、冷凝率小，脱甲烷塔塔顶冷量不足，塔顶温度升高导致乙烷回收率低。

2）侧线抽出量对乙烷回收率及能耗的影响

在给定的原料气压力、气质组成以及和外输气压力的条件下，选用合理的脱甲烷塔压力和侧线压缩机出口压力，研究侧线抽出量对乙烷回收率及能耗的影响。计算条件及模拟结果见表 7-13。

由表 7-13 中的模拟结果可知：

（1）随着侧线抽出量不断增大，乙烷回收率逐渐上升。对于 GPM 值为 3.66 的富气进料，侧线抽出量每增加 200kmol/h，乙烷回收率就会上升约 1%。但当侧线抽出量超过一定值后，流程可达到很高的乙烷回收率，但导致主冷箱夹点减小；

表 7-13　模拟侧线抽出量对乙烷回收率及能耗影响的计算条件与结果

原料气	温度，℃	40		
	压力，MPa	6		
	处理量，$10^4 m^3/d$	1000		
	GPM 值	3.66		
脱甲烷塔抽出量，kmol/h		1500	1700	1900
脱甲烷塔压缩机出口压力，MPa		4.2	4.2	4.2
脱甲烷塔压缩机轴功率，kW		372	418	398
丙烷制冷压缩功率，kW		4572	4661	4700
外输压缩功率，kW		11798	11782	11763
总轴功率，kW		16370	16442	16463
乙烷回收率，%		92.01	93.08	93.94

注：原料气压力为 6MPa，温度为 40℃，处理量为 $1000 \times 10^4 m^3/d$，气质代号为 211（GPM 值为 3.66），脱甲烷塔压力 2.4MPa，气相过冷比为 14%，液相过冷比为 30%，冷箱夹点为 3.5℃。

（2）随着侧线抽出量的增大，侧线压缩机的压缩功增大，乙烷回收率增大，需要的丙烷预冷量增加，系统能耗升高；

（3）SRC 流程脱甲烷塔侧线抽出量和增压后的压力为相互匹配的关系，既要让 SRC 流程的侧线抽出量保证足够高的回收率，又要有合适的增压压力以控制冷箱中的换热夹点。合理的 SRC 流程侧线抽出量和增压压力与原料气气质贫富有关。

3）SRC 流程主冷箱换热特性

SRC 流程中主冷箱的冷热复合曲线如图 7-19 所示。根据图 7-19 中冷热两条曲线的趋势可知，主冷箱夹点为 3.5℃，降低第二股进料或低温分离器的温度也可能引起夹点减小。通过合理控制侧线重沸器负荷和脱甲烷塔顶进料温度，可有效减小冷箱换热平均温差，提高热集成度。

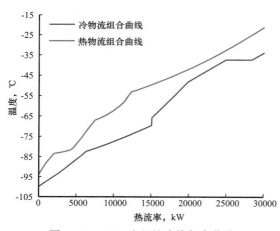

图 7-19　SRC 流程的冷热复合曲线

2. SRC 流程适应性

SRC 工艺可以适应大多数气质，包括贫气、富气及超富气，为保证膨胀制冷有足够的压力差，原料气压力要求大于 4MPa。原料气气质由贫变富，需要的外部制冷系统冷量增加。对于含 CO_2 的原料气，SRC 流程可通过提高脱甲烷塔压力、增加脱甲烷塔第二股进料的液相组成的方式控制 CO_2 冻堵。原料气 CO_2 含量高于

0.5% 时，流程要达到较高的回收率，系统能耗会增加。

为分析 SRC 流程在处理不同组成的原料气时，流程的规律、差异及特点。选用贫富两组气质，模拟不同原料气压力、原料气 CO_2 含量下合理的工艺参数。SRC 流程如图 7-18 所示，计算条件及模拟结果见表 7-14 及表 7-15。

表 7-14 SRC 流程对贫气的适应模拟结果

原料气	压力，MPa	4.5	6.5
	CO_2 含量，%（摩尔分数）	0.8	2.0
低温分离器气相过冷分流比，%		19.1	23
低温分离器液相分流比，%		98	50
低温分离器温度，℃		−55	−55
脱甲烷塔	塔顶压力，MPa	2.1	3.1
	塔顶温度，℃	−104.2	−93.55
	塔底温度，℃	3.83	13.61
脱乙烷塔	塔顶压力，MPa	2.4	2.8
	回流冷凝温度，℃	−10	−10
脱甲烷塔侧线抽出量，kmol/h		1850	2600
侧线压缩机出口压力，MPa		3.4	4.9
最小 CO_2 冻堵裕量，℃		5.0（2）	9.4（8）
侧线压缩机压缩功率，kW		402	457
丙烷制冷压缩功率，kW		1922	3043
外输压缩功率，kW		10401	8879
总轴功率，kW		12726	12379
乙烷回收率，%		94	94
丙烷回收率，%		99.95	99.87

注：（1）原料气温度为 30℃，处理量为 $1000 \times 10^4 m^3/d$，气质代号为 102，GPM 值为 2.15。

（2）表中括号中的数值代表塔板位置。

由表 7-14 和表 7-15 中的计算结果可知：

（1）SRC 流程对贫富气质均有很强的适应性；对于 4.5~6.5MPa 的贫气（气质组成代号 102）富气（气质组成代号 211）该流程均能保证 90% 以上的乙烷回收率；

（2）无论原料气贫富，原料气压力较低时（4.5MPa），CO_2 冻堵的风险变高，要保证高于 94% 的回收率，原料气中的 CO_2 含量不能高于 0.8%。

表 7-15　SRC 流程对富气的适应模拟结果

原料气	压力，MPa	4.8	6.5
	CO$_2$含量，%（摩尔分数）	0.8	2.0
低温分离器气相过冷分流比，%		15	15
低温分离器液相分流比，%		80	35
低温分离器温度，℃		−51	−50
脱甲烷塔	塔顶压力，MPa	1.9	2.7
	塔顶温度，℃	−105.2	−96.17
	塔底温度，℃	3.614	14.34
脱乙烷塔	塔顶压力，MPa	2.2	2.2
	回流冷凝温度，℃	−12	−14
脱甲烷塔侧线抽出量，kmol/h		1980	2070
侧线压缩机出口压力，MPa		4800	4600
最小 CO$_2$ 冻堵裕量，℃		5.0（1）	5.8（2）
侧线压缩机压缩功率，kW		876	456
丙烷制冷压缩功率，kW		5071	5181
外输压缩功率，kW		10727	10104
总轴功率，kW		16676	15741
乙烷回收率，%		94	94
丙烷回收率，%		99.94	99.93

注：（1）原料气温度为 35℃，处理量为 $1000 \times 10^4 \mathrm{m}^3/\mathrm{d}$，气质代号为 211，GPM 值为 3.66。

　　　（2）表中括号中的数值代表塔板位置。

3. SRC 和 RSV 流程对比

　　SRC 流程与 RSV 流程特征较为相似，均采用部分低温分离器气相过冷进入脱甲烷塔上部，以获得更好的脱甲烷塔上部温度分布，提高乙烷回收率。但脱甲烷塔第一股进料来源不同，RSV 流程将部分外输气回流作为脱甲烷塔第一股进料，而 SRC 流程则将脱甲烷塔上部侧线抽出气相作为脱甲烷塔第一股进料。

　　为了对比 SRC 和 SRX 流程的差异，选取气质较贫和气质较富的两组凝析气田气作为研究对象，在保持相同乙烷回收率的情况下，对两流程的能耗及工艺参数进行模拟分析。计算条件及模拟结果见表 7-16。

　　由表 7-16 中的计算结果可知：

　　（1）SRC 流程设置了脱甲烷塔侧线压缩机，但此压缩机的能耗占总能耗比例较小约为

表 7-16　SRC 和 RSV 工艺在贫富进料条件下的模拟对比

参数		数值			
		RSV	SRC	RSV	SRC
原料气气质代号（GPM 值）		102（2.15）		211（3.66）	
外输气回流分流比，%		13.9	—	12.63	—
低温分离器气相过冷分流比，%		23	18	18	14
低温分离器液相分流比，%		0	20	50	60
低温分离器温度，℃		−53	−54	−50	−50
脱甲烷塔压力，MPa		3.1	3.0	2.8	2.7
脱乙烷塔	塔顶压力，MPa	2.6	2.6	2.2	2.2
	回流冷凝温度，℃	−12	−12	−10	−10
脱甲烷塔侧线抽出量，kmol/h		—	2750	—	2223
侧线压缩机出口压力，MPa		—	5	—	4.6
最小 CO_2 冻堵裕量，℃		6.2（6）	6.8（6）	23.7（2）	22.5（2）
侧线压缩机压缩功率，kW		—	550	—	486
丙烷制冷压缩功率，kW		2247	2396	4289	4544
外输压缩功率，kW		10580	9352	11387	10265
总轴功率，kW		12827	12297	15676	15295
乙烷回收率，%		94	94	94	94
丙烷回收率，%		99.96	99.91	99.96	99.92

注：（1）原料气压力 6.5MPa，温度为 35℃，处理量为 $1000 \times 10^4 m^3/d$。
（2）表中括号中的数值代表塔板位置。

5%，其工作温度（−90～−50℃）远低于常规压缩机；
（2）SRC 流程压缩功较 RSV 流程小，侧线压缩机对低温气增压，且贫气所需的预冷量更小，故原料气为贫气时，SRC 流程总节能效果更为明显。

三、SRX 流程

为研究 SRX 流程的特性和适应性，模拟 SRX 流程关键参数对回收率和能耗的影响以及不同组成和压力条件下的原料气适应性。脱甲烷塔第一股进料是外输气回流，对流程影响规律与 RSV 流程相同，不再进行分析。

1. SRX 流程特性

SRX 流程最显著的特征是从脱甲烷塔抽出部分气相与部分低温分离器液相混合，经冷凝分离后，液相增压进入脱甲烷塔，为塔顶提供回流和冷量，模拟分析的 SRX 乙烷回收流程如图 7-20 所示。

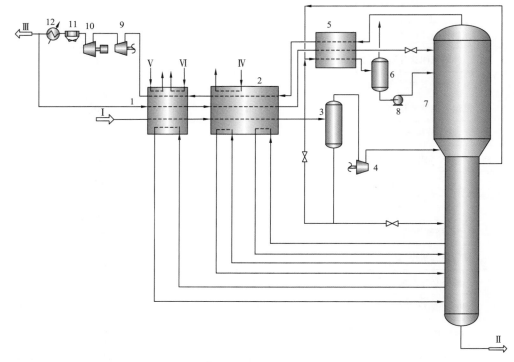

图 7-20　模拟分析的 SRX 乙烷回收流程图

1—预冷冷箱；2—主冷箱；3—低温分离器；4—膨胀机组膨胀端；5—过冷冷箱；
6—回流罐；7—脱甲烷塔；8—回流泵；9—膨胀机组增压端；10—外输气压缩机；
11—空冷器；12—水冷器；Ⅰ—脱水后原料气；Ⅱ—凝液；Ⅲ—外输气；
Ⅳ—丙烷冷剂；Ⅴ—高温液态丙烷；Ⅵ—脱乙烷塔塔顶低温乙烷产品

在原料气组成、压力和外输压力一定的条件下，确定适宜的脱甲烷塔压力后，影响 SRX 流程乙烷回收率和能耗的关键参数包括脱甲烷塔侧线抽出量、脱甲烷塔顶分离器温度及低温分离器液相过冷分流比。

SRX 流程侧线抽出物流具有为脱甲烷塔顶提供冷量的作用，增大抽出量，降低塔顶分离器温度均会增加脱甲烷塔顶部的冷量，提高乙烷回收率。但抽出量太大、塔顶分离器温度过低会导致主冷箱夹点控制困难。

为研究 SRX 流程特性，应用 Aspen HYSYS 软件，模拟流程中脱甲烷塔侧线抽出量、脱甲烷塔顶分离器温度对乙烷回收率及能耗的影响。

1）脱甲烷塔顶分离器温度对乙烷回收率及能耗的影响

在给定的原料气压力、气质组成以及外输气压力的条件下，选用合理的脱甲烷塔压力和适合的侧线抽出量，研究脱甲烷塔顶分离器温度对乙烷回收率及能耗的影响。计算条件及模拟结果见表 7-17。

表7-17 模拟脱甲烷塔顶分离器温度对乙烷回收率及能耗的影响计算条件与结果

参数	数值			
塔顶分离器温度，℃	-94	-93	-92	-91
丙烷制冷压缩功率，kW	4406	4312	4225	4185
外输压缩功率，kW	13466	13500	13533	13552
总轴功率，kW	17872	17813	17758	17738
乙烷回收率，%	95.40	94.10	92.86	91.74

注：原料气压力为6MPa，温度为33℃，处理量为1000×10⁴m³/d，气质组成代号为211，GPM值为3.66，脱甲烷塔压力2.5MPa，液相过冷比为25%，外输气回流比15.45%。

由表7-17的模拟结果可知：

（1）脱甲烷塔顶分离器温度从-94℃上升至-91℃的过程中，乙烷回收率降低了3.66%，总压缩功率减少了134kW；

（2）塔顶分离器温度的上升引起分离器液相减少，脱甲烷塔上部获得的冷量减少，塔顶部温度随之升高，乙烷回收率下降。同时，塔顶分离器温度的上升，导致外部丙烷制冷量需求减小，系统能耗减小。

2）脱甲烷塔侧线抽出量对乙烷回收率及能耗的影响

在给定的原料气压力、气质组成以及外输气压力的条件下，选用合理的脱甲烷塔压力和脱甲烷塔顶分离器温度，研究脱甲烷塔侧线抽出量对乙烷回收率及能耗的影响。计算条件及模拟结果见表7-18。

表7-18 模拟脱甲烷塔侧线抽出量对乙烷回收率及能耗的影响计算条件与结果

参数	数值			
脱甲烷塔抽出量，kmol/h	1000	2000	3000	3400
丙烷制冷压缩功率，kW	4225	4319	4391	4468
外输压缩功率，kW	13533	13500	13473	13438
总轴功率，kW	17758	17819	17864	17907
乙烷回收率，%	92.85	94.41	95.40	95.59
丙烷回收率，%	99.92	99.85	99.78	99.75

注：原料气压力为6MPa，温度为33℃，处理量为1000×10⁴m³/d，气质组成代号为211，GPM值为3.66，脱甲烷塔压力2.5MPa，液相过冷比为25%，外输气回流比15.45%。

由表7-18的模拟结果可知：

（1）脱甲烷塔侧线抽出量自1000kmol/h增至3400kmol/h，流程的乙烷回收率从92.85%上升至95.59%。脱甲烷塔侧线抽出量大于3000kmol/h后对增加回收率所起的作用开始减弱；

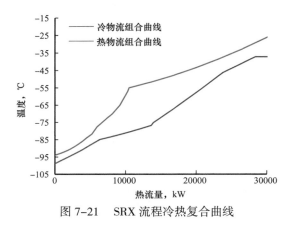

图 7-21 SRX 流程冷热复合曲线

（2）增大 SRX 流程的侧线抽出量，导致需要的丙烷冷量增加，制冷压缩功会增大；

（3）脱甲烷塔抽出量超过 3400kmol/h 后，冷箱夹点小于 3.5℃，主冷箱夹点无法控制。

3）SRX 流程主冷箱换热特性

SRC 流程中主冷箱的冷热复合曲线如图 7-21 所示。根据图 7-21 中冷热两条曲线的趋势可知，主冷箱夹点为 3.5℃，位于低温位处，SRX 流程第二股进料的温度和侧线抽出量对夹点影响很明显，通过合理控制侧线重沸器负荷和脱甲烷塔顶进料温度，可有效减小冷箱换热平均温差，提高热集成度。

2. SRX 流程适应性

SRX 流程适合于大多数气质，其对 CO_2 冻堵的适应性较强，SRX 控制 CO_2 冻堵能力强于 RSV 流程。要求原料气压力要求高于 4MPa，气质较贫时，对原料气压力要求更高。

为分析 SRX 流程在处理不同组成的原料气时，流程的规律、差异及特点，选用两组贫气和一组富气三组工况条件，模拟在不同原料气压力、原料气 CO_2 含量下的工艺参数。SRX 流程如图 7-20 所示。

模拟分析表明：对于压力低于 5MPa 的贫气原料气，脱甲烷塔侧线抽出气相压力（塔压）低、温度低，冷箱夹点难以控制。计算条件及模拟结果见表 7-19 及表 7-20，由表 7-19 和表 7-20 的模拟结果可知：

表 7-19 SRX 流程对贫气进料的适应性

原料气	气质代号（GPM 值）	102（2.15）	107（2.32）
	CO_2 含量，%（摩尔分数）	2	2
低温分离器温度，℃		-57	-55
外输气回流分流比，%		18	16.7
低温分离器液相分流比，%		100	90
脱甲烷塔侧线抽出量，kmol/h		2300	2500
脱甲烷塔塔顶压力，MPa		2.7	2.8
脱乙烷塔	塔顶压力，MPa	2.7	2.7
	回流冷凝温度，℃	-11	-11
最小 CO_2 冻堵裕量，℃		7.3	8.9
丙烷制冷压缩功率，kW		1588	1838

续表

外输压缩功率，kW	13829	14654
总轴功率，kW	15417	16492
乙烷回收率，%	94	94
丙烷回收率，%	99.42	99.60

注：原料气压力为 6.5MPa，温度为 35℃，处理量为 $1000 \times 10^4 m^3/d$。

表 7-20 SRX 流程对富气进料的适应性

外输气回流分流比，%		17.86	16.77
低温分离器温度，℃		-52	-52
低温分离器液相分流比，%		100	35
脱甲烷塔侧线抽出量，kmol/h		1200	1000
脱甲烷塔塔顶压力，MPa		2.0	2.9
脱乙烷塔	塔顶压力，MPa	2.2	2.2
	回流冷凝温度，℃	-10	-10
最小 CO_2 冻堵裕量，℃		5.2	7.9
丙烷制冷压缩功率，kW		4104	4292
外输压缩功率，kW		17949	11092
总轴功率，kW		22054	15384
乙烷回收率，%		94.00	94
丙烷回收率，%		99.90	99.95

注：原料气温度 30℃，处理量 $1000 \times 10^4 m^3/d$，气质代号为 211，GMP 值为 3.66，CO_2 含量为 2%。

（1）SRX 流程对于较高压力的原料气具有较强的适应性，无论气质贫富，均能使乙烷回收率达到 94%，较高的脱甲烷塔压力对控制 CO_2 冻堵有利；

（2）SRX 流程对富气原料气适应性强，乙烷回收率可达到 94%。

3. SRX 和 SRC 流程对比

SRC 流程与 SRX 流程最大的不同在于 SRC 流程将抽出的气相增压，与脱甲烷塔顶气换热降温过冷、节流进入脱甲烷塔顶部提供回流，而 SRX 流程将抽出气相与脱甲烷塔顶气换热降温后，通过塔顶分离器分离出液烃，并将液烃作为塔上部回流。SRX 流程对原料气工况条件的要求较苛刻，对原料气压力较高、气质较富的工况具有更好的应用效果。

为了对比 SRC 和 SRX 流程的工艺特点，选取一组气质较富的凝析气田气作为研究对象，在保持相同乙烷回收率的情况下，对两流程的能耗及工艺参数进行模拟对比分析。计算条件及模拟结果见表 7-21。

表 7-21　SRC 和 SRX 工艺在贫富进料条件下的模拟对比

工艺流程		SRX	SRC
外输气回流分流比，%		16.77	—
低温分离器气相过冷分流比，%		—	14
低温分离器液相过冷分流比，%		35	60
低温分离器温度，℃		−52	−50
脱甲烷塔压力，MPa		2.9	2.7
脱乙烷塔	塔顶压力，MPa	2.2	2.2
	回流冷凝温度，℃	−10	−10
脱甲烷塔侧线抽出量，kmol/h		1000	2223
最小 CO_2 冻堵裕量，℃		22.38（2）	22.54（2）
侧线压缩机出口压力，MPa		—	4.6
侧线压缩机压缩功率，kW		—	486
丙烷制冷压缩功率，kW		4292	4543
外输压缩功率，kW		11092	10265
总轴功率，kW		15384	15295
乙烷回收率，%		94	94
丙烷回收率，%		99.95	99.92

注：（1）原料气压力为 6.5MPa，温度为 35℃，处理量为 $1000 \times 10^4 \mathrm{m^3/d}$，气质组成代号为 211，GPM 值为 3.66，CO_2 含量为 0.4%。

　　（2）表中括号中的数值代表塔板位置。

由表 7-21 中模拟结果可知：

（1）对原料气气质较富的工况条件，为保持相同乙烷回收率，与 SRC 流程相比，SRX 流程低温分离器温度低 2℃，脱甲烷塔压力高 0.2MPa，低温分离器液相过冷比低 25%，总压缩功较 SRC 流程高出 89kW。

（2）由于外输压力较高，在满足乙烷回收装置回收率的情况下，脱甲烷塔压力越高越有利于减小外输压缩功，降低系统能耗。SRX 流程脱甲烷塔压力比 SRC 流程更高，因此需要更低的低温分离器温度以提高乙烷回收率。

SRC 流程脱甲烷塔顶部回流气质贫、甲烷含量高，可对塔内逆流而上的气相进行精馏，不断吸收气相中的乙烷及更重烃类组分，有利于提高乙烷回收率。而 SRX 流程利用从脱甲烷塔中下部抽出气相中冷凝分离出的重烃为塔上部提供回流，故在处理贫气进料时抽出气中重烃组分含量低，冷凝分离出的重烃少，能为塔上部提供的循环回流量不足，导致 SRX 流程对贫气适应性差。

四、HPA 乙烷回收流程

HPA 流程最显著的特征是将脱甲烷塔和吸收塔的塔压力独立设置，并采用部分外输气过冷回流和脱甲烷塔气相过冷作为吸收塔液相进料，通过汽化制冷原理，冷凝塔板气相中的重组分，以获得较高的乙烷回收率。HPA 流程如图 7-22 所示。

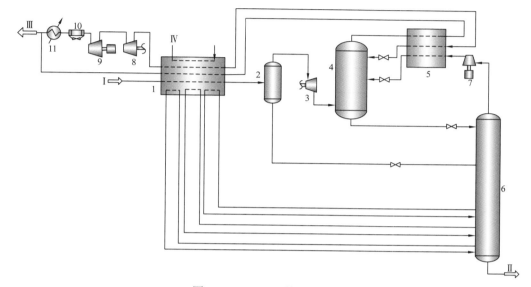

图 7-22 HPA 乙烷回收流程

1—主冷箱；2—低温分离器；3—膨胀机组膨胀端；4—高压吸收塔；5—过冷冷箱；6—脱甲烷塔；
7—脱甲烷塔顶压缩机；8—膨胀机组增压端；9—外输气压缩机；10—空冷器；11—水冷器；
I —脱水后原料气；II —凝液；III —外输气；IV —丙烷冷剂

HPA 流程对原料气压力高、外输压力高的工况条件具有高回收率、低能耗的特点。该流程乙烷回收率及系统能耗主要由高压吸收塔及脱甲烷塔的压力决定。

为研究 HPA 流程特性，以某高压凝析气田的气质为例，应用 Aspen HYSYS 软件，模拟流程中关键参数对乙烷回收率及能耗的影响。计算条件及模拟结果见表 7-22 和表 7-23。

表 7-22 吸收塔压力 3.5MPa 时的计算条件及模拟结果

参数	数值			
脱甲烷塔塔压，MPa	2.6	2.8	3.0	3.2
外输气回流量，%	12	12	12	12
回流过冷箱出口温度，℃	-84	-84	-84	-84
脱甲烷塔顶压缩机出口压力，MPa	4.6	4.8	5	5.1
脱甲烷塔重沸器能耗，kW	4125	4403	4691	5411
丙烷制冷压缩机功率，kW	1372	1491	1756	1990

参数	数值			
脱甲烷塔顶增压功率，kW	1108	1173	1034	951
外输气压缩机能耗，kW	7423	7284	7149	7015
膨胀机输出功率，kW	3156	3156	3156	3156
总压缩功耗，kW	9756	9844	9937	9956
乙烷回收率，%	94.49	94.36	94.30	94.24
丙烷回收率，%	99.98	99.98	99.97	99.97

注：原料气压力 9MPa，温度 35℃，处理量为 $1000 \times 10^4 m^3/d$，外输气压力为 6.2MPa，气质代号为 204，GPM 值为 2.94，低温分离器温度为 -35℃，外输气回流比为 12%，液相过冷比为 11%，主冷箱夹点为 -3.5℃。

表 7-23　吸收塔压力 3.7MPa 时的计算条件与模拟结果

参数	数值			
脱甲烷塔塔压，MPa	2.8	3.0	3.2	3.4
外输气回流量，%	15	15	15	15
干气回流过冷箱出口温度，℃	-82	-82	-82	-82
脱甲烷塔顶压缩机出口压力，MPa	4.8	5	5.2	5.3
脱甲烷塔重沸器能耗，kW	4457	4779	5107	5286
丙烷制冷压缩机功率，kW	1856	2144	2440	2559
脱甲烷塔顶增压功率，kW	1232	1207	1182	1244
外输气压缩机能耗，kW	6816	6691	6566	6537
膨胀机输出功率，kW	2840	2840	2840	2840
总压缩功耗，kW	9905	10042	10187	10340
乙烷回收率，%	94.5	94.33	94.3	94.16
丙烷回收率，%	99.97	99.97	99.96	99.96

注：原料气压力 9MPa，温度 35℃，处理量为 $1000 \times 10^4 m^3/d$，外输气压力为 6.2MPa，气质代号为 204，GPM 值为 2.94，低温分离器温度为 -32℃，外输气回流比 15%，液相过冷比 15%，主冷箱夹点为 -3.5℃。

由表 7-22 及表 7-23 的模拟结果可知：

（1）选择适宜的吸收塔压力和脱甲烷塔压力是 HPA 流程的关键，吸收塔压力 3.5MPa，脱甲烷塔压力为 2.6MPa 时，系统能耗较低，乙烷回收率可达 94.4%；

（2）降低脱甲烷塔压力可减小对外加冷量的需求；脱甲烷塔压力过低，会造成脱甲烷塔顶增压功的增大，导致系统能耗偏高，脱甲烷塔和吸收塔压差不宜超过 1MPa。

五、LSP 流程及其改进

LSP 乙烷回收流程将低温分离器底部凝液经过冷后作为脱甲烷塔塔顶进料。由于低温分离器底部凝液中丙烷和丁烷等重组分含量多，脱甲烷塔第一块塔板温度较高，不能获得较高的乙烷回收率，但控制 CO_2 冻堵的能力较高。

1. LSP 流程的改进

为提高 LSP 流程的乙烷回收率，基于 LSP 流程，将低温分离器部分气相经降温过冷、节流作为脱甲烷塔第一股进料，并将低温分离器少量气相与部分液相混合组成脱甲烷塔第二股进料，作者提出了气液两相过冷乙烷回收流程（Gas and Liquid Subcooled Process，简称 GLSP），其工艺流程如图 7-23 所示。

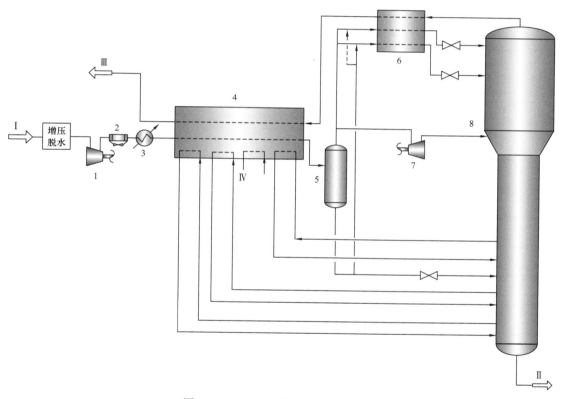

图 7-23　GLSP 乙烷回收工艺流程图

1—膨胀机组增压端；2—空冷器；3—水冷器；4—主冷箱；
5—低温分离器；6—过冷冷箱；7—膨胀机组膨胀端；8—脱甲烷塔；
Ⅰ—原料气；Ⅱ—凝液；Ⅲ—外输气；Ⅳ—丙烷冷剂

GLSP 流程吸收了 GSP 流程和 LSP 流程的优点，脱甲烷塔塔顶进料为部分低温分离器气相（10%～30%），气质较贫进料保证了高的乙烷回收率，第二股进料采用气液混合——低温分离器少量气相（2%～5%）与低温分离部分液相（70%～90%）混合过冷，较液相过冷节流后温度更低，保证了脱甲烷塔上部足够低的温度，有利于提高乙烷回收率，同时增强了对 CO_2 冻堵的控制能力。

GLSP 流程适用于低压的原料气，需要对原料气增压，可获得较高的乙烷回收率。GLSP 乙烷回收工艺流程具有以下特点：

（1）采用气相过冷、气液混合过冷有利于提高乙烷回收率，较 LSP 流程丙烷损失量更小；

（2）气相及液相混合过冷，提高 CO_2 冻堵裕量。

2. GLSP 流程对比分析

为研究 GLSP 流程的适应性，选取贫富组成不同的两组低压原料气，运用 Aspen HYSYS 软件模拟 GLSP 流程与 GSP、LSP 流程在乙烷回收率及系统能耗上的差异。计算条件及模拟结果分别见表 7-24 及表 7-25。

表 7-24 贫气进料 GLSP 和 GSP 流程对比

工艺流程	LSP	GLSP
前增压压力，MPa	3.75	3.75
低温分离器温度，℃	−57	−57
第一股进料气相占低温分离器气相比例，%	28	30
低温分离器液相比例，%	—	70
脱甲烷塔压力，MPa	1.9	1.9
脱甲烷塔 CO_2 冻堵裕量，℃	−2.8（5）	8.3（3）
丙烷制冷压缩机功率，kW	367	408
前增压压缩机能耗，kW	1616	1616
总压缩功耗，kW	1983	2024
乙烷回收率，%	94	94
丙烷回收率，%	99.56	99.57

注：（1）原料气压力 2MPa，温度 20℃，处理量为 $150 \times 10^4 m^3/d$，气质代号 102，GPM 值为 2.15，CO_2 摩尔分数为 1%。

（2）表中括号中的数值代表塔板位置。

由表 7-24 及表 7-25 中的模拟结果可知：

（1）对于贫气工况条件，保持相同乙烷回收率的情况下，GSP 流程已经发生了冻堵；GLSP 流程较 GSP 流程对 CO_2 适应性明显提升，CO_2 冻堵裕量提高了约 10℃；

（2）对于富气工况条件，GLSP 流程较 LSP 流程的回收率提高了约 10%，装置能耗仅增加了 2%，同时保证了足够的 CO_2 冻堵裕量（5℃）。

表7-25　富气进料 GLSP 和 LSP 流程对比

乙烷回收流程	LSP	GLSP
前增压压力，MPa	4.4	4.4
低温分离器温度，℃	−52	−56
第一股进料气相占低温分离器气相比例，%	—	14.28
第二股进料气相占低温分离器气相比例，%	—	9.92
低温分离器液相比例，%	99.88	35
脱甲烷塔压力，MPa	1.9	1.9
脱甲烷塔 CO_2 冻堵裕量，℃	15.71（6）	5.0（1）
丙烷制冷压缩机功率，kW	1414	1641
前增压压缩机能耗，kW	9779	9779
总压缩功耗，kW	11193	11420
乙烷回收率，%	85	94
丙烷回收率，%	97.85	99.84

注：（1）两组原料气压力2MPa，温度20℃，处理量为$150 \times 10^4 m^3/d$，GPM 值为5.34，组成代号301，CO_2 含量为1%。
（2）表中括号中的数值代表塔板位置。

第四节　乙烷回收流程应用与实例

依据乙烷回收流程的模拟分析，结合大量模拟计算的经验总结，提出乙烷回收工艺选用、制冷方式及 CO_2 冻堵控制等关键问题的设计要点，研究了低压油田伴生气、中压和高压凝析气的乙烷回收技术方案，并列举了部分乙烷回收工程实例，可供乙烷回收工程设计参考。

一、乙烷回收设计的关键问题

乙烷回收流程及制冷方式的选用直接决定乙烷回收装置的乙烷回收率、能耗水平和工程投资。

1. 乙烷回收流程的选用

乙烷回收流程与原料气压力、气质组成、外输压力、产品种类及回收率、处理规模等因素有关。流程选用的基本原则如下：

（1）对于处理规模小、原料气压力低（小于4MPa）、外输压力低的情况下，可选用GSP、GLSP 等流程。

（2）对于处理规模大、原料气为中高压（4～7MPa）、外输压力高的情况下，可选用 RSV 及其改进型、SRC、SRX 等流程。

（3）对于原料气压力高（大于 7MPa）、外输压力高的情况下，可选用 HPA 乙烷回收流程。

2. 制冷工艺选用

制冷工艺主要有膨胀机制冷、冷剂制冷（丙烷制冷、混合冷剂、复叠式制冷），制冷方式选用宜遵循以下原则：

（1）原料气气源稳定、有差压可利用时，制冷工艺宜采用膨胀机制冷，冷量不足时可采用冷剂制冷补充。当气源流量变化大、无差压可利用时，可选用冷剂制冷。

（2）对低压原料气（小于 4MPa），其增压压力与原料气气质贫富、外输压力、制冷工艺有关，可选用膨胀机制冷、冷剂制冷或两者联合制冷等。

（3）处理规模大、外输压力高、无差压可利用时，应采用多种制冷工艺进行技术经济对比，确定其制冷工艺。

3. 乙烷回收流程设计要求

乙烷回收流程由多个单元组成，工艺单元及设备较多，设计中应注意以下问题。

（1）基础数据调查与分析。

在设计乙烷回收流程时，应全面调查及分析乙烷回收所涉及的基础数据，应做到准确、全面。主要基础数据如下：

① 原料气的组成、流量、压力、温度及波动范围；

② 外输气压力、发热量及其他产品的技术要求。

（2）合理组织工艺流程，优化工艺方案。

① 以满足装置安全，减少投资及运行费用为原则，合理安排天然气预处理、脱除酸性气体、脱水等工艺。

② 依据设计基础数据，以满足乙烷回收率，降低系统能耗为原则，确定乙烷回收流程、制冷工艺及控制 CO_2 冻堵措施。

③ 充分利用冷热物流温位匹配、换热网络、余热利用等理论，各工艺单元做到冷热物流高度集成。

④ 工艺方案应对原料气组成及压力等参数波动具有较强的适应性，同时便于操作调节，有利于工艺改造；尽可能采用先进工艺流程及高效设备。

（3）优化设备操作参数，提高装置适应性。

① 操作条件需远离天然气的临界点。

② 依据原料气压力和外输压力，优化冷凝压力和脱甲烷塔、脱乙烷塔等关键设备压力。

③ 脱甲烷塔压力的确定需综合考虑乙烷回收率和装置的热集成。

④ 优化设备操作参数，合理选用设备类型和结构尺寸，提高装置操作参数的上下限和适应性。

二、乙烷回收工艺方案的实例研究

乙烷回收工艺方案的实例研究主要针对低压、中高压以及高压原料气进行乙烷回收方案研究，为乙烷回收工程设计提供技术参考。

1. 低压超富气乙烷回收方案

低压超富气主要来源于油田伴生气，其气质特性是乙烷及乙烷以上组分较多，GPM值大于5，凝液回收价值大。现对给定的低压超富气乙烷回收方案进行研究。其凝液产品方案为乙烷、液化石油气和稳定轻烃。

1) 设计基础数据

天然气处理规模：$100 \times 10^4 m^3/d$；

原料气进装置压力：0.3MPa；

原料气进装置温度：25℃；

外输气压力：大于1.6MPa；

乙烷回收率：不小于94%；

原料气组成见表7-26。

表 7-26　低压富气原料气组成

组分	N_2	CO_2	C_1	C_2	C_3	iC_4	nC_4
含量，%（摩尔分数）	2.03	1.00	74.63	10.31	5.61	1.18	2.12
组分	iC_5	nC_5	C_6	C_7	C_8	C_9	C_{10}
含量，%（摩尔分数）	0.67	1.26	0.60	0.35	0.17	0.05	0.02

LPG和稳定轻烃需满足相关的国家标准（见第一章），产品乙烷质量指标需满足表7-27的要求。

表 7-27　产品乙烷质量指标

项目	指标	项目	指标
C_1	≤1%（质量百分数）	丙烷及更重组分	≤2.5%（质量百分数）
C_2	≥95%（质量百分数）	CO_2	≤0.01%（摩尔百分比）

2) 工艺流程选用

原料气压力低（0.3MPa），原料气中乙烷及乙烷以上重组分摩尔含量为22.34%，气质较富，GPM值为6.56。其乙烷回收技术路线为原料气增压、分子筛脱水，制冷方式采用膨胀机制冷与丙烷制冷相结合的制冷方式。通过流程模拟分析，其乙烷回收流程宜采用GLSP流程，将乙烷回收装置分为乙烷回收单元和凝液分馏单元，乙烷回收单元由原料气增压脱水、预冷冷箱、主冷箱、膨胀机组等组成，原料气三级增压、分子筛脱水流程及外加丙烷制冷流程用框图表示，其乙烷回收单元流程图如图7-24所示，凝液分馏单元由脱乙烷塔、脱丁烷塔等设备组成，凝液分馏单元流程图如图3-28所示。

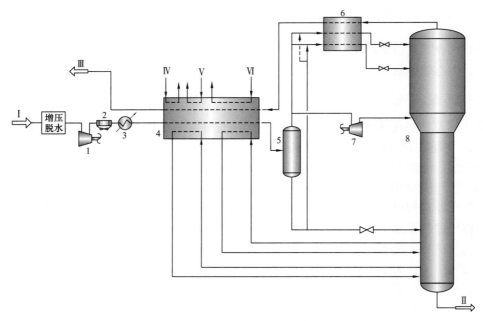

图 7-24　GLSP 流程乙烷回收单元流程

1—膨胀机组增压端；2—空冷器；3—水冷器；4—主冷箱；5—低温分离器；6—过冷冷箱；

7—膨胀机组膨胀端；8—脱甲烷塔；Ⅰ—原料气；Ⅱ—凝液；Ⅲ—外输气；

Ⅳ—高温液态丙烷；Ⅴ—脱乙烷塔顶低温乙烷产品；Ⅵ—丙烷冷剂

3）流程模拟及热集成方案

通过对流程模拟，确定原料气增压压力为 4.3MPa。乙烷回收流程采用丙烷制冷与膨胀机制冷的联合制冷工艺，丙烷制冷系统为脱乙烷塔顶提供 −14℃的温位，为主冷箱提供 −37℃的温位。根据外输压力要求高于 1.6MPa，将脱甲烷塔压力定为 1.9MPa。

热集成方案：流程中设置预冷冷箱和主冷箱，预冷冷箱的作用是预冷原料气和作脱甲烷塔重沸器，由原料气和增压后高温液态丙烷提供热量，外输气、脱乙烷塔塔顶低温乙烷产品及脱甲烷塔塔底抽出物流提供冷源；主冷箱由脱甲烷塔侧线抽出低温液烃、外输气和外加丙烷冷剂提供冷源。

预冷换热器的换热情况见表 7-28，流程的主要设计参数见表 7-29。

表 7-28　预冷冷箱换热情况

	换热物流	进口温度，℃	出口温度，℃	摩尔流量，kmol/h	换热负荷，kW
热流	原料气	40	10	1709	−1142
	热丙烷冷剂	40	19	527	−372
冷流	外输气	−9.5	36.3	1344	646
	粗乙烷产品	−2.8	30	170	111
	脱甲烷塔塔底抽出物流	6.6	21.5	548	757

表 7-29　低压富气乙烷回收工艺参数

参数	数值	参数	数值
前增压压力，MPa	4.3	脱乙烷塔压力，MPa	2.2
低温分离器温度，℃	−47	脱乙烷塔塔顶回流过冷温度，℃	−10
气相第一股进料分流比，%	16.53	丙烷制冷压缩机功率，kW	1162
气相第二股进料分流比，%	12.47	前增压压缩机能耗，kW	4837
低温分离器液相比例，%	40	总压缩功耗，kW	6000
脱甲烷塔压力，MPa	1.9	乙烷回收率，%	94
CO_2 冻堵裕量（塔板位置为1），℃	19.15	丙烷回收率，%	99.83

4）装置产品

本装置主要生产乙烷、液化石油气、稳定轻烃产品，脱出的气体作为外输气外输，产品详细情况见表 7-30。

表 7-30　装置产品组成及产量

项目		外输气	乙烷产品	液化石油气	稳定轻烃
压力，MPa		6.4	2.3	1.2	0.2
流量		$77.39 \times 10^4 m^3/d$	$9.67 \times 10 m^3/d$	182.4 t/d	73.97 t/d
组成，%（摩尔百分数）	N_2	2.60	0.92	0	0
	CO_2	0.07	96.83	0	0
	C_1	96.52	2.24	0	0
	C_2	0.79	0	1.89	0
	C_3	0.01	0	60.65	0.07
	iC_4	0	0	13.06	1.00
	nC_4	0	0	23.17	24.30
	C_{5+}	0	0	1.25	74.62
饱和蒸气压（37.8℃），kPa		—	—	945.1	98.25

5）能耗估算

装置能耗主要包括丙烷制冷、外输气压缩机、脱乙烷塔和脱丙丁烷塔的塔底重沸器负荷等，不包括分子筛脱水再生能耗。装置的能耗组成参见表 7-31，装置的综合能耗和单位综合能耗计算结果参见表 7-32。

表 7-31　装置主要能耗构成

项目		数值
电耗，kW	丙烷制冷压缩功率	1162
	原料气压缩功率	4837
	脱乙烷塔塔顶回流泵轴功率	1
	脱丁烷塔塔顶回流泵轴功率	2
	小计	6002
热消耗，kW	脱乙烷塔塔底热负荷	757
	脱丁烷塔塔底热负荷	1466
	小计	2223

表 7-32　装置综合能耗及单位综合能耗

项目	日消耗量		能量折算值		能耗，MJ/d
	单位	数值	单位	数值	
电	kW·h	144048	MJ/（kW·h）	11.84	1705528.32
循环水	t	1130	MJ/t	4.19	4734.70
导热油	MJ	192067.2	MJ/MJ	1.47	282338.78
综合能耗	1992601.80MJ/d				
单位能耗	19926.01MJ/10⁴m³ 天然气				

2. 中高压贫气乙烷回收方案

现对给定的中高压贫气乙烷回收方案进行研究。其凝液产品方案为乙烷、液化石油气和稳定轻烃。

1）设计基础数据

天然气处理规模：$1500 \times 10^4 m^3/d$；

脱水后原料气压力：5.9MPa；

脱水后原料气温度：25℃（夏季）/13℃（冬季）；

外输气压力：大于 6.4MPa；

乙烷回收率：95%；

原料气组成见表 7-33。

液化石油气和稳定轻烃需满足相关的国家标准（见第一章），产品乙烷质量指标需满足表 7-27 的要求。

表 7-33　中高压贫气原料气组成

组分	N₂	CO₂	C₁	C₂	C₃	iC₄
含量，%（摩尔百分数）	1.4301	0.903	89.2415	6.2903	1.3901	0.253
组分	nC₄	iC₅	nC₅	C₆	C₇	
含量，%（摩尔百分数）	0.267	0.079	0.061	0.046	0.039	

2）工艺流程选用

中高压贫气主要来源于凝析气田，原料气中乙烷及乙烷以上重组分摩尔含量为8.47%，GPM 值为 2.3，气质较贫，但处理规模大，凝液回收价值大。

乙烷回收装置由乙烷回收单元、凝液分馏单元组成。

依据原料气压力组成及外输压力要求，RSV、SRC 及 SRX 流程均适合此工况，因此对三种流程进行对比，通过初步模拟，制冷工艺采用丙烷制冷与膨胀机制冷相结合的联合制冷工艺。RSV、SRC 及 SRX 流程的乙烷回收单元分别如图 4-19、图 7-18、图 7-20 所示，凝液分馏单元流程如图 3-28 所示。

为对比 RSV、SRC 及 SRX 流程对该原料气工况条件的能耗，在保持相同乙烷回收率的情况下，对三种流程进行模拟，其模拟计算结果见表 7-34。

表 7-34　三种流程方案模拟结果

参数	RSV 流程	SRC 流程	SRX 流程
外输气回流分流比，%	12.5	—	16.3
低温分离器气相过冷分流比，%	18	18	—
低温分离器液相过冷分流比，%	50	40	72
低温分离器温度，℃	−53	−53	−55
侧线抽出量，kmol/h	—	2950	2870
脱甲烷塔最小 CO₂ 冻堵裕量，℃	7.9（5）	8.2（2）	7.2（2）
脱甲烷塔塔顶压力，MPa	2.6	2.5	2.6
侧线压缩机出口压力，MPa	—	4.5	—
脱乙烷塔压力，MPa	2.4	2.4	2.4
丙烷制冷压缩功率，kW	2223	2718	1908
外输压缩功率，kW	18658	17163	20035
侧线压缩机压缩功率，kW	—	717.885	—
总压缩功率，kW	20881	20598	21944
乙烷回收率，%	95	95	95
丙烷回收率，%	99.93	99.95	99.85

注：表中括号中的数值代表塔板位置。

比较表 7-34 中计算结果可知，三种流程方案均能达到乙烷回收率 95%。但 SRX 流程的总压缩功远高于 RSV 流程和 SRC 流程，故排除 SRX 流程方案。

在满足乙烷回收率要求的同时，SRC 流程所需压缩功最小，但 SRC 流程较 RSV 流程增加了一个小压缩机，增加了流程复杂性。故选用 RSV 流程对该原料气工况进行乙烷回收。

3）RSV 流程参数优化

影响乙烷回收率和能耗的因素很多，主要有外输气回流量、低温分离器温度 T_1、脱甲烷塔压力 P_1、外输气回流过冷温度 T、气相过冷比、液相过冷比等。

乙烷回收单元的能耗主要包括外输压缩功和制冷系统压缩功，参数优化时以总压缩功为目标函数，优化的目标函数为：

$$\min W_1 + W_2 \tag{7-1}$$

式中　W_1——外输压缩功率，kW；

　　　W_2——丙烷制冷系统压缩功率，kW。

乙烷回收率定义为：

$$r = \frac{M_1}{M_2} \tag{7-2}$$

式中　r——乙烷回收率，%；

　　　M_1——脱甲烷塔底混烃中的乙烷摩尔流量，kmol/h；

　　　M_2——原料气中的乙烷摩尔流量，kmol/h。

本文计算过程要求天然气乙烷回收率高于 95%，主冷箱板翅式换热器取最小传热温差为 3.5℃。

为便于装置运行和控制，要求外输气回流量不宜过大；塔的工作压力太高会导致过大的设备投资，影响甲烷和乙烷的分离效果，塔设备压力也不宜过高。通过流程模拟，确定了主要工艺参数的合理变化范围，并以此作为约束条件，列于表 7-35。

表 7-35　工艺参数的约束

工艺参数	约束条件
回收率 r，%	$r \geqslant 95$
夹点 Min.t，℃	Mint$\geqslant 3.5$
脱甲烷塔压力 P_1，MPa	$2.5 \leqslant P_1 \leqslant 3.0$
外输气回流比 R_1	$0.05 \leqslant R_1 \leqslant 0.2$
气相过冷比 R_2	$0.05 \leqslant R_2 \leqslant 0.25$
液相过冷比 R_3	$0 \leqslant R_3 \leqslant 0.9$
低温分离器温度 T_1，℃	$-45 \leqslant T_1 \leqslant -60$
外输气回流过冷温度 T_2，℃	$-85 \leqslant T_2 \leqslant -95$
低温分离气气相过冷温度 T_3，℃	$-85 \leqslant T_1 \leqslant -95$

乙烷回收流程的优化模型属于有约束的非线性优化问题。采用 HYSYS 中的优化模块中的 SQP 优化算法，其优化算法流程如图 7-25 所示。对冬季工况的参数进行优化，优化结果见表 7-36。

表 7-36　冬季参数优化结果

参数	数值	参数	数值
外输气出预冷换热器温度，℃	3.3	脱甲烷塔最小 CO_2 冻堵裕量，℃	9.3
外输气回流分流比，%	12	外输气压缩机功率，kW	19563
低温分离器气相分流比（过冷部分），%	19.4	丙烷制冷循环轴功率，kW	2338
低温分离器温度，℃	−53	总轴功，kW	21901
脱甲烷塔压力，MPa	2.6	乙烷收率，%	95.40
脱乙烷塔压力，MPa	2.4	丙烷收率，%	99.95

4）热集成方案

为保证装置对冬夏季原料气不同温度的适应性，冬季原料气温度为 13℃，脱甲烷塔重沸器温度为 9℃，单独利用原料气为重沸器供热，热负荷不足。

为降低系统能耗，作者提出了适应冬夏季原料气温度变化的乙烷回收热集成方案，其方案是在保留原始流程（图 7-6）中的主冷箱和过冷冷箱的基础上，进一步设置预冷冷箱，将脱甲烷塔塔底抽出物流引入预冷冷箱，其流程如图 7-26 所示，凝液分馏单元见图 3-28。

预冷冷箱的作用是预冷原料气、作为脱甲烷塔的塔底重沸器、适应原料气冬夏季变化保证进主冷箱物流温度稳定。主冷箱作用是实现原料气冷凝分离、脱甲烷塔进料过冷。预冷冷箱的热源包括外输气回流、原料气、制冷循环的高压液态热丙烷，冷源为外输气脱乙烷塔塔顶低温乙烷和脱甲烷塔底部抽出物流。现重点说明预冷冷箱中各冷热物流换热网络。

预冷冷箱冬夏季夹点基本不变（3.5℃），预冷冷箱的夹点受脱甲烷塔塔底抽出物流温度控制。流程整体的换热工况在 3℃位置被分为两部分，将比 3℃更低的温位换热设置为主冷箱。

依据图 7-26，构成的换热网络如图 7-27

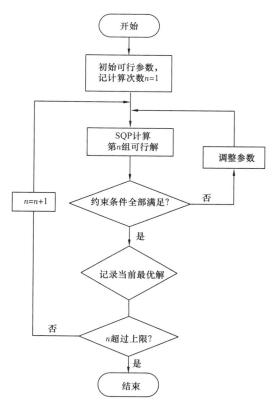

图 7-25　针对 RSV 流程的 SQP 算法框图

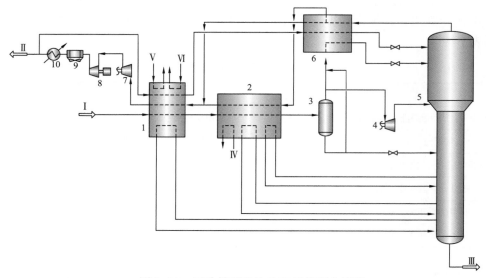

图 7-26　三冷箱配置的 RSV 乙烷回收流程

1—预冷冷箱；2—主冷箱；3—低温分离器；4—膨胀机组膨胀端；5—脱甲烷塔；6—过冷冷箱；

7—膨胀机组增压端；8—外输气压缩机；9—空冷器；10—水冷器；Ⅰ—脱水后原料气；Ⅱ—外输气；

Ⅲ—凝液；Ⅳ—丙烷冷剂；Ⅴ—高温液态丙烷；Ⅵ—脱乙烷塔塔顶低温乙烷产品

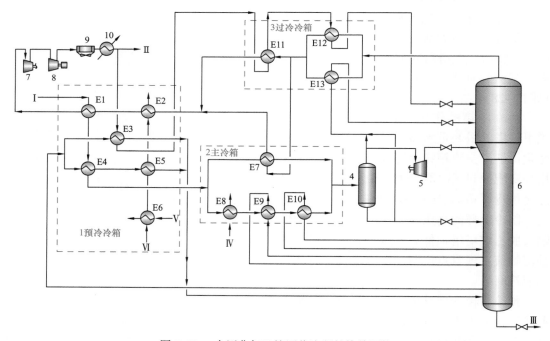

图 7-27　中压贫气乙烷回收流程的换热网络

1—预冷冷箱；2—主冷箱；3—过冷冷箱；4—低温分离器；5—膨胀机组膨胀端；6—脱甲烷塔；

7—膨胀机组增压端；8—外输气压缩机；9—空冷器；10—水冷器；E1～E10—换热器；Ⅰ—脱水后原料气；

Ⅱ—外输气；Ⅲ—凝液；Ⅳ—丙烷冷剂；Ⅴ—脱乙烷塔塔顶低温乙烷产品；Ⅵ—高温液态丙烷

所示。图7-27中将预冷冷箱、主冷量和过冷冷箱等价为多组换热器的串并联组合，模拟分析可知，为保证冬夏季主冷箱进出口物流不随原料气的温度变化而变化，需要对预冷冷箱进行合理的布置，图7-27中预冷冷箱中的E1换热器作为冬夏季的调节换热器，冬季最低温度下（13℃）其换热负荷为25kW，夏季最高温度下（25℃）换热负荷为4094kW。

在冬夏季两种工况下，原料气、外输气回流出预冷冷箱的温度均为3℃，高温热丙烷出预冷冷箱温度为5℃，外输气出预冷冷箱的温度随原料气温度变化而变化，冬夏季各物流进出预冷冷箱的温度及换热负荷见表7-37。

表7-37　冬夏季预冷冷箱冷热物流换热情况

物流名称			进口温度 ℃	出口温度 ℃	摩尔流量 kmol/h	换热负荷 kW
热流	原料气	冬季	13	3	25980	−3471
		夏季	25	3	1323	−7590
	热丙烷冷剂		40	3	1323	−1604
冷流	外输气	冬季	−0.50	3.75	27088	1274
		夏季	−0.50	17.98	27088	5393
	低温乙烷		−2.1	15	1737	647
脱甲烷塔塔底抽出物流			0.77	9.59	3753	4666

对比表7-37中冬夏两季的换热情况，可知随着原料气温度由13℃升至25℃，外输气出预冷冷箱温度由3.75℃升至18℃。外输气温度的上升使得外输气压缩机压缩功冬季到夏季增加了1331kW。

整个流程在主冷箱后的各物流不受冬夏季原料气温度变化的影响，后续流程操作平稳。故可将图7-27中的主冷箱和过冷冷箱进行集成，设置为一台多股流换热的主冷箱，得到图4-20所示的热集成方案。

此方案预冷冷箱合理布置流道后，冷箱能够适应冬夏季的换热要求。此热集成方案可以适应冬夏季原料气的温度变化，保证装置平稳运行。

冬夏季运行方案模拟结果见表7-38，分析表7-38可得，冬夏季原料气温度变化，仅外输气出预冷冷箱的温度发生了改变，其他工艺参数并未发生改变，有利于乙烷回收装置安全平稳运行。

5）装置产品

本装置主要生产乙烷、液化石油气、稳定轻烃产品，脱出的气体作为外输气外输，产品详细情况见表7-39。

表 7-38　冬夏季 RSV 流程主要参数对比

关键工艺参数		夏季工况	冬季工况
原料气	温度，℃	25	13
	压力，MPa	5.9	5.9
外输气出预冷换热器温度，℃		17.6	3.3
原料气进主换热器温度，℃		3	3
脱甲烷塔塔顶气出主换热器温度，℃		−0.5	−0.5
外输气回流分流比，%		12	12
低温分离器气相分流比（过冷部分），%		19.4	19.4
低温分离器温度，℃		−53	−53
膨胀机出口	压力，MPa	2.7	2.7
	温度，℃	−83.73	−83.73
脱甲烷塔	塔顶压力，MPa	2.6	2.6
	塔顶温度，℃	−99.0	−99.0
脱乙烷塔	塔顶压力，MPa	2.4	2.4
	塔顶回流温度，℃	−10	−10
脱甲烷塔最小 CO_2 冻堵裕量，℃		9.3	9.3
外输气压缩机功率，kW		20946	19563
丙烷制冷循环轴功率，kW		2338	2338
总轴功率，kW		23284	21901
乙烷收率，%		95.40%	95.40%

表 7-39　产品组成

参数		外输气	乙烷产品	液化石油气	稳定轻烃
压力，MPa		6.4	2.3	1.2	0.2
流量		$1365.25 \times 10^4 m^3/d$	$91.09 \times 10^4 m^3/d$	532.32t/d	132.8t/d
组成，%（摩尔百分数）	N_2	0	0	0	0
	CO_2	0	0	0	0
	C_1	97.09	0.84	0	0
	C_2	2.07	97.09	1.74	0
	C_3	0.01	2.07	72.59	0.01
	iC_4	0	0.01	1.37	1.85
	nC_4	0	0	1.19	18.74
	C_{5+}	0	0	0.02	79.40
饱和蒸气压（37.8℃），kPa		—	—	1071	139.3

6）能耗估算

装置能耗主要包括丙烷制冷、外输气压缩机、脱乙烷塔和脱丙丁烷塔的塔底重沸器负荷等，不包括分子筛脱水再生能耗。装置的能耗组成参见表 7-40，装置的综合能耗和单位综合能耗计算结果参见表 7-41。

表 7-40　装置主要能耗构成

项目		数值
电耗，kW	丙烷制冷压缩功率	2223
	外输压缩功率	18659
	脱乙烷塔塔顶回流泵轴功率	1
	脱丙烷塔、脱丁烷塔塔顶回流泵轴功率	8
	小计	20891
热消耗，kW	脱乙烷塔塔底热负荷	8681
	脱丁烷塔塔底热负荷	3515
	小计	12196

表 7-41　装置综合能耗及单位综合能耗

项目	日消耗量		能量折算值		能耗，MJ/d
	单位	数量	单位	数量	
电	kW·h	501384	MJ/（kW·h）	11.84	5936386.56
循环水	t	2736	MJ/t	4.19	11463.84
导热油	MJ	1053734.4	MJ/MJ	1.47	1053734.4
综合能耗	7001584.8MJ/d				
单位能耗	4667.7MJ/10^4m³ 天然气				

3. 中高压富气乙烷回收方案

现对给定的中高压富气乙烷回收方案进行研究。其凝液产品方案为乙烷、液化石油气和稳定轻烃。

1）设计基础参数

天然气处理规模：800×10^4m³/d；

脱水后原料气压力：5MPa；

脱水后原料气温度：30℃；

干气外输压力：5.2MPa；

乙烷回收率：94%；

原料气组成见表 7-42。

液化石油气和稳定轻烃需满足相关的国家标准（见第一章），产品乙烷需满足表 7-27 要求。

表 7-42　原料气气质组成

组分	N_2	CO_2	C_1	C_2	C_3	iC_4	nC_4
含量,%（摩尔百分数）	1.04	0.1	88.89	4.84	2.59	0.95	0.82
组分	iC_5	nC_5	C_6	C_7	C_8	C_9	C_{10}
含量,%（摩尔百分数）	0.26	0.2501	0.16	0.05	0.03	0.01	0.01

2）工艺选用

中压富气主要来源于凝析气田，其气质特性是乙烷及乙烷以上组分的摩尔含量为 9.97%，GPM 值在 2.87。通过流程模拟，其乙烷回收选用 RSV 流程，制冷工艺选用丙烷制冷与膨胀机制冷相结合的联合制冷工艺。对流程进行模拟可知，该流程脱甲烷塔塔底温度较高（35.15℃），原料气作为脱甲烷塔塔底重沸器热源困难，无法进行热集成。本技术方案重点研究脱甲烷塔重沸器热集成方案。

3）热集成方案

利用 Aspen HYSYS 模拟研究了不同脱甲烷塔压力下，重沸器的温度与脱甲烷塔压力的关系，其结果绘制如图 7-28 所示。由图 7-28 分析可知：为达到分离效果，在较高的塔压力下，原料气不能提供足够高的温位的热量；若要将原料气与脱甲烷塔塔底重沸器热集成，则需要降低塔压至 2.1MPa，将导致系统冷量过剩，外输气需要的压缩功提高。通过模拟计算，选用脱甲烷塔压力为 2.5MPa，塔底温度为 35.2℃。

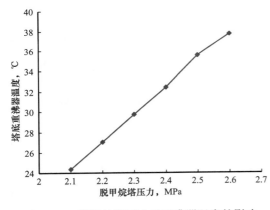

图 7-28　脱甲烷塔压力对重沸器温度的影响

设置预冷冷箱和主冷箱，预冷冷箱的作用是预冷原料气，同时作为脱甲烷塔塔底重沸器；主冷箱作用是实现原料气冷凝分离、脱甲烷塔进料过冷。

原料气的温度略低于脱甲烷塔重沸器所需的加热后温度，不能提供所需温位的热量，且仅靠外输气回流仍不能提供足够的高温位热量。为充分利用系统余热，减少脱甲烷塔对外加热源的需求，将水冷后的外输气热量补充至预冷冷箱进行换热，可将其热量进行充分利用。

预冷冷箱的热源由原料气（30℃）、丙烷制冷循环的高压热丙烷（40℃）、外输气回流（40℃）和增压冷却后的外输气（40℃）组成，冷量由外输气、脱乙烷塔塔顶低温乙烷及脱甲烷塔塔底抽出物流提供。其热集成方案如图 7-29 所示，凝液分馏单元见图 3-28。

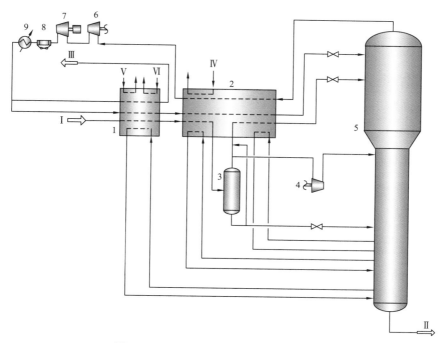

图 7-29 中压富气 RSV 流程热集成方案

1—预冷冷箱；2—主冷箱；3—低温分离器；4—透平膨胀机膨胀端；5—脱甲烷塔；
6—透平膨胀机压缩端；7—外输气压缩机；8—空冷器；9—水冷器；
Ⅰ—脱水后原料气；Ⅱ—凝液；Ⅲ—外输气；Ⅳ—丙烷冷剂；
Ⅴ—高温液态丙烷；Ⅵ—脱乙烷塔塔顶低温乙烷产品

流程中预冷冷箱的换热情况见表 7-43。分析表 7-43 中的换热情况可知，流程中脱甲烷塔重沸器的热负荷为 2557kW，占据了预冷冷箱换热负荷 86%。不同于常规的集成方法，预冷冷箱的主要热源由外输气提供，其热负荷为 1526kW，占总换热负荷的 51%，原料气由于温位的限制，仅提供了很少部分热量，其热负荷为 542kW，占总换热负荷的 19%。预冷冷箱夹点流程合理优化后的工艺参数见表 7-44。

表 7-43 预冷冷箱冷热物流换热情况

物流名称		进口温度，℃	出口温度，℃	摩尔流量，kmol/h	换热负荷，kW
热流	原料气	30	27	13901	−542
	热丙烷冷剂	40	30.7	649	−305
	外输气回流	40	27	2041	−606
	外输气	40	29.4	12539	−1526
冷流	低温乙烷	−2.7	30.0	649	422
	脱甲烷塔塔底抽出物流	22.7	35.2	2043	2557

表7-44　中压富气乙烷回收流程优化后的工艺参数

参数	数值	参数	数值
外输气回流分流比，%	14	脱乙烷塔塔顶压力，MPa	2.2
外输气进预冷换热器分流比，%	65	丙烷制冷压缩功率，kW	3242
低温分离器气相过冷分流比，%	16.16	外输压缩功率，kW	8745
低温分离器液相分流比，%	55	总轴功率，kW	11987
低温分离器温度，℃	-50	乙烷回收率，%	94
脱甲烷塔塔顶压力，MPa	2.5	丙烷回收率，%	99.99
脱甲烷塔塔底重沸器温度，℃	35.15		

4）装置产品

本装置主要生产乙烷、液化石油气、稳定轻烃产品，脱出的气体作为外输气外输，产品详细情况见表7-45。

表7-45　产品组成及产量

参数		外输气	乙烷产品	液化石油气	稳定轻烃
压力，MPa		5.1	2.2	1.2	0.2
流量		$722.22 \times 10^4 m^3/d$	$36.79 \times 10^4 m^3/d$	696.48 t/d	223.87 t/d
组成，%（摩尔百分数）	N_2	1.12	0	0	0
	CO_2	0.07	0	0	0
	C_1	98.46	0.90	0	0
	C_2	0.32	94.73	1.81	0
	C_3	0.01	2.36	59.17	0.01
	iC_4	0	0.01	21.63	3.50
	nC_4	0	0	15.71	17.31
	C_{5+}	0	0	1.67	79.17
饱和蒸气压（37.8℃），kPa		—	—	942.1	141.1

5）能耗估算

装置能耗主要包括丙烷制冷、外输气压缩机、脱乙烷塔和脱丙烷塔、脱丁烷塔的塔底重沸器负荷等，不包括分子筛脱水再生能耗。装置的能耗组成参见表7-46，装置的综合能耗及单位综合能耗计算结果参见表7-47。

表 7-46　装置主要能耗构成

项目		数值
电耗，kW	丙烷制冷压缩功率	3242
	外输压缩功率	8745
	脱乙烷塔塔顶回流泵轴功率	5
	脱丙烷塔、脱丁烷塔塔顶回流泵轴功率	8
	小计	12000
热消耗，kW	脱乙烷塔塔底热负荷	3634
	脱丁烷塔塔底热负荷	4998
	小计	8632

表 7-47　装置综合能耗及单位综合能耗

项目	日消耗量		能量折算值		能耗，MJ/d
	单位	数量	单位	数量	
电	kW·h	288000	MJ/（kW·h）	11.84	3409920
循环水	t	2942.4	MJ/t	4.19	12328.656
导热油	MJ	745804.8	MJ/MJ	1.47	745804.8
综合能耗	4168053.5 MJ/d				
单位能耗	5210.07MJ/10^4m³ 天然气				

4. 高压富气乙烷回收方案

现对给定的高压富气乙烷回收方案进行研究。其凝液产品方案为乙烷、液化石油气和稳定轻烃。

1）设计基础数据

天然气处理规模：1000×10^4m³/d；

脱水后原料气压力：9MPa；

脱水后原料气温度：40℃；

外输气压力：大于 6.2MPa；

乙烷回收率：95%；

原料气组成见表 7-48。

液化石油气和稳定轻烃需满足相关的国家标准（见第一章），产品乙烷按表 7-27 要求。

表 7-48　原料气组成

组分	N_2	CO_2	C_1	C_2	C_3	iC_4	nC_4
含量,%（摩尔分数）	1.0210	0.3504	88.2883	7.4074	1.5015	0.3003	0.3103
组分	iC_5	nC_5	C_6	C_7	C_8	C_9	C_{10}
含量,%（摩尔分数）	0.1301	0.0901	0.1502	0.2002	0.1802	0.0500	0.0200

2）工艺选用

此乙烷回收原料气最鲜明的特点是原料气压力超过 7MPa、外输气压力为 6.2MPa。通过流程模拟,其乙烷回收流程采用 HPA 流程,制冷工艺选用膨胀机制冷和外加丙烷制冷的联合制冷工艺。

3）塔压力优化

脱甲烷塔压力决定了脱甲烷塔塔顶重沸器的温度,为保证原料气（40℃）可以作为脱甲烷塔塔底的热源,需要合理控制脱甲烷塔塔底压力,初步模拟表明,当脱甲烷塔压力高于 3MPa 后,塔底温度已超过 35℃,原料气没有足够的换热温差,因此本例的脱甲烷塔压力不宜高于 3MPa。

通过模拟对比,选择脱甲烷塔压力为 2.7MPa,塔底重沸器温度为 28.0℃,保证原料气与脱甲烷塔重沸器具有足够的温差,比较几组脱甲烷塔压力,当吸收塔压力为 3.5MPa时,系统能耗低,流程各参数合理。

4）装置热集成

高压富气乙烷回收方案 HPA 流程如图 7-30 所示,凝液分馏单元如图 3-28 所示,原料气温度较高,可利用高温原料气为脱甲烷塔塔底重沸器供热;原料气温度不受季节影响,不单独设置预冷冷箱。

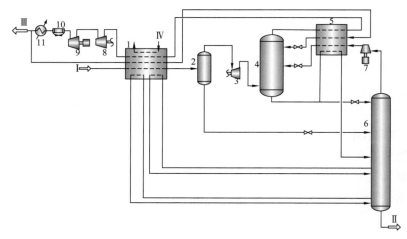

图 7-30　高压富气乙烷回收方案 HPA 流程图

1—主冷箱;2—低温分离器;3—膨胀机组膨胀端;4—高压吸收塔;5—过冷冷箱;6—脱甲烷塔;
7—脱甲烷塔塔顶压缩机;8—膨胀机组增压端;9—外输气压缩机;10—空冷器;11—水冷器;
Ⅰ—脱水后原料气;Ⅱ—凝液;Ⅲ—外输气;Ⅳ—丙烷冷剂

　　主冷箱中的热源包括原料气、外输回流气、高压热丙烷，冷源包括吸收塔塔顶气、脱甲烷塔侧线抽出、脱甲烷塔抽出。主冷箱热集成度高，既起到了预冷原料气的作用，又是脱甲烷塔的侧线重沸器和塔底重沸器。

　　过冷冷箱主要为吸收塔中部和上部进料提供冷量，其热源主要为外输气回流和增压后的脱甲烷塔塔顶气，冷量主要由吸收塔顶气提供，同时吸收塔塔底液相部分分流先经过过冷冷箱复热，为过冷冷箱提供冷量，复热后的气液混合相进入脱甲烷塔中部，为脱甲烷塔提供了部分热量，其效果和侧线重沸器类似。

　　根据热集成形式进一步优化的操作参数见表7-49。

表7-49　高压富气 HPA 乙烷回收工艺参数

项目	参数	项目	参数
原料气压力，MPa	9	丙烷制冷压缩机功率，kW	1764
低温分离器温度，℃	−39	脱甲烷塔塔顶增压功率，kW	1460
外输气回流比，%（摩尔分数）	9	外输气压缩机能耗，kW	7164
低温分离器液相进入冷箱分流比，%（摩尔分数）	20	膨胀机输出功率，kW	3102
吸收塔压力，MPa	3.5	总压缩功耗，kW	10389
脱甲烷塔塔压，MPa	2.7	乙烷回收率，%	95
回流过冷冷箱出口温度，℃	−84	丙烷回收率，%	99.89
脱甲烷塔塔顶压缩机出口压力，MPa	4.8		

5）装置产品

　　该装置主要生产乙烷、液化石油气、稳定轻烃产品，脱出的气体作为外输气外输，产品详细情况见表7-50。

表7-50　产品详细情况

项目		外输气	乙烷产品	液化石油气	稳定轻烃
压力，MPa		6.2	2.35	1.2	0.2
流量		$899.03 \times 10^4 m^3/d$	$73.27 \times 10^4 m^3/d$	298.56t/d	349.2t/d
组成，%（摩尔分数）	N_2	1.14	0	0	0
	CO_2	0.14	0	0	0
	C_1	98.30	0.73	0	0
	C_2	0.42	94.21	1.67	0
	C_3	0	5.05	77.94	3.18
	iC_4	0	0.01	10.76	12.77
	nC_4	0	0	8.47	17.11
	C_{5+}	0	0	1.16	66.94
饱和蒸气压（37.8℃），kPa		—	—	1117	177.3

6）能耗估算

乙烷回收装置的主要耗能设备包括丙烷制冷单元压缩机、外输气压缩机、脱乙烷塔和脱丙丁烷塔的塔顶回流泵和塔底重沸器。依据《气田地面工程设计节能技术规范》，计算装置能耗，装置的能耗组成参见表7-51，装置的综合能耗及单位综合能耗计算结果参见表7-52。

表 7-51　装置主要能耗构成

项目		数值
电耗，kW	丙烷制冷压缩功率	1772
	脱甲烷塔塔顶压缩机功率	1447
	外输压缩功率	7052
	脱乙烷塔塔顶回流泵轴功率	4
	脱丙烷塔、脱丁烷塔塔顶回流泵轴功率	4
	小计	10279
热消耗，kW	脱乙烷塔塔底热负荷	6325
	脱丁烷塔塔底热负荷	1688
	小计	8013

表 7-52　装置综合能耗及单位综合能耗

项目	日消耗量		能量折算值		能耗，MJ/d
	单位	数量	单位	数量	
电	kW·h	246696	MJ/（kW·h）	11.84	2920880.64
循环水	t	1956	MJ/t	4.19	8195.64
导热油	MJ	692323.2	MJ/MJ	1.47	692323.2
综合能耗	3621399.48MJ/d				
单位能耗	3621.4MJ/10⁴m³ 天然气				

三、乙烷回收工程实例

近年来随着提质增效工作的开展，对回收天然气中的乙烷得到重视，已有大型乙烷回收装置在设计建设阶段，但由于国内乙烷回收工艺起步晚，目前已建的装置主要采用的LSP流程，目前在役的乙烷回收装置不多，本节主要对3套典型乙烷回收装置进行介绍。

1. 中原油田第四气体处理厂

1）装置概括

中原四厂的天然气凝液回收装置是在消化、吸收国外先进工艺的基础上，对工艺流程和自动控制系统进行了优化选择后而设计完成的，是国内第一套自行设计的大型乙烷回收装置，设计乙烷收率在 85% 以上[30]。基础数据如下：

原料气处理规模：$100 \times 10^4 m^3/d$（弹性操作范围为 70%～100%）；

原料气进装置压力：0.65MPa；

原料气进装置温度：32℃；

原料气组成见表 7-53。

表 7-53　原料气组成

组分	N_2	CO_2	C_1	C_2	C_3	iC_4	nC_4
含量，%（质量分数）	0.6546	1.2588	79.718	8.3484	5.0957	1.0675	2.0745
组分	iC_5	nC_5	C_6	C_7	C_8	C_9	C_{10}
含量，%（质量分数）	0.6546	0.3827	0.3323	0.2618	0.1208	0.0201	0.0101

2）工艺流程

全厂的主要工艺装置包括增压脱水单元、凝液回收单元、凝液分馏单元、丙烷制冷单元，增压单元采用燃气轮机驱动压缩机增压原料气至 3.5MPa，再经膨胀机组同轴增压至 4.5MPa 进入分子筛脱水塔。

凝液回收单元采用了技术成熟的 LSP 工艺，其流程如图 7-31 所示，制冷工艺采用膨胀机制冷和外加丙烷联合制冷工艺，利用冷箱回收外输气冷量，低温分离器温度为 -60℃，分离出的气相经换热升温后进入膨胀机膨胀至 1.45MPa，温度降至 -85℃进入脱甲烷塔中上部，塔底液相经冷箱过冷后进入脱甲烷塔顶部。脱甲烷塔设计压力 1.45MPa，塔顶设计温度 -102℃，脱甲烷塔底凝液通过增压、冷箱复热后进入脱乙烷塔，脱乙烷塔设计压力为 2.7MPa，塔顶设计温度为 -5℃，塔底设计温度为 95℃，脱乙烷塔塔顶为全凝器，回流罐液相部分做回流，部分为液态的乙烷产品，塔底液烃进一步进入脱丙烷塔。脱丙烷塔设计压力为 1.6MPa，塔顶设计温度为 -46℃，塔底设计温度为 108℃，塔顶气相经空冷至 40℃进回流罐冷凝后部分作为脱丙烷塔顶回流，其余作为液相丙烷产品采出，塔底液相进入脱丁烷塔中部，在脱丁烷塔（压力 0.5MPa）中进一步分馏生产塔顶丁烷和塔顶凝析油。

液态的乙烷产品直接通过泵增压后外输，丙烷产品、丁烷产品及凝析油产品均输入中间罐储存。

3）产品指标

装置生产乙烷、丙烷、丁烷及凝析油，其设计产量及质量指标参见表 7-54。

表 7-54　凝液产品产量及组成

产品	压力，MPa	设计产量	质量指标（摩尔分数）
外输天然气	>1.4	$83.6 \times 10^4 m^3/d$	二类天然气
乙烷	>6.0	65t/d	$C_1 < 2.2\%$，$C_{3+} < 2.5\%$
丙烷	>2.1	67t/d	$C_2 < 1.5\%$，$C_3 > 95$，$C_{4+} < 2.5\%$
丁烷	>1.2	62t/d	$C_3 < 2.5\%$，$C_4 > 95.0\%$，$C_{5+} < 2.0\%$
凝析油	>0.6	66t/d	$C_4 < 1.0\%$

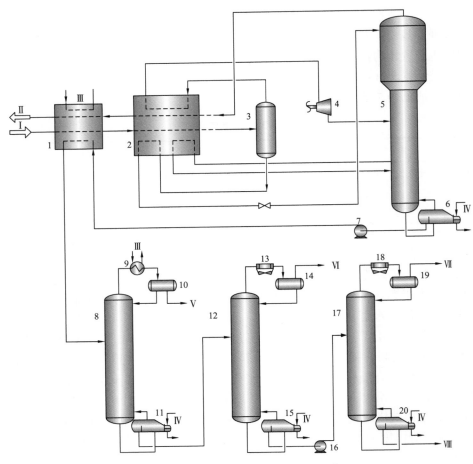

图 7-31　中原四厂乙烷回收流程图

1—预冷冷箱；2—主冷箱；3—低温分离器；4—膨胀机组膨胀端；5—脱甲烷塔；6，11，15，20—重沸器；7，16—泵；
8—脱乙烷塔；9，13，18—塔顶冷凝器；10，14，19—回流罐；12—脱丙烷塔；17—脱丁烷塔；Ⅰ—脱水后原料气；
Ⅱ—外输气；Ⅲ—丙烷冷剂；Ⅳ—导热油；Ⅴ—乙烷产品（液态）；Ⅵ—丙烷产品；Ⅶ—丁烷产品；Ⅷ—凝析油

4）工艺流程特点

（1）采用 LSP 工艺，提高 CO_2 冻堵裕量，乙烷回收率 85% 的条件下，较常规膨胀机制冷工艺可节约能耗 20%。

（2）制冷部分根据工艺所需制冷介质品位的不同，采用了三级压缩、三级节流的制冷工艺技术，比一级压缩相比可节能 249kW，节能效果明显。

（3）设计中采用燃气轮机烟气余热回收工艺技术，可从烟气余热中回收 5500 kW 能量，节省了加热炉和燃料，燃气轮机单机效率从 23.4% 提高到综合热效率 56.7%。

2. 辽河油田天然气凝液回收装置

1）装置概况

辽河油田于 1987 年建成一套 $200 \times 10^4 m^3/d$ 的乙烷回收工艺装置，随着油田产量的下降，已不能满足实际产量需求，2010 年新建一套 $100 \times 10^4 m^3/d$ 的乙烷回收装置[18]，其设计基础参数如下：

原料气处理规模：$100 \times 10^4 m^3/d$（弹性操作范围为 $70\% \sim 100\%$）；

原料气进装置压力：0.125MPa；

原料气进装置温度：$6 \sim 22$℃；

外输气压力：0.61MPa；

原料气组成见表7-55。

表 7-55　原料气组成

组分	N_2	CO_2	C_1	C_2	C_3	iC_4
含量，%（摩尔分数）	0.84	0.31	86.82	5.48	323	0.86
组分	nC_4	iC_5	nC_5	C_6	C_7	C_8
含量，%（摩尔分数）	1.16	0.4	0.34	0.29	0.18	0.09

2）工艺流程

此装置包含增压脱水单元、凝液回收单元及凝液分馏单元，生产的凝液产品包括乙烷、丙烷、丁烷及稳定轻烃，其流程如图7-32所示。

原料气先经过三级增压，分子筛脱水及水冷后进入凝液回收单元，再经过膨胀机增压端前增压至4.1MPa，空冷、水冷至40℃，分为两股分别进入冷箱Ⅰ和冷箱Ⅱ，一部分天然气进入冷箱Ⅰ回收低温外输气冷量，同时经丙烷辅助制冷冷却至 -35℃，另一部分天然气进入冷箱Ⅱ回收低温液烃冷量，然后两股天然气混合进入冷箱Ⅲ冷却至 -55℃，进入低温分离器。低温分离器分离出的气相由膨胀机膨胀至0.63MPa，-114℃进入脱甲烷塔中上部，液相则经冷箱Ⅲ过冷后节流至0.63MPa，-114.3℃进入脱甲烷塔顶部。

脱甲烷塔的液相经低温泵增压至2.3MPa，再经冷箱Ⅱ回收部分冷量后进入脱乙烷塔，脱乙烷塔塔顶气经丙烷制冷系统和天然气—乙烷换热器后在1.25MPa、19℃外输。液相依次经过脱丙烷塔和脱丁烷塔分馏生产丙烷、丁烷及凝析油，脱丙烷塔压力为1.82MPa，脱丁烷塔压力为0.5MPa。

3）产品指标

装置生产乙烷、丙烷、丁烷及凝析油，其设计产量及质量指标参见表7-56。

表 7-56　产品产量及质量指标

产品名称	生产能力	产品要求
天然气	$2.909 \times 10^8 m^3/a$	GB 17820—2018《天然气》
乙烷	$1.857 \times 10^4 t/a$	协议规范
丙烷	$2.666 \times 10^4 t/a$	GB 11174—2011《液化石油气》
丁烷	$1.4639 \times 10^4 t/a$	GB 11174—2011《液化石油气》
稳定轻烃	$0.8385 \times 10^4 t/a$	GB 9053—2013《稳定轻烃》

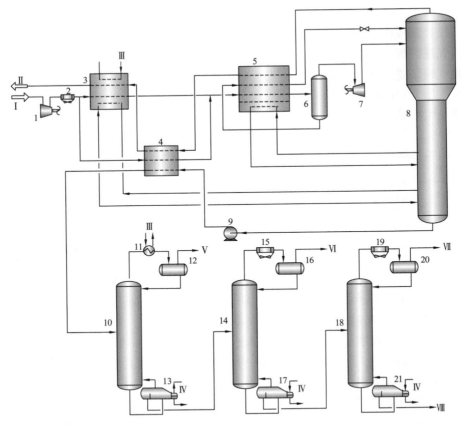

图 7-32 辽河油田乙烷回收流程图

1—膨胀机组增压端；2—空冷器；3—冷箱Ⅰ；4—冷箱Ⅱ；5—冷箱Ⅲ；6—低温分离器；7—膨胀机膨胀端；
8—脱甲烷塔；9—脱乙烷塔进料泵；10—脱乙烷塔；11，15，19—塔顶冷凝器；12，16，20—回流罐；
14—脱丙烷塔；18—脱丁烷塔；13，17，21—重沸器；Ⅰ—脱水后原料气；Ⅱ—外输气；Ⅲ—丙烷冷剂；
Ⅳ—导热油；Ⅴ—乙烷产品；Ⅵ—丙烷产品；Ⅶ—丁烷产品；Ⅷ—稳定轻烃

4）工艺流程特点

（1）对天然气进行深度处理，制冷最低温度达 –114℃，回收乙烷回以上轻烃，乙烷回收率达 85%；

（2）采用丙烷辅助制冷系统，增强装置对组分波动的适应性，相对于液氨制冷，避免装置氨系统的腐蚀问题；

（3）脱水单元利用原料气压缩机三级增压，增加装置运行的平稳性，取消再生气分离器，减少了投资；

（4）丙烷制冷循环采用压缩产生两个温位，–18℃用作脱乙烷塔塔顶冷却介质，–38℃用作冷箱外冷。根据温位匹配设置 3 个冷箱，分别回收不同温位的冷量，同时省去了塔底重沸器。

3. 复叠式制冷乙烷回收装置

美国弗吉尼亚州的 Hastings 建立了一座以丙烷、乙烯为冷剂的复叠式制冷油田伴生气乙烷回收装置[32]。

1）工艺装置

该装置建设投资为 1400 万美元，处理量为 $430 \times 10^4 \text{m}^3/\text{d}$。装置生产的产品多样，包括乙烷、丙烷、正丁烷、异丁烷和稳定轻烃，另外此处理厂还设置了一个凝析油分馏塔，用于处理管道中间歇排放液烃，年生产稳定轻烃。

乙烷回收率控制在 87% 以下，保证乙烷回收装置得到的外输气高位发热量在 37MJ/m^3 以上。此装置还采用燃气透平作为制冷压缩机组的动力输入，透平容量为 14710kW，燃烧后的废气用于加热导热油，实现能量的充分利用。

2）工艺流程

该装置包括分子式脱水单元、过滤器除尘、氯化铜脱硫和分子筛脱二氧化碳，为获得多种高纯度的产品，共设置 6 个精馏塔。

凝液回收单元工艺流程如图 7-33 所示，油田气经增压后进入脱水单元，脱水后的油

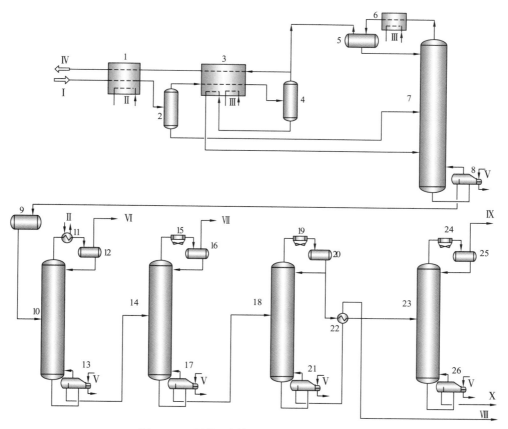

图 7-33　丙烷乙烯复叠式乙烷回收工艺流程

1—主冷箱；2—预冷分离器；3—主冷箱；4—低温分离器；5，12，16，20，25—回流罐；6—过冷冷箱；7—脱甲烷塔；
8，13，17，21，26—重沸器；9—凝液缓冲罐；10—脱乙烷塔；11，16，20，25—塔顶冷凝器；14—脱丙烷塔；18—脱丁烷塔；
23—正异丁烷分馏塔；Ⅰ—脱水后原料气；Ⅱ—丙烷制冷剂；Ⅲ—乙烯制冷剂；Ⅳ—外输气；Ⅴ—导热油；
Ⅵ—乙烷产品去脱碳单元；Ⅶ—丙烷产品；Ⅷ—凝析油；Ⅸ—异丁烷产品去脱硫；Ⅹ—正丁烷产品去脱硫

田气通过冷箱Ⅰ与低温外输气、丙烷冷剂Ⅱ换热，温度降至–37℃，冷凝出约一半的可冷凝液烃。该液烃经预冷分离器分离，直接进入脱甲烷塔中部；自预冷分离器分离出的气相经冷箱Ⅱ与低温外输气、低温凝液、乙烯冷剂Ⅲ进一步降温至–96℃，又有大量较重烃类冷凝成液，再经低温分离器分离，底部凝液经冷箱Ⅱ换热后作为脱甲烷塔中部第二股进料。从低温分离器出来的气相与脱甲烷塔塔顶气相混合（甲烷摩尔分数大于95%），经冷箱Ⅱ、冷箱Ⅰ升至常温后外输。

生产出的凝液通过脱乙烷塔、脱丙烷塔、脱丁烷塔和丁烷正异构分馏塔顺序精馏分离，生产乙烷、丙烷、异丁烷、正丁烷、稳定轻烃等产品。

3）产品指标

乙烷、丙烷、异丁烷、正丁烷、稳定轻烃等产品，产量及质量指标参见表7–57。

表7–57 产品产量及质量指标

产品名称	生产能力	产品要求
乙烷	16×10^4t/a	$C_2 > 96.8\%$
丙烷	24×10^4t/a	$C_3 > 96.0\%$
正丁烷	7×10^4t/a	$nC_4 > 96.5\%$
异丁烷	3×10^4t/a	$iC_4 > 95.0\%$

4）工艺流程特点

（1）将脱甲烷塔塔顶气相进行过冷分离，分离出的凝液含有大量乙烷及以上组分作为塔顶进料，根据气液平衡原理，能够提高乙烷回收率；每个精馏塔都是采用中间进料回流、顶部回流、底部重沸的完全塔；上部精馏段、下部提馏段都进行较稳定的传质和传热过程，使各个组分都得到较充分的分离；

（2）该装置采用透平膨胀机组作为原料气压缩机；冷却、冷凝根据冷位的要求分别采用空气和丙烷、乙烯两种冷剂；设置单股侧重沸器，不仅可提高生产效率，且能耗也有所降低。

参 考 文 献

［1］MICHAEL C, KYLE T, JOE T, et al. 5th Generation NGL/LNG Recovery Technologies for Retrofits［C］. Midland, Texas：GPA, 2017.

［2］蒋洪，朱聪，练章华. 提高轻烃回收装置液烃收率［J］. 油气田地面工程，2001，20（2）：26-27.

［3］周焱亮，柴兴军，李尧. 探讨天然气轻烃回收工艺［J］. 石化技术，2018，25（12）：305.

［4］MAK J. Cryogenic Process Utilizing High Pressure Absorber Column：US20080202162［P］. 2008-8-28.

［5］蒋洪，蔡棋成. 高压天然气乙烷回收高效流程［J］. 石油与天然气化工，2017，46（2）：6-11，21.

［6］BAI L, CHEN R, YAO J, et al. Rretrofit for NGL Recovery Performance Using A Novel Stripping Gas Refrigeration Scheme［C］. Texas：85th Annual Gas Processors Association Convention, 2006.

［7］许多，霍贤伟，陈利，等. 汽提气制冷天然气液烃回收新工艺［J］. 天然气与石油，2010，28（5）：

27–29.

［8］FOGLIETTA J, HADDAD H, MOWREY E, et al. Cryogenic Process Utilizing High Pressure Absorber Column：US6712880［P］. 2004–03–30.

［9］ROSS M, JORGE H. Efficient, High Recovery of Liquids From Natural Gas Utilizing A High Pressure Absorber［C］.Dallas, Texas：GPA, 2012.

［10］王勇, 王文武, 呼延念超, 等.油田伴生气乙烷回收HYSYS计算模型研究［J］.石油与天然气化工, 2011, 40（3）：217, 236–239.

［11］邱矿武.油田伴生气回收装置现状和分析［J］.中国石油和化工标准与质量, 2016, 36（24）：97–98.

［12］JIANG H, ZHANG S, JING J, et al. Thermodynamic and Economic Analysis of Ethane Recovery Processes Based on Rich Gas［J］. Applied Thermal Engineering, 2019：105–119.

［13］汤林.油气田地面工程关键技术［M］.北京：石油工业出版社, 2014.

［14］于海迎.油田气深冷技术在大庆油田的应用［J］.油气田地面工程, 2008, 27（5）：3–4.

［15］向红一, 张长宝, 杨鹏飞, 等.萨南深冷装置问题分析及改造建议［J］.石油石化节能, 2011,1（5）：33–34, 54.

［16］孙胜勇, 李玉军.南八深冷装置分子筛脱水系统优化运行措施［J］.天然气与石油, 2017, 35（3）：30–35.

［17］KHERBECK L, CHEBBI R. Optimizing Ethane Recovery in Turboexpander Processes［J］. Journal of Industrial and Engineering Chemistry, 2015, 21（21）：292–297.

［18］ROY E, JOHN D, Hank M. Hydrocarbon Gas Processing：US5568737［P］. 1996–10–29.

［19］王宇, 陈小榆, 蒋洪, 等.RSV乙烷回收工艺技术研究［J］.现代化工, 2018, 38（2）：181–184.

［20］PITMAN R,HUDSON H,WILKINSON J,et al. Next Generation Processes for NGL/LPG Recovery［C］. Dallas, Texas：GPA, 1998.

［21］ROY E, JOHN D, Hank M. Hydrocarbon Gas Processing：US5881569［P］. 1999–04–16.

［22］蒋洪, 何愈歆, 杨波, 等.天然气凝液回收工艺RSV流程的模拟与分析［J］.天然气化工（C1化学与化工）, 2012, 37（2）：65–68, 78.

［23］HENRI P. Process and Installation for Separation of a Gas Mixture Containing Methane by Distillation：US6578379B2. 2003–06–15.

［24］KYLE T, TONY L, JOHN D, et al. Hydrocarbon Gas Processing：US0078205A1［P］.2008–01–03.

［25］蔡棋成, 蒋洪.天然气乙烷回收工艺SRC流程特性分析［J］.天然气化工（C1化学与化工）, 2017, 42（3）：73–77.

［26］RICHARD N, JOHN D, JOE T, et al. Hydrocarbon Gas Processing：US9080810B2［P］. 2015–07–14.

［27］BAI L, CHENR, YAO J, et al.Retrofit for Ngl Recovery Performance Using a Novel Stripping Gas Refrigeration Scheme［C］.Dallas, TEXAS：GPA, 2006.

［28］ADRIAN J, GRANT L. Hydrocarbon Separation Process and Apparatus：US 6363774［P］. 2002–04–02.

［29］HENRI P. Method and Installation For Procucing Treated Narutal Gas, AC_{3+} Hydrocarbon Cut And Ethane Rich Stream：US7458232B2［P］. 2008–09–02.

［30］王修康，张辉，颜世润，等．具有先进深冷工艺技术的大型 NGL 回收装置［J］.天然气工业，2003（6）：186-187，133-135.

［31］王荧光．辽河油田 100 万 m³/d 天然气轻烃回收装置的方案优化［J］.石油工程建设，2010，36（2）：6-7，8-12.

［32］张鸿仁，张松．油田气处理［M］.北京：石油工业出版社，1995.

第八章　二氧化碳冻堵及控制

在乙烷回收流程中，原料气中二氧化碳的存在将导致二氧化碳固体形成，影响装置安全平稳运行，降低乙烷回收率。因此，防止二氧化碳固体形成成为乙烷回收工程中亟待解决的关键技术。此外，含二氧化碳天然气乙烷回收过程中，二氧化碳将冷凝进入凝液产品中，造成凝液产品中二氧化碳含量过高，产品质量达不到要求。为此，本章主要研究乙烷回收过程中二氧化碳固体形成机理及条件预测、二氧化碳固体形成影响因素及控制措施、凝液产品中二氧化碳控制技术等内容。

第一节　二氧化碳固体形成机理及条件预测

为了更好地控制二氧化碳固体形成，需充分掌握二氧化碳固体的物性及其在烃类体系中的形成机理及条件。并以此为基础进行二氧化碳固体形成条件预测，防止二氧化碳固体形成，保证乙烷回收装置安全、高效运行。

一、二氧化碳固体物性及形成机理

1. 二氧化碳固体物性

固态二氧化碳俗称干冰，常温常压下二氧化碳为无色无味的气体，可溶于水及大部分烃类。纯二氧化碳在温度低于 $-56℃$ 条件下可形成固体，天然气中二氧化碳固体形成条件与纯二氧化碳有一定区别。固态二氧化碳的基本物理性质见表 8-1，纯二氧化碳压力—温度相态如图 8-1 所示。

二氧化碳压力—温度相态图中，纯二氧化碳相态可分为以下五个区域：

（1）一般气态区域：温度高于 56℃；

（2）固态区域：温度低于 $-56℃$，此时形成干冰；

（3）一般液态区域：压力低于 7.385MPa，温度低于 31℃ 或高于 56℃；

（4）密相液态区域：压力高于 7.385MPa，温度低于 31℃ 或高于 56℃；

（5）超临界流体区域：压力高于 7.385MPa，温度高于 31℃，此时二氧化碳密度接近液相，黏度近似气相，可像气体一样流动。

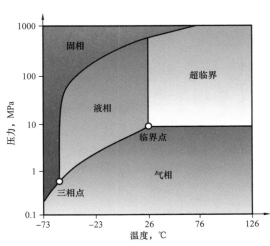

图 8-1　纯 CO_2 压力—温度相态图

表 8-1　固态二氧化碳的基本物理性质

项目	相态		
	气相	液相	固相
外观	无色无味气体	无色无味液体	白色冰状固体
分子量	44.0095		
分子直径，nm	0.35～0.51		
三相点，℃	−56.6（517.97kPa）		
沸点，℃	−55.6（0.52MPa）		
熔点，℃	−78.5（升华点）		
水溶性	可溶于水		
密度 kg/L	1.997×10^{-3}（0℃，101.3485kPa）	0.9295（0℃，101.3485kPa）	1.56（−79℃）

2. 二氧化碳固体形成机理及条件

天然气中烃类含量最多的是甲烷，美国气体加工协会（Gas Processors Association，GPA）根据研究得出了 CH_4-CO_2 体系定性相图[1]，如图 8-2 所示。依据体系中压力、温度、组成，通过 CH_4-CO_2 体系相图对二氧化碳相态进行判定。

在 CH_4-CO_2 二元体系的定性相图中，二元系统的自由度为 2，三相线上的自由度是 1，任何二元系统中的三相线都与图 8-2 中所示相同，且只要确定了温度，则压力、气相和液相的组成也会随之确定。

图 8-2 中 BDF 为表示气—液—固三相平衡的曲线，即三相线。FH 与 FG 也是三相线，但此时甲烷已成为固体，乙烷回收工艺中不会出现此种情况，故在此不作讨论。图中AB 线为霜点线，当温度低于 B 点温度，压力在 AB 线上点的压力之上时会从气相中析出固体。BC 为露点线，CD 为泡点线，C 点为气液临界点。DE 为冰点线，当温度低于 D 点温度，压力高于 DF 点上压力时会从液相中析出固体。其中ABDFH 为气固区，BCD 为气液区，EDFG 为液固区。但若该混合物的总组成被改变，线 AB，BC，CD，DE 和点 C 的位置将发生变化[2]。

当压力及组成一定时，若降低温度，则二氧化碳相态则由气态向固液态变化或由液态向固态变化。但当穿过 DB 线的左半段时，降低温度却有可能使二氧化碳由固态向液态变化。对

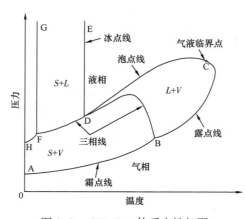

图 8-2　CH_4-CO_2 体系定性相图

相态图的准确分析有助于对二氧化碳固体形成条件进行准确预测，以便于解决装置冻堵问题。

通过对 CH_4–CO_2 体系定性相图和 CO_2 在 CH_4–CO_2 体系中溶解性数据进行分析可知，二氧化碳固体形成的机理可以归纳为：

（1）CO_2 固体从气相中结霜析出；

（2）CO_2 固体从液体中结晶析出。

二氧化碳固体形成与体系的组成、压力、温度相关。在组成与温度一定的情况下，压力与二氧化碳固体形成的关系见表8–2。

表 8–2　体系压力与二氧化碳固体形成温度的关系

体系组分	含量,%（摩尔分数）	二氧化碳固体形成温度，℃				
		1800 kPa	1900 kPa	2000 kPa	2100 kPa	2200 kPa
CO_2	0.87	–101.96	–101.71	–101.49	–101.31	–101.16
CH_4	97.67					
C_2H_2	1.46					
CO_2	1.05	–100.13	–99.87	–99.65	–99.45	–99.29
CH_4	95.75					
C_2H_2	3.20					

注：体系温度 –90℃。

由表8–2可知，在温度、组成一定的情况下，随着体系压力的升高，二氧化碳固体形成温度升高，易形成二氧化碳固体。

综上所述，在一定条件下，形成二氧化碳固体必要条件可归纳为：

（1）足够高的压力；

（2）足够低的温度；

（3）足够高的二氧化碳浓度。

因此，要防止烃类体系中的二氧化碳固体生成，控制凝液回收装置发生二氧化碳冻堵，主要思路有：

（1）当压力和组成一定时，升高含二氧化碳烃类体系的温度；

（2）当压力和温度一定时，降低含二氧化碳烃类体系中二氧化碳的含量；

（3）当温度和组成一定时，若二氧化碳固体从气相中结霜析出，可降低含二氧化碳烃类体系的压力。

3. 乙烷回收装置二氧化碳固体形成位置

乙烷回收装置所需的冷凝温度较低，进入脱甲烷塔的原料气温度很容易低于二氧化碳的三相点温度。二氧化碳在气体与液体中的溶解度有限，当温度低于固体二氧化碳形成温度时，气体或液体中二氧化碳的含量超过其饱和溶解度后，就会有二氧化碳固体析出，造成乙烷回收装置冻堵。乙烷回收装置中可能发生冻堵的位置是换热器、膨胀机出口和脱甲烷塔，如图8-3所示。塔顶进料经换热、过冷、节流后进入脱甲烷塔的塔顶，则二氧化碳将在塔顶部浓缩，脱甲烷塔塔顶温度比过冷冷箱的出口温度和膨胀机出口温度更低，这意味着脱甲烷塔塔顶往下若干级塔板处更容易发生二氧化碳冻堵。

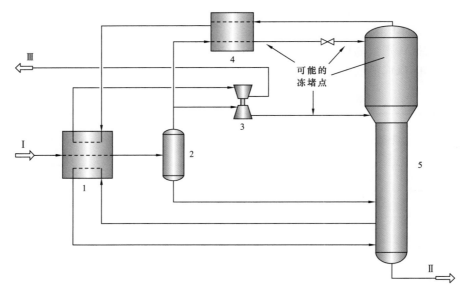

图 8-3 乙烷回收流程可能的冻堵位置

1—主冷箱；2—低温分离器；3—膨胀机组；4—过冷冷箱；5—脱甲烷塔；
Ⅰ—脱水后原料气；Ⅱ—凝液；Ⅲ—外输气

二、二氧化碳固体形成条件预测

为控制二氧化碳固体形成，采用热力学方法预测乙烷回收装置中二氧化碳固体形成温度，控制乙烷回收装置中物流温度高于二氧化碳固体形成温度，避免二氧化碳冻堵发生。

1. 热力学模型

目前用于模型计算预测二氧化碳固体形成的方法主要有NRTL非随机（局部）双液体模型方程及PR状态方程的方法[3]。其中NRTL模型精度有限，且用亨利定律处理超临界成分非常困难，同时产生大量的非关键参数，一般不采用。采用PR状态方程法计算时，根据相平衡的原理，针对气固体系和液固体系，分别建立了气—固平衡模型（VSE）及液—固平衡模型（LSE）[4]。

1）气—固平衡模型（VSE）

对于含二氧化碳的气—固体系，系统平衡时应有如下关系：

$$f_{CO_2}^{S} = f_{CO_2}^{V} \qquad\qquad (8-1)$$

其中

$$f_{CO_2}^{V} = \phi_{CO_2}^{Sat} p_{CO_2solid}^{Sat} \exp\left[\frac{V_{CO_2}^{S}}{RT}\left(p - p_{CO_2solid}^{Sat}\right)\right] \tag{8-2}$$

$$f_{CO_2}^{V} = y_{CO_2} \phi_{CO_2}^{V} p \tag{8-3}$$

联立式（8-1）~式（8-3）可得 VSE 模型：

$$\begin{cases} y_{CO_2}\phi_{CO_2}^{V} p = p_{CO_2solid}^{Sat}\phi_{CO_2}^{Sat} \exp\left[\frac{V_{CO_2}^{S}}{RT}\left(p - p_{CO_2solid}^{Sat}\right)\right] & (8\text{-}4) \\ T \leqslant T_{TP} & (8\text{-}5) \end{cases}$$

式中 $f_{CO_2}^{S}$、$f_{CO_2}^{V}$——系统温度压力条件下固态、气态二氧化碳的逸度；

      $\phi_{CO_2}^{V}$——气相中二氧化碳的逸度系数，无因次；

      p——系统压力，Pa；

      $p_{CO_2Solid}^{Sat}$——纯组分固体二氧化碳的蒸气压，Pa；

      $\phi_{CO_2}^{Sat}$——$p_{CO_2Solid}^{Sat}$ 下二氧化碳气体的逸度系数，无因次；

      y_{CO_2}——气相中二氧化碳摩尔分数；

      $V_{CO_2}^{S}$——固体二氧化碳的摩尔体积，m^3/mol；

      R——气体常数，8.314J/（K·mol）；

      T——固体二氧化碳形成温度，K；

      T_{TP}——二氧化碳的三相点温度，0.518MPa 下为 216.55K。

采用式（8-4）计算时，系统温度必须低于二氧化碳三相点温度，以保证二氧化碳固体的稳定性。

当系统温度为 90~158K 时，固体二氧化碳形成温度按下式计算：

$$p_{CO_2Solid}^{Sat} = 0.1333 \times 10^{(-1367.34/T+9.9082)} \tag{8-6}$$

当系统温度为 138~216K 时，固体二氧化碳形成温度按下式计算：

$$p_{CO_2Solid}^{Sat} = 0.1333 \times 10^{(-1257.62/T+0.006833T+8.3701)} \tag{8-7}$$

2）液—固平衡模型（LSE）

对于含二氧化碳的液—固体系，系统平衡时则应有如下关系：

$$f_{CO_2}^{S} = f_{CO_2}^{L} \tag{8-8}$$

同理可推导出 LSE 模型为：

$$x_{CO_2}\phi_{CO_2}^{L} p = p_{CO_2Solid}^{Sat}\phi_{CO_2}^{Sat} \exp\left[\frac{V_{CO_2}^{S}}{RT}\left(p - p_{CO_2Solid}^{Sat}\right)\right] \tag{8-9}$$

式中 $\phi_{CO_2}^{L}$——液相中二氧化碳逸度系数，无因次；

      x_{CO_2}——液相中二氧化碳的摩尔分数，无因次。

VSE 模型与 LSE 模型的结构形式是相同的，二氧化碳的气相逸度系数（$\phi_{CO_2}^V$）、二氧化碳的液相逸度系数（$\phi_{CO_2}^L$）、纯组分固体二氧化碳的蒸气压（$p_{CO_2Solid}^{Sat}$）及该压力下二氧化碳的气相逸度系数（$\phi_{CO_2}^{Sat}$）都是二氧化碳固体形成温度（T）的函数，式（8-9）可通过迭代求解液相二氧化碳固体形成温度。

为更加迅速地预测二氧化碳固体形成条件，国外开发了预测二氧化碳在烃类体系中固体形成条件的软件，如 NeqSim、Aspen Plus、Aspen HYSYS、Promax、VMGsim 等软件。

2. 二氧化碳固体形成条件预测

为研究预测二氧化碳固体形成模型的精度，在分析过程中以 GPA 的 RR-10 研究报告中二氧化碳在烃类体系中的溶解度实验数据为基准[5]，模拟不同工况下的二氧化碳固体形成温度，探究 Aspen HYSYS 软件预测二氧化碳固体形成精度。

1）不同状态方程预测结果对比

为更加精确地计算二氧化碳在天然气中固体形成的温度，对脱甲烷塔顶部气、液相中二氧化碳固体形成的预测简化为 CH_4-CO_2-C_2H_6 三元体系的相态平衡计算[6]。采用不同的状态方程，其预测结果存在差异。现选用常用的 PR 状态方程与 SRK 状态方程对二氧化碳固体形成温度进行预测，其预测结果比较见表 8-3。

表 8-3　气—固平衡模型二氧化碳固体形成温度预测结果

组数	压力，kPa	摩尔组分含量，%（摩尔分数）			二氧化碳固体形成温度，℃		绝对偏差，℃
		CO_2	CH_4	C_2H_2	PR 方程	SRK 方程	
1	1382	0.87	97.67	1.46	−103.38	−103.09	−0.01
2	898	1.05	95.75	3.20	−104.48	−104.19	0.02
3	2279	1.92	95.89	2.19	−92.61	−92.39	0.01
4	1417	2.97	91.46	5.57	−90.82	−90.64	0.05
5	3007	6.75	89.02	4.23	−75.80	−75.69	0.07
6	1900	9.14	82.54	8.32	−74.95	−74.88	0.11
7	3049	11.68	84.13	4.19	−67.88	−67.84	0.18
8	1940	15.67	75.22	9.11	−67.34	−67.33	0.23
9	2884	14.21	81.52	4.27	−65.32	−65.30	0.29
10	1858	18.89	72.24	8.87	−65.06	−65.07	0.29

由表 8-3 可知，采用 PR 方程与 SRK 方程在不同条件下模拟出的二氧化碳固体形成温度十分接近，绝对偏差小于 0.3℃。由于乙烷回收流程模拟常用的热力学模型为 PR 方程，其适用于油气加工处理中的流体性质的计算，因此本章所有工艺流程模拟模型均选用 PR 状态方程。

2）二氧化碳冻堵安全裕量

二氧化碳冻堵安全裕量是指为避免乙烷回收装置发生二氧化碳冻堵及考虑到软件计算、测量误差，需满足的最小二氧化碳冻堵裕量。二氧化碳冻堵裕量是指脱甲烷塔温度与二氧化碳冻堵温度之差。

为研究 Aspen HYSYS 软件预测二氧化碳固体形成的安全裕量，通过将 GPA 研究报告 RR-10 中气—固平衡（VSE）和液—固平衡（LSE）二氧化碳冻堵温度的实验数据与HYSYS 模拟值进行对比，以分析二氧化碳冻堵安全裕量。CH_4-CO_2-C_2H_6 三元体系不同组成、压力条件下，两种平衡模型二氧化碳固体形成温度试验数据与软件模拟结果见表 8-4 及表 8-5。

表 8-4　气—固平衡模型（VSE）软件模拟结果分析

组数	压力，kPa	摩尔组分含量，%（摩尔分数）			冻堵温度，℃		绝对偏差，℃
		CO_2	CH_4	C_2H_6	实验数据	HYSYS	
1	1382	0.87	97.67	1.46	−106.65	−103.58	3.07
2	898	1.05	95.75	3.20	−106.65	−104.48	2.17
3	2279	1.92	95.89	2.19	−89.95	−92.61	−2.66
4	1417	2.97	91.46	5.57	−89.95	−90.82	−0.87
5	3007	6.75	89.02	4.23	−73.35	−75.80	−2.45
6	1900	9.14	82.54	8.32	−73.35	−74.95	−1.60
7	3049	11.68	84.13	4.19	−67.75	−67.88	−0.13
8	1940	15.67	75.22	9.11	−67.75	−67.34	0.41
9	2884	14.21	81.52	4.27	−64.95	−65.32	−0.37
10	1858	18.89	72.24	8.87	−64.95	−65.06	−0.11
平均绝对偏差，℃							−0.24
最小绝对偏差，℃							−2.66
最大绝对偏差，℃							3.27

通过对 Aspen HYSYS 软件模拟值和实验测得的数据值比较发现：

（1）对气—固平衡模型（VSE），二氧化碳固体形成温度绝对偏差为 −2.66～3.07℃；对液—固平衡模型（LSE），二氧化碳固体形成绝对偏差为 −1～1.07℃。

（2）考虑到软件计算值的偏差，为保证乙烷回收装置在实际运行过程中的安全稳定性，对流程模拟中控制的最小冻堵裕量进行修正，在得到的二氧化碳固体形成温度最大偏差基础上再增加 2℃的温度安全裕量。

运用 Aspen HYSYS 软件预测二氧化碳固体形成时，应控制气相中二氧化碳冻堵安全裕量为 5℃，控制液相中二氧化碳冻堵安全裕量为 3℃。

表 8-5　液一固平衡模型（LSE）软件模拟结果分析

组数	压力，kPa	摩尔组分含量，%（摩尔分数）			冻堵温度，℃		绝对偏差，℃
		CO_2	CH_4	C_2H_6	实验数据	HYSYS	
1	1382	3.36	67.32	29.32	−106.65	−107.07	−0.42
2	898	3.84	40.22	55.94	−106.65	−105.58	1.07
3	2279	9.14	63.64	27.22	−89.95	−90.95	−1.00
4	1417	10.15	38.63	51.22	−89.95	−89.93	0.02
5	3007	29.08	48.96	21.96	−73.35	−73.04	0.31
6	1900	31.88	29.36	38.78	−73.35	−72.20	1.15
7	3049	47.53	36.80	15.67	−67.75	−67.76	−0.01
8	1940	49.80	21.54	28.66	−67.75	−67.16	0.59
9	2884	64.46	24.39	11.15	−64.95	−65.32	−0.37
10	1858	63.61	15.53	20.86	−64.95	−65.00	−0.05
平均绝对偏差，℃							0.13
最小绝对偏差，℃							−1.00
最大绝对偏差，℃							1.07

第二节　二氧化碳固体形成影响因素及控制措施

乙烷回收装置中，流程形式不同，二氧化碳固体形成的影响因素存在差异，现针对乙烷回收流程二氧化碳固体形成的影响规律进行研究，有利于对乙烷回收流程中工艺参数进行优化和调整，避免二氧化碳固体形成带来安全隐患。

一、二氧化碳对乙烷回收流程的影响

原料气中二氧化碳含量增加对乙烷回收率、能耗、工艺参数等有较大影响。现从乙烷回收流程关键物流点二氧化碳含量、脱甲烷塔温度、塔板气相中二氧化碳冻堵温度、乙烷回收率、冷箱换热曲线的变化等方面研究二氧化碳对乙烷回收流程的影响。

以 RSV 流程为例，其流程如图 8-4 所示，选用贫富两组气质工况条件，在流程关键参数不变的条件下，运用 Aspen HYSYS 软件模拟每组气质不同二氧化碳含量对乙烷回收流程的影响。计算条件见表 8-6。

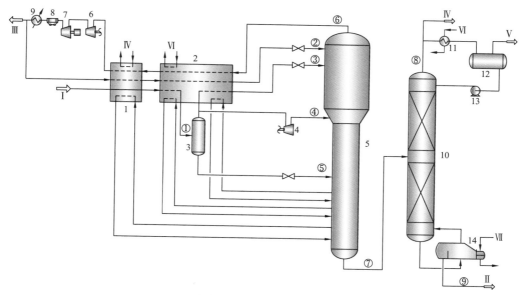

图 8-4　RSV 工艺流程

1—预冷冷箱；2—主冷箱；3—低温分离器；4—膨胀机组膨胀端；5—脱甲烷塔；6—膨胀机组增压端；
7—外输气压缩机；8—空冷器；9—水冷器；10—脱乙烷塔；11—冷凝器；12—回流罐；13—回流泵；14—重沸器；
Ⅰ—脱水后原料气；Ⅱ—凝液；Ⅲ—外输气；Ⅳ—乙烷产品；Ⅴ—不凝气；Ⅵ—丙烷冷剂；Ⅶ—导热油

1. 二氧化碳对主要物流参数的影响

经模拟计算，两组气质不同二氧化碳含量下流程中主要物流点参数及乙烷回收率的变化情况见表 8-6。两组气质不同二氧化碳含量下脱甲烷塔内塔板温度、脱甲烷塔板气相中二氧化碳冻堵温度及塔板气相二氧化碳冻堵裕量的变化分别见表 8-7、表 8-8。两组气质脱甲烷塔板上气相中二氧化碳分布分别如图 8-5、图 8-6 所示。

表 8-6　不同 CO_2 对各物流点参数的影响

参数		第一组工况			第二组工况		
气质组成代号		107			211		
处理量，$10^4 m^3/d$		1000			1000		
原料气压力，MPa		6.0			6.5		
温度，℃		30			35		
外输气压力，MPa		6.0			6.0		
原料气 CO_2 含量，%（摩尔分数）		0	0.5	1.5	0	0.5	1.5
物流 1	温度，℃	−52	−52	−52	−49	−49	−49
	压力，MPa	5.93	5.93	5.93	5.93	5.93	5.93
	气化率，%	92.99	92.68	91.97	82.11	81.56	80.37

参数		第一组工况			第二组工况		
物流 2	温度，℃	−97.78	−97.68	−97.51	−98.09	−97.99	−97.83
	CO_2 含量，%（摩尔分数）	0	0.22	0.62	0	0.23	0.63
	摩尔流量，kmol/h	1222.95	1219.03	1210.59	1285.85	1281.44	1271.95
物流 3	温度，℃	−94.25	−94.08	−93.73	−92.59	−92.41	−92.06
	CO_2 含量，%（摩尔分数）	0	0.5	1.5	0	0.51	1.55
	摩尔流量，kmol/h	1818.04	1817.77	1817.15	1964.68	1968.98	1978.29
物流 4	温度，℃	−82.19	−82.03	−81.69	−78.75	−78.62	−78.41
	CO_2 含量，%（摩尔分数）	0	0.48	1.43	0	0.45	1.35
	摩尔流量，kmol/h	6381.44	6359.92	6311.31	5636.81	5599.08	5517.35
物流 5	温度，℃	−72.19	−72.33	−72.59	−69.12	−69.22	−69.41
	CO_2 含量，%（摩尔分数）	0	0.77	2.34	0	0.71	2.11
	摩尔流量，kmol/h	486.84	508.63	557.85	1088.02	1121.44	1193.86
物流 6	温度，℃	−97.16	−96.85	−96.25	−96.68	−96.35	−95.73
	CO_2 含量，%（摩尔分数）	0	0.22	0.62	0	0.23	0.63
	摩尔流量，kmol/h	9195.12	9165.64	9102.23	8867.92	8837.49	8772.09
物流 7	温度，℃	24.37	20.16	13.08	27.69	24.62	18.99
	CO_2 含量，%（摩尔分数）	0	3.48	10.23	0	2.33	6.99
	摩尔流量，kmol/h	714.15	739.71	794.68	1107.43	1133.45	1189.36
物流 8	温度，℃	−2.35	−3.83	−8.94	−2.33	−4.63	−7.57
	泡点温度，℃	−6.34	−10.15	−15.42	−6.58	−9.49	−13.76
	CO_2 含量，%（摩尔分数）	0	4.86	14.41	0	3.62	10.64
	摩尔流量，kmol/h	859.77	898.63	989.76	1312.79	1349.59	1147.68

由表 8-6 可知，无论气质贫富，当原料气二氧化碳含量从 0 增加至 1.5%（摩尔分数）的过程中，对流程产生如下影响：

（1）进入低温分离器的物流 1 气化率降低；

（2）外输气回流（物流 2）、低温分离器气相与低温分离器液相过冷（物流 3）、膨胀机出口（物流 4）、脱甲烷塔塔顶出口气相（物流 6）进塔温度均升高，这些物料中二氧化碳含量均增加；

（3）低温分离器液相（物流 5）进塔温度降低，该股物料二氧化碳含量增加；脱甲烷

表 8-7　原料气不同 CO_2 含量对脱甲烷塔的影响（第一组工况）

塔板数，块	原料气 CO_2 含量为 0.5%（摩尔分数）			原料气 CO_2 含量为 1.5%（摩尔分数）		
	CO_2 冻堵温度 ℃	塔板温度 ℃	冻堵裕量 ℃	CO_2 冻堵温度 ℃	塔板温度 ℃	冻堵裕量 ℃
1	−115.45	−96.84	18.61	−105.16	−96.25	8.91
2	−113.39	−95.81	17.57	−102.23	−95.05	7.18
3	−112.97	−95.01	17.96	−101.71	−94.21	7.49
4	−113.15	−93.95	19.19	−101.93	−93.17	8.76
5	−110.47	−92.99	17.48	−98.73	−91.94	6.79
6	−108.77	−91.47	17.29	−96.71	−90.29	6.42
7	−108.12	−89.23	18.88	−95.87	−88.16	7.71
8	−108.76	−86.02	22.74	−96.48	−85.31	11.17
9	−108.72	−85.94	22.78	−96.44	−85.23	11.21
10	−108.67	−85.86	22.81	−96.37	−85.14	11.23

表 8-8　原料气不同 CO_2 含量对脱甲烷塔的影响（第二组工况）

塔板数，块	原料气 CO_2 含量为 0.5%（摩尔分数）			原料气 CO_2 含量为 1.5%（摩尔分数）		
	CO_2 冻堵温度 ℃	塔板温度 ℃	冻堵裕量 ℃	CO_2 冻堵温度 ℃	塔板温度 ℃	冻堵裕量 ℃
1	−115.31	−96.35	18.95	−104.91	−95.73	9.18
2	−113.17	−94.73	18.45	−102.01	−93.92	8.09
3	−112.85	−93.45	19.41	−101.61	−92.62	8.99
4	−113.26	−91.66	21.61	−102.15	−90.86	11.29
5	−110.31	−90.25	20.05	−98.66	−89.21	9.45
6	−108.46	−88.15	20.31	−96.48	−87.08	9.41
7	−107.86	−85.41	22.46	−95.66	−84.59	11.09
8	−108.63	−82.32	26.32	−96.38	−81.86	14.52
9	−108.49	−82.08	26.41	−96.23	−81.61	14.61
10	−108.31	−81.84	26.46	−96.01	−81.35	14.65

塔塔底凝液产品（物流 7）温度降低，二氧化碳含量大幅增加；

（4）脱乙烷塔塔顶出口气相（物流 8）温度降低，二氧化碳含量大幅增加，同样压力条件下，该股物流的泡点温度下降；脱乙烷塔塔底凝液产品（物流 9）温度下降；

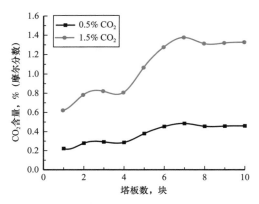 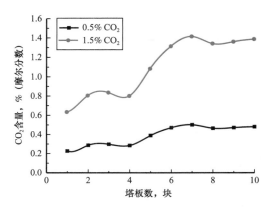

图 8-5　第一组工况脱甲烷塔塔板气相中 CO_2 分布　　图 8-6　第二组工况脱甲烷塔塔板气相中 CO_2 分布

（5）乙烷回收率下降。

由表 8-7、表 8-8 及图 8-5、8-6 可知：

（1）无论气质贫富，随着原料气 CO_2 含量由 0.5% 增加至 1.5%，脱甲烷塔塔板气相中 CO_2 含量增加 0.4%～0.9%，使得塔板气相中二氧化碳冻堵温度上升 10～12℃。

（2）原料气二氧化碳含量由 0.5% 增加至 1.5% 的过程中，贫气（气质 107）脱甲烷塔气相二氧化碳冻堵温度升高 10～12.3℃，塔板温度升高 0.5～1.2℃，二氧化碳冻堵裕量下降 9～11.6℃；富气（气质 211）脱甲烷塔气相二氧化碳冻堵温度升高 10～12.4℃，塔板温度升高 0.6～1.1℃，二氧化碳冻堵裕量下降 9～11.9℃。

（3）随着原料气二氧化碳含量的增加，经低温分离器气相与低温分离器液相过冷（物流 2）、膨胀机出口（物流 3）、低温分离器液相（物流 4）进入脱甲烷塔的二氧化碳含量增加导致脱甲烷塔二氧化碳冻堵温度上升，二氧化碳冻堵裕量急剧下降。

2. 二氧化碳对冷箱夹点的影响

原料气二氧化碳含量的增加会对冷箱的夹点产生较大影响，在第一组工况条件下，当原料气二氧化碳含量从 0 增加至 0.5% 的过程中，主冷箱的换热负荷曲线及夹点变化如图 8-7、图 8-8 所示。在第二组工况条件下，当原料气二氧化碳含量从 0 增加 0.5% 的过程中，主冷箱的换热负荷曲线及夹点变化如图 8-9、图 8-10 所示。

由图 8-7 至图 8-10 可知：

（1）随着原料气二氧化碳含量从 0 增加到 0.5% 的过程中，对于贫气（气质 107）主冷箱的夹点由 3.5℃下降至 2.06℃；对于富气（气质 211）主冷箱的夹点由 3.5℃下降至 1.86℃。

（2）原料气二氧化碳含量的增加对较富气质的夹点影响更大。

（3）原料气二氧化碳含量从 0 增加到 0.5% 的过程中，贫气（气质 107）进入低温分离器的物流 1 的气化率下降 0.31%，引起膨胀机出口温度上升 0.16℃，导致塔顶温度上升 0.3℃，脱甲烷塔塔顶出口气相为主冷箱带来的冷量减少，夹点下降 1.44℃；在富气（气质 211）物流 1 的气化率下降 0.55%，膨胀机出口温度上升 0.1℃，导致塔顶温度上升 0.33℃，夹点下降 1.64℃。

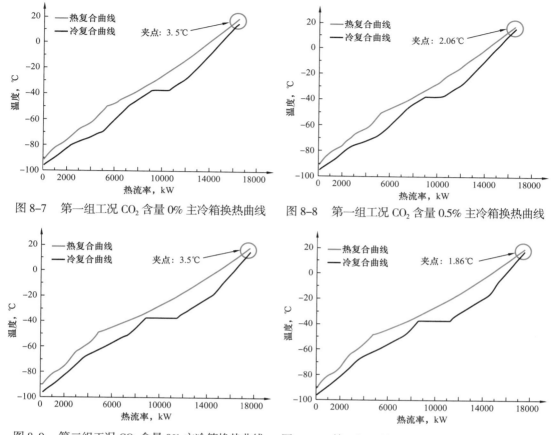

图 8-7　第一组工况 CO_2 含量 0% 主冷箱换热曲线　　图 8-8　第一组工况 CO_2 含量 0.5% 主冷箱换热曲线

图 8-9　第二组工况 CO_2 含量 0% 主冷箱换热曲线　　图 8-10　第二组工况 CO_2 含量 0.5% 主冷箱换热曲线

二氧化碳对乙烷回收流程的影响可总结如下：

（1）在相同压力条件下，二氧化碳增加会引起低温分离器入口物流气化率降低、脱甲烷塔内塔板上二氧化碳含量的增加、二氧化碳冻堵温度下降、塔底温度下降、塔顶温度上升，脱乙烷塔塔顶气相泡点温度下降；

（2）二氧化碳增加会导致乙烷回收率下降，主冷箱的夹点下降。

二、二氧化碳固体形成的影响因素

原料气工况条件、乙烷回收流程的操作参数、乙烷回收流程形式是二氧化碳固体形成的重要影响因素。在乙烷回收装置设计及运行过程中，优化流程、调节操作参数是控制二氧化碳冻堵的主要方法。不同乙烷回收流程控制二氧化碳固体形成能力存在差异，通过研究典型乙烷回收流程 RSV、SRC、SRX 流程及关键参数对二氧化碳固体形成的影响，其主要结论如下：

（1）升高脱甲烷塔压力、降低低温分离器温度、减小外输气回流量、增加低温分离器气相过冷量、增加低温分离器液相过冷量均可在一定程度上控制二氧化碳固体形成；

（2）对 SRC 流程，增加塔上部抽出量、升高塔顶压缩机出口压力可控制抽出位置上方二氧化碳固体形成；对 SRX 流程，升高塔顶分离器温度，可控制二氧化碳固体形成。

通过具体实例，运用 Aspen HYSYS 软件模拟，定量研究了脱甲烷塔压力、低温分离器温度、外输气回流比、低温分离器气相过冷比、低温分离器液相过冷比等参数对二氧化碳固体形成的影响。RSV 流程如图 8-4 所示，计算条件如下（二氧化碳固体形成影响因素分析均采用此计算条件）：

原料气压力：6MPa；

温度：25℃；

处理量：$500 \times 10^4 m^3/d$；

外输压力：6MPa；

气质组成（代号）：107。

1. 脱甲烷塔压的影响

研究表明：不管气质贫富，在乙烷回收率一定的条件下，原料气压力越高，脱甲烷塔塔压越高，塔板温度越高，二氧化碳固体不易形成。因此，对于高压原料气，更有利于控制二氧化碳冻堵。

为验证脱甲烷塔压力对二氧化碳固体形成的影响，在流程其他参数不变的条件下，模拟不同脱甲烷塔压力下气相中二氧化碳冻堵裕量的变化，来说明脱甲烷塔压力对二氧化碳固体形成的影响。经模拟计算，将脱甲烷塔压力与二氧化碳冻堵裕量、塔板温度、二氧化碳固体形成温度的关系分别绘制如图 8-11、图 8-12、图 8-13 所示。

由图 8-11 至图 8-13 可知，

（1）随着脱甲烷塔压力的上升，二氧化碳冻堵裕量增加。脱甲烷塔压力每上升 0.1MPa，二氧化碳冻堵裕量增加 $0.6\sim1.3℃$。

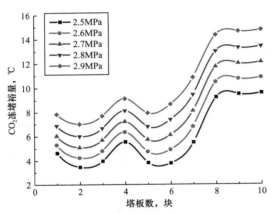

图 8-11　不同脱甲烷塔压力下的 CO_2 冻堵裕量

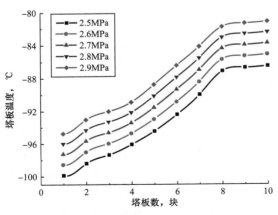

图 8-12　不同脱甲烷塔压力下的塔板温度

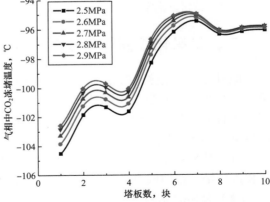

图 8-13　不同脱甲烷塔压力下的气相 CO_2 冻堵温度

（2）二氧化碳冻堵裕量增加的主要原因是脱甲烷塔塔板温度上升约1.2～1.6℃。脱甲烷塔气相二氧化碳含量上升导致冻堵温度上升约0.1～0.7℃，但塔板温度上升幅度大于气相二氧化碳冻堵温度上升幅度。脱甲烷塔压力上升引起塔板温度上升是二氧化碳冻堵裕量增加的主要原因。

（3）提高塔压是解决脱甲烷塔二氧化碳冻堵的关键措施，从而也证实了高压原料气更容易控制二氧化碳冻堵。

2. 低温分离器温度的影响

研究表明：不管气质贫富，在乙烷回收率一定的条件下，低温分离器温度越低，脱甲烷塔上部气相中的二氧化碳浓度越低，二氧化碳固体不易形成。因此，降低低温分离器温度，有利于控制二氧化碳冻堵。但受脱甲烷塔塔压的影响，低温分离器温度仅在小范围内进行调节。

为验证低温分离器温度对二氧化碳固体形成的影响，在流程其他参数不变的条件下，模拟不同低温分离器温度下脱甲烷塔板气相中二氧化碳冻堵裕量的变化，来说明低温分离器温度对二氧化碳固体形成的影响。

经模拟计算，低温分离器温度与二氧化碳冻堵裕量、塔板温度的关系如图8-14、图8-15所示，低温分离器温度与低温分离器气、液相中的二氧化碳含量关系见表8-9。

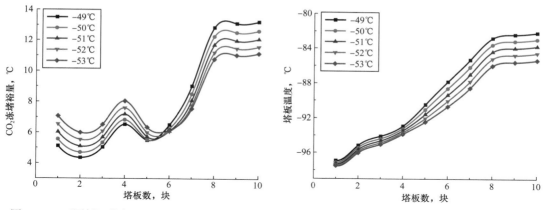

图8-14　不同低温分离器温度下的CO_2冻堵裕量　　图8-15　不同低温分离器温度下的脱甲烷塔塔板温度

表8-9　低温分离器温度对气、液相中CO_2含量的影响

项目		数值				
低温分离器温度，℃		−49	−50	−51	−52	−53
低温分离器气、液相中CO_2含量，kg/h	气相	5369	5318	5261	5196	5121
	液相	372	423	480	545	620

由图8-14、图8-15及表8-9可知：

（1）随着低温分离器温度的下降，二氧化碳冻堵裕量在脱甲烷塔前6块板呈上升趋势，第 6 块板至第 10 块板呈下降趋势。低温分离器温度每下降 1℃，前 6 块板二氧化碳冻堵裕量上升 0.1～0.6℃，第 6 块板至第 10 块板下降 0.1～0.7℃。

（2）低温分离器温度由 –49℃ 降低至 –53℃ 时，气相中有 248kg/h 的二氧化碳被冷凝进入低温分离器液相，进入脱甲烷塔上部的二氧化碳大幅减少，塔板气相二氧化碳冻堵温度下降 0.1～1℃。但同时，前 6 块塔板温度降低约 0.1～0.5℃，5～10 块板温度降低约 0.6～0.9℃。由此可见前 6 块板气相中二氧化碳浓度降低是二氧化碳冻堵裕量增加的主要原因；第 6～10 块板，塔板温度下降是二氧化碳冻堵裕量降低的主要原因。

（3）降低低温分离器温度能在一定程度上解决脱甲烷塔上部二氧化碳冻堵，低温分离器温度是控制二氧化碳冻堵的一个辅助参数。

3. 外输气回流的影响

研究表明：在乙烷回收率一定的条件下，外输气回流比越大，脱甲烷塔塔板上温度越低，越易形成二氧化碳固体。因此，减少外输气回流比，有利于控制二氧化碳冻堵。

为验证外输气回流比对二氧化碳固体形成的影响，在流程其他参数不变的条件下，模拟不同外输气回流比下脱甲烷塔塔板气相中二氧化碳冻堵裕量的变化，来说明外输气回流比对二氧化碳固体形成的影响。

经模拟计算，外输气回流比与二氧化碳冻堵裕量、二氧化碳固体形成温度、塔板温度的关系如图 8-16、图 8-17、图 8-18 所示。

由图 8-16 至图 8-18 可知：

（1）随着外输气回流比的增加，二氧化碳冻堵裕量呈下降趋势，外输气回流比每增加 1%，二氧化碳冻堵裕量下降 0～0.4℃。

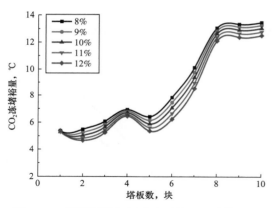

图 8-16　不同外输气回流比下的 CO_2 冻堵裕量

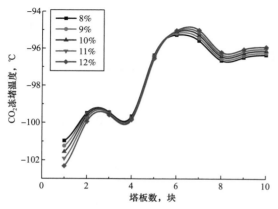

图 8-17　不同外输气回流比下的 CO_2 冻堵温度

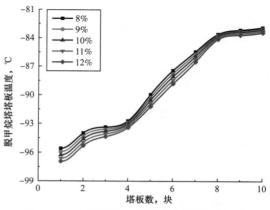

图 8-18　不同外输气回流比下的塔板温度

（2）二氧化碳与乙烷属于共沸物，外输气回流增加会在吸收更多乙烷及更重组分的同时带走气相中的部分二氧化碳，降低塔顶气相中的二氧化碳浓度，导致二氧化碳冻堵温度在前3块板下降0～0.3℃。由于外输回流经塔顶进入脱甲烷塔，因此精馏作用集中在塔上部几块板。此外，外输气回流比的增加为脱甲烷塔带来更多的冷量，引起塔板温度下降0.1～0.4℃。因此，塔板温度下降是二氧化碳冻堵裕量下降的主要原因。

（3）减小外输气回流比能在一定程度上控制二氧化碳冻堵。

4. 低温分离器气相过冷比的影响

研究表明：在乙烷回收率一定的条件下，低温分离器气相过冷比越大，脱甲烷塔内其进料位置上方越靠近塔顶二氧化碳冻堵温度下降越多，越难形成二氧化碳固体。因此，增加低温分离器气相过冷比，有利于控制该股进料位置上方的二氧化碳冻堵。

为验证低温分离器气相过冷比对二氧化碳固体形成的影响，在流程其他参数不变的条件下，模拟不同低温分离器气相过冷比下脱甲烷塔塔板气相中二氧化碳冻堵裕量的变化，来说明低温分离器气相过冷比对二氧化碳固体形成的影响。

经模拟计算，低温分离器气相过冷比与二氧化碳冻堵裕量、二氧化碳固体形成温度、塔板温度的关系如图8-19、图8-20、图8-21所示。

由图8-19至图8-21可知：

（1）随着低温分离器气相过冷比的增加，二氧化碳冻堵裕量在其进料位置上方呈上升趋势，在进料位置下方呈下降趋势。低温分离器气相过冷比每增加1%，二氧化碳冻堵裕量在第4块板以上上升0.1～0.5℃，第4块板往下下降0.2～0.6℃。

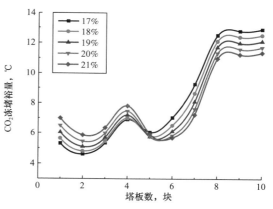

图 8-19　脱甲烷塔气相中 CO_2 冻堵裕量

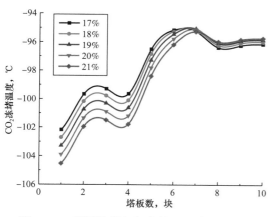

图 8-20　脱甲烷塔气相中的 CO_2 冻堵温度

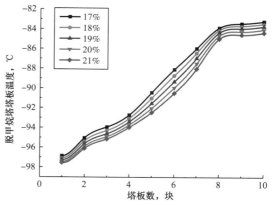

图 8-21　不同气相分流比下的塔板温度分布

（2）低温分离器气相中甲烷含量高，会吸收脱甲烷塔上部气相中的乙烷、二氧化碳等组分，降低上部气相中二氧化碳浓度。使得二氧化碳冻堵温度降低 $0.1\sim0.6℃$，并随着塔板位置的下降程度减弱。同样的，低温分离器气相过冷比的增加为脱甲烷塔带来更多的冷量，脱甲烷塔塔板温度下降 $0.1\sim0.5℃$。

（3）低温分离器气相过冷比对其进塔位置上、下部塔板上二氧化碳冻堵温度下降程度与塔板温度下降程度存在差异，二氧化碳冻堵裕量在进塔位置上方随低温分离器气相过冷比增加而增加，进塔位置下方随低温分离器气相过冷比增加而减小。

（4）增加低温分离器气相过冷比能控制其进料位置上方的二氧化碳冻堵，但低温分离器气相过冷比对主冷箱的夹点影响很大，需注意保持两者的平衡进行调节。

5. 低温分离器液相过冷比的影响

研究表明：在乙烷回收率一定的条件下，增加低温分离器液相过冷比能降低塔上部气相中二氧化碳浓度，引起二氧化碳冻堵温度下降，有利于控制二氧化碳冻堵。

为验证低温分离器液相过冷比对二氧化碳固体形成的影响，在流程其他参数不变的条件下，模拟不同低温分离器液相过冷比下脱甲烷塔塔板气相中二氧化碳冻堵裕量的变化，来说明低温分离器液相过冷比对二氧化碳固体形成的影响。

经模拟计算，低温分离器液相过冷比与二氧化碳冻堵裕量、脱甲烷塔塔板气相中二氧化碳含量的关系如图 8-22、图 8-23 所示。

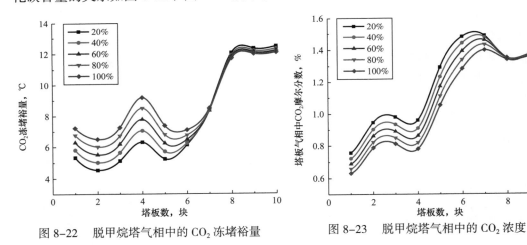

图 8-22　脱甲烷塔气相中的 CO_2 冻堵裕量　　　图 8-23　脱甲烷塔气相中的 CO_2 浓度

由图 8-22 及图 8-23 可知：

（1）随着低温分离器液相过冷比的增加，二氧化碳冻堵裕量呈上升趋势。低温分离器液相过冷比每增加 20%，二氧化碳冻堵裕量增加 $0.3\sim0.8℃$。

（2）低温分离器液相中丙烷及以上液烃含量高，进入脱甲烷塔上部后会吸收塔板气相中的部分二氧化碳，导致塔板气相中二氧化碳含量下降 $2\%\sim5\%$，二氧化碳冻堵温度下降 $0.2\sim0.7℃$。但低温分离器液相过冷比的增加对塔板温度的影响很小，塔板温度仅降低 $0\sim0.2℃$。因此，塔板气相中二氧化碳浓度降低是二氧化碳冻堵裕量增加的主要原因。

（3）增加低温分离器液相过冷比能有效控制二氧化碳冻堵，但其受低温分离器温度的限制，在实际操作中应进行综合考虑。

6. SRC 及 SRX 流程关键参数的影响

SRC 及 SRX 流程中部分工艺参数与 RSV 流程规律相同，现主要研究 SRC 及 SRX 典型乙烷回收流程特有的关键参数对二氧化碳固体形成影响。

1）SRC 流程参数的影响

SRC 流程最大的特点在于，其将脱甲烷塔塔板上的部分气相抽出，通过压缩机增压后与脱甲烷塔塔顶外输气换热冷凝并节流后进入脱甲烷塔顶部提供回流。回流的脱甲烷塔抽出气相可对塔顶气相进行精馏，最大限度减少乙烷和较重组分从塔顶的损失。因此，塔板气相抽出量会对二氧化碳固体形成产生一定的影响。

研究表明：在乙烷回收率一定的条件下，增加脱甲烷塔气相抽出量能降低塔板气相中二氧化碳浓度，引起二氧化碳冻堵温度下降，有利于控制二氧化碳冻堵。

为验证脱甲烷塔气相抽出量对二氧化碳固体形成的影响，在流程其他参数不变的条件下，模拟不同脱甲烷塔气相抽出量下脱甲烷塔塔板气相中二氧化碳冻堵裕量的变化，来说明脱甲烷塔气相抽出量对二氧化碳固体形成的影响。SRC 流程如图 7-10 所示。

经模拟计算，脱甲烷塔气相抽出量与塔板气相中二氧化碳冻堵温度、塔板温度、二氧化碳冻堵裕量的关系见表 8-10。脱甲烷塔气相抽出位置为第 5 块板。第二股进料为第 3块板，膨胀机进料为第 7 块板。

表 8-10 抽出量对 CO_2 固体形成的影响

塔板数块	抽出量 1200kmol/h			抽出量 1400kmol/h			抽出量 1600kmol/h		
	CO_2 冻堵温度，℃	塔板温度，℃	冻堵裕量，℃	CO_2 冻堵温度，℃	塔板温度，℃	冻堵裕量，℃	CO_2 冻堵温度，℃	塔板温度，℃	冻堵裕量，℃
1	−101.81	−95.79	6.02	−102.53	−96.08	6.46	−103.29	−96.33	6.96
2	−100.11	−94.56	5.56	−100.58	−94.89	5.69	−101.11	−95.21	5.90
3	−100.19	−92.73	7.47	−100.49	−92.95	7.55	−100.83	−93.17	7.65
4	−98.28	−92.15	6.14	−98.69	−92.43	6.26	−99.12	−92.71	6.41
5	−96.53	−91.32	5.22	−96.89	−91.65	5.24	−97.27	−91.97	5.31
6	−95.34	−90.23	5.11	−95.57	−90.55	5.03	−95.84	−90.87	4.97
7	−94.94	−88.57	6.37	−95.04	−88.78	6.26	−95.16	−89.01	6.16
8	−94.84	−88.41	6.43	−94.94	−88.62	6.32	−95.06	−88.84	6.22
9	−94.67	−88.22	6.46	−94.77	−88.43	6.34	−94.89	−88.65	6.24
10	−94.55	−87.15	7.40	−94.64	−87.36	7.27	−94.76	−87.59	7.16

由表 8-10 可知：

（1）随着脱甲烷塔上部气相抽出量的增加，抽出位置（第 5 块板）上方二氧化碳冻堵裕量上升，下方二氧化碳冻堵裕量下降。抽出量每增加 17%，抽出位置上方二氧化碳冻堵裕量上升 0～0.5℃，抽出位置下方二氧化碳冻堵裕量下降 0～0.2℃。

（2）脱甲烷塔塔板部分气相被抽出作为塔顶回流，抽出气相处于外部循环之中，脱甲烷塔气相中的二氧化碳浓度减小，冻堵温度下降。同时，抽出气相作为塔顶回流为脱甲烷塔带来冷量，塔板温度下降。当抽出量由 1200kmol/h 增加至 1400kmol/h 时，塔顶第 1 块塔板二氧化碳冻堵温度下降 0.72℃，但塔板温度仅下降 0.29℃。而脱甲烷塔第 7 块板二氧化碳冻堵温度仅下降 0.1℃，塔板温度则下降 0.21℃。引起抽出位置上方冻堵裕量上升，下方冻堵裕量下降。

（3）抽出位置上方，抽出量对塔板气相中二氧化碳浓度影响大于对塔板温度的影响，抽出位置下方则刚好相反，由此出现抽出量对不同塔板位置二氧化碳冻堵裕量变化趋势的差异。因此，可通过增加脱甲烷塔气相抽出量控制抽出位置上方二氧化碳固体形成。

2）SRX 流程参数的影响

SRX 流程最大的特点是从脱甲烷塔中部抽出部分气相，冷却后通过塔顶分离器分离出液烃作为塔上部回流物。因此，脱甲烷塔塔板抽出气相量与塔顶低温分离器温度均会影响二氧化碳固体形成。经流程模拟可知，SRX 流程抽出气相量与 SRC 流程气相抽出量对二氧化碳固体形成的影响类似，现仅讨论 SRX 塔顶分离器温度对二氧化碳固体形成的影响。

研究表明：在乙烷回收率一定的条件下，SRX 流程脱甲烷塔塔顶分离器温度越低，脱甲烷塔温度越低，越易形成二氧化碳固体。

为验证脱甲烷塔塔顶分离器温度对二氧化碳固体形成的影响，在流程其他参数不变的条件下，模拟不同脱甲烷塔塔顶分离器温度下脱甲烷塔塔板气相中二氧化碳冻堵裕量的变化，来说明脱甲烷塔塔顶分离器温度对二氧化碳固体形成的影响。SRX 流程如图 7-11 所示。

经模拟计算，脱甲烷塔顶分离器温度与塔板气相中二氧化碳冻堵温度、塔板温度、二氧化碳冻堵裕量的关系见表 8-11。脱甲烷塔抽出位置为第 11 块板。第二股进料位置为第 4 块板，膨胀机进料位置为第 8 块板。

由表 8-11 可知：

（1）随着塔顶分离器温度的降低，二氧化碳冻堵裕量呈下降趋势。塔顶分离器温度每降低 1℃，二氧化碳冻堵裕量下降 0～0.7℃。

（2）脱甲烷塔塔顶分离器温度越低，从塔中部抽出气相的液化率越高，引起进入塔上部的液烃量增加，为塔上部带来的冷量液随之增加，导致脱甲烷塔温度下降。塔顶分离器温度由 -92℃降低至 -93℃的过程中，二氧化碳冻堵温度仅下降 0～0.3℃，而塔板温度则下降 0.3～0.7℃，引起二氧化碳冻堵裕量下降。

（3）SRX 流程脱甲烷塔塔顶分离器温度下降引起塔内温度降低是冻堵裕量下降的主要原因，升高脱甲烷塔塔顶分离器温度有利于控制脱甲烷塔上部二氧化碳冻堵。

表8-11 塔顶分离器温度对CO₂固体形成的影响

塔板数块	脱甲烷塔塔顶分离器温度 -92，℃			脱甲烷塔塔顶分离器温度 -93，℃			脱甲烷塔塔顶分离器温度 -94，℃		
	CO₂冻堵温度，℃	塔板温度，℃	冻堵裕量，℃	CO₂冻堵温度，℃	塔板温度，℃	冻堵裕量，℃	CO₂冻堵温度，℃	塔板温度，℃	冻堵裕量，℃
1	−103.15	−98.03	5.12	−103.39	−98.34	5.05	−103.79	−98.72	5.06
2	−100.77	−95.39	5.37	−100.98	−95.91	5.07	−101.35	−96.54	4.82
3	−100.63	−93.91	6.72	−100.80	−94.49	6.31	−101.11	−95.22	5.89
4	−101.16	−92.25	8.91	−101.31	−92.89	8.41	−101.59	−93.67	7.91
5	−100.80	−91.89	8.90	−100.73	−92.38	8.35	−100.72	−93.02	7.70
6	−100.72	−91.65	9.07	−100.57	−91.98	8.59	−100.42	−92.46	7.96
7	−100.76	−91.48	9.27	−100.63	−91.69	8.94	−100.47	−91.99	8.47
8	−100.81	−91.51	9.29	−100.75	−91.57	9.18	−100.68	−91.68	9.01
9	−100.67	−91.13	9.54	−100.62	−91.19	9.43	−100.55	−91.17	9.26
10	−100.63	−91.01	9.62	−100.56	−91.06	9.52	−100.51	−91.17	9.34

三、不同流程控制二氧化碳冻堵的差异

乙烷回收流程较多，不同流程控制二氧化碳冻堵能力不同。乙烷回收流程控制二氧化碳冻堵能力与原料气压力、气体组成、外输压力及乙烷回收率有关，其规律相对复杂。现通过两组气质条件对典型乙烷回收流程 RSV、SRC、SRX 控制二氧化碳冻堵能力进行模拟研究。

RSV、SRC、SRX 工艺流程分别如图8-4、图7-18、图7-20所示，选用两组原料气工况条件及气质组成，在保持工况条件及乙烷回收率相同的条件下，运用 Aspen HYSYS 软件模拟三个典型乙烷回收流程控制二氧化碳冻堵能力的差异，其差异用脱甲烷塔最小冻

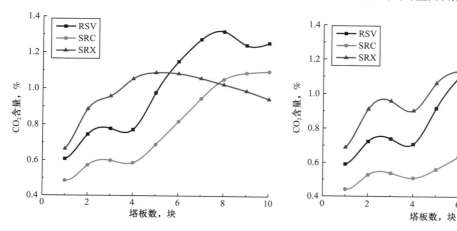

图8-24 第一组工况脱甲烷塔塔板气相CO₂分布   图8-25 第二组工况脱甲烷塔塔板气相CO₂分布

堵裕量表示。其计算条件及模拟结果见表 8-12。第一、二组工况下 3 种工艺流程脱甲烷塔内二氧化碳分布情况分别如图 8-24、图 8-25 所示。

表 8-12　典型流程不同工况模拟结果

项目		第一组工况			第二组工况		
气质组成代号		102			211		
处理量，$10^4 m^3/d$		1000			1000		
原料气压力，MPa		6.5			6.5		
温度，℃		35			35		
外输气压力，MPa		6.0			6.0		
CO_2 含量，%（摩尔分数）		1.5			1.5		
乙烷回收流程		RSV	SRC	SRX	RSV	SRC	SRX
低温分离器温度，℃		−52	−54	−58	−50	−52	−51
外输气回流比，%		13.1	—	18	11.6	—	16.8
低温分离器气相过冷比，%		23.5	23		18	18	—
低温分离器液相过冷比，%		5	50	20	30	60	35
侧线抽出量，kmol/h		—	2700	1400	—	2100	1100
塔顶分离器温度，℃		—	—	−90	—	—	−90
脱甲烷塔	压力，MPa	3.1	3.1	3.1	2.8	2.8	2.8
	塔顶温度，℃	−93.6	−93.7	−93.6	−95.5	−95.6	−95.4
脱甲烷塔塔顶压缩功率，kW		—	461	—	—	457	—
丙烷制冷压缩功率，kW		1714	2495	1936	3613	4528	3341
外输气压缩功率，kW		10512	8932	11152	11987	10575	12392
主体装置总压缩功率，kW		12226	11889	13088	15601	15562	15734
乙烷回收率，%		94	94	94	94	94	94
丙烷回收率，%		99.9	99.9	99.9	99.9	99.9	99.9
最小 CO_2 冻堵裕量，℃		17	21	15	10	13	7

由表 8-12 及图 8-24、图 8-25 可知：

（1）第一组工况下，保证相同乙烷回收率的情况下，RSV 流程最小二氧化碳冻堵裕量较 SRC 流程低 4℃，较 SRX 流程高 2℃；RSV 流程主体装置总压缩功较 SRC 流程高 2.8%，较 SRX 流程低 6.6%；

（2）第二组工况下，保证相同乙烷回收率的情况下，RSV 流程最小二氧化碳冻堵裕量较 SRC 流程低 3℃，较 SRX 流程高 3℃；RSV 流程主体装置总压缩功较 SRC 流程高 0.3%，较 SRX 流程低 0.9%；

（3）SRC 流程的侧线抽出使塔上部部分气相在侧线抽出中循环，降低了塔上部气相中的二氧化碳浓度。如图 8-24、图 8-25 所示，SRC 流程脱甲烷塔塔板气相中二氧化碳含量显著低于 RSV、SRX 流程。反观 SRX 流程，由于其侧线抽出位置低于 SRC 流程，此股抽出气相中二氧化碳含量更多，引起脱甲烷塔上部二氧化碳含量高于 RSV、SRC 流程。

研究表明：相同回收率情况下，SRC 流程脱甲烷塔上部二氧化碳含量较 RSV、SRX 流程更低，具有更强的二氧化碳适应性。

四、乙烷回收装置二氧化碳冻堵控制措施

依据乙烷回收流程中二氧化碳固体形成条件及影响因素分析结果，作者提出了乙烷回收流程的控制二氧化碳冻堵措施：

（1）设置前脱碳装置，脱除原料气中的二氧化碳，从根源上解决乙烷回收过程中的二氧化碳冻堵问题；

（2）向脱甲烷塔上部加注丙烷及以上液烃为主的防冻介质，降低脱甲烷塔塔板上气相中的二氧化碳浓度，从而降低二氧化碳冻堵温度以此达到控制二氧化碳冻堵的目的；

（3）控制乙烷回收流程合理工艺参数，改变二氧化碳固体形成条件，控制二氧化碳冻堵；

（4）通过对现有乙烷回收流程的不足进行改进，在不降低制冷深度的同时，避免装置发生二氧化碳冻堵，提高乙烷回收装置对原料气二氧化碳含量的适应性。

1. 脱碳

当原料气二氧化碳含量达到一定限值时，为防止凝液系统发生冻堵，必须设置脱碳装置脱除原料气中的二氧化碳。鉴于二氧化碳物性与乙烷物性接近，二氧化碳易在乙烷产品中富集，若乙烷产品中二氧化碳超标，也需要对乙烷产品进行脱碳处理。

针对凝液回收系统脱碳方案有两种：

（1）先脱除进入凝液回收装置原料气中的二氧化碳（简称前脱），再脱除乙烷产品中的二氧化碳（简称后脱）；前脱指标以后续凝液回收装置不发生二氧化碳冻堵为目标，后脱指标将乙烷产品中二氧化碳含量降至 0.01% 以下。

（2）仅脱除乙烷产品中的二氧化碳，乙烷回收装置中的二氧化碳冻堵问题通过调节合理的工艺参数、工艺流程改进等其他措施进行控制；后脱指标将乙烷产品中二氧化碳含量降至 0.01% 以下。

2. 加注防冻介质

原料气二氧化碳含量越高，脱甲烷塔上部气相中二氧化碳含量越高，当该区域中二氧化碳浓度超过平衡浓度则会导致二氧化碳固体析出。因此，要避免装置发生二氧化碳冻堵的最好方法是降低脱甲烷塔上部气相中二氧化碳浓度。为解决该问题，可根据吸收过程原理，向脱甲烷塔上部引入防冻介质以吸收气相中的二氧化碳。引入的防冻介质通常由丙烷

及丙烷以上液烃单独或组合构成。

1）各液烃控制二氧化碳固体形成效果对比

为研究丙烷及丙烷以上组分的凝液对二氧化碳的吸收效果，选用一组贫气气质工况条件，在脱甲烷塔进料二氧化碳含量和塔压均保持一致的条件下，运用 Aspen HYSYS 软件模拟向外输气回流分别加入相同温度、压力条件下的 200kmol/h 的丙烷至庚烷液烃后，脱甲烷塔气相中二氧化碳含量以及脱甲烷塔塔底重沸器负荷的变化情况，来说明不同液烃对二氧化碳的吸收效果。RSV 流程如图 8-4 所示，计算条件如下：

原料气压力：6MPa；

温度：25℃；

处理量：$500 \times 10^4 m^3/d$；

外输压力：6MPa；

原料气二氧化碳含量：2.0mol%；

气质组成（代号）：108。

经模拟计算，加入不同液烃脱甲烷塔塔板气相中二氧化碳含量及脱甲烷塔塔底重沸器负荷增加情况分别如图 8-26、图 8-27 所示。

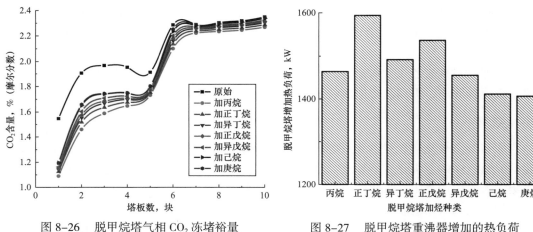

图 8-26　脱甲烷塔气相 CO_2 冻堵裕量　　　　图 8-27　脱甲烷塔重沸器增加的热负荷

由图 8-26、图 8-27 可知：

（1）向脱甲烷塔加入丙烷及以上液烃对二氧化碳固体形成具有抑制作用，并且各液烃防冻效果强弱依次为丙烷、正丁烷、异丁烷、正戊烷、异戊烷、己烷、庚烷。

（2）液烃的加入使得脱甲烷塔热负荷上升 22%～29%，自丁烷后脱甲烷塔热负荷随着含碳量的增加而减少。

（3）在脱甲烷塔塔顶加入丙烷及以上的液烃会使部分液烃进入塔顶气相，造成丙烷及以上液烃的损失。考虑到液烃的来源，推荐丙烷、丁烷混合物作为脱甲烷塔的防冻介质。

2）防冻介质加注方法

在对防冻介质的探讨中发现丙烷、丁烷的混合物吸收气相中二氧化碳的效果较好。结合乙烷回收流程自身特点可知，脱乙烷塔塔底液烃含大量的丙烷、丁烷混合物，脱丙丁烷塔塔顶产品为LPG。因此，可在外输气回流处及低温分离器气相处分别预留一个加烃口，当脱甲烷塔出现冻堵时，将外加防冻介质、LPG或脱乙烷塔塔底液烃加入脱甲烷塔以作为解除二氧化碳冻堵的一种措施。加入LPG及脱乙烷塔塔底液烃控制二氧化碳固体形成的工艺流程分别如图8-28、图8-29所示。

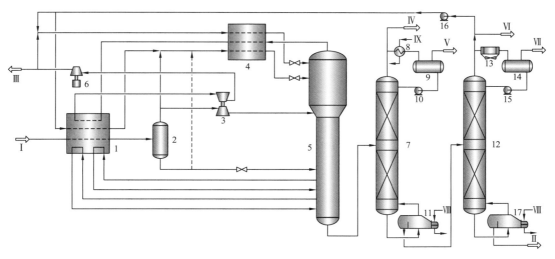

图 8-28　RSV 加入 LPG 防冻堵流程

1—主冷箱；2—低温分离器；3—膨胀机组；4—过冷冷箱；5—脱甲烷塔；6—外输气压缩机；7—脱乙烷塔；8—冷凝器；

9，14—回流罐；10，15，16—泵；11，17—重沸器；12—脱丙丁烷塔；13—空冷器； I —脱水后原料气；

II —稳定轻烃；III —外输气；IV —乙烷产品； V ，VII —不凝气；VI —LPG 产品；VIII —导热油；IX —丙烷冷剂

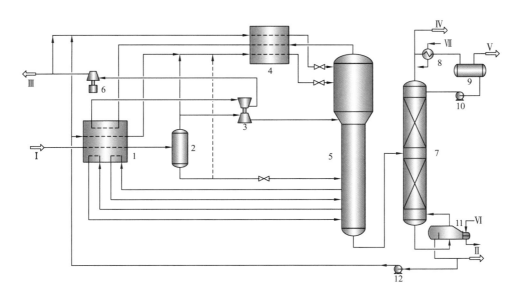

图 8-29　RSV 加入脱乙烷塔塔底液烃防冻堵流程

1—主冷箱；2—低温分离器；3—膨胀机组；4—过冷冷箱；5—脱甲烷塔；6—外输气压缩机；

7—脱乙烷塔；8—冷凝器；9—回流罐；10，12—泵；11—重沸器；

I —脱水后原料气；II —凝液；III —外输气；IV —乙烷产品； V —不凝气；VI —导热油；VII —丙烷冷剂

为研究加入来源不同的液烃控制二氧化碳冻堵的效果，针对 RSV 流程（如图 8-4 所示），选用两组气质工况条件，在保持乙烷回收率一定的条件下，运用 Aspen HYSYS 软件模拟二氧化碳含量增加的情况下，通过增加不同来源的防冻介质的方法，分析各参数及主体装置总压缩功的变化情况，来说明不同来源的液烃控制二氧化碳冻堵的效果，计算条件见表 8-13。

经模拟计算，加入 LPG 与脱乙烷塔塔底液烃的各参数及脱甲烷塔主体装置压缩功变化情况见表 8-13。两组工况条件下，两流程脱甲烷塔内塔板上气相中二氧化碳分布如图 8-30、图 8-31 所示。

表 8-13 两种流程模拟结果

项目		第一组工况			第二组工况		
		RSV	RSV 加入 LPG 防冻堵	RSV 加脱乙烷塔塔底液烃	RSV	RSV 加入 LPG 防冻堵	RSV 加脱乙烷塔塔底液烃
气质组成代号		102			211		
原料气	压力，MPa	5.0			4.8		
	温度，℃	30			30		
	处理量，$10^4 m^3/d$	1000			1000		
外输气压力，MPa		5.0			5.0		
CO_2 含量，%（摩尔分数）		1.5	1.8	1.8	1.3	1.5	1.5
掺入外输气回流的脱乙烷塔塔底液烃（或 LPG）量，kmol/h		—	48	57	—	36	39
掺入低温分离器液相的脱乙烷塔塔底液烃（或 LPG）量，kmol/h		—	121	114	—	28	35
外输气回流比，%		13	10.8	10.2	10.5	9.8	9.3
低温分离器气相过冷比，%		23	23	23	17	17	17
低温分离器液相过冷比，%		92	95	95	85	85	82
低温分离器温度，℃		−53	−53	−53	−53	−53	−53
脱甲烷塔	压力，MPa	2.5	2.5	2.5	2.1	2.1	2.1
	塔顶温度，℃	−99.5	−97.7	−97.5	−102.8	−101.2	−101.1
丙烷制冷压缩功率，kW		1763	2440	2395	3754	4149	4075
外输气压缩功率，kW		10889	10401	10315	13812	13711	13552
主体装置总压缩功率，kW		12653	12841	12710	17566	17860	17827
乙烷回收率，%		94	94	94	94	94	94
丙烷回收率，%		99.9	98.3	98.4	99.9	99.2	99.3
最小 CO_2 冻堵裕量，℃		5.0	5.0	5.0	5.0	5.0	5.0

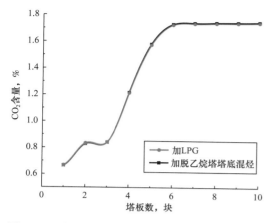

图 8-30 第一组工况脱甲烷塔塔板气相 CO_2 分布

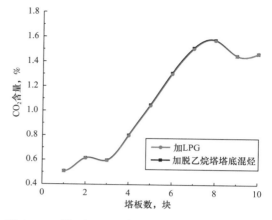

图 8-31 第二组工况脱甲烷塔塔板气相 CO_2 分布

由表 8-13 及图 8-30、图 8-31 可知：

（1）第一组工况条件下，采用丙烷与膨胀机相结合的联合制冷方式的 RSV 流程所能控制的最高原料气二氧化碳含量为 1.5%。当原料气二氧化碳含量突增至 1.8% 时，通过将 48kmol/h、121kmol/h 的 LPG 或 57kmol/h、114kmol/h 的脱乙烷塔塔底液烃分别加入外输气回流及低温分离器过冷气相控制二氧化碳固体形成。加入 LPG 及脱乙烷塔塔底液烃主体装置总压缩功分别增加 1.5%、0.5%，丙烷回收率分别下降 1.6%、1.5%。

（2）第二组工况条件下，采用丙烷与膨胀机相结合的联合制冷方式的 RSV 流程所能控制的最高原料气二氧化碳含量为 1.3%。当原料气二氧化碳含量突增至 1.5% 时，通过将 36kmol/h、28kmol/h 的 LPG 或 39kmol/h、35kmol/h 的脱乙烷塔塔底液烃分别加入外输气回流及低温分离器过冷气相控制二氧化碳固体形成。加入脱乙烷塔底液烃主体装置总压缩功分别增加 1.7%、1.5%，丙烷回收率分别下降 0.7%、0.6%；

（3）对于两组工况条件，加入 LPG 或脱乙烷塔塔底液烃对脱甲烷塔温度影响较小，对脱甲烷塔内气相中二氧化碳含量的影响基本相同，如图 8-30、图 8-31 所示，加入不同液烃的脱甲烷塔内气相二氧化碳含量分布曲线基本重合。

研究表明：向外输气回流及低温分离器过冷气相中加入脱乙烷塔塔底液烃或 LPG 的方法均能控制脱甲烷塔二氧化碳冻堵。但从能耗及丙烷损失的角度出发，推荐采用加脱乙烷塔塔底液烃的方法控制二氧化碳冻堵。由于此类方法会带来丙烷的损失，因此仅适用于作为二氧化碳含量波动较大的原料气临时控制二氧化碳冻堵的措施。

3. 合理控制流程的工艺参数

经大量计算分析发现，脱甲烷塔塔压是影响二氧化碳固体形成最主要的因素，随之是低温分离器温度、外输气回流比、低温分离器气相过冷比、低温分离器液相过冷比。若原料气二氧化碳含量波动幅度较大，采用上述措施无法解决冻堵问题，则需考虑加入防冻介质或设置前脱碳装置。

需特别注意的是考虑到二氧化碳固体形成并不是受单一参数的影响，因此在调节操作参数时也并非单一的调节某一参数，应根据二氧化碳冻堵严重情况、冷箱夹点控制、乙烷回收率、乙烷回收装置综合能耗等因素进行综合考虑、合理控制。

为反映各影响因素综合控制二氧化碳固体形成的过程，针对 RSV 流程（如图 8-4 所示），选用贫富两组气质工况条件，在保持相同乙烷回收率的情况下，运用 Aspen HYSYS 软件模拟不同工况条件下各参数的变化情况，来说明控制二氧化碳冻堵的综合作用。计算条件及模拟结果见表 8-14。

表 8-14 RSV 流程不同工况模拟结果

项目		第一组工况				第二组工况			
气质组成代号		102				211			
处理量，$10^4m^3/d$		1000				1000			
原料气压力，MPa		5.0		6.0		4.8		6.5	
温度，℃		30		35		30		35	
外输气压力，MPa		5.0		6.0		5.0		6.0	
CO_2 含量，%（摩尔分数）		0.5	1.5	0.5	1.5	0.5	1.3	0.5	1.5
外输气回流比，%		9.6	13	10.3	11.8	13	10.5	12.6	12.5
低温分离器气相过冷比，%		23	23	22	22	20	17	18	18.5
低温分离器液相过冷比，%		10	92	10	20	45	85	50	55
低温分离器温度，℃		−50	−53	−50	−50	−47	−53	−50	−50
脱甲烷塔	压力，MPa	2.4	2.5	2.8	2.8	2.1	2.1	2.8	2.8
	塔顶温度，℃	−100.8	−99.5	−96.9	−96.3	−103	−102.8	−96.1	−95.6
丙烷制冷压缩功率，kW		1217	1763	1153	1356	4059	4902	4329	4585
外输气压缩功率，kW		10967	10889	11414	11625	13433	13037	11379	11512
主体装置总压缩功率，kW		12184	12653	12567	12982	17493	17939	15708	16097
乙烷回收率，%		94	94	94	94	94	94	94	94
丙烷回收率，%		99.99	99.92	99.96	99.97	99.99	99.9	99.96	99.96
最小 CO_2 冻堵裕量，℃		7.6	5.0	14	5.0	7.2	5.0	21	11

由表 8-14 可知：

（1）对于原料气压力为 5MPa 的贫气（气质 102），当原料气二氧化碳含量由 0.5% 增加至 1.5% 时，主要通过升高 0.1MPa 的脱甲烷塔压力，降低低温分离器温度 3℃，增加 82% 的低温分离器液相过冷比，以保持 94% 乙烷回收率的情况下，最小二氧化碳冻堵裕量为 5℃。主体装置总压缩功也升高 3.7%。

（2）对于原料气压力为 6MPa 的贫气（气质 102），当原料气二氧化碳含量为 0.5% 时，由于外输气压力为 6.0MPa，相对较高的脱甲烷塔压力有利于减少外输气压缩功。因此，该条件下脱甲烷塔压力保持 2.8MPa，此时最小二氧化碳冻堵裕量达 14℃。当二氧化碳含量增加至 1.5% 时，仅需增加 1.5% 的外输气回流以保持 94% 的乙烷回收率，增加 10% 的低温分离器过冷液相以保持最小二氧化碳冻堵裕量为 5℃。

（3）对于原料气压力为 4.8MPa 的富气（气质 211），由于原料气压力低，气质较富，膨胀制冷获得的冷量少。当原料气二氧化碳含量由 0.5% 增加至 1.3% 时，主要通过降低低温分离器温度 6℃，降低 3% 的低温分离器气相过冷比，增加 40% 的低温分离器液相过冷比，以保持 94% 乙烷回收率的情况下，最小二氧化碳冻堵裕量为 5℃。主体装置总压缩功升高 2.5%。

（4）对于原料气压力为 6MPa 的富气（气质 211），当原料气二氧化碳含量由 0.5% 增加至 1.5% 时，仅需增加 0.5% 的低温分离器气相过冷比、降低 0.1% 的外输气回流比及增加 5% 的低温分离器液相过冷比以保持 94% 的乙烷回收率。主体装置总压缩功升高 2.4%。

综上所述：对于原料气压力较高的贫富气质，主要通过升高脱甲烷塔压力的方法控制二氧化碳固体形成。对于中低压富气，则主要通过降低低温分离器温度的方式控制二氧化碳固体形成。无论气质贫富，均可采用减少外输气回流比，增加低温分离器气相过冷比、增加低温分离器液相过冷比等方式在一定范围内控制乙烷回收装置二氧化碳固体形成。

4. 工艺流程改进

工艺流程改进可减小原料气二氧化碳含量增加带给乙烷回收装置的影响，如带给乙烷回收率、乙烷回收装置的能耗、二氧化碳冻堵裕量的影响。针对此类技术难题，作者针对典型乙烷回收流程做了系列改进，以增强流程对原料气二氧化碳含量的适应性。

1）RSVE 流程

部分气体循环强化流程（Recycle Split-Vapor with Enrichment，简称 RSVE）是美国 Ortloff 公司在 RSV 的基础上演变出的另一种工艺[7]。与 RSV 相似，RSVE 工艺也是从压缩后的外输气提取循环流，但循环流在冷凝和过冷前与低温分离器出来的部分气体进料进行混合，所以循环流不需要单独的换热器或单独的换热通道。故相对于 RSV 流程，RSVE 流程的投资成本更低且流程更简单。其工艺流程如图 7-7 所示。

RSVE 工艺具有以下特点：

（1）塔顶引入部分过冷液烃，可提高工艺对含二氧化碳原料气适应性，与 RSV 工艺相比能处理二氧化碳含量更高的原料气，但系统能耗较高；

（2）采用部分干气循环回流，工艺能达到较高的乙烷收率。当原料气中二氧化碳含量较低时，乙烷回收率可达 90% 以上；

（3）RSV 工艺相比，由于塔顶回流液相中含较多重烃组分，乙烷收率略低于 RSV 工艺。

RSVE 工艺适用于 4MPa 以上、含二氧化碳较多的原料气，在防止脱甲烷塔发生二氧化碳冻堵的同时，具有较高的乙烷收率。

RSVE 工艺乙烷回收率能达到 95%，且具有更高的安全系数。向分割气相流进料的循环流中增添重质烃使得脱甲烷塔上部液体的泡点温度升高，使塔的操作条件远离固态二氧化碳的生成条件，故 RSVE 工艺可以在给定的回收水平下比 GSP、RSV 工艺处理二氧化碳浓度高得多的原料气，使之成为目前二氧化碳耐受性最强的乙烷回收工艺之一。

2）RSVL 流程

为了克服含二氧化碳原料气乙烷回收过程中，RSV 流程脱甲烷塔上部冻堵难控制的问题，利用丙烷及以上液烃对二氧化碳的吸收原理，提出一种 RSV 流程的改进形式（Recycle Split-Vapor with Liquid，简称 RSVL）。该流程在 RSV 流程的基础上，将部分低温分离液相与外输气回流混合后过冷进入脱甲烷塔塔顶，以解决脱甲烷塔上部二氧化碳冻堵问题。RSVL 工艺流程如图 8-32 所示。

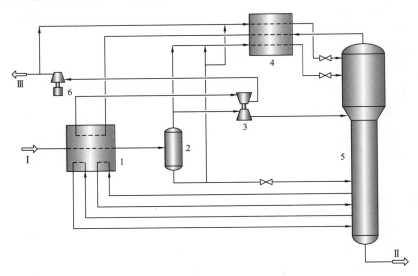

图 8-32　RSVL 乙烷回收工艺流程

1—主冷箱；2—低温分离器；3—膨胀机组；4—过冷冷箱；5—脱甲烷塔；6—外输气压缩机；
Ⅰ—脱水后原料气；Ⅱ—凝液；Ⅲ—外输气

RSVL 流程通过将部分低温分离器部分液相与外输气回流混合过冷进入脱甲烷塔顶部，增加进入脱甲烷塔顶部丙烷及以上液烃含量，降低塔顶塔板上的二氧化碳浓度，提高装置二氧化碳冻堵裕量，同时允许更低的塔顶温度，进而提高乙烷回收率。

RSVL 流程对不同气质的适应性较好，在不同气质的条件下均能达到高于 90% 的乙烷回收率。掺入外输气回流的低温分离器液相占低温分离器总量的 1%~20%；掺入部分过冷原料气混合的低温分离器液相需根据原料气二氧化碳含量确定。

为了研究 RSV、RSVE 和 RSVL 乙烷回收工艺的流程特点，选用贫富两组气质工况条件，在保持相同乙烷回收率的情况下，对 3 种乙烷回收流程进行模拟比较。计算条件及模拟结果见表 8-15。

由表 8-15 可知：

（1）第一组工况条件下，保持相同乙烷回收率且脱甲烷塔气相最小二氧化碳冻堵裕量大于 5℃ 的情况下，RSV、RSVE、RSVL 流程具有相同脱甲烷塔压力。较 RSV 流程，RSVE 流程低温分离器温度低 1℃，外输气回流比高 8%，低温分离器液相过冷比少 41%，

表 8-15 3 种流程不同模拟结果

项目		第一组工况			第二组工况		
气质组成代号		102			203		
原料气	压力，MPa	6.0			5.0		
	温度，℃	27			30		
	处理量，$10^4 m^3/d$	1000			800		
外输气压力，MPa		6.0			5.0		
CO_2 含量，%（摩尔分数）		2.0	2.0	2.0	1.5	1.5	1.5
乙烷回收工艺		RSV	RSVE	RSVL	RSV	RSVE	RSVL
低温分离器温度，℃		−53	−54	−53	−54	−54	−54
外输气回流比，%		12	20	12	10.2	16	9.4
低温分离器气相过冷比，%		22	25	23	20	23	19
低温分离器液相过冷比，%		56	15	21.5	66	43	44.5
掺入外输气回流低温分离器液相比，%		—	—	3.5	—	—	7.3
脱甲烷塔	压力，MPa	2.8	2.8	2.8	2.4	2.4	2.4
	塔顶温度，℃	−96.3	−96.1	−96	−100.8	−99.2	−99.3
丙烷制冷压缩功率，kW		1779	2194	1767	3056	2803	2538
外输气压缩功率，kW		11731	13166	11735	9276	9776	8874
主体装置总压缩功率，kW		13510	15360	13502	12332	12579	11412
乙烷回收率，%		94	94	94	94	94	94
丙烷回收率，%		99.9	99	99.5	99.9	99	99.3
最小 CO_2 冻堵裕量，℃		5.0	5.1	5.1	5.0	5.0	5.0

总压缩功高 13.7%；RSVL 流程除掺入 3.5% 的低温分离器液相至外输气回流外，其他参数与 RSV 流程基本相同，但流程总压缩功低 0.06%。

（2）第二组工况条件下，保持相同乙烷回收率且脱甲烷塔气相最小二氧化碳冻堵裕量大于 5℃ 的情况下，RSV、RSVE、RSVL 流程具有相同脱甲烷塔压力及低温分离器温度。较 RSV 流程，RSVE 流程外输气回流比高 5.8%，低温分离器液相过冷比少 23%，总压缩功高 2.0%；RSVL 流程外输气回流比低 0.8%，低温分离器液相过冷比少 21.5%，总压缩功低 7.5%。

为进一步探究 RSV、RSVE、RSVL 流程产生上述差异的原因，将 3 种流程脱甲烷塔内气相中二氧化碳冻堵温度裕量总结见表 8-16，两组工况条件下，3 种流程脱甲烷塔内温度分布及气相中二氧化碳分布绘制如图 8-33 至图 8-36 所示。

表 8-16　三种流程脱甲烷塔冻堵情况

塔板数，块	第一组工况（气质组成代号 102）CO_2 冻堵裕量，℃			第二组工况（气质组成代号 203）CO_2 冻堵裕量，℃		
	RSV	RSVE	RSVL	RSV	RSVE	RSVL
1	7.33	13.21	6.55	5.62	11.71	6.23
2	6.03	11.43	5.18	5.21	9.54	5.11
3	6.42	8.74	5.31	8.73	7.05	5.57
4	8.04	6.44	5.75	6.44	5.01	7.04
5	6.07	5.0	6.63	5.06	5.65	5.08
6	5.02	6.13	5.01	5.39	5.82	5.01
7	5.27	6.23	5.01	8.33	5.86	7.68
8	7.64	6.27	7.49	8.53	5.88	7.85
9	7.76	6.28	7.61	8.57	5.89	7.89
10	7.79	6.27	7.63	8.58	5.86	7.88

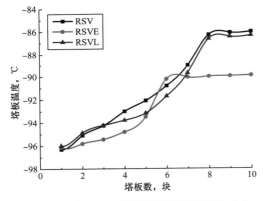

图 8-33　第一组工况脱甲烷塔塔板温度分布

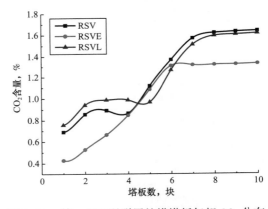

图 8-34　第一组工况脱甲烷塔塔板气相 CO_2 分布

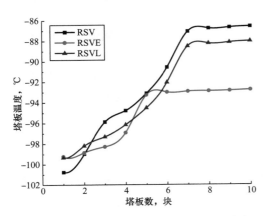

图 8-35　第二组工况脱甲烷塔塔板温度分布

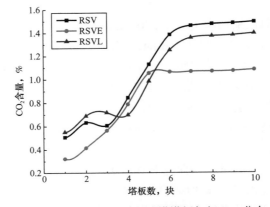

图 8-36　第二组工况脱甲烷塔塔板气相 CO_2 分布

由表 8-16 及图 8-33 至图 8-36 可知：

（1）由于 RSVE 流程将外输气回流、低温分离器部分气相、低温分离器部分液相混合过冷作为塔顶进料，减弱了外输气回流单独作为塔顶进料对塔上部的精馏作用，导致相同回收率情况下，RSVE 较其他两流程需要更低的脱甲烷塔温度，如图 8-33 及图 8-35 所示。但这种塔顶进料方式也增加了塔顶进料的丙烷及以上液烃含量，大幅降低了脱甲烷塔上部气相中的二氧化碳浓度，如图 8-34 及图 8-36 所示。因此，无论气质贫富，RSVE 流程均能保持脱甲烷塔上部较高的二氧化碳冻堵裕量。

（2）RSVL 流程采用部分低温分离器液相掺入外输气回流使得塔上部二氧化碳冻堵裕量变得可控，通过调节掺入量，可始终保持塔上部冻堵裕量在 5℃ 左右，这也是该流程节能的原因之一。如图 8-33、图 8-35 所示，RSVL 流程脱甲烷塔内温度低于 RSV 流程。

研究表明，RSVE 流程控制二氧化碳固体形成的能力最强，但其为达到较高的乙烷回收率，需消耗更多的压缩功。RSVL 流程通过掺入外输气的低温分离器液相量能很好地控制塔上部二氧化碳固体形成，与 RSVE、RSVL 流程相比，相同乙烷回收率的情况下，节能优势明显。但 RSVE、RSVL 流程均存在一定程度的丙烷损失，对于采用发热量计算的外输天然气更具优势。

3）RSV 前增压流程

原料气压力越低越难控制二氧化碳固体形成，提高低压原料气的压力是控制二氧化碳固体形成最行之有效的方法。针对低压气田，以前增压思想为指导，在 RSV 流程的基础上将膨胀机组用于原料气增压以用于低压原料气的处理，改进流程如图 8-37 所示。

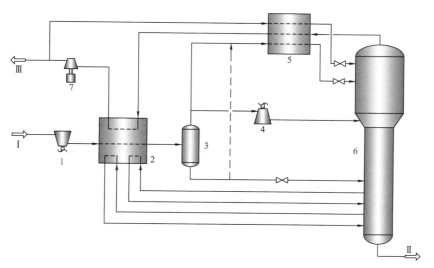

图 8-37　RSV 前增压工艺流程

1—膨胀机组增压端；2—主冷箱；3—低温分离器；4—膨胀机组膨胀端；5—过冷冷箱；
6—脱甲烷塔；7—外输气压缩机；Ⅰ—脱水后原料气；Ⅱ—凝液；Ⅲ—外输气

RSV 前增压流程的特点是在 RSV 流程的基础上，将原本用于外输气增压的膨胀机组压缩端改为向原料气进行前增压。前增压流程将原料气压力提高，可明显提高原装置对二氧化碳含量的适应性，适用于原料气压力较低且含二氧化碳的原料气。

4）预分离流程

脱甲烷塔冻堵位置集中在脱甲烷塔上部，可考虑向脱甲烷塔塔顶加入防冻介质控制二氧化碳固体形成。对于较富的气质，丙烷及以上液烃含量较多，以向塔顶添加防冻介质的角度出发，在 RSV 流程的基础上，提出一种从原料气中预分离出部分凝液作为防冻介质加入塔顶的预分离流程。该流程对气质组成较富的原料气控制二氧化碳固体形成的能力较好，工艺流程如图 8-38 所示。

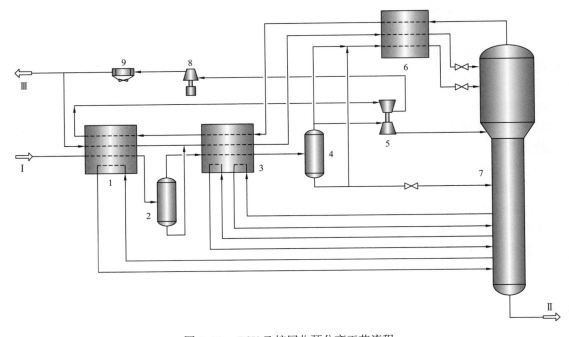

图 8-38　RSV 乙烷回收预分离工艺流程

1—预冷冷箱；2—预分离器；3—主冷箱；4—低温分离器；5—膨胀机组；
6—过冷冷箱；7—脱甲烷塔；8—外输气压缩机；9—空冷器；
Ⅰ—脱水后原料气；Ⅱ—凝液；Ⅲ—外输气

为研究预分离流程的特点，选取一组较富气质作为研究对象，在保持相同乙烷回收率的情况下，通过与不设预分离器的 RSV 流程（如图 8-4 所示）进行模拟对比，分析 RSV 预分离流程的流程特性。计算条件及模拟结果见表 8-17。

由表 8-17 可知：

（1）在该气质组成工况条件下，RSV 流程在保持 94% 乙烷回收率的情况下，通过调节工艺参数所能适应的最高原料气二氧化碳含量为 1.3%。相同条件下，经预分离部分液烃掺入外输气回流的方式可将流程所能适应的最高原料气二氧化碳含量提升至 1.7%。

（2）预分离流程能有效提升原料气二氧化碳含量适应性，但造成 0.8% 的丙烷回收率损失。同时，主体装置总压缩功也相应增加 16%。

预分离流程虽能明显提升原料气对二氧化碳的适应性，但因其带来丙烷损失的缺点，在外输气采用发热量计算的条件下应用会显得更有意义。

表 8-17 RSV 及预分离流程模拟结果

项目		不设预分离器的 RSV	设预分离器的 RSV
气质组成代号		211	
原料气	压力，MPa	4.8	
	温度，℃	30	
	处理量，$10^4m^3/d$	1000	
外输气压力，MPa		5.0	
CO_2 含量，%（摩尔分数）		1.3	1.7
低温分离器温度，℃		-53	-54
外输气回流比，%		10.5	10.6
低温分离器气相过冷比，%		17	13.5
低温分离器液相过冷比，%		85	95
脱甲烷塔	压力，MPa	2.1	2.0
	塔顶温度，℃	-102.8	-99.6
丙烷制冷压缩功率，kW		4902	3632
外输气压缩功率，kW		13037	17341
主体装置总压缩功率，kW		17939	20974
乙烷回收率，%		94	94
丙烷回收率，%		99.9	99.1
最小 CO_2 冻堵裕量，℃		5.0	5.0

低压富气及低压超富气在进行乙烷回收时，因其原料气压力低、气质组成较富，经膨胀制冷获得的冷量特别有限。同时，原料气中二氧化碳含量的增加，会导致低温分离器进料物流的气化率降低，经膨胀制冷获得冷量进一步减少，乙烷回收率下降，冷箱夹点控制变得困难。针对此类气质条件改进出一种乙烷回收率高、二氧化碳含量适应性强的 GLSP 预分离流程，其工艺流程如图 8-39 所示。

GLSP 流程最大的特点在于结合了 GSP 流程乙烷回收率高、LSP 流程二氧化碳适应强的特点，并通过将膨胀机组压缩端用于低压原料气的前增压，进一步提升该流程对低压原料气的适应性。此外，采用预分离的 GLSP 流程，充分利用原料气气质较富的特点将原料气中部分较重的烃预分离出来，根据重烃对二氧化碳的吸收作用，将预分离出来的重烃掺入外输气回流，以进入最易冻堵的脱甲烷塔上部，从而通过预分离量控制脱甲烷塔上部二氧化碳固体形成。

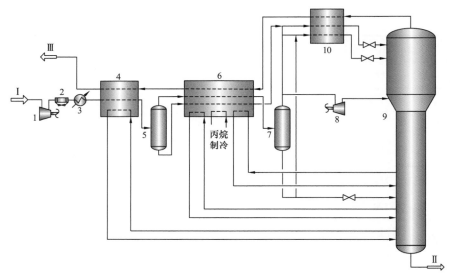

图 8-39　GLSP 预分离工艺流程

1—膨胀机组增压端；2—空冷器；3—水冷器；4—预冷冷箱；5—预分离器；6—主冷箱；

7—低温分离器；8—膨胀机组膨胀端；9—脱甲烷塔；10—过冷冷箱；

Ⅰ—脱水后原料气；Ⅱ—凝液；Ⅲ—外输气

第三节　凝液产品中二氧化碳控制技术

采用低温冷凝法回收的凝液产品中常混有大量源自原料气的二氧化碳，根据天然气凝液产品标准要求，需对凝液（NGL）中的二氧化碳进行脱除，以达到凝液产品质量要求。二氧化碳含量的高低将直接影响凝液产品脱碳装置的投资、运营成本，因此降低凝液产品中的二氧化碳含量具有相当大的节能优势。同时，国外管道公司为提高管输效率，对凝液产品中二氧化碳含量也有进一步的要求。

一、CDC 技术工艺原理

天然气凝液产品中二氧化碳控制技术（Carbon Dioxide Control，简称 CDC）是由美国 Ortloff 公司于 1999 年提出的一项降低凝液产品二氧化碳含量的技术，该技术能应用于任何类型的低温凝液回收流程[8, 9]。不论是凝液回收装置的新建或改建，其优点都能在流程设计中得以体现。通过工艺改进，CDC 技术可实现在较高乙烷回收水平下装置不发生二氧化碳冻堵，以及凝液产品中二氧化碳含量大幅降低。运用 CDC 技术进行改进后的 GSP 工艺和 RSV 工艺流程如图 8-40、图 8-41 所示。

由图 8-40、图 8-41 可看出：

（1）CDC 技术通过吸收塔底液烃分流，将部分含大量二氧化碳的液烃与原料气换热升温后进入脱甲烷塔下部，该设计既可作为脱甲烷塔侧线重沸器来加强脱甲烷塔热集成，又

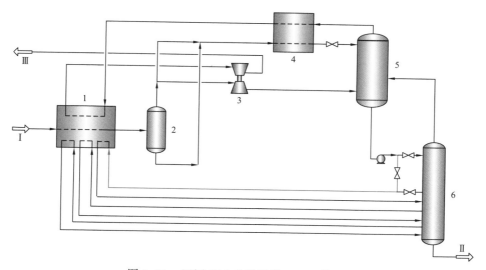

图 8-40 运用 CDC 改进后的 GSP 工艺流程

1—主冷箱；2—低温分离器；3—膨胀机组；4—过冷冷箱；5—吸收塔；6—脱甲烷塔；
Ⅰ—脱水后原料气；Ⅱ—凝液；Ⅲ—外输气

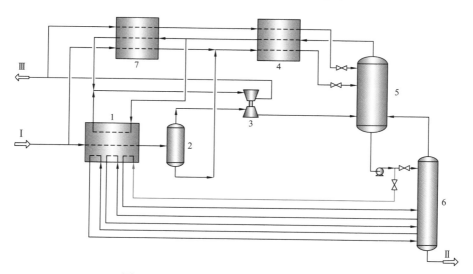

图 8-41 运用 CDC 改进后的 RSV 工艺流程

1—主冷箱；2—低温分离器；3—膨胀机组；4—过冷冷箱；5—吸收塔；6—脱甲烷塔；7—回流气冷箱；
Ⅰ—脱水后原料气；Ⅱ—凝液；Ⅲ—外输气

让液烃升温汽化，二氧化碳随气相自下而上流动而积聚在脱甲烷塔内上部几块塔板上，从而减少脱甲烷塔重沸器上方几块塔盘液相中二氧化碳含量；

（2）剩余的吸收塔底部液烃进入脱甲烷塔顶部，富含甲烷的液烃可有效吸收脱甲烷塔塔顶气相中的乙烷及乙烷以上的液烃，从而提高装置乙烷回收率。

（3）脱甲烷塔塔顶气相可对吸收塔底部液相中二氧化碳进行气提，提高脱甲烷塔上部和吸收塔中的二氧化碳浓度，有效降低天然气凝液产品中二氧化碳含量。

将 CDC 技术的优点与乙烷回收流程的有机结合，不仅能够降低脱甲烷塔底部凝液产品的二氧化碳含量，而且能最大限度地避免乙烷回收率的降低。吸收塔的操作压力可提高，以减少外输气压缩功，在不增加外输压缩功的条件下实现外输气循环量的增加。通过调节控制流向侧线重沸器的凝液量来控制凝液产品中二氧化碳含量，通过调节控制脱甲烷塔塔底温度来保证凝液中甲烷含量符合要求。

　　CDC 技术具有以下特点：

　　（1）有效降低凝液产品中的二氧化碳；

　　（2）通过增加进入脱甲烷塔中上部的吸收塔底部凝液量，可减少凝液产品中的二氧化碳含量；

　　（3）吸收塔底部分液烃作为侧重沸器，可提高脱甲烷塔热集成，有效降低脱甲烷塔底重沸器负荷及外部制冷循环能耗；

　　（4）吸收塔的操作压力可提高以减少外输压缩功，此举可在不增加外输压缩功的条件下实现外输气循环量的增加。

二、CDC 技术的应用

　　对 GSP 和 RSV 流程运用 CDC 技术进行改进，研究 CDC 技术的流程特点。选取一组二氧化碳含量较高的凝析气田气作为研究对象，原料气中含有 1% 的二氧化碳，原料气压力、温度分别为 6.0MPa、30℃，外输气压力为 6.0 MPa，乙烷回收装置处理规模为 $600 \times 10^4 \mathrm{m}^3/\mathrm{d}$，原料气组成见表 8-18。

表 8-18　原料气组成

组分	N_2	CO_2	C_1	C_2	C_3	iC_4
含量，%（摩尔分数）	1.43	1.00	89.15	6.28	1.39	0.25
组分	nC_4	iC_5	nC_5	C_6	C_7	C_{8^+}
含量，%（摩尔分数）	0.27	0.08	0.06	0.05	0.04	0.00

　　GSP 和 RSV 工艺进行 CDC 改进后，在控制脱甲烷塔塔底凝液产品中二氧化碳含量模式和高乙烷回收率模式下的相关运行参数分别见表 8-19 和表 8-20，两种模式下吸收塔内二氧化碳分布如图 8-42、图 8-43 所示。

　　由表 8-19、表 8-20 及图 8-42、图 8-43 可知：

　　（1）GSP 和 RSV 流程运用 CDC 技术后，在二氧化碳控制模式下运行时几乎不影响乙烷回收率，凝液产品中的二氧化碳含量能降低 1.3%～1.84%；在高回收率下塔底凝液中二氧化碳含量增加 0.29%～2.02%，乙烷回收率上升 2%。CDC 技术改进后的流程可根据不同凝液产品或乙烷回收率需求自由切换，操作灵活。

　　（2）应用 CDC 技术改进后的 GSP、RSV 流程，在二氧化碳控制模式下，吸收塔上部气、液相中的二氧化碳含量明显高于高回收率模式，如图 8-42 及图 8-43 所示。由此可

表 8-19　GSP 流程改进前后对比

项目		GSP	CDC 改进后的 GSP	
			CO_2 控制模式	高回收率模式
原料气 CO_2 含量，%（摩尔分数）		1.0	1.0	1.0
低温分离器温度，℃		−50	−48	−51
脱甲烷塔压力，MPa		2.6	2.6	2.6
脱甲烷塔塔底温度，℃		5.41	12.03	8.58
乙烷回收率，%		89	89	91
丙烷回收率，%		98.37	98.54	98.78
塔底产品 %（摩尔分数）	C_1/C_2	1.62	1.46	1.49
	CO_2	5.46	4.3	7.48

表 8-20　RSV 流程改进前后对比

项目		RSV	CDC 改进后的 RSV	
			CO_2 控制模式	高回收率模式
原料气 CO_2 含量，%（摩尔分数）		1.00	1.00	1.00
低温分离器温度，℃		−48	−45	−47
脱甲烷塔塔底温度，℃		11.56	13.04	11.07
脱甲烷塔压力，MPa		2.5	2.6	2.6
乙烷回收率，%		92	91	94
丙烷回收率，%		99.99	99.99	99.99
塔底产品 %（摩尔分数）	C_1/C_2	1.59	1.43	1.42
	CO_2	4.66	2.82	4.95

知，二氧化碳控制模式下，凝液产品中的二氧化碳聚集在吸收塔顶气相中。外输气中二氧化碳含量升高。

　　运用 CDC 技术进行改进后，可降低凝液产品中的二氧化碳含量，可降低乙烷产品脱碳装置的运行费用。

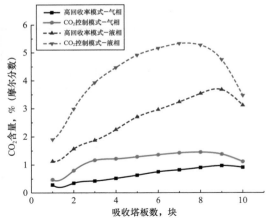

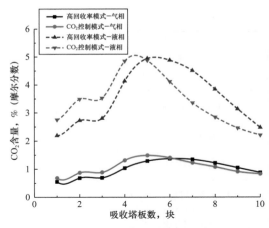

图 8-42　GSP 改进后吸收塔板气液相中 CO_2 含量　　图 8-43　RSV 改进后吸收塔板气液相中 CO_2 含量

第四节　控制二氧化碳固体形成的措施及应用

在工程设计及应用过程中，原料气工况条件决定了控制二氧化碳固体形成措施的选用。为更好地理解不同工况条件下应对二氧化碳固体形成的解决方法，本节对乙烷回收过程中控制二氧化碳固体形成方法选用进行总结，并对具体工程案例控制二氧化碳固体形成方法进行分析。

一、控制二氧化碳固体形成的措施

作者对乙烷回收控制二氧化碳固体形成规律进行了研究，经大量模拟计算，总结了控制二氧化碳固体形成的措施，在流程设计中应遵循以下原则：

（1）二氧化碳固体形成控制与原料气压力、二氧化碳含量有关。低压原料气二氧化碳含量小于 1.0% 的情况、中高压原料气二氧化碳含量小于 1.5% 的情况，可通过优化流程及工艺参数对二氧化碳固体形成进行控制，而不进行前脱碳处理。

（2）对于中高压原料气，可采用 RSV 及其改进流程、SRC 等流程。主要通过升高脱甲烷塔压力的方法控制二氧化碳固体形成。同时可采用减少外输气回流比，增加低温分离器气相过冷比、增加低温分离器液相过冷比等方式在一定范围内控制乙烷回收装置二氧化碳固体形成。

（3）对于低压油田伴生气，处理规模小、外输压力低，可采用 LSP、GLSP 等流程。主要通过升高脱甲烷塔塔压及将低温分离器部分液相引入塔顶进料控制二氧化碳固体形成。

（4）对已建乙烷回收装置，原料气二氧化碳含量波动较大，超过设计值时，可在脱甲烷塔塔顶进料处及第二股进料（从脱甲烷塔顶往下数）处分别预留一个加烃口，当脱甲烷塔发生二氧化碳冻堵时，向加烃口加入防冻介质（丙丁烷为主的液烃）、脱乙烷塔塔底液烃以控制脱甲烷塔二氧化碳冻堵。加烃流程如图 8-29 所示。

二、控制二氧化碳冻堵方案的实例研究

为说明乙烷回收过程中控制二氧化碳冻堵的具体方案，本节对部分具有代表性的油气田原料气工况条件进行案例模拟分析，针对性地制定控制二氧化碳冻堵方案。

1. 中高压贫气控制二氧化碳冻堵方案

通过中压贫气乙烷回收实例说明乙烷回收装置控制二氧化碳冻堵控制方法。现对给定的中高压贫气乙烷回收方案进行研究。其凝液产品方案为乙烷、液化石油气和稳定轻烃。

1）设计基础参数

天然气处理规模：$1000 \times 10^4 m^3/d$；

脱水后原料气压力：6.6MPa；

脱水后原料气温度：30℃；

外输气压力：大于 6.0MPa；

原料气组成见表 8-21。

液化石油气和稳定轻烃需满足相关的国家标准，产品乙烷按表 8-22 要求。

表 8-21 原料气组成条件

组分	N_2	CO_2	C_1	C_2	C_3	iC_4	nC_4
含量 %（摩尔分数）	0.61	2.88	88.79	5.25	1.56	0.27	0.29
组分	iC_5	nC_5	C_6	C_7	C_8	C_9	C_{10}
含量 %（摩尔分数）	0.11	0.07	0.06	0.04	0.04	0.01	0.01

表 8-22 产品乙烷质量指标

项目	指标	项目	指标
C_1	≤1%（质量分数）	丙烷及更重组分	≤2.5 %（质量分数）
C_2	≥95 %（质量分数）	CO_2	≤0.01%（摩尔分数）

2）工艺流程选用

原料气压力高（6.6MPa），原料气中乙烷及乙烷以上重组分摩尔含量为 7.72%，气质较贫，GPM 值为 2.1。其乙烷回收可采用 RSV、SRC 流程，制冷方式采用丙烷制冷与膨胀机制冷相结合。RSV 及 SRC 流程分别如图 8-4、图 8-44 所示。两流程模拟结果见表 8-23。RSV、SRC 流程脱甲烷塔内温度分布如图 8-45 所示；RSV、SRC 流程脱甲烷塔内塔板气相中二氧化碳分布情况如图 8-46 所示。

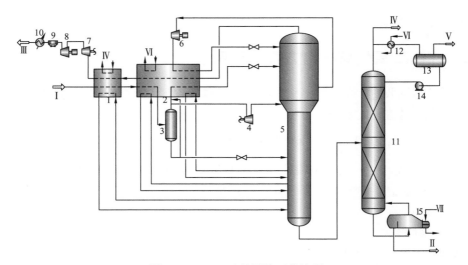

图 8-44　SRC 乙烷回收工艺流程

1—预冷冷箱；2—主冷箱；3—低温分离器；4—膨胀机组膨胀端；5—脱甲烷塔；6—脱甲烷塔塔顶压缩机；
7—膨胀机组增压端；8—外输气压缩机；9—空冷器；10—水冷器；11—脱乙烷塔；12—冷凝器；13—回流罐；14—泵；
15—重沸器；Ⅰ—脱水后原料气；Ⅱ—凝液；Ⅲ—外输气；Ⅳ—乙烷产品；Ⅴ—不凝气；Ⅵ—丙烷冷剂；Ⅶ—导热油

表 8-23　两种流程模拟结果

项目		RSV 流程		SRC 流程	
CO₂ 含量，%（摩尔分数）		1.0	2.88	1.0	2.88
外输气回流比，%		14	14.8	—	—
低温分离器气相过冷比，%		23.5	24	23	23
低温分离器液相过冷比，%		10	10	10	40
低温分离器温度，℃		−51	−54	−51	−54
侧线抽出量，kmol/h		—	—	2350	2470
脱甲烷塔	压力，MPa	3.1	3.1	3.0	3.0
	塔顶温度，℃	−93.9	−93.1	−94.8	−94.1
脱乙烷塔	压力，MPa	2.5	2.8	2.5	2.8
	回流冷凝温度，℃	−10	−10	−10	−10
脱甲烷塔塔顶压缩机功率，kW		—	—	413	464
丙烷制冷压缩功率，kW		2060	2725	1908	2770
外输气压缩功率，kW		10369	10713	9148	9274
主体装置总压缩功率，kW		12430	13438	11469	12508
乙烷回收率，%		94	94	94	94
丙烷回收率，%		99.99	99.99	99.9	99.9
最小 CO₂ 冻堵裕量，℃		21	5.0	11	5.0

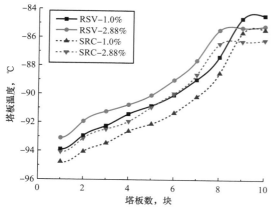

图 8-45　两流程不同原料气 CO_2 含量下
的脱甲烷塔塔板温度分布

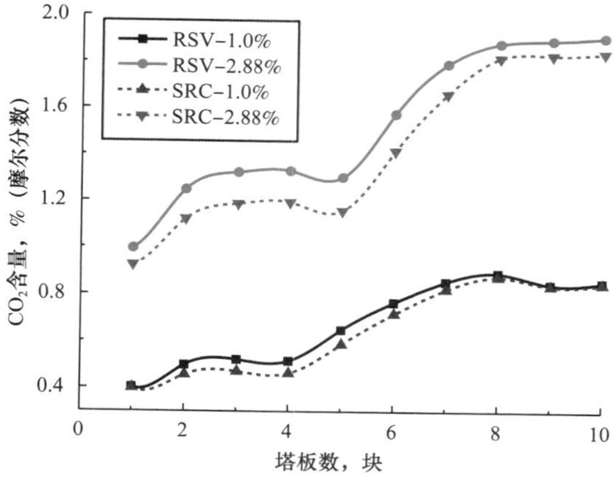

图 8-46　两流程不同原料气 CO_2 含量下
的脱甲烷塔塔板气相中 CO_2 分布

由表 8-23、图 8-45 及图 8-46 可知：

（1）当原料气二氧化碳含量由 1% 升高至 2.88% 的过程中，RSV 及 SRC 流程主要通过升高脱甲烷塔压力控制二氧化碳固体形成。在相同气质工况及乙烷回收率的情况下，与 RSV 流程相比，SRC 流程主体装置总压缩功低 6.9%～7.7%；

（2）相同工况条件下，RSV 流程脱甲烷塔塔板气相中二氧化碳含量较 SRC 流程高 0～0.2%，因此需控制 RSV 流程脱甲烷塔压力比 SRC 流程高 0.1MPa，以控制二氧化碳冻堵。由于 RSV 流程脱甲烷塔压力更高，塔板温度较 SRC 流程高 0.6～1.3℃，为保持相同乙烷回收率，其主体装置总压缩功高 6%～8%。

SRC 流程设有侧线压缩机增加了工程投资，外输气压力较高，可直接采用 RSV 工艺简化流程。因此该实例采用 RSV 流程。对于二氧化碳含量较高的原料气，该方案可解决二氧化碳冻堵问题，但是否经济合理，需进一步进行经济评价分析后再进行决策。

3）装置产品

本装置主要生产乙烷产品、液化石油气、稳定轻烃产品，回收凝液后的天然气作为外输气外输，产品组成及产品量见表 8-24。LPG 和稳定轻烃需满足相关的国家标准，产品乙烷质量指标需满足要求见表 8-22。

4）能耗估算

装置能耗主要包括丙烷制冷、外输气压缩机、脱乙烷塔和脱丙丁烷塔的塔底重沸器负荷等，不包括分子筛脱水再生能耗。装置的能耗组成参见表 8-25，装置的综合能耗及单位综合能耗计算结果参见表 8-26。

表 8-24　产品组成及产品量

项目	外输气	乙烷产品	液化石油气	稳定轻烃
压力，MPa	6.0	2.2	1.2	0.2
流量	$905.1 \times 10^4 m^3/d$	$1.48 \times 10^4 m^3/d$	392.3t/d	148.1t/d

续表

项目		外输气	乙烷产品	液化石油气	稳定轻烃
组成	N₂	0.68	0	0	0
	CO₂	0.99	0	0	0
	C₁	97.98	0.91	0	0
	C₂	0.35	98.14	1.84	0
	C₃	0	0.95	76.27	0.02
	iC₄	0	0	12.64	3.24
	nC₄	0	0	9.23	23.37
	C₅₊	0	0	0.02	73.37
饱和蒸气压（37.8℃），kPa		—	—	1113	148.8

表 8-25　装置能耗组成

项目		数值
电耗，kW	外输气压缩功率	10713
	丙烷制冷压缩功率	2725
	脱乙烷塔塔顶回流泵轴功率	4
	脱丁烷塔塔顶回流泵轴功率	5
	小计	13447
热消耗，kW	脱乙烷塔塔底热负荷，kW	6442
	脱丁烷塔塔底热负荷，kW	2603
	小计	9045

表 8-26　装置综合能耗及单位综合能耗

项目	日消耗量		能量折算值		能耗，MJ/d
	单位	数量	单位	数量	
电	kW·h	322728	MJ/（kW·h）	11.84	3821099.52
循环水	t	13632	MJ/t	4.19	57118.08
导热油	MJ	781488	MJ/MJ	1.47	1148787.36
综合能耗	1902331.90MJ/d				
单位综合能耗	1902.33MJ/10⁴m³ 天然气				

2. 中高压富气控制二氧化碳冻堵方案

通过中压富气乙烷回收实例说明乙烷回收装置控制二氧化碳冻堵控制方法。现对给定的中高压富气乙烷回收方案进行研究。其凝液产品方案为乙烷、液化石油气和稳定轻烃。

1）设计基础参数

天然气处理规模：$800 \times 10^4 m^3/d$；

进站压力：5MPa；

进站温度：30℃；

干气外输压力：5MPa；

原料气组成见表 8-27。

表 8-27 原料气组成条件

组分	N_2	CO_2	C_1	C_2	C_3	iC_4	nC_4
含量，%（摩尔分数）	1.04	1.5	87.49	4.84	2.59	0.95	0.82
组分	iC_5	nC_5	C_6	C_7	C_8	C_9	C_{10}
含量，%（摩尔分数）	0.26	0.2501	0.16	0.05	0.03	0.01	0.01

液化石油气和稳定轻烃需满足相关的国家标准，产品乙烷按表 8-22 要求。

2）工艺流程选用

原料气压力高（5.0MPa），原料气中乙烷及乙烷以上重组分摩尔含量为 9.97%，气质为富气，GPM 值为 2.87。可采用 RSV 流程进行乙烷回收，制冷方式采用丙烷制冷与膨胀机制冷相结合。RSV 流程如图 8-4 所示。

3）二氧化碳冻堵控制方案

本案例原料气二氧化碳含量高达 1.5%，考虑到开采后期存在二氧化碳含量上升的可能，本案例提出三种控制二氧化碳固体形成的高乙烷回收率（94%）方案：

（1）方案一：设置前脱碳装置将原料气二氧化碳含量脱除到 0.1%，再采用 RSV 流程对原料气进行乙烷回收。最后，为使乙烷产品质量达标，设置后脱碳装置对乙烷产品二氧化碳含量脱除至 0.01%。

（2）方案二：设置前脱碳装置将原料气二氧化碳含量脱除到 0.5%，再采用 RSV 流程对原料气进行乙烷回收。最后，设置后脱碳装置对乙烷产品二氧化碳含量脱除至 0.01%。

（3）方案三：在不设置前脱碳装置的前提下，利用 RSV 流程直接对原料气进行乙烷回收。最后同样设置后脱碳装置将乙烷产品中的二氧化碳含量脱除至 0.01%，使乙烷产品质量达标。

前脱碳及后脱碳采用 MDEA 及其配方溶液的常规脱碳流程，其工艺流程如图 8-47 所示。

为设计出最优方案，利用 HYSYS 软件对上述 3 种方案进行模拟。通过比较 3 种方案的能耗差异，得出最优的解决方案。3 种方案下的 RSV 流程模拟结果见表 8-28。不同方案脱碳装置及乙烷回收装置的主要能耗见表 8-29。主要能耗包括主体装置总压缩功及重沸器热负荷。投资估算压缩功按用电计算，热能用天然气发热量计算，一年按 330 天计算。电价 0.72 元 /kW·h（不含税），天然气 0.95 元 /m³（不含税）。

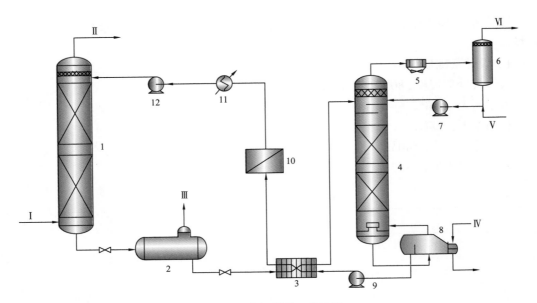

图 8-47　常规脱碳工艺流程

1—吸收塔；2—闪蒸罐；3—贫富液换热器；4—再生塔；5—空冷器；6—回流罐；
7，9，12—泵；8—重沸器；10—过滤系统；11—水冷器；Ⅰ—原料气；Ⅱ—湿净化气；
Ⅲ—闪蒸气；Ⅳ—导热油；Ⅴ—补充水；Ⅵ—酸气

表 8-28　RSV 流程模拟结果

参数		数值		
外输气压力，MPa		5.0		
原料气 CO_2 含量，%（摩尔分数）		0.1	0.5	1.5
外输气回流分流比，%		11.4	11.6	11.8
低温分离器气相过冷分流比，%		22	22	21
低温分离器液相过冷分流比，%		42	42	70
低温分离器温度，℃		−48	−48	−53
脱甲烷塔	塔顶压力，MPa	2.5	2.5	2.4
	塔顶温度，℃	−100.4	−100.1	−100.8
丙烷制冷压缩功率，kW		3033	3154	3017
外输压缩功率，kW		8574	8577	9418
总轴功率，kW		11607	11731	12435
乙烷回收率，%		94	94	94
丙烷回收率，%		99.99	99.99	99.93
最小冻堵裕量，℃		25	12	5

表 8-29　3 种方案的能耗估算对比

项目		方案一 CO₂ 前脱至 0.1%+RSV+CO₂ 后脱	方案二 CO₂ 前脱至 0.5%+RSV+CO₂ 后脱	方案三 RSV+ CO₂ 后脱
前脱碳装置	压缩功率 kW	236	127	—
	热能 kW	6304	3896	—
乙烷回收装置	压缩功率 kW	11607	11731	12435
	热能 kW	5008	5295	6460
后脱碳装置	压缩功率 kW	27	33	94
	热能 kW	533	1398	4442
总压缩功率，kW		11870	11891	12529
总热能，kW		11845	10589	10902
总能耗，万元/a		7712	7623	8013

由表 8-28 及表 8-29 可知：

（1）当原料气二氧化碳含量由 0.1% 增加至 1.5% 的过程中，在保证乙烷回收率为 94% 的情况下，RSV 流程均可对二氧化碳固体形成进行控制。

（2）与不进行前脱处理的方案三相比，将原料气二氧化碳含量前脱至 0.1% 的方案一，每年减少能耗投入 301 万元；将原料气二氧化碳含量前脱至 0.5% 的方案二，每年减少能耗投入 390 万元。

由此可看出，对于该高含二氧化碳气田进行乙烷回收时，当原料气二氧化碳含量超过 1.5% 时宜将原料气二氧化碳含量前脱至 0.5% 再进行乙烷回收。

4）装置产品

本装置主要生产乙烷产品、液化石油气、稳定轻烃产品，回收凝液后的天然气作为外输气外输，装置产品组成及产品量见表 8-30。LPG 和稳定轻烃需满足相关的国家标准，产品乙烷质量指标需满足要求见表 8-22。

5）能耗估算

装置能耗主要包括丙烷制冷、外输气压缩机、脱乙烷塔和脱丙丁烷塔的塔底重沸器负荷等，不包括分子筛脱水再生能耗。装置的能耗组成参见表 8-31，装置的综合能耗及单位综合能耗计算结果参见表 8-32。

表 8-30 装置产品组成及产品量

项目		外输气	乙烷产品	液化石油气	稳定轻烃
压力，MPa		5.0	2.2	1.2	0.2
流量		$720 \times 10^4 m^3/d$	$1.23 \times 10^4 m^3/d$	685.6t/d	240.4t/d
组成	N_2	1.16	0	0	0
	CO_2	0.28	0	0	0
	C_1	98.24	0.93	0	0
	C_2	0.32	96.9	1.84	0
	C_3	0	2.17	60.14	0
	iC_4	0	0	22.15	2.43
	nC_4	0	0	15.81	16.76
	C_{5+}	0	0	0.06	80.81
饱和蒸气压（37.8℃），kPa		—	—	959.6	138.9

表 8-31 装置能耗组成

项目		数值
电耗，kW	外输气压缩功率	8577
	丙烷制冷压缩功率	3154
	脱乙烷塔顶回流泵轴功率	5
	脱丁烷顶回流泵轴功率	8
	小计	11744
热消耗，kW	脱乙烷塔底热负荷	5278
	脱丁烷塔底热负荷	4670
	小计	9948

表 8-32 装置综合能耗及单位综合能耗

项目	日消耗量		能量折算值		能耗，MJ/d
	单位	数量	单位	数量	
电	kW·h	281856	MJ/（kW·h）	11.84	3337175.04
循环水	t	9168	MJ/t	4.19	38413.92
导热油	MJ	859507.2	MJ/MJ	1.47	1263475.58
综合能耗	4639064.54MJ/d				
单位综合能耗	5798.83MJ/$10^4 m^3$ 天然气				

3. 低压超富气控制二氧化碳冻堵方案

通过低压富气乙烷回收实例说明乙烷回收装置控制二氧化碳冻堵控制方法。现对给定的低压富气乙烷回收方案进行研究。其凝液产品方案为乙烷、液化石油气和稳定轻烃。

1）设计基础参数

天然气处理规模：$100 \times 10^4 m^3/d$；

脱水后原料气压力：0.3MPa；

脱水后原料气温度：25℃；

外输气压力：1.6MPa；

脱水后原料气组成见表8-33。

表8-33 原料气组成条件

组分	N_2	CO_2	C_1	C_2	C_3	iC_4	nC_4
含量，%（摩尔分数）	0.65	2.0	78.98	8.35	5.09	1.06	2.07
组分	iC_5	nC_5	C_6	C_7	C_8	C_9	C_{10}
含量，%（摩尔分数）	0.65	0.38	0.33	0.26	0.12	0.02	0.01

液化石油气和稳定轻烃需满足相关的国家标准，产品乙烷按表8-22要求。

2）工艺流程选用

原料气压力较低（0.03MPa），原料气中乙烷及乙烷以上重组分摩尔含量为18.37%，气质较富，GPM值为5.33。可采用GLSP流程进行乙烷回收，制冷方式采用膨胀机制冷与丙烷制冷相结合。

由于原料气中二氧化碳含量高达2%，因此在处理此类原料气时，对GLSP流程提出两种适应高二氧化碳含量的流程形式。

形式一：将GLSP流程中低温分离器液相分成两股，其中一股（物流8）掺入作为塔顶进料的低温分离器气相（物料5）。通过调节低温分离器液相量，在一定范围内控制脱甲烷塔上部二氧化碳固体形成。GLSP高二氧化碳含量适应性流程形式一如图8-48所示。

形式二：原料气经过预冷冷箱后进入预分离器进行预分离，将预分离出来的液相（物料9）掺入作为塔顶进料的低温分离器气相（物料5）。通过调节预分离温度可控制进入脱甲烷塔塔顶的预分离液相量，从而在一定范围内控制脱甲烷塔上部二氧化碳固体形成。GLSP高二氧化碳含量适应性流程形式二如图8-49所示。

采用HYSYS软件对两种高二氧化碳含量适应性的GLSP流程进行模拟对比，模拟对比结果见表8-34。

由表8-34可知：

（1）对形式一无预分离GLSP流程，主要通过向脱甲烷塔塔顶加入低温分离器液相控制冻堵。此股进入脱甲烷顶部的低温分离器液相能提高0~1℃的气相冻堵裕量；

（2）对形式二预分离GLSP流程，主要通过控制预分离器温度控制二氧化碳固体形成。此股进入脱甲烷顶部的预分离液相能提高0~1℃的脱甲烷塔气相冻堵裕量。

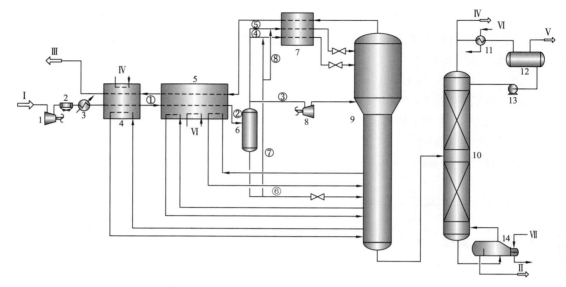

图 8-48　GLSP 高 CO_2 含量适应性流程形式一

1—膨胀机组增压端；2—空冷器；3—水冷器；4—预冷冷箱；5—主冷箱；

6—低温分离器；7—过冷冷箱；8—膨胀机组膨胀端；9—脱甲烷塔；10—脱乙烷塔；

11—冷凝器；12—回流罐；13—回流泵；14—重沸器；Ⅰ—脱水后原料气；Ⅱ—凝液；

Ⅲ—外输气；Ⅳ—乙烷产品；Ⅴ—不凝气；Ⅵ—丙烷冷剂；Ⅶ—导热油

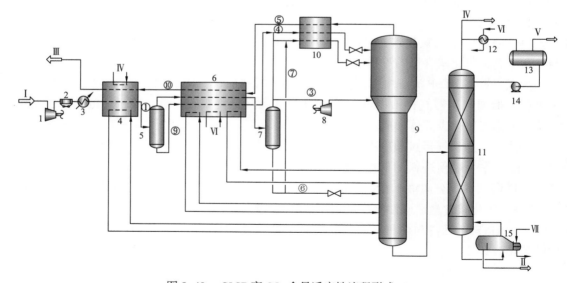

图 8-49　GLSP 高 CO_2 含量适应性流程形式二

1—膨胀机组增压端；2—空冷器；3—水冷器；4—预冷冷箱；5—预分离器；6—主冷箱；

7—低温分离器；8—膨胀机组膨胀端；9—脱甲烷塔；10—过冷冷箱；11—脱乙烷塔；

12—换热器；13—回流罐；14—回流泵；15—重沸器；Ⅰ—脱水后原料气；Ⅱ—凝液；

Ⅲ—外输气；Ⅳ—乙烷产品；Ⅴ—不凝气；Ⅵ—丙烷冷剂；Ⅶ—导热油

表 8-34　GLSP 流程两种形式模拟结果

项目		形式一：无预分离	形式二：预分离
CO_2 含量，%（摩尔分数）		2.0	2.0
原料气前增压压力，MPa		4.7	4.75
第一股气相占低温分离器气相比例，%		25.3	16.5
第二股气相占低温分离器气相比例，%		8	14.5
掺入第一股进料低温分离器液相比，%		50.3	—
掺入第二股进料低温分离器液相比，%		15.9	54
预分离器温度，℃		—	16
低温分离器温度，℃		−44	−44
脱甲烷塔	压力，MPa	2.0	2.0
	塔顶温度，℃	−100.6	−98.3
前增压压缩功率，kW		5008	5028
丙烷制冷压缩功率，kW		791	830
主体装置总压缩功率，kW		5799	5858
乙烷回收率，%		94	94
丙烷回收率，%		99.42	99.38
最小 CO_2 冻堵裕量，℃		5.0	5.0

（3）对比两种形式的 GLSP 流程可发现，两种高二氧化碳含量适应性的 GLSP 流程均能较好地控制二氧化碳固体形成，但预分离流程带来的丙烷损失高出 0.04%。

为进一步探究两种流程控制二氧化碳固体形成的差异，通过分析加入脱甲烷塔塔顶液烃物流的组分、脱甲烷塔内二氧化碳冻堵情况、脱甲烷塔内塔板气相中二氧化碳分布，来比较两种流程的差异。加入脱甲烷塔塔顶液烃物流的组分见表 8-35，脱甲烷塔内二氧化碳冻堵情况见表 8-36，脱甲烷塔内气相中二氧化碳分布情况如图 8-50 所示。

表 8-35　加入脱甲烷塔塔顶的不同来源液烃组成

液烃来源	含量，%								
	CO_2	C_1	C_2	C_3	iC_4	nC_4	iC_5	nC_5	C_{6+}
低温分离器	2.58	49.34	16.45	15.01	3.55	7.1	2.32	1.36	2.25
预分离	1.25	24.65	10.12	15.97	6.21	15.13	7.82	5.25	13.58

表8-36 GLSP流程不同形式下脱甲烷塔内CO_2冻堵情况

塔板数块	形式一：无预分离			形式二：预分离		
	CO_2冻堵温度℃	塔板温度℃	冻堵裕量℃	CO_2冻堵温度℃	塔板温度℃	冻堵裕量℃
1	−106.18	−100.57	5.61	−103.94	−98.41	5.53
2	−104.39	−99.37	5.02	−101.42	−96.31	5.12
3	−103.52	−96.57	6.95	−100.7	−94.84	5.85
4	−101.69	−95.71	5.97	−97.28	−92.28	5.01
5	−99.26	−94.21	5.05	−94.63	−88.88	5.74
6	−96.63	−91.61	5.01	−93.63	−85.06	8.57
7	−94.82	−87.62	7.19	−93.56	−84.87	8.68
8	−94.73	−87.42	7.31	−93.50	−84.79	8.71
9	−94.63	−87.31	7.32	−93.39	−84.66	8.73
10	−94.39	−87.06	7.33	−93.12	−84.35	8.77

由表8-35、表8-36及图8-50可知：

（1）从掺入脱甲烷塔第一股进料（物流5）的物流组成来看，预分离器分离出的液相较低温分离器分离出的液相二氧化碳含量低1.23%，丙烷及以上液烃含量高32.62%。从液烃防冻堵的角度看，采用预分离液相加入脱甲烷塔塔顶对控制二氧化碳固体形成的效果较好。

（2）无预分离流程脱甲烷塔内塔板气相中二氧化碳含量更低，其二氧化碳冻堵温度较预分离流程低1~5℃，脱甲烷塔内二氧化碳冻堵裕量低0~1.4℃。两种流程控制二氧化碳固体形成的参数存在差异，无预分离流程脱甲烷塔塔板温度较预分离流程低2~7℃。采用无预分离流程有利于控制二氧化碳固体形成，提高乙烷及丙烷回收率。

（3）由于该案例中原料气处理量仅$100 \times 10^4 \text{m}^3/\text{d}$，结合上述分析结果及流程的复杂程度，推荐采用流程形式更简单的无预分离形式的GLSP流程处理二氧化碳含量较高的低压超富气。

经进一步模拟分析，对于低压富气、超富气，GLSP流程均能在较高乙烷回收率的情况下，较好地控制脱甲烷塔内二氧化碳固

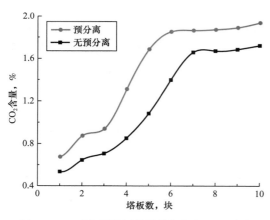

图8-50 两流程脱甲烷塔塔板气相CO_2分布

体形成。

同样，对于二氧化碳含量较高的原料气，是否设置前脱碳装置预先脱除二氧化碳再进行乙烷回收，需经详细的技术经济评价选用控制二氧化碳后再进行设计。

3）装置产品

本装置主要生产乙烷产品、液化石油气、稳定轻烃产品，回收凝液后的天然气作为外输气外输，装置产品组成及产品量见表8-37。LPG和稳定轻烃需满足相关的国家标准，产品乙烷质量指标需满足的要求见表8-22。

表8-37　装置产品组成及产品量

项目		外输气	乙烷产品	液化石油气	稳定轻烃
压力，MPa		1.96	2.2	1.2	0.2
流量		$79.7 \times 10^4 m^3/d$	$0.25 \times 10^4 m^3/d$	158.7 t/d	61.9 t/d
含量，%（摩尔分数）	N_2	0.82	0	0	0
	CO_2	0.53	0	0	0
	C_1	98.01	0.85	0	0
	C_2	0.62	97.51	1.88	0
	C_3	0.04	1.64	63.14	0
	iC_4	0	0	13.21	1.23
	nC_4	0	0	21.64	18.34
	C_{5+}	0	0	0.13	80.43
饱和蒸气压（37.8℃），kPa		—	—	974.1	138.5

4）能耗估算

装置能耗主要包括丙烷制冷、外输气压缩机、脱乙烷塔和脱丙丁烷塔的塔底重沸器负荷等，不包括分子筛脱水再生能耗。装置的能耗组成参见表8-38，装置的综合能耗及单位综合能耗计算结果参见表8-39。

表8-38　装置能耗组成

项目		数值
电耗，kW	前增压压缩功率	5008
	丙烷制冷压缩功率	791
	脱乙烷塔塔顶回流泵轴功率	1
	脱丁烷塔塔顶回流泵轴功率	2
	小计	5802
热消耗，kW	脱乙烷塔塔底热负荷	1476
	脱丁烷塔塔底热负荷	1042
	小计	2518

表8-39　装置综合能耗及单位综合能耗

项目	日消耗量		能量折算值		能耗，MJ/d
	单位	数量	单位	数量	
电	kW·h	139248	MJ/（kW·h）	11.84	1648696.32
循环水	t	1128	MJ/t	4.19	4726.32
导热油	MJ	217555.2	MJ/MJ	1.47	319806.14
综合能耗	1973228.78MJ/d				
单位综合能耗	19732.38MJ/$10^4 m^3$ 天然气				

参 考 文 献

［1］U.S. GPA. Engineering Data Book 14th Edition［R］. U.S. Gas Processing Midstream Association，2016.

［2］黄思宇. 含CO_2天然气乙烷回收工艺研究［D］. 成都：西南石油大学，2015.

［3］蒋洪，何愈歆，朱聪. CH_4–CO_2体系固体CO_2形成条件的预测模型［J］. 天然气工业，2011，31（9）：112–115.

［4］TIM E，STEVE C. Pitfalls of CO_2 Freezing Prediction［C］. San Antonio，Texas：82nd Annual Convention of the Gas Processors Association，2003.

［5］GAS PROCESSORS ASSOCIATION. Solubility of Solid Carbon Dioxide in Pure Light Hydrocarbons And Mixtures of Light Hydrocarbons［R］. Kansas，Center for Research，1974.

［6］熊晓俊，林文胜. 二氧化碳在CH_4+CO_2+N_2/C_2H_6三元系中的结霜温度计算［J］. 化工学报，2015（s2）：30–39.

［7］ROY E，JOHN D，HANK M. Hydrocarbon Gas Processing：US：5881569［P］.1999–4–16.

［8］HANK M，JOHN D. Reducing Treating Requirements for Cryogenic NGL Recovery Plants［C］. San Antonio，Texas：Gas Processors Association 80 th Annual Convention，2001.

［9］JOE T. Retrofit of The Amerada Hess Sea Robin Plant for Very High Ethane Recovery［C］. San Antonio，Texas：Gas Processors Association 84th Annual Convention，2005.

第九章　凝液回收系统用能分析

凝液回收系统不仅是凝液产品的生产系统，也是多个工艺单元能量消耗系统。本章应用能量转化和传递的理论来分析凝液回收系统用能的合理性以及有效性，应用用能分析模型、评价准则和指标来评价凝液回收系统的用能情况。本章主要包括凝液回收系统能量分析、㶲分析以及换热网络及集成等内容。

第一节　凝液回收系统能量分析

凝液回收系统的能量分析是基于热力学第一定律，以确定进入体系的能量和离开体系的能量在数量上的平衡关系，通过能量转化的数量关系来评价系统中的能量损失和能量利用率。

一、能量分析模型及评价指标

1. 分析模型

在凝液回收工艺系统中，物流与能量流不断从设备流进流出以完成生产，各个单元中的流动工质处于动态稳定状态，进入系统的能量等于流出系统的能量，系统能量平衡模型如图 9-1 所示[1]。

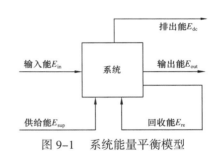

图 9-1　系统能量平衡模型

根据图 9-1 可推导出系统的能量平衡方程如下：

$$E_{in} + E_{re} + E_{sup} = E_{out} + E_{dc} + E_{re} \tag{9-1}$$

式中　E_{in}——输入能，kJ/h；

E_{out}——输出能，kJ/h；

E_{re}——回收能，kJ/h；

E_{sup}——供给能，kJ/h；

E_{dc}——排出能，kJ/h。

2. 评价指标

凝液回收工艺系统的用能评价指标主要有系统的综合能耗、单位综合能耗、能量利用率、能量回收率。

（1）综合能耗。

一定时间内实际消耗的各种能源实物量，按规定的计算方法和单位分别折算后的综合能源消耗水平称为综合能耗。每日综合能耗按式（9-2）计算[2]。

$$E = \sum_{i=1}^{n} (e_i p_i) \tag{9-2}$$

式中　E——综合能耗；

　　　n——消耗的能源品种数；

　　　e_i——各单元中消耗的第 i 种能源实物量；

　　　p_i——第 i 种能源的折算系数，按能量的当量值或等价值折算。

（2）单位综合能耗。

单位综合能耗即每处理 $1 \times 10^4 m^3$ 原料气的综合能耗当量值。单位综合能耗按式（9-3）计算。

$$E_P = \frac{E}{Q_P} \tag{9-3}$$

式中　E_P——单位综合能耗，$MJ/10^4 m^3$；

　　　E——每日综合能耗，MJ/d；

　　　Q_P——天然气处理规模，$10^4 m^3/d$。

（3）能量利用率。

能量利用率表示系统对能量利用的百分比，是一项在总体上评价系统能量有效利用程度的指标。系统能量利用率按式（9-4）计算。

$$\eta_u = \frac{E_{in} + E_{re}}{E_{out} + E_{in} + E_{re}} \tag{9-4}$$

式中　η_u——系统能量利用率。

（4）能量回收率。

能量回收率是凝液回收工艺系统中回收的能量占输入系统中能量总和的百分比，也是指凝液回收工艺系统中通过冷箱换热回收热量的比例。系统能量回收率按式（9-5）计算。

$$\eta_{re} = \frac{E_{re}}{E_{in}} \tag{9-5}$$

式中　η_{re}——系统能量回收率。

二、设备能量计算模型

天然气凝液回收系统是能量密集型装置，与用能相关的设备主要有压缩机、膨胀机、换热器、加热器、冷凝器以及塔器等，现分别对这些设备建立能量计算模型。

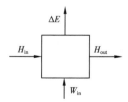

图 9-2　压缩机能量平衡模型

1. 压缩机

压缩机是消耗电能或使燃料热能转变为气体的动能的设备，其能量平衡模型如图 9-2 所示。

压缩机的能量平衡方程如下：

$$W_{in}+H_{in}=H_{out}+\Delta E \tag{9-6}$$

压缩机的绝热效率按式（9-7）计算。

$$\eta_c=1-\frac{\Delta E}{W_{in}} \tag{9-7}$$

式中　H_{in}——单位时间内流体进压缩机时的焓值，kW；

　　　H_{out}——单位时间内流体出压缩机时的焓值，kW；

　　　W_{in}——压缩机输入功率，kW；

　　　ΔE——压缩机的能量损失，kW；

　　　η_c——压缩机的绝热效率。

由于泵和压缩机均为增压设备，泵的能量计算模型与压缩机相同。

2. 膨胀机

膨胀机利用有一定压力的气体在透平膨胀机内进行绝热膨胀对外做功而消耗气体本身的内能，使气体自身强烈地冷却，并向外输出轴功，是将气体压力能转化成内能的设备。膨胀机膨胀比宜为 2～4，不宜大于 7，进口温度宜为 -70～-30℃，其能量平衡模型如图 9-3 所示。

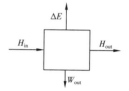

图 9-3　膨胀机能量平衡模型

由能量平衡模型可得膨胀机能量平衡方程如下：

$$H_{in}=H_{out}+W_{out}+\Delta E \tag{9-8}$$

膨胀机的绝热效率按式（9-9）计算。

$$\eta_{ex}=1-\frac{\Delta E}{H_{in}} \tag{9-9}$$

式中　H_{in}——单位时间内流体进膨胀机时的焓值，kW；

　　　H_{out}——单位时间内流体出膨胀机时的焓值，kW；

　　　W_{out}——膨胀机输出功率，kW；

　　　ΔE——膨胀机的能量损失，kW；

　　　η_{ex}——膨胀机的绝热效率。

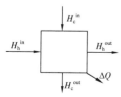

图 9-4　换热器能量平衡模型

3. 换热器

凝液回收系统中换热器是热量传递的重要设备，根据热力学第一定律的能量守恒原理可知换热器的换热量等于换热工质的焓增，换热器中供给能量等于有效利用能量加损失能量，换热器的能量平衡模型如图 9-4 所示[3]。

由能量平衡模型可得换热器的换热损失按式（9-10）计算。

$$\Delta Q = \left(H_{h}^{in} - H_{h}^{out}\right) - \left(H_{c}^{out} - H_{c}^{in}\right) \tag{9-10}$$

换热器的换热效率按式（9-11）计算。

$$\eta = \frac{H_{c}^{out} - H_{c}^{in}}{H_{h}^{in} - H_{h}^{out}} \tag{9-11}$$

式中　ΔQ——换热器的热损失，kW；

η——换热器的热效率；

H_{c}^{in}，H_{c}^{out}——冷物流进/出换热器的焓值，kW；

H_{h}^{in}，H_{h}^{out}——热物流进/出换热器的焓值，kW。

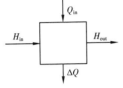

图 9-5　加热器能量平衡模型

4. 加热器

加热器是利用热介质的热能来加热冷介质的设备，加热器的能量平衡模型如图 9-5 所示：

由能量平衡模型可得加热器的热损失按式（9-12）计算。

$$\Delta Q = Q_{in} - \left(H_{out} - H_{in}\right) \tag{9-12}$$

加热器的热效率按式（9-13）计算。

$$\eta = \frac{\left(H_{out} - H_{in}\right) \times 流量}{Q_{in}} \tag{9-13}$$

式中　Q_{in}——加热器的热负荷，kW；

ΔQ——加热器的热损失，kW；

η——加热器的热效率；

H_{in}——物流进加热器的焓值，kW；

H_{out}——物流出加热器的焓值，kW。

蒸发器是利用液相低温制冷剂等温相变吸收被冷却介质的热量，蒸发器和加热器均为获得热量的设备，蒸发器的能量平衡模型与加热器一样，但蒸发器的热效率有所不同。

蒸发器的热效率按式（9-14）计算。

$$\eta = \frac{Q_{in}}{H_{in} - H_{out}} \tag{9-14}$$

式中　Q_{in}——蒸发器吸收的热量，kW；

η——蒸发器的热效率；

H_{in}——物流进蒸发器的焓值，kW；

H_{out}——物流出蒸发器的焓值，kW。

5. 冷凝器

冷凝器是利用冷却水、空气、冷剂等冷却介质将热介质的热量交换于冷却介质中的设备，其能量平衡模型如图 9-6 所示。

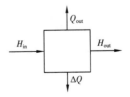

图 9-6　冷凝器能量平衡模型

由能量平衡模型可得冷凝器的热损失按式（9-15）计算。

$$\Delta Q = (H_{in} - H_{out}) - Q_{out} \tag{9-15}$$

冷凝器的热效率按式（9-16）计算。

$$\eta = \frac{Q_{out}}{H_{in} - H_{out}} \tag{9-16}$$

式中　Q_{out}——冷凝器的热负荷，kW；

$\quad\quad\ \Delta Q$——冷凝器的热损失，kW；

$\quad\quad\ \eta$——冷凝器的热效率；

$\quad\quad\ H_{in}$——物流进冷凝器的焓值，kW；

$\quad\quad\ H_{out}$——物流出冷凝器的焓值，kW。

三、凝液回收工艺能量分析步骤

热平衡法是凝液回收工艺能量分析的主要方法。热平衡是确定进入体系的热量和离开体系的热量在数量上的平衡关系，包括热平衡方程、热平衡表或热流图，并利用热利用率指标来体现其能量利用水平。

1. 确定热平衡体系

确定热平衡体系即划定需要进行热平衡分析的设备与工艺系统所要考察的范围，凝液回收工艺系统所涉及的单元有增压、脱水、凝液回收及制冷等单元。

2. 建立热平衡模型

对凝液回收系统进行全面调查、考察，重点要弄清设备或系统中的能流状况，建立热平衡系统的能量流动图。根据流程模拟软件的计算数据，绘制凝液回收工艺系统中各个耗能单元具体设备的能量流动图，对其能耗情况进行分析。

3. 建立热平衡方程

根据热力学第一定律，对凝液回收工艺各个单元和系统建立热平衡方程。系统的总输入热量 $\sum Q_r$ 等于系统总输出热量 $\sum Q_c$ 加上系统内能量的损失值 ΔQ_n，即 $\sum Q_r = \sum Q_c + \Delta Q_n$。

4. 热平衡计算

热平衡计算包括正平衡法和反平衡法。正平衡法是直接测算设备的有效利用热和供给热，以算出设备的热效率，一般用于非主要用能设备；反平衡法是通过测算各项热损失，间接求出热利用率，一般用于主要用能设备，以便找出热损失所在环节，进而有针对性地采取节能措施。

5. 绘制能流图

将各项热量百分数按比例绘制能流图，直观地表示系统能量的供给、利用及损失情况。

6. 分析评价指标及结论

根据现场调研数据或设计计算数据，计算出系统综合能耗、系统的能量利用率等评价指标，提出系统或单元的节能改造方案。

四、凝液回收工艺能量分析实例

为说明凝液回收系统用能的具体情况，以天然气丙烷回收装置为实例，结合凝液回收装置现场运行实际参数对凝液回收系统进行能量分析，评价系统的合理性以及有效性。

1. 基础数据

某天然气处理厂丙烷回收装置采用 DHX 工艺流程，其制冷方式为膨胀机制冷，其工艺流程图如图 9-7 所示。基础数据如下：

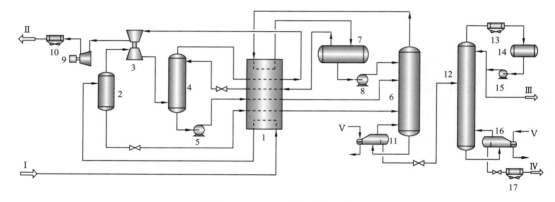

图 9-7   DHX 丙烷回收工艺

1—冷箱；2—低温分离器；3—膨胀机组；4—重接触塔；5，8，15—泵；6—脱乙烷塔；
7，14—回流罐；9—外输气压缩机；10，13，17—空冷器；11，16—重沸器；12—脱丙丁烷塔；
Ⅰ—脱水后原料气；Ⅱ—外输气；Ⅲ—液化石油气；Ⅳ—稳定轻烃；Ⅴ—导热油

天然气处理规模：$1500 \times 10^4 m^3/d$；

进站压力：6.0MPa；

进站温度：17℃；

外输压力：6.3 MPa；

原料气气质组成见表 9-1。

表 9-1   原料气气质组成

组分	N_2	CO_2	C_1	C_2	C_3
含量，%（摩尔分数）	1.18	0.42	89.6	6.59	1.39
组分	iC_4	nC_4	iC_5	nC_5	C_6
含量，%（摩尔分数）	0.26	0.34	0.1	0.09	0.03

2. 能量分析模型

根据该厂的运行参数及能耗数据，采用 HYSYS 软件对丙烷回收工艺进行模拟，结合现场调研数据和 HYSYS 软件模拟数据，建立能量分析模型，对天然气丙烷回收系统进行能量平衡分析，其能流图如图 9-8 所示。丙烷回收工艺系统的能耗主要包括脱水单元、丙烷回收单元和增压单元。本章的能流图中用 W 和 Q 分别表示电能和热能。

图 9-8　丙烷回收系统能流图

1）分子筛脱水单元

分子筛脱水单元所需能量较高，主要耗能形式为热能与电能。再生气压缩机和空冷器消耗电能，再生气加热器消耗热能。供应分子筛再生气的导热油温度为 300～330℃。分子筛脱水单元能流图如图 9-9 所示。

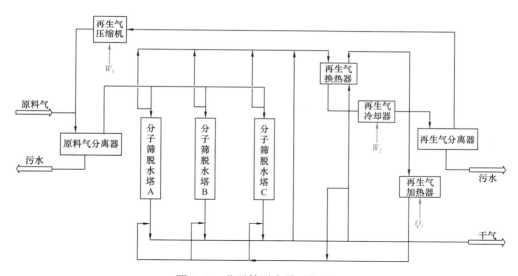

图 9-9　分子筛脱水单元能流图

2）丙烷回收单元

丙烷回收单元其主要耗能形式为热能与电能。丙烷回收单元能流图如图 9-10 所示。提供脱乙烷塔和脱丙丁烷塔重沸器热源的导热油温度为 240℃。

3）外输气增压单元

外输气增压单元能流图如图 9-11 所示，能量消耗主要用于压缩机组和空冷器。外输气压缩机组均采用电驱动，外输气增压单元不仅能耗较高，而且还有大量的余热资源未被回收利用。压缩机末级出口的温度都高达 110℃以上，外输气压缩后压力较高且气量较大。这部分余热可用于换热，能减少空冷器负荷。

- 351 -

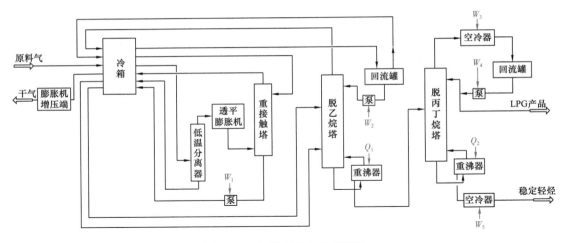

图 9-10　丙烷回收单元能流图

3. 能量分析

低压干气 → 压缩机 (W_1) → 空冷器 (W_2) → 外输干气

图 9-11　外输气增压单元能流图

丙烷回收装置的运行耗能情况见表9-2，丙烷回收装置的能耗结构与比例见表9-3，丙烷回收装置未利用的余热资源量与比例见表9-4，丙烷回收工艺系统能量平衡表见表9-5。

表 9-2　丙烷回收装置的运行耗能情况

生产单元	主要耗能设备	耗能形式	日消耗量 单位	数量	能量折算值 单位	数量	折算能耗，MJ/d	
分子筛脱水单元	再生气压缩机	电	kW·h/d	3495	MJ/(kW·h)	11.84	41381	359857
	再生气加热器	导热油	MJ/d	210851	MJ/MJ	1.47	309951	
	再生气空冷器	电	kW·h/d	720	MJ/(kW·h)	11.84	8525	
丙烷回收单元	DHX塔底泵	电	kW·h/d	3000	MJ/(kW·h)	11.84	35520	1419503
	脱乙烷塔回流泵	电	kW·h/d	876	MJ/(kW·h)	11.84	10372	
	脱丙丁烷塔回流泵	电	kW·h/d	789	MJ/(kW·h)	11.84	9342	
	脱丙丁烷塔塔顶空冷器	电	kW·h/d	888	MJ/(kW·h)	11.84	10514	
	脱丙丁烷塔塔底空冷器	电	kW·h/d	112	MJ/(kW·h)	11.84	1326	
	脱丙丁烷塔塔底水冷器	循环水	t/d	130.1	MJ/t	4.19	545	
	脱乙烷塔重沸器	导热油	MJ/d	616703	MJ/MJ	1.47	906553	
	脱丙丁烷塔重沸器	导热油	MJ/d	302946	MJ/MJ	1.47	445331	
增压单元	产品气压缩机组	电	kW·h/d	307200	MJ/(kW·h)	11.84	3637248	3654866
	产品气空冷器	电	kW·h/d	1488	MJ/(kW·h)	11.84	17618	
综合能耗					5434226MJ/d			
单位综合能耗					3622.82MJ/10⁴m³			

表 9-3　丙烷回收装置的运行能耗结构与比例

生产单元	分子筛脱水单元		丙烷回收单元		增压单元	
用能形式	电能	热能	电能	热能	电能	热能
能耗，MJ/d	49906	309952	67074	1351884	3654866	—
能耗比例，%	0.92	5.70	1.23	24.88	67.26	—

表 9-4　丙烷回收装置未利用的余热量与比例

余热资源	高温外输气	脱丙丁塔塔顶出口气	脱丙丁塔塔底出口液烃
空冷前温度，℃	73.9	65.5	158.2
空冷后温度，℃	42.6	27.3	50
流量，kmol/h	23241	972.8	72.1
余热量，kW	8930	5005	459.1
余热总量，kW	14394.1		
余热量占比，%	62.04	34.77	3.19

表 9-5　丙烷回收装置能量平衡表

项目		能量值，MJ/d	比例，%	项目		能量值，MJ/d	比例，%
输入能 $E_入$	原料气	519477	8.81	输出能 $E_入$	外输气	1420577	24.08
					乙烷产品	41146	0.70
					稳定轻烃	12586	0.21
供给能 $E_供$	热能	919650	15.59	排出能 $E_排$	空气	999226	16.94
	电能	1037670	17.59		冷却水	3259	0.06
回收能 $E_回收$	膨胀机压缩端	357056	6.05	回收能 $E_回收$	膨胀机膨胀端	357056	6.05
	主冷箱	3065847	51.97		主冷箱	3065847	51.97
合计		5899700	100	合计		5899697	100
能量利用率，%		83.01		能量回收率，%		58.02	

分析表 9-3 可知：

（1）丙烷回收装置主要生产单元中，增压单元能耗最高，占总能耗的 67.26%；分子筛脱水单元能耗最低，只占 6.62%；

（2）增压单元中外输气增压压缩机组靠电机驱动，耗电能较高；丙烷回收装置中脱乙烷塔重沸器温度较高，需要高温导热油供热，能耗较高。

分析表 9-4 和表 9-5 可知：

（1）丙烷回收装置的能量消耗主要是电能和热能，耗电设备主要是压缩机、空冷器和泵，耗热设备主要是再生气加热器和重沸器；

（2）丙烷回收装置的能量利用率较高，高达83.01%，而能量回收率较低，仅为58.02%，可通过操作参数优化换热网络来降低单元能耗。

分析表9-5可知：丙烷回收装置存在着大量余热资源，如外输气压缩机组出口气、脱丙丁烷塔塔顶出口气及脱丙丁烷塔塔底出口液烃等，其中外输气压缩机组出口气余热量较多，这部分余热资源可用于冬季取暖、夏季为溴化锂制冷机提供热源。

第二节　凝液回收系统㶲分析

㶲分析法是在热力学第一定律和第二定律的基础上，将能量的数量和品质有机结合起来，既反映能量的"量"的大小，又反映能量的"质"的高低，能够更深刻揭示能量的传递和转化过程中能质退化的本质。同时，㶲分析法全面分析系统的耗能结构、㶲损分布、㶲流去向，从而准确地指出最大㶲损部位与环节，为全面辨识系统的用能薄弱环节和节能改造提供技术依据。

一、㶲分析模型及评价指标

1. 分析模型

㶲分析模型主要分为黑箱模型、白箱模型和灰箱模型三类。

（1）黑箱模型。

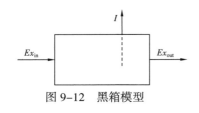

图9-12　黑箱模型

"黑箱"代表一个由不透明的边界组成的系统，系统内的一切处于黑暗当中[3]。黑箱模型将系统同外界之间交换的㶲流相结合，将系统的有效㶲划归在系统的输出㶲 E_{out} 中，黑箱模型示意图如图9-12所示，系统的㶲损失按式（9-17）计算。

$$I=Ex_{in}-Ex_{out} \tag{9-17}$$

式中　Ex_{in}——系统的㶲输入；

　　　Ex_{out}——系统的㶲输出；

　　　I——系统的㶲损失。

在黑箱模型中，㶲损失可评价系统整体做功能力的损失，主要分成内部㶲损失 I_{int} 和外部㶲损失 I_{ext}。内部㶲损失指系统内由不可逆做功引起的做功能力的损失，外部㶲损是指系统向环境排放物流或者能流引起的㶲损失[4]。㶲分析侧重于内部㶲损失。

黑箱模型计算简单，可得出一些重要的结论，如凝液回收系统的㶲效率、总㶲损系数以及各分项㶲损率。黑箱模型可用于凝液回收系统以及其单元的㶲分析评价。

（2）白箱模型。

白箱模型是将分析对象看作是由"透明"的边界所包围的系统，可对系统内的各单元用能过程逐个分析，计算出各个单元的内部㶲损，进而反映出系统中用能不合理的环节。采用白箱模型可对设备的用能进行精细分析，同时可得到内部㶲损失和外部㶲损失，克服了黑箱模型分析粗略的不足[3]。白箱模型示意如图 9–13 所示，白箱模型㶲能平衡式按式（9–18）计算。

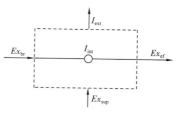

图 9–13　白箱模型

$$Ex_{br}+Ex_{sup}=Ex_{ef}+I_{int}+I_{ext} \tag{9-18}$$

式中　Ex_{br}——带入㶲；

Ex_{sup}——供给㶲；

Ex_{ef}——有效㶲；

I_{int}——内部总㶲损失；

I_{ext}——外部总㶲损失。

（3）灰箱模型。

灰箱分析模型是一种介于白箱模型和黑箱模型的分析模型，由一种半透明的边界围成的系统，当应用于系统分析时，工艺设备相当于是一个黑箱，通过灰箱的边界可看到系统内设备，但是看不清楚设备内部的状况[3]。灰箱分析模型克服了黑箱模型分析过于粗略的缺点，又无白箱模型的繁琐。对于系统或者单元的㶲分析，灰箱模型比较适合。

系统灰箱模型主要用于对系统整体用能状况的评价及对系统中薄弱环节（设备）的判别。灰箱模型是将系统中所有设备均视为黑箱，黑箱与黑箱之间以能量流线连接起来形成网络。因此，灰箱模型实际上是一种黑箱网络模型。

在对凝液回收工艺系统进行㶲分析时，需要用物流㶲、功㶲和热量㶲等状态参数来描述系统的能量转换过程。

（1）物流㶲。

物流㶲包括物流的动能㶲、势能㶲、物理㶲及化学㶲，为进一步简化分析过程，动能及势能变化可以忽略不计，㶲分析时主要针对物理㶲和化学㶲。稳定流动系统的物流㶲的表达式分别见式（9–19）～式（9–22），各个物流组分的标准化学㶲见表 9–6。

$$Ex = \dot{m}e_x \tag{9-19}$$

$$e_x = e_x^{ph} + e_x^{ch} \tag{9-20}$$

$$e_x^{ph} = h - h_0 - T_0\left(s - s_0\right) \tag{9-21}$$

$$e_x^{ch} = \sum_i x_i e_i^{\theta} + RT_0 \sum_i x_i \ln x_i \tag{9-22}$$

式中　Ex——㶲，kJ/h；

$\dot{m}$——物流流量，kg/h；

e_x——比㶲，kJ/kg；

h_0——环境基准态下物流的质量焓，kJ/kg；

s——操作状态下物流的质量熵，kJ/（kg·K）；

s_0——环境基准态下物流的质量熵，kJ/（kg·K）；

T_0——环境基准态下物流的温度，K；

R——气体常数，8.3145kJ/（kmol·K）；

e_i^θ——标准化学㶲，kJ/mol。

表9-6　组分标准化学㶲

组分	N_2	CO_2	CH_4	C_2H_6	C_3H_6	C_3H_8
e_i^θ，kJ/mol	0.693	20.075	829.974	1493.549	1999.714	2148.674
组分	iC_4H_{10}	nC_4H_{10}	iC_5H_{12}	nC_5H_{12}	C_6H_{14}	C_7H_{16}
e_i^θ，kJ/mol	2797.286	2800.658	3449.316	3455.103	4108.888	4762.792

（2）功㶲。

功㶲是指在做功过程中对外界所能作出的功，按式（9-23）计算。

$$Ex = W \tag{9-23}$$

式中　Ex——功㶲，kJ/h；

　　　W——功、电能或机械能等，kJ/h。

（3）热量㶲。

热量㶲是指热源在传热热量为 Q 的过程中所能作出的有用功，按式（9-24）计算。

$$Ex_Q = \int_1^2 \left(1 - \frac{T_0}{T}\right)\delta Q = Q - T_0\left(S_1 - S_2\right) \tag{9-24}$$

式中　Ex_Q——热量㶲，kJ/h；

　　　Q——热源的传热热量，kJ/h；

　　　S_1——热源的温度为 T_1 时的熵，kJ/（h·K）；

　　　S_2——热源的温度为 T_2 时的熵，kJ/（h·K）。

2. 评价指标

㶲分析法一般以㶲效率 η_{ex}、㶲损率 ξ 以及㶲损失系数 Ω 等指标来评价凝液回收装置的用能状况。

（1）㶲效率 η_{ex}。

㶲效率表示系统或设备对输入㶲的有效利用程度，具有广泛的应用性，按式（9-25）计算。

$$\eta_{ex} = \frac{Ex_{out}}{Ex_{in}} = 1 - \frac{I_{int}}{Ex_{in}} \tag{9-25}$$

（2）㶲损率 ξ。

㶲损率 ξ 是指某过程或环节的㶲损失与系统总㶲损之比，按式（9-26）计算。

$$\xi_i = \frac{I_i}{I_{int}} = \frac{I_i}{\sum I_i} \qquad (9-26)$$

（3）㶲损失系数 Ω。

㶲损失系数 Ω 为系统某环节㶲损与系统输入㶲的比值，按式（9-27）计算。

$$\Omega_i = \frac{I_i}{Ex_{in}} \qquad (9-27)$$

㶲损失系数与系统的目的㶲效率之间关系，按式（9-28）计算。

$$\eta_{ex} = 1 - \sum \Omega_i \qquad (9-28)$$

二、设备㶲计算模型

对于单元设备的㶲分析，需要弄清楚输入设备的㶲有多少获得了有效的利用，哪些设备是用能的薄弱环节，就需要计算凝液回收工艺系统中主要用能设备的㶲损失和㶲效率等，计算模型均采用白箱模型。对压缩机、膨胀机、换热器及塔器等主要设备建立㶲计算模型。

1. 压缩机

压缩机的输入㶲是输入压缩机的轴功率和压缩机进口介质的物流㶲，压缩机的输出㶲是压缩机出口介质的物流㶲，压缩机的㶲损失为外部㶲损失和各项内部㶲损失。压缩机的㶲平衡模型如图9-14所示。

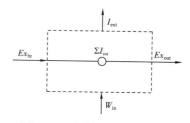

图9-14　压缩机㶲平衡模型

压缩机的㶲平衡方程如下：

$$Ex_{br} + W_{in} = Ex_{out} + I_{ext} + \sum I_{int} \qquad (9-29)$$

压缩机的㶲效率按式（9-30）计算。

$$\eta_{Ex} = \frac{Ex_{ef}}{W_{in}} = \frac{Ex_{out} - Ex_{br}}{W_{in}} = 1 - \frac{I_{ext} + \sum I_{int}}{W_{in}} \qquad (9-30)$$

式中　Ex_{br}——流体带入压缩机的物流㶲，kJ/h；

$\quad\quad W_{in}$——压缩机输入功率，kJ/h；

$\quad\quad Ex_{out}$——流体输出压缩机的物流㶲，kJ/h；

$\quad\quad I_{ext}$——压缩机的外部㶲损失，kJ/h；

$\quad\quad \sum I_{int}$——压缩机的内部㶲损失，kJ/h；

$\quad\quad \eta_{Ex}$——压缩机的㶲效率。

泵和压缩机均为增压设备，泵的㶲计算模型与压缩机相同。

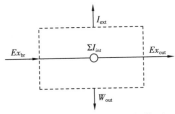

图 9-15　膨胀机烟平衡模型

2. 膨胀机

膨胀机的输入烟是膨胀机进口介质的物流烟，膨胀机的输出烟是膨胀机出口介质的物流烟和膨胀机输出的轴功率，膨胀机的烟损失为外部烟损失和各项内部烟损失。膨胀机的烟平衡模型如图 9-15 所示。

膨胀机的烟平衡方程如下：

$$Ex_{br}=Ex_{out}+W_{out}+I_{ext}+\sum I_{int} \tag{9-31}$$

膨胀机的烟效率按式（9-32）计算。

$$\eta_{Ex}=\frac{W_{out}}{Ex_{ef}}=\frac{W_{out}}{Ex_{br}-Ex_{out}}=1-\frac{I_{ext}+\sum I_{int}}{Ex_{br}-Ex_{out}} \tag{9-32}$$

式中　Ex_{br}——流体带入膨胀机时的烟，kJ/h；

　　　　W_{out}——膨胀机输出功率，kJ/h；

　　　　Ex_{out}——流体输出膨胀机时的烟，kJ/h；

　　　　I_{ext}——膨胀机的外部泄漏烟损失，kJ/h；

　　　　$\sum I_{int}$——膨胀机的各项内部烟损失，kJ/h；

　　　　η_{Ex}——膨胀机的烟效率。

3. 节流阀

介质通过节流阀是等焓过程，但降压会产生烟损失。节流阀的烟平衡模型如图 9-16 所示。

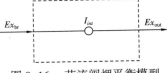

图 9-16　节流阀烟平衡模型

节流阀的烟平衡方程如下：

$$Ex_{br}=Ex_{out}+I_{int} \tag{9-33}$$

节流阀的烟效率按式（9-34）计算。

$$\eta_{Ex}=\frac{Ex_{out}}{Ex_{br}} \tag{9-34}$$

式中　Ex_{br}——流体带入节流阀时的烟，kJ/h；

　　　　E_{out}——流体输出节流阀时的烟，kJ/h；

　　　　I_{int}——节流阀的内部烟损失，kJ/h；

　　　　η_{Ex}——节流阀的烟效率。

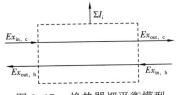

图 9-17　换热器烟平衡模型

4. 换热器

以热平衡为基础的能量分析仅考虑热量传递在数量上的相等，未考虑热量在质量上的差别，不能全面评价换热器的用能状态，为反映换热器在质量上对热量的利用效率，基于热力学第二定律，对换热器进行烟分析。换热器的烟平衡模型如图 9-17 所示。

换热器的㶲平衡方程如下：

$$Ex_{\mathrm{in,h}}=Ex_{\mathrm{out,h}}=Ex_{\mathrm{out,c}}-Ex_{\mathrm{in,c}}+\sum I_i \tag{9-35}$$

换热器的㶲效率按式（9-36）计算。

$$\eta_{\mathrm{Ex}}=\frac{Ex_{\mathrm{out,c}}-Ex_{\mathrm{in,c}}}{Ex_{\mathrm{in,h}}-Ex_{\mathrm{out,h}}} \tag{9-36}$$

式中　$Ex_{\mathrm{in,c}}$——冷物流进入换热器时的㶲，kJ/h；

$Ex_{\mathrm{out,c}}$——冷物流流出换热器时的㶲，kJ/h；

$Ex_{\mathrm{in,h}}$——热物流进入换热器时的㶲，kJ/h；

$Ex_{\mathrm{out,h}}$——热物流流出换热器时的㶲，kJ/h；

$\sum I_i$——换热器的总㶲损失，kJ/h；

η_{Ex}——换热器的㶲效率。

5. 加热器

凝液回收系统中，加热器设备主要是重沸器。基于热力学第二定律，对加热器的㶲损失和㶲效率进行计算分析。加热器的㶲平衡模型如图 9-18 所示。

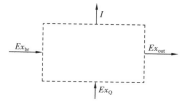

图 9-18　加热器㶲平衡模型

加热器的㶲平衡方程如下：

$$Ex_{\mathrm{br}}+Ex_{\mathrm{Q}}=Ex_{\mathrm{out}}+I \tag{9-37}$$

输入加热器的热量㶲按式（9-38）计算。

$$Ex_{\mathrm{Q}}=Q\left(1-\frac{T_0}{T}\right) \tag{9-38}$$

加热器的㶲效率按式（9-39）计算。

$$\eta_{\mathrm{Ex,v}}=\frac{Ex_{\mathrm{out}}-Ex_{\mathrm{br}}}{Ex_{\mathrm{Q}}} \tag{9-39}$$

式中　Ex_{br}——流体带入加热器时的㶲，kJ/h；

Ex_{out}——流体输出加热器时的㶲，kJ/h；

Ex_{Q}——输入加热器的热量㶲，kJ/h；

Q——加热器输入的热量，kJ/h；

T——加热器内的平均温度，K；

T_0——环境基准温度，K；

I——加热器的总㶲损失，kJ/h；

η_{Ex}——加热器的㶲效率。

凝液回收系统中，蒸发器是冷剂制冷循环的重要设备，在蒸发器中液相低温制冷剂等温相变释放冷量㶲，蒸发器的㶲平衡模型如图 9-19 所示。

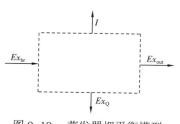

图 9-19　蒸发器㶲平衡模型

高温位冷剂经过蒸发器将冷量传递给低温位冷剂，该过程中蒸发器的冷量㶲按式（9–40）计算。

$$Ex_Q = Q\left(1 - \frac{T_0}{T}\right) \qquad (9\text{–}40)$$

式中　Ex_Q——蒸发器输出的冷量㶲，kJ/h；

Q——蒸发器输出的冷量，kJ/h；

T——蒸发器内的平均温度，K；

T_0——室温平均温度，K。

蒸发器的㶲效率按式（9–41）计算。

$$\eta_{Ex} = \frac{Ex_Q}{Ex_{br} - Ex_{out}} \qquad (9\text{–}41)$$

式中　Ex_{br}——流体带入蒸发器的物流㶲，kJ/h；

Ex_{out}——流体输出蒸发器的物流㶲，kJ/h；

Ex_Q——蒸发器输出的冷量㶲，kJ/h；

η_{Ex}——蒸发器的㶲效率。

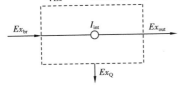

图 9–20　冷凝器㶲平衡模型

6. 冷凝器

凝液回收系统中，冷凝器主要包括空冷器和水冷器。冷凝器的㶲平衡模型如图 9–20 所示。

冷凝器的㶲平衡方程如下：

$$Ex_{br} = Ex_{out} + Ex_Q + I_{int} \qquad (9\text{–}42)$$

冷凝器释放的热量㶲 Ex_Q 也是被冷却水带着且散失到环境的外部㶲损失 I_{ext}，按式（9–43）计算。

$$I_{ext} = Ex_Q = Q\left(1 - \frac{T_0}{T}\right) \qquad (9\text{–}43)$$

通常热物流在换热过程中温度是逐渐变化的，因此热物流在换热过程中的温度 T 通常取进出传热装置的对数平均温差计算，按式（9–44）计算。

$$T = \frac{T_1 - T_2}{\ln\dfrac{T_1}{T_2}} \qquad (9\text{–}44)$$

事实上，在忽略流体在冷凝器中的流动阻力，流体在冷凝器中释放的热量㶲等于其进出冷凝器的㶲差。因此，一般不讨论冷凝器的㶲效率，仅计算其㶲损失。

冷凝器的总㶲损失按式（9–45）计算。

$$I = Ex_{out} - Ex_{br} \qquad (9\text{–}45)$$

冷凝器的内部㶲损失按式（9–46）计算。

$$I_{\text{int}} = I - I_{\text{ext}} = Ex_{\text{out}} - Ex_{\text{br}} - Ex_{Q} = Ex_{\text{out}} - Ex_{\text{br}} - Q\left(1 - \frac{T_0}{T}\right) \qquad （9-46）$$

式中　Ex_{br}——流体带入冷凝器时的㶲，kJ/h；

Ex_{out}——流体输出冷凝器时的㶲，kJ/h；

Ex_{Q}——冷凝器释放的热量㶲，kJ/h；

Q——冷凝器释放的热量，kJ/h；

T——冷凝器内的平均温度，K；

T_1——冷凝器入口物流的温度，K；

T_2——冷凝器出口物流的温度，K；

T_0——环境基准温度，K；

I——冷凝器的总㶲损失，kJ/h；

I_{ext}——冷凝器的外部㶲损失，kJ/h；

I_{int}——冷凝器的内部损失，kJ/h。

三、凝液回收系统㶲分析步骤

㶲分析法指明了提高能源利用率和㶲效率的基本途径：即注重能量的阶级利用，按能量品质用能，缩小供需能级差，可减少耗能过程中的不可逆损失。系统㶲分析的一般步骤如下：

1. 确定体系

对分析对象进行全面调查、考察，重点要弄清设备或系统中的能流状况，分析系统中的能量转换关系；凝液回收工艺系统所涉及的单元有增压单元、凝液回收单元及制冷单元。

2. 明确环境基准

选取㶲计算的环境基准温度为 25℃，压力为 101.325kPa。

3. 建立㶲分析模型及㶲平衡方程

在分析凝液回收系统的能量传递和转换关系的基础上，建立系统㶲分析模型及㶲平衡方程。进入系统的总输入㶲 $\sum E_{\text{in}}$ 等于系统总输出㶲 $\sum E_{\text{out}}$ 加上系统内㶲损失值 I，即 $\sum E_{\text{in}} = \sum E_{\text{out}} + I$。

4. 㶲平衡计算

建立系统的㶲平衡关系，用表和图辅助表示计算结果。基于㶲平衡关系，做出支付与收益、㶲损失平衡表或做出输入㶲与输出㶲、㶲损失平衡表。计算出㶲效率、局部㶲损失率或局部㶲损失系数等评价指标。

5. 评价与分析

依据分析结论如㶲损失的部位、大小和原因，结合工程实际，提出系统或单元的节能改造方案。

四、凝液回收系统㶲分析实例

为进一步分析凝液回收系统能量品位和用能效率的利用情况，以天然气乙烷回收装置为实例，对凝液回收系统及各个设备的用能情况进行㶲分析，判断出系统中有效能利用效率低的设备，找出能量利用改进的潜力。

1. 基础数据

天然气乙烷回收装置的㶲分析采用 RSV 工艺流程，其工艺流程图如图 9-21 所示，乙烷回收流程凝液分馏单元如图 7-26 所示。基础数据如下：

天然气处理规模：$1500 \times 10^4 m^3/d$；

脱水后原料气压力：5.9MPa；

脱水后原料气温度：25℃（夏季）/13℃（冬季）；

外输气压力：6.2MPa；

原料气气质组成如表 9-7 所示。

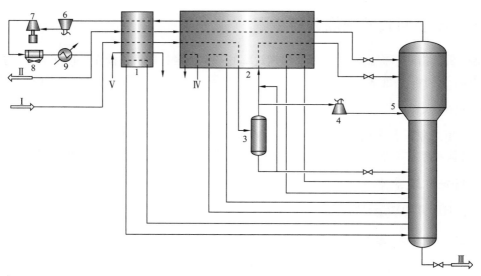

图 9-21　RSV 乙烷回收工艺流程图

1—预冷冷箱；2—主冷箱；3—低温分离器；4—膨胀机组膨胀端；5—脱甲烷塔；
6—膨胀机组增压端；7—外输气压缩机；8—空冷器；9—水冷器；
Ⅰ—脱水后原料气；Ⅱ—外输气；Ⅲ—凝液；Ⅳ—丙烷冷剂；Ⅴ—高温液态丙烷

表 9-7　原料气气质组成

组分	N_2	CO_2	C_1	C_2	C_3	iC_4
含量,%（摩尔分数）	1.4301	0.903	89.2415	6.2903	1.3901	0.2530
组分	nC_4	iC_5	nC_5	C_6	C_7	
含量,%（摩尔分数）	0.2670	0.0790	0.0610	0.0460	0.0390	

2. 烟分析模型

利用 Aspen HYSYS 软件对乙烷回收装置进行流程模拟。乙烷回收工艺系统的主要能耗单元包括乙烷回收单元和制冷单元，两单元工艺设备的详细烟流图如图 9-22 和图 9-23 所示。烟流图中，用 Ex 表示输入或输出烟，用 I 表示损失烟。把物流及能量流参数，带入烟计算模型，对乙烷回收装置进行烟分析计算。

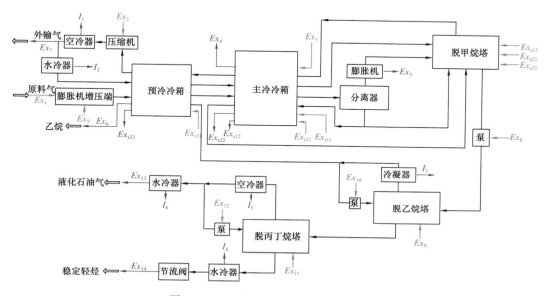

图 9-22　乙烷回收单元耗能设备烟流图

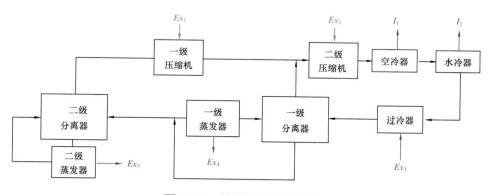

图 9-23　制冷单元设备烟流图

3. 烟分析结果

乙烷回收装置的乙烷回收单元和制冷单元的设备烟分析结果见表 9-8 和表 9-9，乙烷回收装置系统烟分析结果见表 9-10。

从表 9-9 可知，乙烷回收单元整体的烟效率为 76.14%，单元各设备的烟效率普遍不高，烟效率较低的设备主要有预冷冷箱、脱乙烷塔、脱乙烷塔塔顶冷却器等，烟效率均低

表 9-8　乙烷回收单元的设备㶲分析结果

设备	输入㶲，MJ/h		输出㶲，MJ/h		㶲损 MJ/h	㶲效率 %	㶲损率 ξ，%	㶲损系数 Ω，%
	物流㶲	能量㶲	物流㶲	能量㶲				
预冷冷箱	1935	0	469	0	1466	24.27	1.7	0.41
主冷箱	58979	0	47340	0	11639	80.27	13.54	3.23
透平膨胀机	204275	0	189191	12370	3434	78.27	4	0.95
膨胀增压端	215878	12370	225047	0	3200	74.13	3.72	0.89
外输气压缩机	225047	62561	274277	0	13334	78.69	15.51	3.7
脱甲烷塔	341104	0	304499	11642	24962	59.45	29.04	6.93
脱乙烷塔	30830	11527	28750	0	13608	15.3	15.83	3.78
脱丙丁烷塔	7142	4705	8564	0	3283	30.19	3.82	0.91
脱乙烷塔塔顶冷却器	7999	4835	9043	0	3791	21.62	4.41	1.05
外输气空冷器	274277	0	269111	0	2804	99.11	3.26	0.78
脱丙丁烷塔塔顶空冷器	5828	0	4615	0	707	87.86	0.82	0.2
外输气水冷器	32832	0	32706	0	124	70.19	0.14	0.03
脱丙丁烷塔塔顶水冷器	4615	0	4403	0	211	92.97	0.25	0.06
脱丙丁烷塔塔顶水冷器	2213	0	2172	0	81	49.53	0.09	0.02
脱丙丁烷塔塔底水冷器	327	0	18	0	309	97.38	0.36	0.09
脱乙烷塔塔顶回流泵	9045	2	9046	0	1	71.9	0	0
脱丙烷塔塔顶回流泵	4403	23	4424	0	7	77.18	0.01	0
节流阀	145976	0	142978	0	2998	33.44	3.5	0.84
乙烷回收单元整体	277200	83221	274352	62	85960	76.14	100	23.86

于 25%。这些设备节能优化的潜力大。

　　从表 9-9 可知，制冷单元的制冷系数为 2.373，但其㶲效率不高，仅为 44.86%。其主要原因是空冷器的热㶲耗散和制冷压缩机的功㶲损失，空冷器的㶲损率为 40.37%，制冷压缩机的总㶲损率为 40.86%。

　　从表 9-10 中可知，系统的㶲效率为 75.01%，总㶲损为 91381MJ/h，㶲损量主要源于能量㶲，其中外输气压缩机的电㶲占总输入能量㶲的 70.66%，因此在优化节能空间时应注意提高外输气压缩机的压缩效率，提高系统㶲效率。

表9-9　制冷单元的设备㶲分析结果（制冷循环整体制冷系数为2.373）

设备		输入㶲, MJ/h		输出㶲, MJ/h		㶲损 MJ/h	㶲效率 %	㶲损率 ξ, %	㶲损失系数 Ω, %
		物流㶲	能量㶲	物流㶲	能量㶲				
制冷压缩机	压缩机1	786.2	1740.2	2045.5	0	0.5	72.36	8.92	4.92
	压缩机2	4273.2	7970.4	10522.8	0	1.7	78.4	31.94	17.61
蒸发器	蒸发器1	3374.3	0	1754.6	1421.3	0.2	87.74	3.68	2.03
	蒸发器2	3898.8	0	682.2	2975	0.2	92.53	4.46	2.46
空冷器		10522.8	0	8348.4	0	2.2	97.62	40.37	22.26
水冷器		8348.4	0	8215.2	0	0.1	96.56	2.44	1.34
过冷器		8215.2	62.1	8265.6	0	0	83.58	0.19	0.1
节流阀		12416.4	0	11988	0	0.4	103.9	8	4.41
制冷循环整体		2.7		1.2		1.5	44.86	100	55.14

表9-10　乙烷回收装置系统㶲分析结果

项目			数值
系统输入㶲 MJ/h	物流㶲	原料气物流㶲 Ex_{in1}	277200
	能量㶲	外输气压缩机电㶲 W_1	62561（所占能量㶲比例为70.66%）
		脱乙烷塔塔顶回流泵电㶲 W_2	2（所占能量㶲比例0.00%）
		脱丙丁烷塔塔顶回流泵电㶲 W_3	30（所占能量㶲比例0.03%）
		制冷压缩机1电㶲 W_4	1739（所占能量㶲比例1.96%）
		制冷压缩机2电㶲 W_5	7970（所占能量㶲比例9.00%）
		脱乙烷塔塔底热源㶲 Ex_{in2}	11527（所占能量㶲比例13.02%）
		脱丁烷塔塔底热源㶲 Ex_{in3}	4705（所占能量㶲比例5.31%）
		合计	88534
系统输出㶲 MJ/h	物流㶲	外输气物流㶲 E_{out1}	255618（所占物流㶲比例为93.17%）
		乙烷气体物流㶲 E_{out2}	15245（所占物流㶲比例5.56%）
		液化石油气物流㶲 E_{out3}	3220（所占物流㶲比例1.17%）
		稳定轻烃物流㶲 E_{out4}	270（所占物流㶲比例0.10%）
		合计	274354
系统总㶲损, MJ/h			91381
系统总㶲效率, %			75.01

乙烷回收装置主要设备㶲损失分布如图 9-24 所示，主要设备的㶲效率分布图如图 9-25 所示。

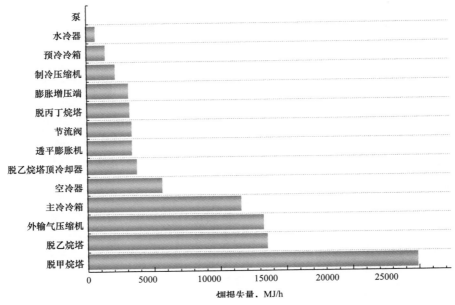

图 9-24　乙烷回收装置主要设备㶲损失分布

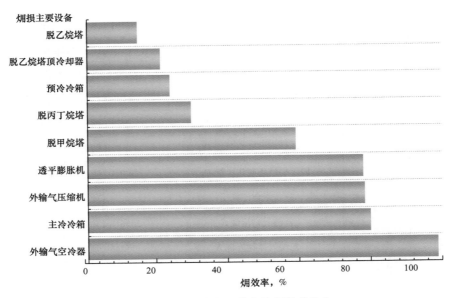

图 9-25　系统中主要设备的㶲效率分布

分析图 9-24 可知：

（1）脱甲烷塔㶲损失为 24962MJ/h，占总㶲损量的 29.04%，是系统中㶲损最大的设备，其原因是脱甲烷塔内运行温度在 -100～10℃之间，消耗的冷能多，且侧重沸器引起更多的冷量㶲损失；

（2）脱乙烷塔、外输气压缩机和主冷箱是㶲损失较多的主要设备，分别占总㶲损的 15.83%、15.51% 和 13.54%，是降低能耗的主要切入点。

分析图 9-25 可知：

（1）外输气空冷器的㶲效率最高，高达 99.16%，但外输气空冷器为高温物流降温的㶲损失量高达 5687MJ/h，压缩机出口高温气流的余热被浪费。可增设溴化锂制冷机组，回收空冷器出口气体的高温余热来制取 7～12℃冷水供应工艺循环冷却水，减小热量㶲耗散损失，实现能量综合利用。

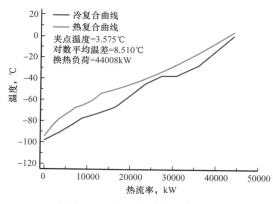

图 9-26　主冷箱冷热复合曲线

（2）主冷箱、外输气压缩机以及透平膨胀机㶲效率较高，均在 80% 左右。但同时㶲损也较高，分别为 11639MJ/h、13334MJ/h 和 3434MJ/h。主冷箱冷热复合曲线如图 9-26 所示，在 -80～-60℃段温位冷热复合曲线距离较大，可调整脱甲烷塔侧重沸器抽出量和抽出位置，提高冷箱热集成度；对于压缩机和膨胀机，可提高设备的绝热效率来降低㶲损失。

（3）对于脱甲烷塔，其㶲效率仅为 59.45%，且㶲损失量高达 24962MJ/h，是节能潜力最大的设备。可通过调节物流进料位置和塔板数，让塔内温度变化更为连续，从而减小㶲损失。

第三节　换热网络及热集成

天然气凝液回收装置常采用板翅式换热器实现多股冷热物流换热，将系统的能量充分回收利用，降低了系统能耗。提高冷热物流热集成效果的核心是优化系统的换热网络，采用换热网络合成方法对多股冷热物流进行合理匹配。

一、换热网络理论基础

1. 夹点分析方法

夹点是换热网络中冷热物流最小传热温差 ΔT_{min}。夹点分析法是分析与设计换热网络较为广泛的方法，其理论核心是根据能量目标构造一个具有最大能量回收特性的换热网络，其基本点是找出夹点位置，不允许跨夹点换热[5]。换热网络能量目标是使系统具有最小的冷却和加热公用工程量。

在运用夹点理论设计和优化换热网络前，需给整个换热网络设定夹点，其取值的大小直接影响热回收量和换热网络的面积。多股热流板翅式换热器的夹点取值在 3～5℃范围

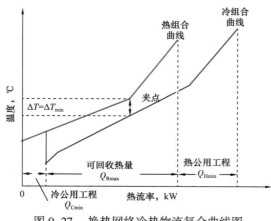

图 9-27　换热网络冷热物流复合曲线图

内较为适宜。

在分析换热网络时，需绘制冷热物流在换热过程中的温焓图。当多股热流和多股冷流进行换热时，可将多股热流合并成一条热复合曲线，将多股冷流合并成一条冷复合曲线[6]。换热网络冷热物流复合曲线图如图 9-27 所示，沿 H 轴平移冷复合曲线使之靠近热复合曲线，冷热曲线间的传热温差 ΔT 逐渐减小，直到传热温差 $\Delta T = \Delta T_{min}$，传热温差 ΔT 的位置即为"夹点"位置。夹点处热流的温度称为热夹点温度，夹点处冷流的温度称为冷夹点温度[7]。夹点上方的系统称为热阱系统，由热公用工程向其输入热能，而系统本身没有热量输出；夹点下方的系统为热源系统，由冷公用工程从系统中带走热量，而没有外界的热量流入。

从图 9-27 可知，当给定整个换热网络中所允许的夹点时，热公用工程至少要提供 Q_{Hmin} 的热量才能将冷流股提高到目标温度，冷公用工程至少要提供 Q_{Cmin} 的冷量才能将热流股冷却到目标温度，中间重叠部分表示通过换热可回收的最大热量 Q_{Rmax}。

根据公用工程用能与换热系统有效能损失的关系可知：用能量最小、热回收量最大的换热网络是有效能损失最小的换热网络。合成最大热回收量，即最小用能量的换热网络物流匹配换热规则[8]是：

（1）高温位的热流宜与高温位的冷流匹配换热；

（2）中等温位的热流宜与中等温位的冷流匹配换热；

（3）低温位的热流宜与低温位的冷流匹配换热。

夹点设计应遵循以下几点原则：

（1）不要有跨越夹点的传热，即夹点处不能有热量穿过；

（2）不要在夹点以上设置任何公用工程冷却器，夹点之上所有的热流股都应依靠与冷流股换热达到夹点温度；

（3）不要在夹点以下设置任何公用工程加热器，夹点之下所有的冷流股都应依靠与热流股换热达到夹点温度。

在夹点处，必须保证没有热量穿过夹点，这使夹点成为设计中约束最多的地方，因而要先从夹点着手，将换热网络分为夹点上、下两部分分别向两头进行匹配换热，在夹点设计中，物流匹配应遵循以下准则[9]：

（1）物流数目准则：

夹点之上：$N_H \leqslant N_C$；

夹点之下：$N_H \geqslant N_C$。

式中　N_H——热流股数或其分支数；

N_C——冷流股数或其分支数。

（2）热容流率准则：

夹点之上：$C_{PH} \leqslant C_{PC}$；

夹点之下：$C_{PH} \geqslant C_{PC}$。

式中 C_{PH}——热流的热容流率；

$\qquad$ C_{PC}——冷流的热容流率。

（3）最大换热负荷准则：

为保证最小数目的换热单元，每一次匹配应完成两股物流中的一股。

2. 热端阈值问题

根据换热网络夹点设计原则：不要在夹点以上设置任何公用工程冷却器，不要在夹点以下设置任何公用工程加热器。夹点 ΔT 之上刚好不用设置任何公用工程冷却器，只需冷公用工程而不需要热公用工程的换热网络，称为热端阈值问题[10]。利用夹点技术根据能量目标构造了一个具有最大能量回收特性的换热网络，系统所需公用工程量最小。但要实现该目标换热网络需要给系统提供冷公用工程，才能将热流冷却至目标温度。因此不能采用常规换热网络夹点设计原则对热端阈值问题换热网络进行设计。

图 9-28 为热端阈值问题的冷热复合曲线。热端阈值问题存在两种类型的换热网络：

（1）冷、热复合曲线的最接近换热温差 ΔT 在不需要公用工程的一端出现，如图 9-28（a）所示；

（2）冷、热复合曲线存在一个中间近夹点的形式，如图 9-28（b）所示。

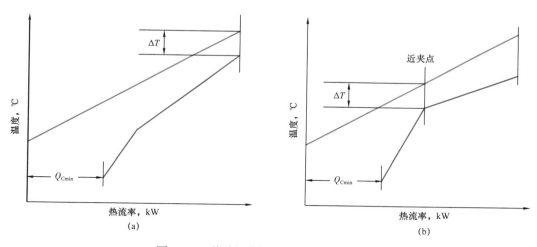

图 9-28 热端阈值问题冷热物流复合曲线

降低冷热复合曲线的夹点温差 ΔT 至 $\Delta T'$，冷复合曲线向左移动，与热复合曲线重叠，如图 9-29（a）与图 9-29（b）。这一过程中，夹点上方出现了冷公用工程。此时，低温冷公用工程负荷 Q_{C1} 与高温冷公用工程负荷 Q_{C2} 之和等于原最小冷公用工程负荷 Q_{Cmin}，系统消耗的冷公用工程总量不变，但需要的冷公用工程温位发生变化。高温冷公用工程负荷 Q_{C2} 与低温冷公用工程负荷 Q_{C1} 相比，提高了需要的冷公用工程温度，降低了冷公用工程制冷功耗，增大了换热物流与冷公用工程的换热温差，减小了冷却器换热面积。同时，高温冷公用工程负荷 Q_{C2} 也为阈值问题换热网络与其他换热网络之间的热集成提供了可能，高温位换热物流可以给系统之外的其他换热网络提供热量。

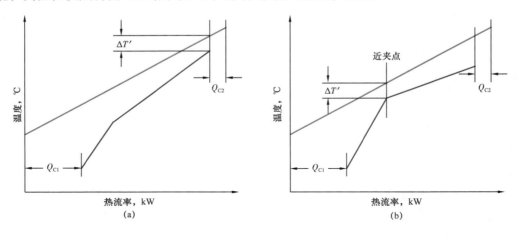

图 9-29　热端阈值问题降低夹点温差后的冷热物流复合曲线

当 $\Delta T'$ 等于设定的最小允许换热温差 $\Delta T_{\min}$ 时，Q_{C1} 即为所需低温冷公用工程的最小负荷，Q_{C2} 即为热端阈值问题换热网络的最大热集成负荷，可将阈值问题换热网络分为自匹配部分和热集成部分分别进行优化改进。自匹配部分用于满足装置自身换热需求，热集成部分可用于载能工质回收热能或与其他装置直接热集成。无论是自匹配还是热集成部分，当出现近夹点时，应该从近夹点处开始向外设计。

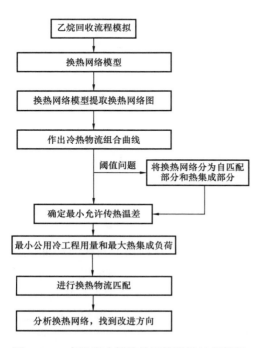

图 9-30　多股流冷箱换热网络设计流程框图

凝液回收工艺系统多股流冷箱换热网络优化设计主要体现在自匹配部分，当热流不能与其他换热网络之间进行热集成或最大热集成负荷不能全部回收利用时，可采用高温冷公用工程进行冷却，此时夹点之上允许冷公用工程存在。

凝液回收工艺系统多股流冷箱换热网络优化设计的关键是找出热端阈值问题换热网络自匹配部分的夹点，然后根据换热网络物流匹配原则从夹点处往两端设计。

3. 换热网络设计思路

在设计换热网络时，借助 Energy Analyzer 软件直接调用 HYSYS 软件模拟的天然气乙烷回收工艺流程，对其进行换热网络分析与计算。换热网络分析时，提取换热网络的各物流相关数据，绘制换热网络的温焓图，寻找其夹点位置，分析能量利用的瓶颈，并解决换热网络存在的问题。多股流冷箱换热网络设计流程框图如图 9-30 所示，具体方法及组织换热网络时应遵循的规定如下：

（1）模拟流程，提取冷热物流热力学数据，并对热容流率较大的物流进行分段处理。原料气物流需与多股物流换热时，原料气物流的分股不宜超过两股；

（2）作出装置冷热物流复合曲线，利用夹点技术根据能量目标构造具有最大能量回收特性的换热网络；

（3）若出现阈值问题，降低冷热复合曲线的夹点至设定的夹点（冷箱夹点取 3.5℃），将阈值问题换热网络分为自匹配部分和热集成部分；

（4）确定换热网络的最小冷公用工程负荷和最大热集成负荷，以及对应冷热物流温度区间；

（5）找出换热网络或热端阈值问题换热网络自匹配部分的夹点，然后根据换热网络物流匹配原则从夹点处往两端设计进行物流匹配；

（6）对合成的换热网络进行分析，找到换热网络改进方向。

更多详细的原理可见文献［11］。

二、换热网络分析实例

1. 基础数据

以气质较贫的凝析气田气为例，对乙烷回收工艺多股流冷箱换热网络进行合成。乙烷回收工艺分别采用 RSV 流程（图 7-31）、SRC 流程（图 9-31）以及 SRX 流程（图 9-32），三种流程的凝液分馏单元与图 7-26 相同。其基础数据如下：

天然气处理规模：$1500 \times 10^4 m^3/d$；

脱水后原料气压力：5.9MPa；

脱水后原料气温度：25℃（夏季）/13℃（冬季）；

外输气压力：6.2MPa；

乙烷回收率大于 95%；

脱水后原料气气质组成见表 9-11。

表 9-11　原料气气质组成

组分	N_2	CO_2	C_1	C_2	C_3	iC_4
含量，%（摩尔分数）	1.4301	0.903	89.2415	6.2903	1.3901	0.253
组分	nC_4	iC_5	nC_5	C_6	C_7	
含量，%（摩尔分数）	0.267	0.079	0.061	0.046	0.039	

2. 换热网络模型

为掌握乙烷回收流程中多股冷热物流的换热规律，以图 7-31、图 9-31 和图 9-32 的乙烷回收流程图为依据，建立换热网络流程，三种乙烷回收工艺的换热网络图如图

9-33~图 9-35 所示。对三种乙烷回收工艺的换热网络流程进行模拟，乙烷回收工艺的多股流换热采用板翅式换热器，换热网络的夹点温度取 3.5℃，通过调节流程操作参数，达到 95% 的乙烷回收率。

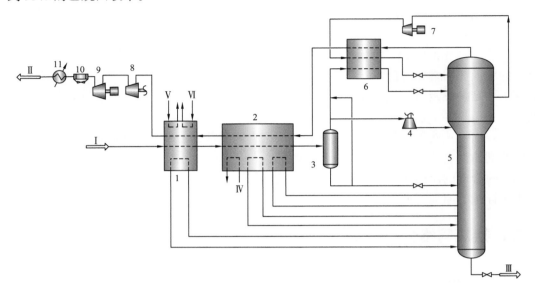

图 9-31　三冷箱配置的 SRC 乙烷回收流程

1—预冷箱；2—主冷箱；3—低温分离器；4—膨胀机组膨胀端；5—脱甲烷塔；6—过冷箱；
7—塔顶压缩机；8—膨胀机组增压端；9—外输气压缩机；10—空冷器；11—水冷器；
Ⅰ—脱水原料气；Ⅱ—外输气；Ⅲ—凝液；Ⅳ—低温丙烷冷剂；Ⅴ—高温液态丙烷；Ⅵ—脱乙烷塔塔顶低温乙烷

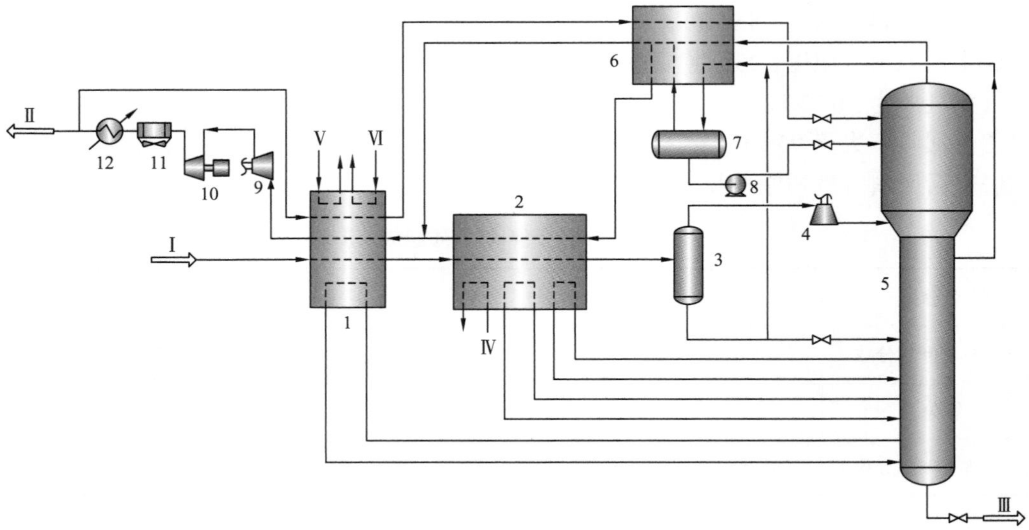

图 9-32　三冷箱配置的 SRX 乙烷回收流程

1—预冷箱；2—主冷箱；3—低温分离器；4—膨胀机组膨胀端；5—脱甲烷塔；6—过冷箱；
7—回流罐；8—回流泵；9—膨胀机组增压端；10—外输气压缩机；11—空冷器；12—水冷器；
Ⅰ—脱水后原料气；Ⅱ—外输气；Ⅲ—凝液；Ⅳ—丙烷冷剂；Ⅴ—高温液态丙烷；Ⅵ—脱乙烷塔塔顶低温乙烷

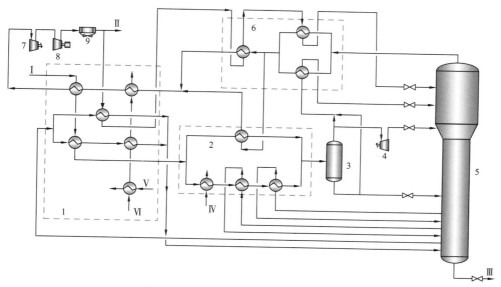

图 9-33　RSV 乙烷回收工艺换热网络图

1—预冷冷箱；2—主冷箱；3—低温分离器；4—膨胀机组；5—脱甲烷塔；
6—过冷冷箱；7—透平膨胀机增压端；8—外输气压缩机；9—空冷器；
Ⅰ—脱水后原料气；Ⅱ—外输气；Ⅲ—凝液；Ⅳ—丙烷冷剂；
Ⅴ—脱乙烷塔塔顶乙烷产品；Ⅵ—高温液态丙烷

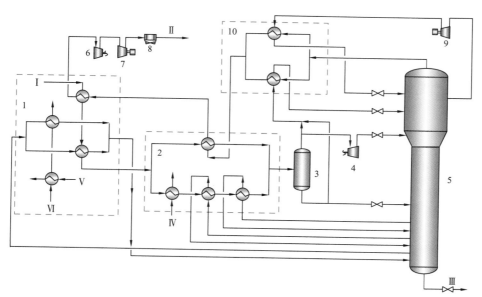

图 9-34　SRC 乙烷回收工艺换热网络图

1—预冷冷箱；2—主冷箱；3—低温分离器；4—膨胀机组；5—脱甲烷塔；6—透平膨胀机增压端；
7—外输气压缩机；8—空冷器；9—脱甲烷塔塔顶压缩机；10—过冷冷箱；
Ⅰ—脱水后原料气；Ⅱ—外输气；Ⅲ—凝液；Ⅳ—丙烷冷剂；
Ⅴ—脱乙烷塔塔顶低温乙烷；Ⅵ—高温液态丙烷

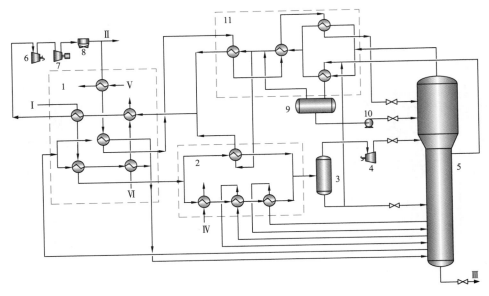

图 9-35　SRX 乙烷回收工艺换热网络图

1—预冷冷箱；2—主冷箱；3—低温分离器；4—膨胀机组；5—脱甲烷塔；6—透平膨胀机增压端；
7—外输气压缩机；8—空冷器；9—回流罐；10—回流泵；11—过冷冷箱；Ⅰ—脱水后原料气；
Ⅱ—外输气；Ⅲ—凝液；Ⅳ—丙烷冷剂；Ⅴ—脱乙烷塔顶低温乙烷；Ⅵ—高温液态丙烷

3. 换热网络分析

结合换热网络物流匹配准则，借助 HYSYS 软件对工艺流程换热物流进行匹配，调优换热网络流程工艺参数，对三种乙烷回收工艺流程的换热网络进行分析。借助 Energy Analyzer 软件，作出三种乙烷回收工艺换热网络图。RSV 流程、SRC 流程和 SRX 流程的冷热复合曲线如图 9-36～图 9-38 所示，三种乙烷回收工艺流程模拟结果见表 9-12。

表 9-12　三种乙烷回收工艺流程模拟结果

参数		RSV 流程	SRC 流程	SRX 流程
最小传热温差，℃		3.5	3.5	3.5
热夹点/冷夹点温度，℃		3.0/-0.5	2.0/-1.5	4/0.5
产品回收率，%	乙烷收率	95.00	95.00	95.00
	丙烷收率	99.93	99.95	99.85
压缩机功耗，kW	外输气压缩机功率	18658	17163	20035
	制冷压缩机功率	2223	2718	1908
	总压缩机功率	20881	20598	21944

对比图 9-36～图 9-38 可知，三种乙烷回收流程的换热网络在高温段基本相同，在低温段三种换热网络有差别。在低温段，SRC 流程的冷热换热曲线较为贴近，物流温位匹配合理，冷公用工程负荷较少，其次是 RSV 流程，再次为 SRX 流程。

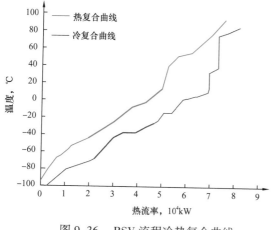

图 9-36 RSV 流程冷热复合曲线

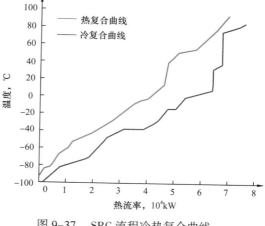

图 9-37 SRC 流程冷热复合曲线

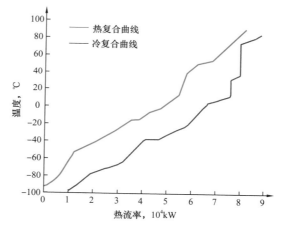

图 9-38 SRX 流程冷热复合曲线

从表 9-12 可知：

（1）在保证产品回收率相同的情况下，SRC 流程的换热网络温位匹配较 RSV 流程和 SRX 流程合理，使工艺系统的换热量增大，增加了系统的可利用冷量；

（2）SRC 流程充分利用脱甲烷塔顶气的冷量，换热网络物流匹配合理。SRC 流程的总压缩机功率较低，比 RSV 流程低 283kW，比 SRX 流程低 1346kW，相对具有节能优势。

RSV 流程设置预冷冷箱与主冷箱。预冷冷箱为脱甲烷塔重沸器提供热量，设置原料气和外输回流气出预冷冷箱的温度保持恒定，这样主冷箱的换热情况不会受原料气温度波动影响，换热网络适应性较强。原料气进预冷冷箱温度变化对预冷冷箱性能影响见表 9-13，不同原料气温度下预冷冷箱冷热复合曲线图如图 9-39 和图 9-40 所示。

表 9-13 原料气进预冷冷箱温度对预冷冷箱影响

项目	数值				
原料气进预冷冷箱温度，℃	26	28	30	32	34
原料气出预冷冷箱温度，℃	15.00	15.00	15.00	15.00	15.00
外输气进预冷冷箱温度，℃	11.50	11.50	11.50	11.50	11.50
外输气出预冷冷箱温度，℃	25.31	26.49	27.66	28.84	30.00
预冷冷箱夹点温度，℃	3.737	3.731	3.726	3.722	3.720
预冷冷箱对数平均温差，℃	7.019	6.962	6.950	6.970	7.002
预冷冷箱换热负荷，kW	6987	7224	7460	7695	7930

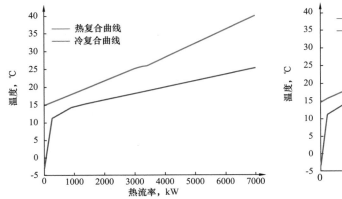

图 9-39　原料气 26℃时预冷冷箱冷热复合曲线

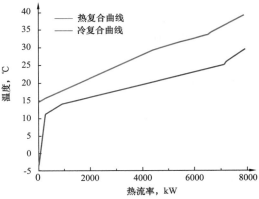

图 9-40　原料气 34℃时预冷冷箱冷热复合曲线

由表 9-13 可知，随着原料气温度升高，只有外输气出预冷箱温度升高，原料气和外输气出预冷冷箱温度保持恒定，原料气和外输气进入主冷箱换热负荷不变，主冷箱运行平稳，预冷冷箱夹点随原料气温度升高而升高，换热负荷增加，而外输气出预冷冷箱温度上升来提供换热负荷增加量。

对比图 9-39 和图 9-40 可知，原料气温度升高，冷复合曲线热端温差减小，对换热网络整体影响不大。

三、冷量回收及余热利用

在乙烷回收工艺系统中存在一些可回收利用的冷量和余热资源。主要冷量有脱甲烷塔塔底出来的凝液和脱乙烷塔塔顶低温乙烷产品气，主要余热有脱丙丁烷塔塔底出来的稳定轻烃产品和外输气压缩机出口高温气体。冷量回收及余热利用有利于降低乙烷回收系统的能耗。

1. 冷量回收

乙烷回收系统中存在着可回收的冷量有脱乙烷塔塔顶低温乙烷产品气和脱甲烷塔塔底凝液。

脱乙烷塔塔顶低温乙烷产品可作为原料气预冷的冷源，低温乙烷冷量回收如图 9-41 所示。从图 9-41 可知，脱乙烷塔塔顶温度 -3℃左右乙烷产品在预冷箱中复热换温至 30℃，为预冷原料气提供部分冷量。

当天然气气质较贫且含有一定量的二氧化碳时，脱甲烷塔内温度较低，可不单独设置重沸器，由原料气提供热源。脱甲烷塔塔底的凝液温度在 10℃以下，可用塔底凝液预冷原料气，乙烷回收装置冷量回收流程如图 9-41 所示。脱甲烷塔塔底抽出物流进入主冷箱换热升温，然后流回脱甲烷塔重沸器。塔底凝液再进入主冷箱与原料气换热至 25℃后进入脱乙烷塔，升温后的凝液进脱乙烷塔可降低脱乙烷塔重沸器热负荷。

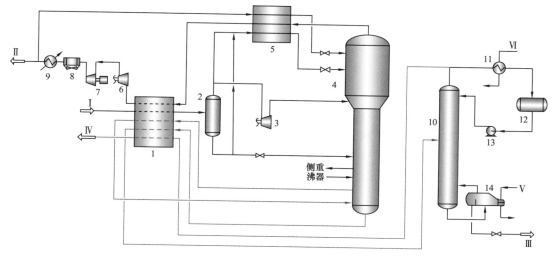

图 9-41 乙烷回收装置冷量回收流程

1—主冷箱；2—低温分离器；3—膨胀机组膨胀端；4—脱甲烷塔；5—过冷冷箱；
6—膨胀机组增压端；7—外输气压缩机；8—空冷器；9—水冷器；10—脱乙烷塔；
11—冷凝器；12—回流罐；13—回流泵；14—重沸器；Ⅰ—脱水后原料气；
Ⅱ—外输气；Ⅲ—乙烷产品；Ⅳ—凝液；Ⅴ—导热油；Ⅵ—丙烷冷剂

2. 余热利用及热集成

乙烷回收系统中存在着可利用的余热有压缩机高温外输气和脱丙丁烷塔塔底稳定轻烃产品。

1）高温外输气余热利用

当天然气气质较富或脱甲烷塔塔压较高时，脱甲烷塔塔底温度在 25℃以上，用原料气为脱甲烷塔塔底重沸器提供的热源温度不够，易出现温度交叉，可采用部分高温的外输气作为脱甲烷塔塔底重沸器的补充热源，其热集成形式如图 9-42 所示。这种热集成方式只能部分回收外输气余热。

外输气压缩机出口高温气体的余热可用于冬季取暖、夏季作为溴化锂制冷机组的热源，制取 7～12℃冷水，供应工艺循环冷却水，既减小热量耗散，又实现能源综合利用。

2）稳定轻烃余热回收

脱丙丁烷塔塔底的稳定轻烃产品温度高于 100℃以上，通常采用空冷、水冷等方式冷却至 40℃，达到进罐温度要求。将稳定轻烃产品用来对脱乙烷塔进料和脱丙丁烷塔进料进行加热，可以降低脱乙烷塔和脱丙丁烷塔的热负荷，稳定轻烃产品余热利用流程如图 9-43 所示。

从图 9-43 可知，根据能量梯级利用原则，脱丙丁烷塔塔底出来的温度较高的稳定轻烃产品，首先通过脱丙丁烷塔进料加热器与温度较高的脱丙丁烷塔进料进行换热，回收部分稳定轻烃的热量。

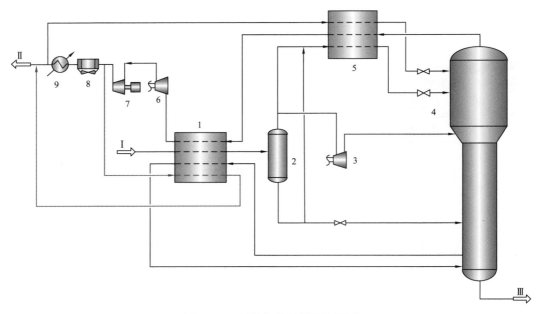

图 9-42　外输气热量回收流程图

1—主冷箱；2—低温分离器；3—膨胀机组膨胀端；4—脱甲烷塔；

5—过冷箱；6—膨胀机组增压端；7—外输气压缩机；8—空冷器；9—水冷器；

Ⅰ—脱水后原料气；Ⅱ—外输气；Ⅲ—凝液

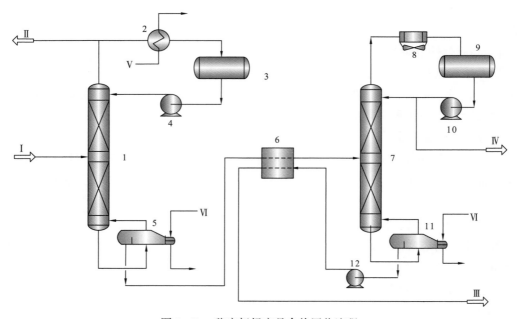

图 9-43　稳定轻烃产品余热回收流程

1—脱乙烷塔；2—丙烷蒸发器；3，9—回流罐；4，10，12—回流泵；

5，11—重沸器；6—脱丁烷进口加热器；7—脱丙丁烷塔；8—空冷器；

Ⅰ—凝液；Ⅱ—乙烷产品；Ⅲ—稳定轻烃；Ⅳ—液化石油气；Ⅴ—丙烷冷剂；Ⅵ—导热油

参 考 文 献

［1］李庆，李秋忙. 天然气处理（净化）厂生产能耗的评价方法研究［J］. 石油规划设计，2009，7：21-23.

［2］中华人民共和国国家质量监督检验检疫总局，中国国国家标准化管理委员会. 综合能耗计算通则 GB/T 2589-2008［S］. 北京：中国标准出版社，2008：2-3.

［3］王强，邓寿禄. 设备与工艺过程的用能分析及节能途径［M］. 北京：中国石化出版社，2012.

［4］项新耀，李东明，吴照云. 分析节能技术［M］. 北京：石油工业出版社，1995.

［5］王利文，陈保东，王利权，等. 夹点理论及其在换热网络中的应用［J］. 辽宁石油化工大学学报，2005，25（2）：54-58.

［6］刘智勇，李志伟，霍磊. 夹点理论及其在换热网络中的优化分析［J］. 节能技术，2012，30（3）：273-277.

［7］SUN L，LUO X. Synthesis of Multipass Heat Exchanger Networks Based on Pinch Technology［J］. Computers & Chemical Engineering，2011，35（7）：1257-1264.

［8］肯普. 能量的有效利用夹点分析与过程集成：第2版［M］. 项曙光，贾小平，夏力，译. 北京：化学工业出版社，2010.

［9］刘巍. 冷换设备工艺计算手册［M］. 北京：中国石化出版社，2003.

［10］魏志强，孙丽丽，袁忠勋，等. 热端阈值问题换热网络设计与应用［J］. 石油学报（石油加工），2014，30（4）：748-755.

［11］高维平，杨莹，韩方煜. 换热网络优化节能技术［M］. 北京：中国石化出版社，2004.

第十章 天然气凝液回收工艺设备

工艺设备是天然气凝液回收工艺的重要组成部分之一，工艺设备性能的优越对天然气凝液回收工艺高效运行具有重要的影响。本章主要包括气液分离设备、塔设备、换热设备、压缩机、膨胀机设备的结构及选用。

第一节 气液分离器

气液分离器是指将气液两相物流中的液体和气体分离的设备。气液分离器分为重力式分离器及旋风式分离器等形式。旋风式分离器由于处理量的波动，进入分离器的线速度变化较大，无法保证分离效率，适用性较差；重力式分离器则可适应较大的负荷波动，在油气处理领域得到广泛应用。重力式分离器可分为卧式分离器和立式分离器，选用原则如下：

（1）液量较小，要求液体在分离器内的停留时间较短时宜选立式分离器[1]；

（2）液量较多，要求液体在分离器内的停留时间较长时或处理量大宜选卧式分离器。

一、气/液两相分离器

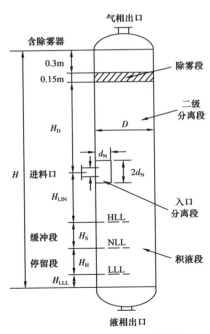

图 10-1 立式两相分离器结构图

重力式分离器原理是通过不同相态间的密度差进行分离，气液分离器须满足下列设计要求：

（1）在初级分离段气体流速必须降低，以保证液滴沉降；

（2）液相必须在分离器中有足够的停留时间，以保证气液分离；

（3）分离器有足够的高度或长度，防止液滴的二次夹带[2]；

（4）积液段有足够的空间以缓冲上游的液相波动；

（5）气相和液相必须从各自的出口排出，气相出口设捕雾器以脱除较小液滴。

1. 立式两相分离器

1）分离器结构及原理

立式两相分离器的主体结构为立式圆筒，物流从筒体的中段进入，气体从顶部流出，液体从底部流出。分离过程主要分为初级分离段、二级分离段（重力沉降段）、积液段和除雾段四个阶段，立式两相分离器的结构如图 10-1 所示。立式两相分离器结构图中符号含义见表10-1。

表 10-1 立式两相分离器结构图中符号释义

符号（单位为 m）	意义	符号	意义	符号（单位为 m）	意义
H	分离器总高度	HLL	高液位	d_N	进出口直径
H_D	分离段高度	NLL	正常液位	H_{LLL}	低液位（LLL）高度
H_S	缓冲段高度	LLL	低液位	H_{LIN}	高液位到入口中心线高度
D	分离器直径	H_H（单位为 m）	停留段高度		

立式两相分离器的原理以重力沉降分离为主，碰撞离心分离为辅。重力沉降部分，液滴下降方向与气流运动方向相反，液滴沉降面积与分离器水平截面积相等。

2）立式分离器尺寸计算

立式分离器按气体处理能力计算，当液滴所受重力小于气流对液滴的携带力时，液滴沉降速度低于气流速度，液滴从气相中分离出来。采用迭代循环法来计算液滴沉降速度，计算公式如下：

$$W = K\sqrt{\frac{(\rho_l - \rho_g)}{\rho_g}} \tag{10-1}$$

$$K = \sqrt{\frac{4gd_d}{3C_D}} \tag{10-2}$$

$$C_D = \frac{24}{Re} + \frac{3}{Re^{0.5}} + 0.34 \tag{10-3}$$

$$Re = 10^{-3}\frac{\rho_g d_d W}{\mu_g} \tag{10-4}$$

式中 W——液滴沉降速度，m/s；

ρ_g，ρ_l——气体、液体的密度，kg/m^3；

K——液滴沉降速度系数，m/s；

g——重力加速度，9.8 m/s^2。

d_d——液滴直径，μm，常取值 100μm；

C_D——阻力系数；

Re——雷诺数；

μ_g——气体黏度，mPa·s。

天然气处理量允许波动范围为 60%～120%，分离器计算处理量按照 120% 的处理量计算，根据式（10-5）求得立式分离器分离直径 D。

$$D = 0.350 \times 10^{-3} \sqrt{\frac{q_v TZ}{K_1 pW}} \qquad (10\text{-}5)$$

式中　D——分离器内径，m；

　　　q_v——标准参比条件下气体流量，m^3/h；

　　　T——操作温度，K；

　　　Z——气体压缩因子；

　　　p——操作压力，MPa；

　　　W——液滴沉降速度，m/s；

　　　K_1——立式分离器修正系数，一般取 0.8。

求得分离器直径后进行高度计算，按表 10-2 的公式计算图 10-1 中的各段高度[3]。

表 10-2　立式分离器计算表

参数	公式	参数	公式
停留体积，m^3	$V_H = t_H Q_l$	缓冲体积，m^3	$V_S = t_S Q_l$
分离高度，m	$H_D = 0.6 + 0.5 d_N$	高液位到管嘴中心线高度，m	$H_{LIN} = 0.3 + d_N$
正常液位到高液位高度（最小值 0.15m）	$H_S = \dfrac{4V_S}{\pi D^2}$	低液位到正常液位高度（最小值 0.3m）	$H_H = \dfrac{4V_H}{\pi D^2}$
入口管嘴直径，m	$d_N \geqslant \left(\dfrac{4Q_M}{60\pi / \sqrt{\rho}}\right)^{0.5}$	低液位高度	H_{LLL} 取值[4] 见表 10-3
分离器总高，m	$H_T = H_{LLL} + H_H + H_S + H_{LIN} + H_D +_{ME}$		

注：Q_l 为液相流量；停留时间 t_H 根据下游设备的安全操作需求来确定；缓冲时间 t_S 根据上下游流量的变化及可能导致的液体聚集量来确定，一般取停留时间的一半；气液分离器停留时间及缓冲时间可参考表 10-4；H_{ME} 通常取 0.45m。

表 10-3　低液位高度选取表

参数		取值					
分离器直径，m		<1.22	1.83	2.44	3.05	3.66	4.88
立式分离器 H_{LLL}，mm	压力<2.07MPa 时	380	380	380	150	150	150
	压力>2.07MPa 时	150	150	150	150	150	150
卧式分离器 H_{LLL}，mm		230	250	280	305	330	380

表 10-4　停留时间及缓冲时间表

设备	原料气分离器	送至塔设备的分离器	送至分离器或储罐的分离器	泵送至分离器或储罐的分离器	输送至加热炉的分离器
停留时间 t_H，s	600	300	300	120	600
缓冲时间 t_S，s	300	180	120	60	180

2. 卧式两相分离器

1) 分离器结构及原理

卧式重力式分离器的主体结构为卧式圆筒体，主要由入口初级分离段、二级分离段、沉降段、积液段、除雾段等组成。卧式两相分离器的结构如图 10-2 所示。

卧式两相分离器的原理是以重力沉降分离为主，碰撞、离心分离为辅。重力沉降部分，液滴下降方向与气流运动方向垂直，液滴沉降面积与分离器水平截面积相等。

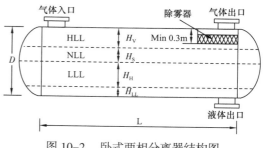

图 10-2　卧式两相分离器结构图

2) 卧式分离器尺寸计算

按气体处理能力计算：

$$D = 0.350 \times 10^{-3} \sqrt{\frac{K_3 q_v T Z}{K_2 K_4 p W}} \tag{10-6}$$

式中　D——分离器内径，m；

　　　q_v——标准参比条件下气体流量，m^3/h；

　　　T——操作温度，K；

　　　Z——气体压缩因子；

　　　p——操作压力，MPa；

　　　W——液滴沉降速度，m/s；

　　　K_2——气体空间占有的空间面积分率，取值见表 10-5；

　　　K_3——气体空间占有的高度分率；

　　　K_4——长径比，当 $p \leq 1.8$MPa，取 3.0；1.8MPa$<p\leq$3.5MPa 时，取 4.0；$p>$3.5 MPa 时，取 5.0。

表 10-5　气体空间占有的空间面积分率 K_2 和高度分率 K_3 的关系表

K_3	0.98	0.96	0.94	0.92	0.90	0.86	0.84	0.82	0.80	0.78	0.76	0.74	0.72
K_2	0.995	0.987	0.976	0.963	0.948	0.914	0.897	0.878	0.858	0.837	0.816	0.793	0.771
K_3	0.70	0.68	0.66	0.64	0.62	0.58	0.56	0.54	0.52	0.50	0.48	0.46	0.44
K_2	0.748	0.724	0.700	0.676	0.651	0.601	0.576	0.551	0.526	0.500	0.475	0.449	0.424

按液体处理能力计算：

$$\frac{\pi}{4} D^2 L (1 - K_2) = t_r \frac{Q_l}{60} \tag{10-7}$$

式中　t_r——液相停留时间，min；

　　　L——卧式分离器有效长度，m；

　　　Q_l——液相流量，m^3/h。

两相分离器的液体处理量主要取决于分离器中液体的停留时间。两相分离器液体停留时间与液体相对密度的关系见表 10-6[5]。分离器直径取式（10-6）与式（10-7）的最大值。

表 10-6　两相分离器液体停留时间与液体相对密度的关系

液体相对密度	≤0.8467	0.8732～0.9314	0.9314～0.9977
停留时间 t_r, min	1	1～2	2～4

考虑到入口分离段和出口除雾器，设计卧式分离器时还需在有效长度 L 的基础上留有一定裕量。分离器实际长度 L_{SS} 按照下式计算：

按气体处理能力计算：

$$L_{SS} = L + D \qquad\qquad (10-8)$$

按液体处理能力计算：

$$L_{SS} = \frac{4}{3}L \qquad\qquad (10-9)$$

计算卧式两相分离器高度时，由于分离器的横截面被气相和液相共同占据着，先选择出低液位，再根据液体持液量确定正常液位，最后根据液体波动确定高液位。持液量和液体波动体积则由停留时间和缓冲时间计算得到[6]。

二、气／液／液三相分离器

天然气处理工艺中常需要气—液—液三相分离，如烃水露点控制装置的醇烃三相分离器。三相分离器主要有立式和卧式两种，设计均必须满足下列要求：

（1）在初级分离段液相必须与气相分离，气相经捕雾器脱除液滴；

（2）轻重液相必须转入分离器中无湍动区域，保持界面稳定，且从各自的出口排出；

（3）分离器有足够的高度或长度，以满足液滴重力沉降要求，防止液滴的二次夹带[7]；

（4）液相必须在分离器中有足够的停留时间，以保证轻质、重质液相分离；

（5）积液段有足够的空间以缓冲上游的液相波动。

1. 立式三相分离器

1）分离器结构及原理

立式三相分离器主要由入口分流器、降液管、挡板、压力控制器、液位控制器和捕雾器等构件组成，其结构如图 10-3 所示。

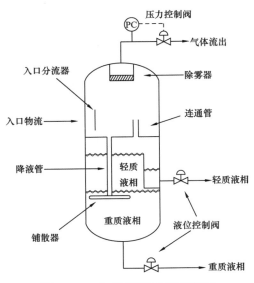

图 10-3　立式三相分离器结构图

入口物流流进入口分流区，撞击进口挡板，由于突然撞击改变物流流动方向，大量液体从气相中分离，分离出的轻重混合液相通过降液管进入液/液界面以下的重质液相中，轻质液相上浮，重质液相聚积沉降，须保证有足够的停留时间使混合液相分层后再进入到沉降室。最后通过液位控制器调控，将轻质、重质液相分别排出。

2）分离器尺寸计算

立式三相分离器中，液滴与气体垂直运动进行分离，分离器必须具有足够大的直径，保证重质液相从向上流动的轻质液相中沉降下来。立式三相分离器计算如下：

（1）按气体处理能力计算。

三相立式分离器的直径按气体处理能力计算方法与两相立式分离器相同。

（2）按液体处理能力计算。

立式三相分离器的直径计算按从轻质液相中重质脱除液相计算，由重质液相在分离器的沉降速度与轻质液相流动速度相等求出重质液相的沉降速度，按斯托克斯公式计算求解[8]，见下式：

$$W_1 = \frac{5.45 \times 10^{-10} (\rho_w - \rho_o) d_d^2}{\mu} \qquad (10-10)$$

式中 W_1——重质液相的液滴沉降速度，m/s；

ρ_w，ρ_o——重质液相、轻质液相的密度，kg/m³；

d_d——重质液相液滴尺寸（常取值 500μm），μm；

μ——连续相黏度，mPa·s。

当重质液相在轻质液相中沉降时，轻质液相是连续相，μ 用 μ_o 表示；当轻质液相在重质液相时，重质液相是连续相，μ 用 μ_w 表示。

根据重质液相的沉降速度求出三相立式分离器的直径，计算公式如下：

$$\frac{\pi}{4} D^2 W_1 = Q_o \qquad (10-11)$$

$$D = 48334 \sqrt{\frac{\mu_0 Q_0}{(\rho_w - \rho_0) d_d^2}} \qquad (10-12)$$

式中 D——分离器直径，m；

Q_o——轻质液相流量，m³/s；

μ_o——轻质液相的黏度，mPa·s。

分离器直径取按气体处理能力计算和液体处理能力计算中较大值。

（3）液位高度计算。

液位高度计算主要是依据轻质液相、重质液相在分离器内的停留时间，三相分离器液体停留时间取值情况见表 10-7。三相分离器液位高度的计算公式：

$$\frac{\pi}{4} D^2 (h_o + h_w) = \frac{(t_o Q_o + t_w Q_w)}{60} \qquad (10-13)$$

式中 h_o，h_w——轻质液相、重质液相液位高度，m；

t_o，t_w——轻质液相、重质液相的停留时间，min；

Q_o，Q_w——轻质液相、重质液相体积流量，m^3/h。

表 10-7 三相分离器液体停留时间取值情况

液体相对密度	<0.8467	≥0.8467		
温度，℃	—	>37.8	26.7~37.8	15.6~26.7
停留时间，min	3~5	5~10	10~20	20~30

（4）立式分离器筒体高度计算。

分离器的筒体高度取式（10-11）和式（10-12）中的较大值[8]。

$$L=h_o+h_w+2 \qquad (10-14)$$

$$L=h_o+h_w+D+1 \qquad (10-15)$$

式中 2m 和 1m 分别为经验数据，具体设计时可适当调整。立式三相分离器长径比应不大于4，通常在 1.5~3 之间。

2. 卧式三相分离器

1）分离器结构及原理

卧式三相分离器结构图如图 10-4 所示。入口物流首先进入口分流区，撞击到入口挡板上，使物流流动的方向和速度突然改变，气相中大量液滴脱除，完成气液的预分离。

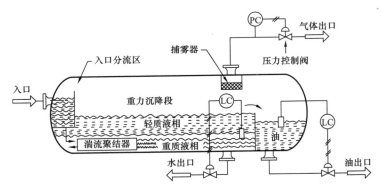

图 10-4 卧式三相分离器结构图

预分离后的液体落入集液区，混合液充分分离，轻质液相聚集到上层而重质液相沉降到底层。入口分流区往往装有液相导管，将预分离后的液体引入轻质/重质液相界面以下，可促进重质的聚沉。集液区上层的轻质液相溢过堰板进入轻质液相室，通过液位控制阀实时排出轻质液相，以控制轻质液相液位；下层的重质液相经另一液位控制阀控制后离开分离器。

预分离后的气体进入重力沉降区，携带的较大液滴沉降，气体中较小液滴再经捕雾器聚集沉降，最后气体通过压力控制阀离开分离器，压力控制阀用来控制气体的排出量，以保证分离器压力的恒定。

卧式三相分离器根据不同工况需求，设计有不同结构，主要包括有普通式、带堰板、带立式筒体和带油槽及堰板几种类型，各类型卧式三相分离器示意图如图10-5所示。

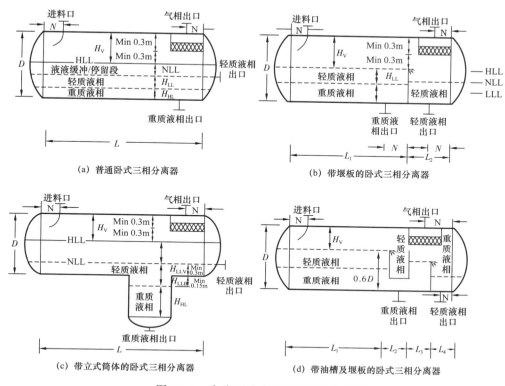

图 10-5 各类型卧式三相分离器示意图

2）分离器尺寸计算

（1）按气体处理能力计算。

三相卧式分离器的直径按气体处理能力计算方法与两相卧式分离器相同。

（2）按液体处理能力计算。

液体停留时间的长短，是按液体处理能力计算的关键。假定分离器液相高度占直径的50%，分离器的直径计算[9]如下：

$$\frac{\pi}{8}LD^2 = \frac{(t_o Q_o + t_w Q_w)}{60} \tag{10-16}$$

式中 Q_o，Q_w——轻质液相、重质液相的流量，m^3/h；

t_o，t_w——轻质液相、重质液相的停留时间，min；

L——筒体有效长度，m。

分离器直径取按气体处理能力计算和液体处理能力计算中较大值。

（3）轻质液相最大厚度计算。

三相卧式分离器中，为保证重质液相从轻质液相分离出来，要求轻质液相厚度满足所需停留时间，同时不得超过轻质液相最大厚度。轻质液相最大厚度计算公式如下：

$$h_{omax} = 3.27 \times 10^{-8} \frac{t_o(\rho_w - \rho_o)d_d^2}{\mu_o} \qquad (10-17)$$

式中 h_{omax}——轻质液相最大厚度，m；

　　　　μ_o——轻质液相黏度，mPa·s；

　　　　ρ_o，ρ_w——轻质液相、重质液相的密度，kg/m³；

　　　　d_d——重质液相液滴直径，μm（常取值500μm）。

（4）分离器最大直径计算。

对于给定的轻质液相停留时间和重质液相停留时间，计算重质液相所占截面积的比例：

$$\frac{A_w}{A} = 0.5 \frac{Q_w t_w}{Q_w t_w + Q_o t_o} \qquad (10-18)$$

式中 A_w——重质液相所在液位截面积，m²；

　　　　A——分离器总截面积，m²。

计算出重质液相所占截面积比例后，根据图10-6确定β，也可根据下式确定β

$$\frac{A_w}{A} = \frac{\arccos 2\beta}{\pi} - \frac{\beta}{\pi}\sqrt{\frac{1}{4} - \beta^2} \qquad (10-19)$$

根据轻质液相最大厚度来确定分离器的最大直径：

$$D_{max} = \frac{h_{omax}}{\beta} \qquad (10-20)$$

式中 D_{max}——分离器最大直径，m；

（5）分离器实际长度。

对于大多数卧式三相分离器，长径比通常控制在3~5之间。卧式三相分离器实际长度 L_{ss} 的计算与卧式两相分离器相同，见式（10-8）和式（10-9）。

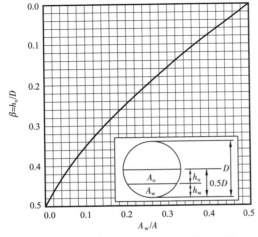

图10-6　卧式分离器半充满液体时系数

三、高效分离元件

高效分离元件包括入口装置、捕雾装置等，入口装置通过突然改变入口物流动方向实现初步分离；捕雾装置主要作用是将小液滴聚结成大液滴，通过重力沉降从分离器中分离出来，分离器入口装置和捕雾装置的分离效率直接影响到分离器的分离效果。

1.入口装置

目前高效的入口装置主要有Schoepentoeter、GIRZ气旋入口装置及轴向气旋入口（ACI）装置。Schoepentoeter™ 入口装置由堆积型偏移叶片构成，常作为引导气液混合物进入分离器或塔内部的叶片式进口装置，主要用于除去气体中的液滴，具有显著的除雾效果。其最大允许操作压力可达 15kPa，能解决液体段塞流情况[10]。Schoepentoeter™ 入口装置对设备高度和入口喷嘴大小的技术要求较低，在立式和卧式分离器中均可应用，也可应用于闪蒸塔及分馏塔，Schoepentoeter™ 进口装置如图 10-7 所示。

GIRZ 气旋入口装置由一端集中排列的两个或多个旋流器组成，通过旋流器利用进料流进口的动量产生强大的引力将气泡从液相中分离出来，其结构如图 10-8 所示。GIRZ 入口装置用于抑制、消除工艺过程中产生的各种泡沫，常应用于原料气分离罐、闪蒸罐等[11]。

高效轴向气旋入口（ACI）装置结构如图 10-9 所示。ACI 入口装置内部构件能捕获气体中 90% 以上的液滴，保证液态烃或乙二醇损失最小，提高下游设备的使用寿命。ACI 入口装置具有结构紧凑，节约空间，处理量大，分离效率高等特点，适合于高压、处理量波动大以及分离要求高的工况条件，其独特的分离器内件减少了分离器尺寸，降低了分离器的运营维护成本[12]。

图 10-7 Schoepentoeter™ 进口装置

图 10-8 GIRZ 入口装置

图 10-9 ACI 入口装置

2. 捕雾器

捕雾器根据结构主要有丝网式、叶片式、轴向旋流板式等类型，普通和高效捕雾器的性质比较见表 10-8。

表 10-8 普通和高效捕雾器的性质比较

捕雾器类型	普通丝网型	普通叶片式	高效丝网型	高效叶片式	轴向旋流板式
成本	低	中	低	中	高
除雾效率	100% 去除大于 3～10μm 的液滴	100% 去除大于 20μm 的液滴	100% 去除大于 2～3μm 的液滴	100% 去除大于 8μm 的液滴	100% 去除大于 8μm 的液滴
气体处理量	1	1～3	1～2	4	2.5
液体处理量	1	2	3	4	2.5
固体颗粒处理能力	1	3	1	4	4
高黏、高含蜡工况适用性	1	3～4	1	4	4
压降，kPa	0.25	0.1～1	0.25	0.1～1	0.3

注：气体、液体处理量或固体颗粒处理能力以及高黏、高含蜡工况适用性由低到高用 1～4 表示。

1）丝网捕雾器

液滴沉降速度系数 K 越小，通过捕雾器的气体流速越小，通过丝网捕雾器的液滴直径越小，捕雾器的除雾效果越好，典型的高效丝网捕雾器及其性能见表10-9。

表 10-9　高效丝网捕雾器性能表

捕雾器类型	K 值，m/s	液滴直径，μm	压降，Pa	其他
KnitMesh™ 捕雾器	0.08～0.107	2～3	250	—
KM VKR 捕雾器	0.08～0.15	2～3	250	装有微型压力传感式装置
KM 9797 捕雾器	0.08～0.107	由层数决定	由层数决定	由层数决定
KOCH 丝网捕雾器	<1.28	<10	—	—

图 10-10　KnitMesh™捕雾器结构

KnitMesh™捕雾器具有优良的除雾性能，结构如图10-10所示。丝网间距 d_w 在0.23～0.28mm之间，厚度为100～300mm，自由孔隙率在97%以上，可除去液滴分离直径2～3μm，压降小于250Pa，可在设计容量的30%～110%之间操作，具有很好的适应性。适用于处理量较大或分离效率要求高的气液分离器，广泛应用于吸收塔、蒸发装置以及蒸气罐等设备。

2）叶片式捕雾器

Mellachevron™叶片式捕雾器的结构及除雾机理如图10-11所示。它为平面层的高容量惯性捕雾器，可多次改变气体从入口到出口的方向。具有动量势头的气体强迫夹带的小液滴冲击叶片表面，在叶片表面形成液膜、聚集并排液，从而实现气液分离。捕雾器设有专用的排水槽，可将从叶片表面分离的液体收集后排出，能够分离直径大于20μm的液滴，压降范围通常在0.1～1kPa，特别适用于进料过程中由于固体颗粒或高黏度液体而导致结垢的工况。

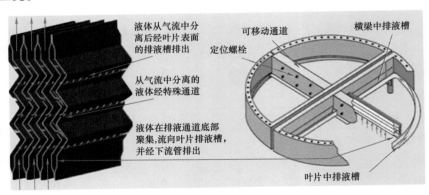

图 10-11　Mellachevron™复杂型的结构及除雾机理

3）旋流板捕雾器

目前应用较多的是 Swirltube™ 型高效轴流式旋流板捕雾器，其旋流板由多个旋流管组成，旋流管采用直径为 110mm 的不锈钢管，适用于高温高压、固体颗粒含量较高的环境。旋流板捕雾器结构如图 10-12 所示，旋流管工作原理如图 10-13 所示。

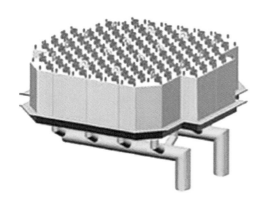

图 10-12　旋流板捕雾器结构

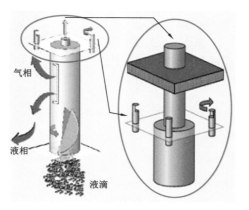

图 10-13　旋流管工作原理

4）MistFix™ 嵌入型捕雾器

MistFix 嵌入型捕雾器的主体为空心圆柱，类似于编织丝网制成的普通丝网垫，设计时将其垂直插入带有法兰连接的气体出口喷嘴，圆柱形的喷嘴结构以及安装在底端的平板以保证丝网的硬度。MistFix™ 嵌入型捕雾器结构如图 10-14 所示。MistFix 装置广泛应用于内径不小于 0.15m 的出口处，用于解决分离器内存在液体携带的问题，也可用于解决分离器分离效率低或捕雾器受损的问题[13]。

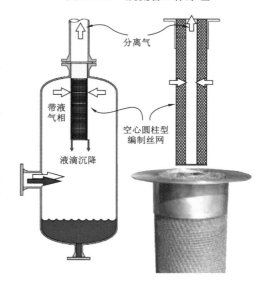

图 10-14　MistFix™ 嵌入型捕雾器

四、高效分离器及应用

气液分离器大多采用重力式分离器与高效元件相结合，国内外开发了多种高效气液分离器，典型的高效分离器有 Shell 高效分离器、卧式叶片分离器、立式叶片分离器等。

Shell 高效分离器有 SMS 型、SVS 型、SMSM 型和 SMMSM 型等类型，具有高容量和高效率等优点，其中 SMSM 型分离器质量最轻，分离能力是传统丝网分离器的 2.5 倍以上，是海上气液分离器的最优选择[14]。含有 Shell 高效分离元件（如入口分布器、丝网捕雾器、叶片式捕雾器和旋流板捕雾器等）的分离器分离效果良好，在天然气处理行业应用广泛。全球 1000 多台气液分离器借助 Shell 的分离技术成功运行。几种 Shell 高效分离器的结构如图 10-15 所示。

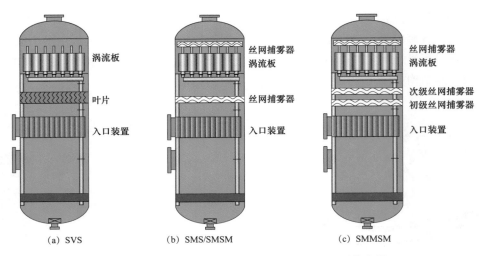

| (a) SVS | (b) SMS/SMSM | (c) SMMSM |

图 10-15　SVS 型、SMS/SMSM 型和 SMMSM 型分离器

卧式叶片分离器有单筒和双筒两种结构形式，单筒卧式分离器结构图如图 10-16，双筒卧式分离器结构图如图 10-17 所示。单筒卧式分离器能有效脱除大的液滴颗粒可 100%脱除直径大于 8μm 的液滴，处理后出口天然气的含水量可低于 0.0134g/m³，具有很高的分离效率。双筒卧式分离器具有高的液相脱除率，上筒分离元件的纵向布置使之具有更大的气体处理能力及更大的液体停留量。双筒的设计为气泡脱离液体提供了充足的停留时间，防止液体的二次夹带，可完全脱除直径大于 8μm 的液滴，保证出口气体的液滴夹带量低于 0.134m³/10⁶m³[15]。卧式叶片分离器适用于液体量波动范围大，易乳化、易发泡、高气液比的场所。

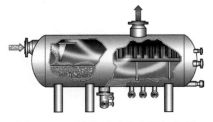

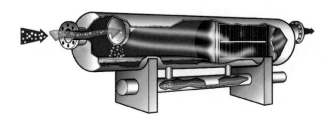

图 10-16　单筒卧式分离器结构图　　　　图 10-17　双筒卧式分离器结构图

在低温分离工艺中，低温分离器的性能至关重要。高效分离设备在低温分离的应用如图 10-18 所示，入口分离器通常应用 SMS 型分离器，二级分离器和低温分离器应用 SMMSM 型分离器，分离效果良好[16]。

在凝液回收装置中，常用分子筛脱水，若分子筛前分离器的分离效果不佳，烃类物质会吸附聚集于分子筛内，分子筛容易失去活性，降低分子筛的吸水能力，因此对分子筛前分离器的分离要求很高。SMSM 型分离器分离烃类物质的能力较强，能较好地保证进入分子筛气体的洁净度。SMSM 型分离器在分子筛脱水工艺中的应用如图 10-19 所示。

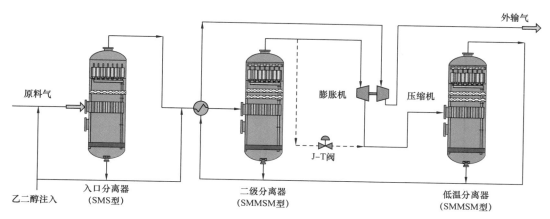

图 10-18　高效分离设备在低温分离的应用

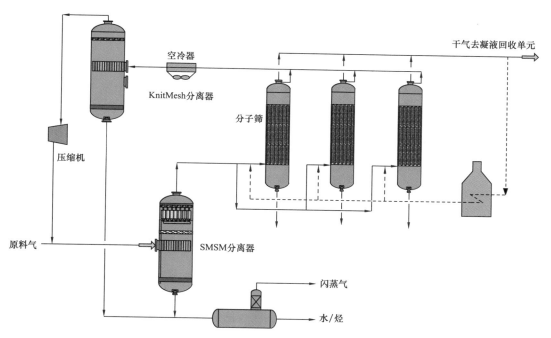

图 10-19　SMSM 型分离器在分子筛脱水工艺中的应用

第二节　塔　设　备

塔器是天然气凝液回收工艺的关键设备之一，主要用来处理气体或液体之间的传热与传质，实现物料的净化和分离。塔设备经过长期发展，形成了种类繁多的结构形式。按塔的内件结构分为板式塔和填料塔两大类。按板式塔的塔盘结构可分为泡罩塔、浮阀塔等；按填料塔的填料类型分为散装填料塔、规整填料塔等。

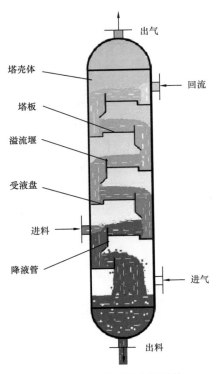

图 10-20　板式塔主体结构

标注（从上到下）：出气、塔壳体、回流、塔板、溢流堰、受液盘、进料、降液管、进气、出料

一、板式塔

1. 结构及组成

板式塔的主体结构由塔壳体、塔板、除沫器、人孔和手孔、塔体支座等组成。塔体的不垂直度和弯曲度将直接影响塔板的水平度；塔板主要由气液接触元件、升气管、溢流堰及降液管组成。人孔应居于相邻塔板之间；塔体支座是塔体安放到基础上的连接部分，最常用的塔体支座是裙式支座；除沫器用于捕集夹带在气流中的液滴，高效除沫器可提高分离效率、改善塔后设备的操作状况；吊耳设在塔顶，一般位于塔的整体重心以上；吊柱是为了在安装和检修时方便内件的运送。板式塔的主体结构如图 10-20 所示。

2. 流体力学性能

板式塔流体力学性能主要包括气液接触状态、塔板持液量、漏液、雾沫夹带等，是评价塔正常运行的关键指标。塔流体力学性能参数见表 10-10，板式塔流体力学性能参数未达到要求的解决方案见表 10-11。

表 10-10　塔流体力学性能参数

参数	物理含义	技术要求	备注
液泛	气、液两相流动不畅，使板上液层迅速积累，充满整个空间，破坏塔正常操作的现象	气速需低于液泛气速的 80%[17]	—
塔板持液量	塔板上持液的澄清高度，即清液高度，决定塔板的传质效果、压降、雾沫夹带泄漏和传质效率	喷溅状态：0.01；泡沫状态：0.1	持液分布不均匀易导致板式塔放大效应
漏液	通过阀孔的气体流速过低时或者塔板上开孔率过大时，部分液体从阀孔或者筛孔中流出的现象	操作下限：塔板液量的 10%	—
雾沫夹带	操作气速较高时，气液相分离不完全引起的气体将液滴携带到上层塔板的现象	雾沫夹带不超过 10%	—
液面落差	液面落差是指液体横向通过塔板时，在板面形成进入板面与离开板面的高度差	不超过干塔板压降（以高度计）的 50%	液面落差过大造成气液分布不均匀，塔板效率降低

表 10-11 板式塔流体力学性能未达到要求的解决方案

原因	措施
漏液	降低塔径、降低塔板间距可提高气体速度，降低塔板漏液量，增加塔板溢流形式、降低塔板堰高、增加堰长等措施可降低塔板液流强度，降低漏液量
雾沫夹带	增大塔板间距、增大塔径可降低雾沫夹带量，防止雾沫夹带现象
液泛	增大塔径、塔板间距、降低塔底温度，降低液泛
液面落差	液面落差过大可降低塔径、增加溢流形式
塔板压降	塔板压降过大可增大塔径、塔板间距、增加溢流形式、降低溢流堰高度进行调节
降液管面积过大	同时降低侧降液管上端或者下端大小、仅降低侧降液管下端大小值
堰上液流负荷过小	降低塔径或降低溢流通道数
降液管堵塞/超过规定最大降液管高度	增大塔径或增大塔板间距
侧堰长度小于分离器直径的一半	增加降液管宽度
流路面积不足	增加塔板直径、降低降液管宽度、减少溢流数以及使用倾斜降液管[18]

3. 塔盘形式

板式塔应用较多的塔盘形式为泡罩塔盘和浮阀塔盘。泡罩塔适用于液气比很低的情况，液封好，极少泄漏，主要应用于三甘醇脱水吸收塔；浮阀塔适用于处理量大、操作弹性大的情况。

1）泡罩塔盘

泡罩塔板的主要结构包括泡罩、升气管、溢流管及降液管，其结构图如图 10-21 所示。泡罩塔板所用气液接触元件是泡罩。泡罩安装在升气管上方，在安装良好和气液负荷不过量的情况下，不会发生泄漏，泡罩塔板操作稳定、弹性较大。

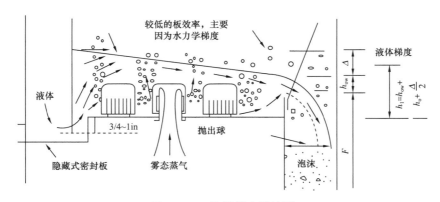

图 10-21 泡罩塔盘结构图

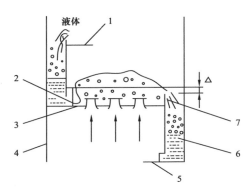

图 10–22　浮阀塔板结构图

1—上层塔板；2—进口堰；3—塔板；4—塔壁；
5—下层塔板；6—降液管；7—溢流堰；

塔盘上的液体由降液管逐板下降并在塔板形成液封，塔盘上的气体由泡罩上的齿缝形成分散气泡与液体接触实现气液传质。泡罩塔盘上液层较高，两相接触时间较长，导致泡罩塔盘具有压力降较高、雾沫夹带量大以及液面落差较大等缺点。泡罩分为圆形和条形两种，其中圆形泡罩应用较多。

2）浮阀塔盘

浮阀塔盘主要由浮阀阀片、受液盘、降液管等组成，其结构形式如图 10–22 所示。浮阀阀片有圆形、条形及方形等形式。操作时，塔内液体由上层塔板经降液管流到下层塔板的受液盘，然后横向流过塔板，从另一侧的降液管流至下一层塔板。上升气流穿过阀孔，在浮阀片的作用下向水平方向分散，通过液体层鼓泡而出，使汽液两相充分接触，达到理想的传热传质效果。

浮阀与塔板之间的流通面积能随气体负荷的变动而调节，在较宽的气体负荷范围内均能保持稳定操作。浮阀塔的操作弹性可达到 3～4[19]。浮阀塔盘主要有重盘式浮阀塔盘、圆盘式浮阀塔盘、条形浮阀塔盘三种。

4. 溢流形式

塔板的主要溢流形式有单溢流、双溢流、四溢流、U 形流等，溢流形式的选用见表 10–12。

表 10–12　溢流形式的选用

溢流形式	描述	适用工况
U 形流	塔板受液区和降液区处于同侧，两区之间设有隔板，液体呈 U 形流动，以此增加液流长度	液流强度<7m³/（h·m）
单溢流	存在 1 个鼓泡区，液体流经整个塔板，流程较长，塔板效率比较高，结构简单	液流强度<60m³/（h·m）
双溢流	存在 2 个鼓泡区，相比单溢流，堰长增加一倍，堰上流体减半，液流长度减半，液面梯度大大降低	液流强度<130m³/（h·m）
四溢流	存在 4 个鼓泡区，液面梯度大大降低，适用于更大塔径和液气比较大的工况	液流强度>130m³/（h·m）

5. 降液管形式

降液管为塔盘与塔盘之间的液体流通通道，作用是分离溢流液体中夹带的气体，其主要类型为弓形垂直降液管、管式降液管及弓形倾斜降液管三类，如图 10–23 所示。降液管类型及适用条件见表 10–13。

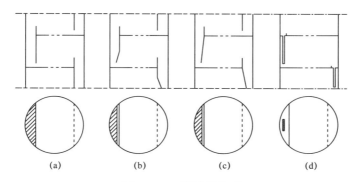

图 10-23 降液管类型

a—弓形垂直降液管；b、c—弓形倾斜降液管；d—管式降液管

表 10-13 降液管类型及适用条件

降液管类型	特点	适用工况
弓形垂直降液管	堰板与塔壁之间的全部截面用作降液面积，塔板面积利用率高，降液能力大，气液分离效果好	大液量及大直径塔器
弓形倾斜降液管	降液管面积占塔板面积 12% 以上时，宜选用倾斜式	大液量、易发泡或高压工况
管式降液管	降液管前设置溢流堰，增加溢流强度，提供足够分离空间	液体负荷低、塔径较小工况

降液管清液停留时间控制：液体在降液管中的停留时间是降液管设计部分的重要指标，发泡性液体一般取 3s 作为下限，对于强发泡性液体，取停留时间为 5s 作为下限。

降液管底隙流速：降液管底隙最小值由出口局部阻力、物系的结垢和腐蚀性质决定，最大值由降液管的液封决定。

降液管流速控制：为使得流体流出降液管时，气体充分逸出，降液管中流体流速宜在 0.03~0.2m/s，具体流速与物系的起泡程度有关。

6. 塔板布置及间距

塔板板面由受液区、降液区、安定区、边缘区、有效传质区组成，塔板板面布置如图 10-24 所示。

内堰与外堰之间不布置传质元件的区域为入口安定区和出口安定区。入口安定区可防止气体直接窜入降液管或者防止液体流出降液管冲击塔板而造成漏液；出口安定区可避免含大量气泡的液相进入降液管。边缘区起到固定塔板的作用。对于直径小于 2.5m 的塔，边缘区宽度可取 50mm，当直径大于 2.5m 时，其值可取 60mm 或者更大[20]；有效传质区为气液传质元件的设置区域，起提供气液接触面积的作用。

塔板间距的大小与液泛和雾沫夹带密切相关。塔板间距大，对生产能力、塔板效率、操作弹性及安装检修都有利。适宜的塔板间距见表 10-14。

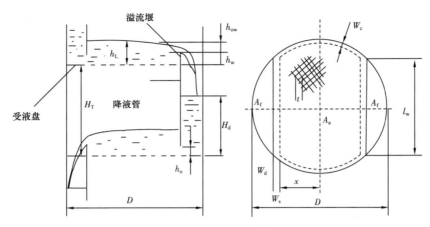

图 10-24 塔板板面布置

A_f—降液管区和受液盘区面积；W_d—弓形降液管宽度；W_s—安定区宽度；W_c—边缘区宽度；
D—塔径；l_w—溢流堰长度；h_w—溢流堰高度；h_{ow}—堰上液流强度；h_L—塔板液流高度；
H_T—塔板间距；h_o—降液管底隙高度；H_d—降液管清液高度

表 10-14 适宜塔板间距值

塔板类型	泡罩塔		浮阀塔				
塔径，mm	800～1200	1500～6000	800～1000	1200～1400	1600～3000	3200～4200	4400 以上
塔板间距 mm	450	600	450、500、600	450、500、600、800	500、600、800	600、800	600、800

7. 直径及高度计算

1）塔径的计算

塔径的估算，可根据适宜的空塔气速和气相流量，按下式求出：

$$D = \sqrt{\frac{4Q_g}{\pi u}} \qquad (10-21)$$

式中　　Q_g——气体流量，m^3/s；

　　　　D——塔径，m；

　　　　u——空塔气速，m/s。

为了确定适宜的空塔气速，必须先计算空塔气速的极限 u_{max}，可用 Souders-Brown 式计算：

$$u_{max} = C\sqrt{\frac{\rho_l - \rho_g}{\rho_g}} \qquad (10-22)$$

式中　　ρ_g，ρ_l——气相、液相的密度，kg/m^3；

　　　　C——气相负荷因子，m/s。

对于筛板塔、泡罩塔、Glitsch Ballast 浮阀塔，C 值的计算公式按照下式计算。

$$C_{SF} = 0.0277 \left(\frac{d_h \sigma}{1000 \rho_L} \right)^{0.125} \left(\frac{\rho_V}{\rho_L} \right)^{0.1} \left(\frac{t_s}{h_{ci}} \right)^{0.5} \qquad (10-23)$$

$$h_{cl} = h_{cl,w} \left(\frac{996}{\rho_L} \right)^{(1-n)/2} \qquad (10-24)$$

$$n = \frac{0.00091 d_h}{\varphi} \qquad (10-25)$$

$$h_{cl,w} = \frac{0.497 \varphi^{-0.791} d_h^{0.833}}{1 + 0.0013 Q_L^{-0.59} \varphi^{-1.79}} \qquad (10-26)$$

式中 C_{SF}——基于塔盘净面积，在液泛发生时密度校正后的表面蒸汽速度，m/s；

h_{cl}——塔盘上的清液高度，mm；

d_h——孔直径，mm；

σ——液体表面张力，N/m；

ρ_L，ρ_V——液相、气相密度，kg/m³；

t_s——塔盘间距，mm；

φ——单位鼓泡面积上的孔分率；

Q_L——单位堰长上的液体负荷，m³/（m·h）。

对于 Koch Flexitray（圆盘）和 Nutter Float Valve trays（条形）浮阀，C 值可以按照下式计算。

$$C_{SB} = B_1 e^{\left(B_2 X^{B_3} \left(\frac{t_s}{0.0254} \right)^{B_4} \right)} X^{B_5} e^{-B_6 \left(\frac{\ln x / B_7}{B_8} \right)} \qquad (10-27)$$

式中 X——流量参数，最小值 0.01。

t_s——塔盘间距，mm；

B_1=-0.00667；B_2=0.0192；B_2=-0.434；B_2=1.466；B_2=0.024837；B_2=0.33586；

B_2=-0.049623；B_2=0.48029；B_2=-0.63132；B_2=0.0094263；B_2=1.3165；B_2=-0.31952。

求出 u_{max} 后，按下式确定设计的空塔气速：

$$u = （0.6～0.8）u_{max} \qquad (10-28)$$

计算得出的塔径，其值若在 1m 以内，则按 100mm 递增值进行圆整，若超过 1m，则应按 200mm 递增值进行圆整。

2）塔高的计算

板式塔高度 H 由顶部空间高度 H_1、主体高度 H_2、底部空间高度 H_3 及裙座高度 H_4 等组成。顶部空间高度为塔顶第一层塔板到塔顶封头切线的距离，一般取 0.9～1.5m；板式塔的主体高度，应先确定塔板效率，从理论塔板数求出实际塔板数，再乘以塔板间距，即可求得塔主体高度；底部空间高度为塔底最末一层塔板到塔底下封头切线处的距离；裙座高度指从塔底封头切线到基础环之间的高度。板式塔高度计算如下：

$$H=H_1+H_2+H_3+H_4 \qquad (10-29)$$

板式塔设计选型内容主要包括塔高的计算和塔径的计算以及塔内件的设计，板式塔设计选型的详细计算见文献［21］。板式塔的直径和高度的计算过程如图10-25所示。

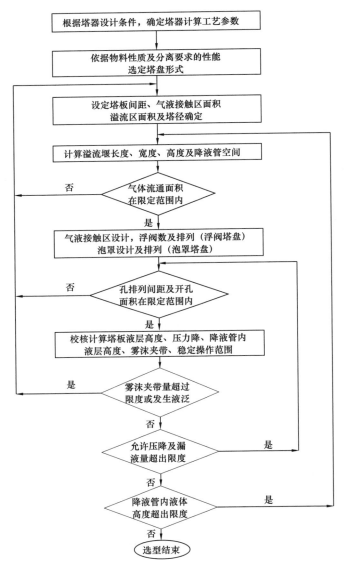

图 10-25　板式塔直径及高度计算框图

8. 高效塔盘的应用

随着天然气处理技术的快速发展，对塔板的处理量、板效率及压力降等提出了更高的要求。国内外相继开发了一系列高效塔盘，主要通过对塔板浮阀结构和降液管结构进行改进，或增加一些导向和鼓泡装置，典型高效塔盘的结构及特性见表10-15。

表 10-15　典型高效塔盘结构及特性

塔盘名称	结构特点	功能特性	适用场合
VGPlus™	高容量 MVG 或 MMVG 固定阀；高性能降液管 StepArc 或 ModArc；增加推动阀和挡板	与常规塔盘相比，其容量增加了30%；压降降低达 20%；分离效率更高；水力坡度更低	脱甲烷塔、脱乙烷塔及脱丙丁烷塔等分馏塔中，常用于分馏塔的改造
HiFi™Plus	采用盒式降液管；鼓泡区采用 MVG 固定阀；降液管入口处采用冠状进料装置[22]	与常规塔盘相比，在高液体负荷时拥有最低的压降，最佳的传质效率；降液管无需螺栓连接，安装时间可降低 30%	脱乙烷塔、脱丙烷塔、脱丁烷塔、脱异丁烷塔，高液体负荷应用最佳
ConSep™	将塔盘与离心分离机结合在一起，通过离心力卷吸原理去除喷射液的引力限制	不需对塔壁进行任何焊接；容量比任何高性能塔盘多 40%，同时维持高传质效率	脱乙烷塔、脱丙丁烷塔
Superfrac®	小圆形浮阀；降液管可以设计为扇形降液管、主降液管 + 辅降液管等不同的形式[23]	气、液两相通过能力比常规塔板和浮阀塔板高 20%～30%，操作弹性可以达到 4∶1	可用于新建和改造任何使用常规筛孔和浮阀塔板的塔；常用于轻烃分馏塔
MD	多个降液管，溢流堰长度比一般塔板增加 2～5 倍；降液管悬挂在气相空间；相邻两板的降液管互成 90° 排列	分离性能显著提高，降低投资和操作费用，增加塔处理量，通量提高 30%	低气液比的中压与高压精馏塔；难度较大且相对挥发性较低介质的分离；高液相负荷的吸收塔和汽提塔

二、填料塔

1. 结构及组成

填料塔是连续接触式气液传质设备，主要由填料、支承装置、液体收集器、分布器、气体分布装置及筒体构成，如图 10-26 所示。塔内以填料作为气液接触和传质的基本构件，液体在填料表面呈膜状向下流动，气体呈连续相自下向上流动，气液两相流进行传质。

1）塔填料

填料是填料塔的核心，关系到塔内气液两相的有效接触，直接影响填料塔的分离性能。

2）塔内件

塔内件包括液体分布器、填料支承、床层限位器、液体收集再分布器等。其中液体分布器和气体分布器是设计的关键，特别是对于大直径、多侧线、浅床层塔器。

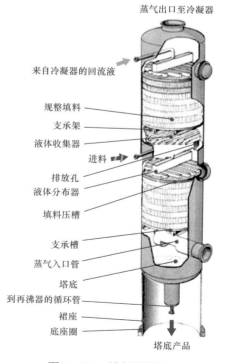

图 10-26　填料塔结构

液体分布器可把液体均匀地分布于填料层顶部，降低液体的不良分布，发挥填料效率。液体分布装置的安装位置通常高于填料表面150～300mm。液体分布器种类繁多，从外形上看，常见的有盘式、槽式和管式三类，如图10-27～图10-29所示。

气体分布器根据气相负荷、允许压降、塔径等多种因素可分为多排管式或升气管式等类型。对于大塔径、高负荷、低床层的情况下，采用气体分布器，可降低气体初始分布不均匀性，提高塔的分离效率。塔径小于3000mm时可采用单管底部双排孔入气方式分布气体，塔径大于3000mm时可采用多排管式或升气管式气体分布器。升气管式气体分布器结构如图10-30所示。

图10-27　盘式液体分布器图

图10-28　槽式液体分布器

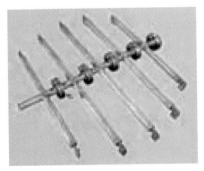

图10-29　管式液体分布器图

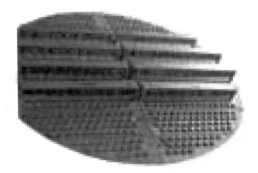

图10-30　升气管式气体分布器

填料支承板主要有栅板型、孔板型、气液分流型（主要有冲压波纹式、组合驼峰式和孔管式）及栅梁型。填料支承装置具有开孔率大、不宜发生液泛以及结构简单易于安装等特点。部分填料支承装置如图10-31所示。

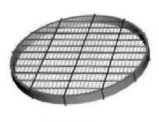

(a) 栅板型

(b) 孔管型

(c) 驼峰型

图10-31　部分填料支承装置

2. 流体力学性能

塔流体力学性能决定了塔器设计的合理性，影响填料塔流体力学性能参数主要有液泛、持液量、床层压降等参数，见表 10-16。

表 10-16 填料塔流体力学性能参数

参数	物理含义	技术要求
液泛	气、液两相流动不畅，使填料层液层迅速积累，充满整个空间，破坏塔正常操作的现象	气速需低于液泛气速的 80%
持液量	塔板上持液的澄清高度，即清液高度，决定了塔板的传质效果、压降、雾沫夹带泄漏和传质效率，持液不均匀分布易导致板式塔放大效应	喷溅状态：0.01；泡沫状态：0.1
床层压降	塔板有液层时，气相通过塔板开孔构件，与液层接触后离开液层的压力损失之和	压降应低于限定值
曲线数	最小压降与最大压降之间的曲线数	2～50
每段填料允许压降，kPa/m	填料发生液泛时的压降	0.6097

3. 填料种类及选用

填料是填料塔的核心构件，它提供了气液两相接触传质与传热的表面。填料分为散装填料、规整填料等。

1）散装填料

散装填料是塔内随机堆放但具有一定程度规则排列的填料。散装填料有拉西环、鲍尔环、压延孔环、纳特环、环矩鞍等填料。苏尔寿公司的 Nutter Ring™、C-Ring™ 环矩鞍分别如图 10-32～图 10-34 所示，散装填料的特性参数见表 10-17。

 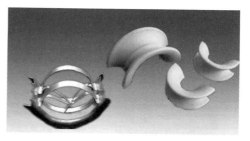

图 10-32　Nutter Ring™ 结构　　图 10-33　C-Ring™ 结构　　图 10-34　环矩鞍结构

2）规整填料

规整填料是一种在塔内按均匀几何结构排布，整齐堆砌的填料。规整填料与散装填料相比，具有大通量、能改善液体均匀分布的特点，同时能提高分离效率及克服放大效应，降低填料层阻力及持液量，起到节能效果。规整填料分为金属板波纹填料、金属丝网波纹

表 10-17　散装填料的特性参数

填料类型	公称直径 mm	堆填个数 个 /m³	堆积密度 kg/m³	比表面积 m²/m³	空隙率 m³/m³	干填料因子 m⁻¹	湿填料因子 m⁻¹
金属鲍尔环	25	49600	481	207	0.94	249	158
	50	6040	385	102	0.96	119	66
碳钢阶梯环	25	98120	459	222	0.942	266	—
	50	12340	385	111	0.951	129	—
陶瓷矩鞍	25	84000	705	256	0.77	561	322
	50	9400	673	118	0.79	239	131
碳钢矩鞍	25	87720	314	179	0.96	202	—
	50	11310	228	82	0.971	90	—

填料、陶瓷板波纹填料以及塑料孔板波纹填料等，代表性填料产品包括 Rombopak（Kuhni）、Optiflow（Sulzer）、Pyrapak（Glitsch）、ISP（Norton）等[24]，各类型波纹板如图 10-35～图 10-37 所示。国外公司规整填料如图 10-38～图 10-40 所示。规整填料的特性参数见表 10-18。

图 10-35　金属孔板波纹

图 10-36　金属丝网波纹填料

图 10-37　BX 丝网波纹填料

图 10-38　MellapakPlus™规整填料

图 10-39　Super-pak填料内部结构

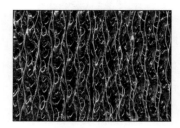

图 10-40　Super-pak填料表面通道

表 10-18 规整填料的特性参数

填料类型	型号	比表面积，m²/m³	空隙率，m³/m³	峰高，mm	波纹倾角，（°）
金属板波纹填料	250X	250	0.93～0.97	12.5	30
	250Y	250	0.93～0.97	12.5	45
	450X	450	0.95	6.5	30
	450Y	450	0.95	6.5	45
英特诺克斯填料	2T	220	0.97	10.4	45
翅片波纹填料	FP-1A	140	0.985	25	45
	FP-4A	283	0.975	12	45
	FP-9A	640	0.936	5	45
陶瓷板波纹填料	285	285	0.757	—	45
	400	400	0.7	—	45

3）填料选用

填料塔内部填料主要采用散装填料及规整填料，其中散装填料容易安装、易于清洗、适应性强、加工方便，但使用过程中难以保证材料的最大润湿；规整填料堆砌整齐，改善了沟流和壁流现象，单位理论级压降最小，适合于要求能耗最小并需要很多理论级的分离过程，其处理能力也大于板式塔和散装填料。实际生产中可根据反应物的特点选择填料类型，散装填料适用于腐蚀性介质、高黏性、清洁度较低物料、高压精馏、液量大且气相小的场合，规整填料适用于物系清洁度较高、分离要求高、气相量大、液相量小的场合。

对于填料的选择（规整填料及散装填料），主要由流动参数 FP 确定，其中

$$FP = \frac{L}{G} \sqrt{\rho_v / \rho_L} \qquad （10-30）$$

式中 G，L——气相、液相质量流量，kg/h；

ρ_v，ρ_L——气相、液相的密度，kg/m³。

当 FP 为 0.02～0.1 时，规整填料效率比散装填料高 50% 以上，且塔内喷淋密度小于 110m³/（m²·h）时，宜选择规整填料。随着 FP 值增加，规整填料效率逐渐降低，当 FP 值大于 0.5，压力高于 2.76MPa 时，散装填料的效率及生产能力明显高于规整填料。填料的选用须根据具体情况而定，有时在塔不同位置采用多种不同规格的填料。

4. 直径及床层高度计算

1）塔径的计算
填料塔塔径的计算可分别按泛点气速、喷淋密度来计算。
当以泛点气速来计算时，可用下式先求出泛点气速。

$$\lg\left[\frac{u_F^2}{g}\cdot\frac{a}{\varepsilon^2}\left(\frac{\rho_g}{\rho_l}\right)\mu_L^{0.2}\right]=A-1.75\left(\frac{L}{G}\right)^{\frac{1}{4}}\left(\frac{\rho_g}{\rho_l}\right)^{\frac{1}{8}}\tag{10-31}$$

式中　a/ε^3——干填料因子，m^{-1}；

　　　u_L——液相黏度，$mPa\cdot s$；

　　　G、L——气相、液相的质量流量，kg/h；

　　　u_F——泛点气速，m/s；

　　　A——常数，与填料形状和材质有关，不同填料的 A 取值见表 10-19。

表 10-19　不同填料的 A 值

填料类型	常用 A 值	填料类型	常用 A 值
瓷拉西环	0.022	金属鲍尔环	0.942
瓷弧鞍	0.26	金属阶梯环	0.106
瓷矩鞍	0.176	金属环矩鞍	0.06225
瓷阶阶梯环	0.2943	金属板波纹	0.291
压延孔板波纹 4.5	0.35	压延孔板波纹 6.3	0.49

　　由式（10-31）计算的泛点气速，误差在 15% 以内。在求出泛点气速后，一般取实际操作气速为泛点气速的 50%～85%，再按式（10-32）求出塔径。

$$D=\sqrt{\frac{4Q_g}{\pi u_g}}\tag{10-32}$$

式中　Q_g——气体的体积流量，m^3/s；

　　　u_g——适宜的空塔气速，m/s。

　　以喷淋密度进行计算时，可按下式计算：

$$D=2\sqrt{\frac{Q_l}{\pi l}}\tag{10-33}$$

式中　Q_l——液相体积流量，m^3/h；

　　　l——喷淋密度，$m^3/(m^2\cdot h)$。

　　取按泛点气速和喷淋密度计算的塔径值中的较大值作为塔径。

　　对于液烃分馏塔，对于金属板波纹填料而言《天然气凝液回收规范》（SY/T 0077—2008）推荐采用气相动能因子宜为 0.7～2.0m/$[s\cdot(kg/m^3)^{0.5}]$，喷淋密度不宜小于 5m³/（m²·h）。

　　由下式核算填料塔的气体最大动能因子 F：

$$F=u_G\sqrt{\rho_g}\tag{10-34}$$

式中　u_G——空塔气速，m/s；

ρ_g——气相密度，kg/m^3。

对于不同的散装填料，塔径 D_T 与填料直径 d_p 之比可以采用下述数值：

拉西填料环：$D_T/d_p \geqslant 20 \sim 30$；

鲍尔填料环：$D_T/d_p \geqslant 10 \sim 15$；

矩鞍环填料：$D_T/d_p \geqslant 15$；

环矩鞍填料、阶梯环填料：$D_T/d_p \geqslant 8$。

2）填料塔高度的计算

填料塔的高度主要取决于填料层的高度，塔的总高由填料层高度加上各附属部件的高度以及塔顶、塔底的空间高度。

填料层高度的计算通常使用理论板数法或传质单元法计算填料层总高度。在理论上，传质单元法较准确，而在实际计算时，常使用理论板数法。用理论板数法计算填料层高度：

$$Z = N_T \times HETP \qquad (10-35)$$

式中　Z——计算填料层高度，m；

　　　N_T——理论板数；

　　　$HETP$——等板高度，m。

为保证塔可靠运行，实际填料层高度在计算填料高度必须乘以一个安全系数，其安全系数多数取 1.3～1.5。

填料塔设计选型的详细计算见文献［21］。选择填料应根据分离介质物性、分离要求等工艺技术要求综合考虑。进行填料塔选型步骤如下：

（1）确定填料塔工艺参数。

根据流程设计要求，确定填料塔相关工艺参数，如操作压力和温度、物流进料位置、加热方式以及回流比等。

（2）选择填料类型及规格。

根据传质效率、通量、填料层压降及操作性能，选择出填料种类。散装填料确定颗粒公称直径，规整填料确定其表面积。

（3）确定塔径、填料层高度等工艺尺寸。

塔径确定主要计算空塔气速，常采用泛点气速法或气相动能因子法。再验算液体喷淋密度，若液体喷淋密度小于最小喷淋密度，则需进行调整，重新计算塔径。

填料层高度计算时，常采用传质单元法或等板高度法。

（4）计算填料层压降。

采用 Eckert 通用关联图法或阻力系数法计算单位填料层高度的压降，再结合填料层高度计算出填料层总压降。若压力降超过限定值，调整填料类型、尺寸或降低操作气速后重复计算，直到满足条件。

（5）填料塔内件设计选型。

散装填料时，支撑板选择孔管型或驼峰型，压紧板选择压紧网板；规整填料时支撑板选择栅板型，压紧板选择压紧栅板。

液体分布器类型选择，要求液体分布均匀，包括有足够的分布点密度，分布点的几何均匀，降液点间的流量均匀。要求操作弹性大，为2~4。要求自由截面积大，为50%~70%。

三、塔设备的选用

板式塔为逐级接触型传质设备，气相以鼓泡、喷射等形式穿过塔板液层，以达到传质的目的；填料塔属于微分接触型传质设备，液体在填料表面呈膜状向下流动，气体呈连续相向上流动，完成气液两相的传质。

1. 塔设备选型原则

塔器选择应满足生产工艺条件的需求，从设备投资、操作费用、操作维护的难易程度等方面进行综合考虑。塔设备选型的主要原则[21]如下：

（1）两相接触面积足够大，传质效率足够高；

（2）处理能力强；

（3）操作弹性大，运行稳定；

（4）流动阻力小，压降小；

（5）结构简单、可靠，制造成本低，安装检修方便；

（6）耐腐蚀，不易堵塞，易检修、清洗。

2. 板式塔与填料塔的比选

板式塔与填料塔的选用，需根据操作流量、压力、物料特点等条件进行综合考虑，若板式塔及填料塔均可满足工程需求时，优先选用填料塔。

（1）优先选用板式塔的工况。

① 物料清洁度较低；

② 气液比高；

③ 流量波动较大；

④ 高压环境；

⑤ 内部需设备换热元件、多股进料、侧线采出口多。

（2）优先选用填料塔的工况。

① 分离精度要求高且物料清洁；

② 压降要求较低；

③ 呈腐蚀性物料；

④ 易发泡物料；

⑤ 热敏性物料。

综合分析泡罩塔、浮阀塔及填料塔的特点和工程应用情况，得出了天然气处理工艺中主要塔型选型原则，天然气处理工艺单元塔类型选用推荐见表10-20。

表 10-20　天然气处理装置塔类型选用推荐

处理工艺	装置类型	塔类型选择	适用条件
低温分离	乙二醇再生塔	填料塔	—
	凝析油稳定塔	填料塔、板式塔（浮阀、筛板）	根据处理规模大小选用
三甘醇脱水	甘醇吸收塔	板式塔（泡罩）	—
	三甘醇再生塔	填料塔（散装填料）	—
凝液回收	脱甲烷塔、脱乙烷塔、脱丙丁烷塔等	填料塔（规整或散装填料）	液烃量较小时
		浮阀塔	液烃量较大，侧线较多时
脱硫脱碳	吸收塔、再生塔	填料塔	处理规模较小时
		浮阀塔	处理规模较大时

第三节　换　热　器

换热器是冷热物流实现热交换的设备，目前常用的换热器有管壳式换热器、板式换热器、板翅式换热器、绕管式换热器等。

一、管壳式换热器

管壳式换热器在天然气脱水及凝液回收工程中使用广泛，它适用于冷却、加热、蒸发等热力过程。管壳式换热器单位体积传热面积通常为 $40\sim150\ m^2/m^3$，具有结构坚固、操作弹性大、可靠程度高、使用范围广等优点。

1. 选用原则

管壳式换热器选用原则如下：

（1）壳程介质清洁且结垢不严重或能用化学清洗，管程与壳程温差不大的场所，优先选用固定管板式换热器；

（2）管程有腐蚀、壳程易结垢，壳体和管束之间壁温差较大宜优先选用浮头式换热器；

（3）U形管式换热器结构简单、价格便宜、承压能力强，适用于管、壳壁温差较大、壳程介质易结垢，又不适采用浮头式和固定管板式的场所，特别适用于管程走清洁而不易结垢的高温、高压、腐蚀性强的物料。

管壳式换热器分为固定管板式、浮头式、U形管式换热器三种，三种管壳式换热器结构特点见表 10-21。

表 10-21 管壳式换热器结构特点

类型	特点
固定管板式 换热器	（1）结构较紧凑，排管较多，传热面积比浮头式换热器大 20%～30%； （2）壳体和管子壁温差一般小于 50 ℃，当温差大于 50 ℃时应在壳体上设置膨胀节； （3）壳程无法机械清洗，壳体部件寿命决定于管子寿命，设备寿命相对较低
浮头式 换热器	（1）管束可抽出，以方便管程、壳程的清洗，可用于管程易腐蚀的场所； （2）管束由温差产生的膨胀不受壳体约束，不会产生温差应力，介质间温差不受限制； （3）可在高温、高压下工作，适用于温度小于 450 ℃，压力小于 6.4 MPa
"U" 形管式 换热器	（1）壳体与管壁不受温度限制，可在高温、高压下工作； （2）管束可抽出来机械清洗，管程适用于易腐蚀但结垢不严重的流体，可用于壳程结垢比较严重的场合； （3）在管子的 "U" 形处易冲蚀，应控制管内流速，不适用于内导流筒，死区较大

2. 传热计算

换热器传热计算的主要内容包括热平衡计算、总传热系数及有效平均温差等。

（1）热平衡方程式。

$$Q = KA\Delta t \tag{10-36}$$

式中　Q——热负荷，W；

　　　K——总传热系数，W/（m²·℃）；

　　　A——换热面积，m²；

　　　Δt——平均温差，℃。

（2）总传热系数。

$$\frac{1}{K} = \frac{1}{\alpha_o} + r_{do}\frac{1}{\eta} + r_w + \frac{1}{\alpha_i}\frac{A_o}{A_i} + r_{di}\frac{A_o}{A_i} \tag{10-37}$$

式中　K——总传热系数，W/（m²·℃）；

　　　α_o——管外流体传热系数，W/（m²·℃）；

　　　α_i——管内流体传热系数，W/（m²·℃）；

　　　r_{do}——管外污垢热阻，（m²·℃）/W；

　　　r_{di}——管内污垢热阻，（m²·℃）/W；

　　　r_w——用管外表面积表示的管壁热阻，（m²·℃）/W。

（3）有效平均温差。

有效平均温度差可用对数平均温差表示：

$$\Delta T = \Delta t_{log} = \frac{\Delta t_1 - \Delta t_2}{\ln\dfrac{\Delta t_1}{\Delta t_2}} \tag{10-38}$$

式中　Δt_1——换热器大温差端的流体温差，℃；

Δt_2——换热器小温差端的流体温差，℃。

管壳式换热器热力学详细计算见文献［25～27］。

3. 强化传热元件应用

管壳式换热器存在着冷、热端温差过大，换热效果不佳，为达到更好的传热效果，可选用强化传热的结构和元件。

1）高效壳程结构

管壳式换热器的高效壳程结构体现在管束支撑结构，主要有三种：

（1）横流式支撑：传统的弓形折流板使壳程流体呈横向流动状态；

（2）纵流式支撑：折流杆、整圆形孔板、空心环等新型支撑使流体呈纵向流动状态；

（3）螺旋流式支撑：螺旋折流板、旋流片和管束自支撑结构使流体螺旋流动。

纵流式换热器的压降比横流板换热器低 35% 左右，总传热系数与压降之比（$K/\Delta p$）提高 50%，传热面积少 20%～30%，能有效促进湍流和强化壳程传热。

螺旋流式换热器具有较好的传热和流体阻力性能，相比横流板换热器换热效率显著提高，其支撑形式如图 10-41 所示。在气—水换热时，可减少 30%～40% 的传热面积，适宜处理含固体颗粒、粉尘、泥沙的流体[28]。三种管束支撑结构的综合性能见表 10-22。

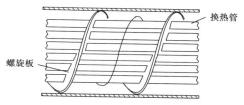

图 10-41　螺旋折流板支撑示意

表 10-22　三种管束支撑结构的综合性能

形式	壳程流体流动状态	有效温差	传热效率	流体阻力	流体诱导振动	传热死区	结垢情况	重量	使用寿命	设备投资及操作费
横流式	部分逆流	小	低	大	有	大	严重	大	短	大
纵流式	完全逆流	大	高	较小	无	很小	很小	小	长	小
螺旋流式	大部分逆流	较大	高	小	无	无	很小	小	长	较大

2）高效管程结构

高效换热管主要有翅片管、低肋管、肋片管、双面强化换热管、螺旋槽纹管等。

新型核状沸腾强化管（GEWA-PB）和冷凝强化管（GEWA-KS）是由低翅管（LF）发展而来的双面强化管，结构如图 10-42 所示。这种新型的核状沸腾强化管可应用于沸腾、冷凝及单相传热场合，特别适合于低温蒸发器、精馏塔重沸器和塔顶冷凝器。

螺纹管具有较好的力学传热和热膨胀性能，传热系数高和低结垢的特点，但压降略有增加，螺纹管结构如图 10-43 所示。螺纹管适用于原料气压缩机预冷器、凝液换热器。

翅片管是由光管外接翅片制成，该结构可形成强烈的扰动，起到了提高雷诺数和减小边界层厚度的作用，多用于壳程热阻较大的情况[29]。翅片管适用于介质洁净的场所，例如凝液冷凝器。翅片管结构如图 10-44 所示。

螺旋扁管是一种新型强化换热管，螺旋扁管结构如图 10-45 所示。螺旋扁管依靠相邻管突出处的点接触支撑，适用于液体流量波动较大换热工况。常应用在压缩机级间冷却器、醇胺溶液换热器、分子筛再生器换热器、重沸器和凝液换热器等场所。

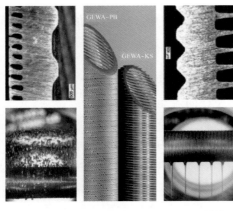

图 10-42　GEWA-PB 和 GEWA-KS 结构

图 10-43　螺纹管结构图

图 10-44　矩形翅片管

图 10-45　螺旋扁管结构示意图

4. 结垢控制

换热器结垢将增加热阻和流动阻力，垢层随操作时间而增加。结垢类型及控制措施如下：

（1）流动介质中悬浮颗粒沉降结垢，可采用流动介质预处理（沉降或过滤），增大介质流速，机械清洗；

（2）流动介质在传热表面沉淀结垢，可采用化学预处理，控制表面温度，增大介质流速，化学及机械清洗；

（3）传热表面发生诱导反应产物的结垢，可采用控制表面温度，加入阻聚剂，定期清洗；

（4）微生物或水生物引起的生物结垢，可采用加入杀菌灭藻剂，某些结构材料（铜）抑制，定期清洗；

（5）结构材料发生化学腐蚀、电化学腐蚀引起的腐蚀结垢，可采用电化学保护或表面抗蚀措施，加入阻蚀剂，采用抗蚀材料，控制表面温度等。

5. 选型要点

管壳式换热器选型参数包括管壳程流道、壳程及管程数、流速、压降、面积余量、冷热端温差、换热管类型等，各参数技术要求需根据进料温度、压力、流体性质等条件确定，管壳换热器选型技术要求见表 10-23。

表 10-23　管壳换热器选型技术要求

项目		技术要求
管壳程流道	管程	适用于不洁净、易结垢、腐蚀性流体、毒性介质、循环冷却水、高温流体、高压流体
	壳程	适用于被冷却、传热系数较大、流量小而黏度大的流体
壳程及管程数	管程	多为1、2、4管程，为保持流体在管束中的较大流速，可将管束分成若干程数，提高流体的传热系数
	壳程	多为单程，壳程介质流量较小而要提高壳程流体的传热系数时，可选用多壳程，提高壳程流速，改善传热效应，相比于2个换热器串联更经济
流速	管程	液相为 0.5～3.5 m/s；气相为 5～30 m/s
	壳程	液相为 0.2～1.5 m/s；气相为 3～15 m/s
压降		压降的最大值制约着流速的增大，需与流速综合考虑，一般控制在 10～100kPa 之间；典型工艺允许压力降参考值见表 10-24
面积余量		表示换热器面积富裕的度量，对无相变换热过程，面积余量约 10%～20%；对冷凝器需大于 20%
冷热端温差	冷端	冷却水出口温度一般不宜超过 60℃，不易清洗的场合不宜超过 50℃，冷端温差应大于5℃，多管程应大于 20℃[30]
	热端	热端温差应大于 20℃

表 10-24　典型工艺允许压力降参考值

设备类型	介质	允许压降，kPa
换热器	脱丙烷塔进料	69.0～103.0
	脱丁烷塔进料	69.0～103.0
	脱丙烷塔塔底出料	69.0～103.0
	脱丁烷塔塔底出料	69.0～103.0
	稳定塔进料	69.0～103.0
冷凝器	脱丙烷塔塔顶馏分	7.0～21.0
	脱丁烷塔塔顶馏分	7.0～21.0
	常压塔顶馏分	7.0～21.0

在换热器中，当冷流体的出口温度高于热流体的出口温度时，即出现了温度交叉现象。温度交叉部位的温差（推动力）为零，无法进行传热。温度交叉曲线如图 10-46 所示。

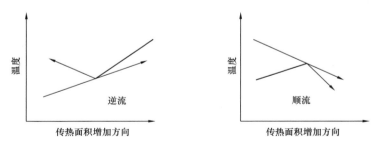

图 10-46　温度交叉曲线图

管壳式换热器的温差修正系数 F_T 不应小于 0.8，否则会导致换热面积急剧增加；当温度修正系数低于 0.7 以后，操作温度较小的波动就可导致温度修正系数的剧烈变化，影响操作的稳定性。当温差校正系数 F_T 小于 0.8 时，应采取以下措施：

（1）增加壳程数；

（2）采用多台换热器串联；

（3）重新调整冷热物流的出口温度。

6. 主要选型步骤

管壳式换热器的设计选型是根据实际换热介质物性、压力及温度，选用合理的换热器结构形式。管壳式换热器设计选型的详细计算见文献［31］，管壳式换热器的选型步骤如下：

（1）初选换热器的尺寸规格。

① 初步选定换热器的流动方式，由冷热流体的进出口温度计算温差修正系数。如果温差修正系数小于 0.8，设计成多管程或多个换热器串联。

② 由经验初估总传热系数，再估算传热面积。

③ 根据传热面积估值和换热器系列标准，初选换热器型号及确定主要结构参数。

④ 计算所选用换热器的实际换热面积及实际所需的总传热系数。

（2）计算管壳程压力降。

计算管壳程压降，如管壳程压降大于允许压力降，则应调整相应参数重新计算。

（3）计算传热膜系数。

计算管壳内传热膜系数，如管壳内传热膜系数小于总传热系数估值，则改变相应参数重新计算。若仍然不能同时满足管壳程压降小于允许压力降及管壳程传热膜系数小于总传热系数估值的要求，则应重新估计总传热系数，另选换热器型号进行试算。

（4）计算总传热系数。

根据冷热流体的性质选择适当的污垢热阻，由管内传热膜系数、壳程传热膜系数、污垢热阻计算总传热系数。

（5）校核传热面积。

由基本传热方程式（10-36）计算所需传热面积，传热面积应小于初选换热器实际所具有的传热面积，考虑到所用传热计算式的准确程度及其他因素，应使选用换热器的传热面积留有 15%～25% 的裕度。否则应重新估计一个总传热系数,重复以上计算。

二、板式换热器

1.结构及特点

板式换热器主要由板片、密封垫片、固定压紧板、活动压紧板、压紧螺柱和螺母、上下导杆、前支柱等零部件组成。它具有结构紧凑、传热面积（250～1000 m^2/m^3）大、传热系数大、污垢系数低等优点。板式换热器主要有可拆板式、可拆半焊板式和可拆全焊接板式等结构形式,其特点及适用场所见表 10-25。

表 10-25　板式换热器特点及适用场所

类型	特点	适用场所
可拆板式换热器	① 耐温承压能力较强,最高工作压力仅为 2.8MPa,最高工作温度低于 200℃; ② 传热系数高,一般约为管壳式的 3～5 倍,热损失小; ③ 较高的介质清洁度,通道很窄,一般为 3～5mm; ④ 每个板片的典型表面积范围为 0.04～4m^2,板片数量达到 600	用于甲醇、乙二醇、三甘醇等物料的换热
可拆半焊板式换热器	① 减少流体对垫片的耐化学性; ② 更加适用于刺激性流体; ③ 充分冷凝和蒸发制冷剂; ④ 工作压力低于 2.5MPa,工作温度在 -25～60℃范围内	适用于较冷温度的蒸发和冷凝场所以及有腐蚀的介质等
可拆全焊接板式换热器	①承温耐压能力强,最大承压能力为 8.0MPa,适用温度范围为 -200~1000℃; ② 最大组装面积可达 6000m^2; ③ 适用于蒸发、冷凝,腐蚀性等介质	适用于凝析油、稳定轻烃等流体的换热

可拆卸板式换热器的板片种类繁多,但以人字形波纹板为主。可拆板式换热器的发展趋势为板片材料多样化,目前已知的板片材料有不锈钢、高铬镍合金、蒙乃尔哈氏合金、石墨等。可拆卸板式换热器结构图如图 10-47 所示,主要产品性能参数见表 10-26[32]。

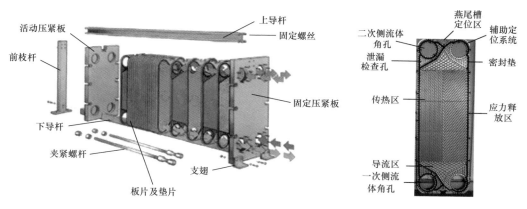

图 10-47　可拆卸板式换热器结构图

表 10-26　国外可拆卸板式换热器主要产品性能参数

企业	单板面 m²	单台换热器面积 m²	设计压力 MPa	设计温度 ℃	设计流量 m³/h
瑞典 ALFA-LAVAL	3.63	2200	2.5~3	−25~200 特殊（−40~260）	3600
德国 GEA	2.50	2000	2.5	220	3600
德国 W.Schmidt	1.55	1800	2.5	170（特殊 300）	1800
法国 VICARB	2.83	1820	2.0（特殊 2.5）	170（特殊 250）	2500
英国 APV	4.75	2500	2.5	−35~200（特殊 −40~260）	3500
日本 HISAKA	2.30	1500	2.5（特殊 3.0）	170（特殊 250）	2800

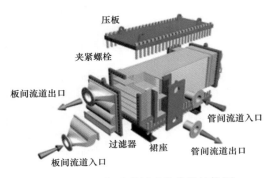

图 10-48　宽通道板式换热器结构图

可拆全焊板式换热器有宽通道板式换热器，如图 10-48 所示。宽通道板式换热器物料板间通道距离可达到 20mm，利用防堵设计结构，使流体在流过时有 6mm 的自由流动空间，适合于高黏度含固体杂质的流体换热。可拆全焊接板式换热器适用于凝析油、稳定轻烃等流体的换热，朝着高压力、大型化的方向发展。国内外可拆全焊式板式换热器设计参数见表 10-27。

表 10-27　国内外可拆全焊板式换热器设计参数

公司名称	设计温度 ℃	设计压力 MPa	换热面积 m³	最小温差 ℃	换热器流量 m³/h
兰州兰石集团有限公司	−20~900	真空~6.0	≤6000	1	≤2000
APV 公司	−20~900	真空~6.0	≤6000	1	
德国 BAVEX	−200~1000	真空~8.0	3~2000	—	
法国 Nouvelles	530	4.4	1000~10000	—	

2. 选型要求

板式换热器选型需考虑类型、板型、单片面积、流速、流程、流道数、流向等工艺参数，板式换热器选型计算要求见表 10-28。

表 10-28 板式换热器选型要求

项目		选型要求
类型	可拆板式	适用于各种较容易结垢或清洁的液—液／液—气流体的换热
	可拆半焊板式	可用于各种热敏性、黏性、易结垢或有腐蚀的流体
	可拆全焊接板式	适用于一种或几种流体均为高温、高压或有腐蚀性的工况
板型	人字形板	适用于压力高于 1.2MPa
	平直波板	适用于压降较低、要求换热效果不高
	球形波板	适用于杂质较多的介质
	混合板	适用于对压降及换热效果有特殊要求的工况
单片面积		单片面积与角孔大小有关，直接影响流量和流速的变化见文献［33］
流速		主流线流速约为平均流速的 4～5 倍； 板间流速一般为 0.2～0.8m/s； 压降容许条件下，提高板间流速可改善换热效果，减小换热面积
流程		板型对称、冷热介质流量相当时，宜采用等程布置，流向为全逆流； 两侧流量差较大时，流量较小一侧采用多程布置； 尽可能采用单程（全并联），便于拆卸维修； 若采用多流程，各流程中需安排相同流道数
流道数		流道数受板间流速的影响，同时还受允许压降的制约； 板间流速一定时，流道数取决于流量的大小
流向		若采用等程布置，介质的流向可实现全逆流，以获得最大的平均温差； 两侧不等程时，逆流和顺流会交替出现

板式换热器的选型是根据换热流体的物性、流量、压力和温度、允许压降等条件，选用合理的换热器结构形式，以保证换热器换热要求以及安全可靠的运行性能。板式换热器设计选型的详细计算见文献［33］，板式换热器的设计选型框图如图 10-49 所示。

三、板翅式换热器

1. 结构及特点

板翅式换热器主要由隔板、翅片、封条等组成。在相邻两隔板间放置翅片、导流片以及封条组成一个夹层，称为通道；将这样的夹层根据流体的不同方式叠置起来，钎焊成一个整体，组成板束。板束是板翅式换热器的核心，再配以封头、接管、支撑等结构就组成了板翅式换热器。板翅式换热器的板束体层结构如图 10-50 所示，板翅式换热器结构图如图 10-51 所示。

翅式换热器是低温工艺的关键设备，适用于天然气凝液回收、LNG 等低温装置中气—气、气—液、液—液换热器、重沸器、冷凝器等。板翅式换热器特点如下：

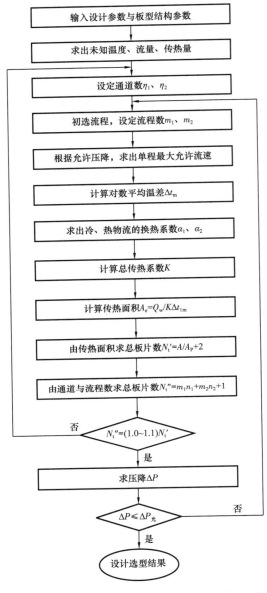

图 10-49　板式换热器设计选型框图

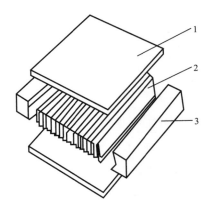

图 10-50　板束体层结构图

1—隔板；2—翅片；3—封条

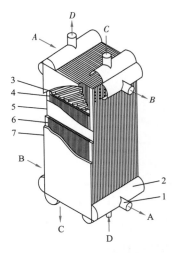

图 10-51　板翅式换热器结构图

1—短管／接口；2—集水槽；

3—分配器翅片；4—传热翅片；

5—隔板；6—侧板；7—盖片

（1）结构紧凑，轻巧，单位体积的传热面积为 1500～2500m²/m³，最高可达 6000m²/m³；

（2）适用于工作压力小于 11MPa，温度范围为 -269～200℃的换热条件[31]；

（3）可实现多股流换热，热集成程度高，换热温差小，典型夹点通常在 3℃左右；

（4）适应性强，板翅式换热器可适用于气—气、气—液、液—液换热以及发生相变的换热；

（5）容易堵塞，不耐腐蚀，要求换热介质干净，板翅式换热器入口需设置高效过滤器；

（6）板翅式换热器为铝制结构，要求天然气中汞含量低于 0.01μg/m³。

2. 选型要求

板翅式换热器选型主要包括流道布置、通道排列以及翅片选用等内容。

（1）流道布置。

板翅式换热器流道布置有逆流、错流、多程流等形式，其结构如图 10-52 所示。逆流是最基本的流道布置形式，应用最为普遍。错流一般用一侧流体的温度变化小于冷、热流体最大温差的一半的场合，例如空分设备中的液化器。多程流用于换热流体压力相差悬殊的换热场合，高压侧布置成多回路、小截面。气—气板翅式换热器常用的翅片布置如图 10-53 所示。残余气 A 通过中央导流器流经整个换热器，高压气 B 和 C 通过侧面导流器流经换热器部分长度。

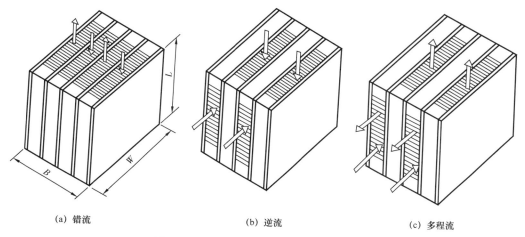

(a) 错流　　　　　　　　　(b) 逆流　　　　　　　　(c) 多程流

图 10-52　板翅式换热器的常用流道布置

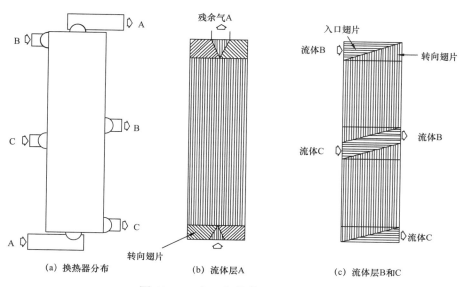

(a) 换热器分布　　　　(b) 流体层A　　　　(c) 流体层B和C

图 10-53　气—气换热器翅片布置

（2）通道排列。

对处理热、冷两种流体（代号 A 和 B）的换热器，流道一般可采用单层交替排列，即 ABABAB…。若冷热流体流量相差很大，对流量大的流体可采用二层或三层流道叠置与另一流体交替排列（ABBABB…）。多股流体进行换热时，其流道排列可有多种方案，原则上可采用隔离叠置方式，使集中冷物流或热物流相互隔离，避免其发生相互热量传递或者影响。例如，一股热流体 A 与三股冷流体 B、C、D 进行换热时，可采用：

① ABCDABCD…

② BACADABACADA…

③ BABABA…BACACACA…CADADADA…

④ BABABA…BAACACA…CAADADA…

四种流道排列方式中①的冷流体全未隔离，②的冷流体仅有部分隔离，③的隔离效果较好，④与③相比，增加了两个 A 通道，但冷流体实现了全部隔离，③和④两方案中，冷流体通道比较集中，易于设置导流片和集流箱，结构更加合理。

（3）翅片类型。

常见的翅片结构有平直型、锯齿型、穿孔型、波纹型等，结构图如图 10-54 所示。

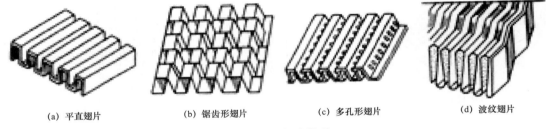

| (a) 平直翅片 | (b) 锯齿形翅片 | (c) 多孔形翅片 | (d) 波纹翅片 |

图 10-54　翅片类型

平直型翅片多用于介质本身传热系数较高、两侧温差较大、阻力要求较严以及流体中含有固体悬浮物的场合。

锯齿形翅片属于高效型翅片，广泛用于气体或高黏度油的换热或需要强化传热（尤其是气侧）的场合。

多孔型翅片常用作流道进出口分配段的导流翅片，也用于流动阻力较小及流体中夹杂有颗粒或相变换热的场合，但在流型转变区及湍流区时会引起噪声和振动[34]。

波纹型翅片由于翅片的耐压强度较高，可用于压力较高的气体。

（4）封条。

封条起密封流体通道超和焊封头的作用，封条的宽度不仅考虑密封流体的设计压力，还需考虑流体封头的壁厚。一般情况下，封头的设计压力在 8～10MPa 内[35]，封头厚度限制在 40mm 以内。目前封条宽度世界各国所用的基本尺寸以 15mm、25mm、40mm 居多。

（5）隔板。

隔板起到与封条构成流体的一个通道和提供钎焊过程的钎焊金属的作用。目前所用隔板厚度大致范围为 0.8～2.0mm。

（6）参数控制。

板翅式换热器冷端温差宜取 3℃～5℃，热端温差可取 3℃左右；冷流和热流的换热温度比较接近，对数平均温差宜低于 15℃，不宜超过 20℃，换热过程中冷热流的温差应避免小于 3℃[36]。原料气物流需要与多股物流进行换热时，该物流分股不宜超过两股。

板翅式换热器选型的目的是选择一个合适的翅片形式与参数，并确定通道排列，并最终确定传热系数和传热面积，使其与各股物流的给热系数和传热面积相适应。板翅式换热器设计选型的详细计算见文献[31]，板翅式换热器选型框图如图 10-55 所示。

3. 应用情况

板翅式换热器常用于低温物流换热，现目前向着换热负荷大型化、承压能力高、耐腐蚀能力强以及换热股数多的方向发展，板翅式换热器在凝液回收装置的应用情况见表 10-29。

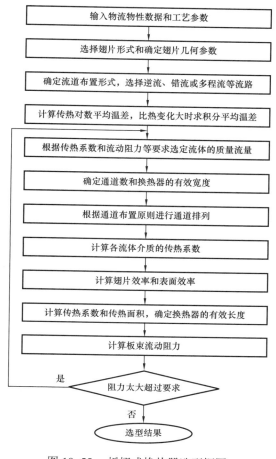

图 10-55 板翅式换热器选型框图

表 10-29 典型板翅式换热器应用情况

凝液回收装置	处理规模 $10^4 m^3/d$	冷箱尺寸 mm×mm×mm	换热负荷 MW	换热股数	工作压力 MPa	工作温度 ℃
塔里木油田轮南轻烃厂	2×1500	5400×4500×11000	39.50	6	5.90～3.25	−69～31
长庆气田榆林天然气处理厂	4×1500	11500×6750×4000	52.42	8	2.9～4.0	−100～28
		1500×1354×700	5.10	5	1.48～4.5	−3.5～40
中海油珠海高栏终端	2×900	6000×1200×1387.5	32.25	6	3.1～6.7	−75～29
		3300×1200×1757.1	9.70	2	6.86～6.94	3～27

四、绕管式换热器

绕管式换热器是在芯筒与外筒之间的空间内将传热管按螺旋线形状交替缠绕而成，相邻两层螺旋状传热管的螺旋方向相反，并采用一定形状的定距件使之保持一定的间距。缠绕管可采用单根绕制，也可采用两根或多根组焊后一起绕制。管内可通过一种介质，称单通道型绕管式换热器；也可分别通过几种不同的介质，而每种介质所通过的传热管均汇集在各自的管板上，构成多通道型缠绕管式换热器。绕管式换热器结构图如图 10-56 所示，双通道的绕管式换热器结构图如图 10-57 所示。

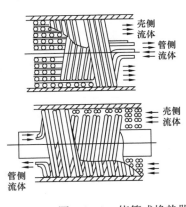

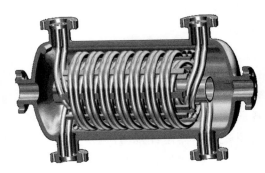

图 10-56　绕管式换热器结构图　　　　图 10-57　双通道的绕管式换热器结构图

绕管式换热器从传热原理上属于间壁式管式换热器，它具有较强的操作性，尤其是在设备启动、关闭、故障时这种优点更加突出。具有以下特点：

（1）管内的操作压力可高达 22MPa，设计温度为 -196～520℃，换热效率高，最小端温差可达 2℃，能同时进行多种介质的换热[31]；

（2）结构紧凑，单位传热面积大，对管径 8～12mm 的传热管，传热面积可达 100～170m²/m³，易实现大型化，最大传热面积已达 25000m²；

（3）热补偿能力强，传热管的热膨胀可部分自行补偿，对于一定数量的传热管，通过选择一定的缠绕层数，能容易地分配管程和壳程流通面积；

（4）绕管式换热器可实现橇装化设计与立式安装，换热器内绕管复杂，流向曲折，检修、清理困难，只用于较清洁的工艺介质换热；

（5）绕管式换热器的设计、制造及维护技术要求高，价格较高；

（6）绕管式换热器在低温下易发生冻堵，不推荐在节流注醇工艺中应用。

绕管式换热器和板翅式换热器的特性比较见表 10-30。

大型高压的天然气液化装置、低温深冷的天然气凝液回收工艺可采用绕管式换热器，国内外绕管式换热器设计参数见表 10-31。

绕管式换热器在使用的过程中必须严格控制杂质的含量，在上游设置过滤网防止杂质进入。在绕管式换热器下部增设反冲洗装置，通过气泡的形式，扰动向下沉积的杂质，使杂质一起随介质流走。绕管式换热器在操作中要特别注重开停车的温度和压力的升降，要严格控制升温的速度和压力的匹配，否则容易产生热胀冷缩不均匀等现象，破坏管头连接[36]。

表 10-30　绕管式换热器和板翅式换热器的特性比较

项目	板翅式换热器	绕管式换热器
特点	多股流； 单相或两相流； 极为紧凑，单位换热面积投资费用低	紧凑； 单壳程换热面积大； 单相或两相流； 管程多股流、壳程单股流
适用流体	必须非常清洁	清洁
流体流向类型	逆流、错流	错流
换热面积	$300\sim1400m^2/m^3$	$20\sim300m^2/m^3$
材质	铝	铝、不锈钢、碳钢、特殊合金
温度，℃	$-269\sim65$	各种温度
最大压力，MPa	11.5	25
应用领域	低温装置； 非腐蚀性流体； 安装空间非常有限	可用于腐蚀性流体； 可用于热冲击； 可用于较高温度

表 10-31　国内外绕管式换热器设计参数

公司	设计压力 MPa	设计温度 ℃	最大流量 Nm^3/h	最大换热面积 m^2	直径 mm	长度 mm
开封空分集团	20	—	40000	2000	1290	27000
合肥通用机械研究院	16.8	−196/520	40000	7000	3200	—
德国林德（LINDE）	25	−175/65	150000	22000	5083	44000

绕管式换热器运行周期较长，易出现堵塞、管子泄漏和管口泄漏等问题。堵塞严重时用酸清洗，堵塞不严重时高压水枪冲洗。在清洗换热器时应多次少停留，对换热器进行多达5~6次的酸洗，每次冲洗时间尽可能短，并冲洗干净，确保残留在换热器中的 Fe^{3+} 不超标，酸洗液应排放干净，避免引起腐蚀。换热管泄漏时，则采用堵管与抽芯补焊的办法修复绕管。

第四节　压缩机与膨胀机

压缩机和膨胀机是天然气凝液回收装置中的关键设备。压缩机和膨胀机的正确选用和运行对保证天然气凝液回收装置正常运行和维持较高的乙烷、丙烷收率具有重要意义。

一、压缩机

凝液回收装置中，压缩机用于为原料气和外输气增压以及为制冷循环的冷剂增压。天然气压缩机宜采用离心式压缩机和往复式压缩机；制冷压缩机宜采用往复式压缩机、螺杆式压缩机以及离心式压缩机。

1. 天然气压缩机选用

天然气压缩机选用基本原则如下：

（1）气源较稳定，操作工况下气量大于 $15m^3/min$ 或轴功率在 2000kW 以上的天然气压缩机宜采用单机组运行的离心式压缩机[37]。

（2）气源不稳定或气量较少的天然气压缩机宜选用往复式压缩机。

2. 制冷压缩机选用

制冷压缩机是压缩制冷循环的"心脏"，选用制冷压缩机的合理性直接决定着制冷循环的整体性能、可靠性以及寿命。制冷压缩机选型的一般原则如下：

（1）压缩比要求较高、流量中小的制冷装置宜选用往复式压缩机；

（2）流量范围宽、装置橇装化的制冷装置宜选用螺杆式压缩机；

（3）制冷量需求大宜选用离心式压缩机，以免机器台数过多，一般不设备用机组；

（4）选用多台压缩机时，宜采用同一系列产品，最多不超过两种系列。

往复式压缩机是目前生产量最大、应用最广的制冷压缩机。螺杆式压缩机是近 20 多年发展起来的机型，其提供的冷量温位、制冷系数等性能参数已接近往复式压缩机的水平，已发展成制冷压缩机的主要机型之一。离心式压缩机排量大，在大型制冷装置（制冷能力 1500kW 以上）占主导地位，可靠性高。压缩机设计选型详细计算见文献 [38]，三种压缩机选用技术参数见表 10-32。

表 10-32　三种压缩机选用技术参数

项目	离心式压缩机	往复式压缩机	螺杆式压缩机
流量范围	流量大。单级流量范围为 $170\sim225000m^3/h$，多级流量范围为 $850\sim340000m^3/h$。流量过小时会产生喘振	适用于中、小流量场所，流量为 $2000\sim40000Nm^3/h$，调节范围为 $10\%\sim100\%$	流量范围为 $1300\sim60000m^3/h$，调节范围为 $10\%\sim100\%$
压力范围	水平剖分型压缩机压力在 $5.52\sim6.89MPa$ 范围，而垂直剖分型的压缩机适用压力更高	排出压力稳定、适应压力范围较宽，压力可高达 410MPa	可高达 5.2MPa
压比	单级压比低，一般为 $3\sim4$	单级压比通常不超过 4，一些小型特殊压缩机（间歇运转）单级压比可高达 8	可达到 10，在 $2\sim7$ 之间时效率较高
排气温度	低于 135℃，最高不超过 150℃	$120\sim135$℃，低于 150℃	低于 120℃
轴功率	最大功率可达 90MW	最大功率可达 30MW	轴功率较小，最高达 900kW
绝热效率	效率达 $63\%\sim77\%$	$65\%\sim85\%$	$70\%\sim80\%$
驱动方式	电动机、蒸气、燃气发动机	燃气发动机或电动机	燃气发动机或电动机

二、膨胀机

膨胀机是利用一定压力的气体在膨胀机内进行绝热膨胀对外做功而消耗气体本身的内能，从而使气体本身冷却而达到制冷的目的，是天然气深冷处理工艺中的关键设备。选用要求如下：

（1）处理量为 5m³/min（以进气状态计量）以上时，宜选用可调喷嘴的膨胀机。喷嘴的调节宜采用气动调节方式；气源稳定时，可采用手动机械调节方式[37]。

（2）膨胀机宜设 1 台。

（3）膨胀机组膨胀端绝热效率宜大于 75%，不宜低于 65%，增压端的绝热效率宜大于 65%。

（4）膨胀机的年累计运行时间应大于 8000h。

（5）对于大型膨胀机宜采用磁悬浮轴承，可消除使用传统轴承的震动，降低膨胀机的功率损耗。

（6）膨胀比通常为 2～4，不宜大于 7，当膨胀比大于 7 时应采用两级膨胀。

（7）膨胀机进口物料温度宜为 –70～–30℃。

近年来，国内各厂家在透平膨胀机领域加大研发力度，制造水平不断提高，得到了推广应用，国内外主要膨胀机的技术参数见表 10-33。

表 10-33　国内外膨胀机技术参数

公司	流量范围 m³/h	最大进口压力 MPa	进出口温度 范围，℃	转速 10⁴r/min	最大回收功率 MW	出口带液量
美国 GE 公司	45000	20	–270～475	12	20	出口带液量普遍可达到40%（质量分数），甚至不受限制
美国 L.A. Turbine	600～16000	20.6	–195～260	10.5	14	
CRYOSTAR	最大 25000	20	–270～200	—	12	
Atlas Copco	400000	20	–220～200	10	25	
APCI	—	10	–268～260	10	12	
杭州杭氧股份有限公司	80000	10		4	—	出口带液量低于20%（质量分数）
四川空分设备（集团）有限责任公司	120000	10		8.5	—	

轴承是限制膨胀机转速的重要因素，国外已开始在透平膨胀机中使用磁悬浮轴承。磁悬浮轴承是利用磁场力将轴承悬浮在空间的一种新型高性能轴承，具有无机械摩擦、无润滑的特点[39]。磁悬浮轴承结构如图 10-58 所示。磁悬浮轴承与常规油轴承相比具有以下优点：

（1）采用磁悬浮轴承可避免使用润滑油而可能造成的污染。磁悬浮轴承透平膨胀机无需润滑。

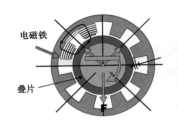

图 10-58   磁悬浮轴承

（2）可消除使用传统轴承的震动。磁悬浮轴承透平膨胀机对转子的动平衡要求低于常规油轴承透平膨胀机对转子动平衡的要求。

（3）磁悬浮轴承降低了膨胀机的功率损耗，不需要润滑油循环系统，不损失工艺气，具有较高的经济优势。

（4）磁悬浮轴承膨胀机具有较好的启动性能，日常维护保管容易，运行可靠率可达99.9%。

参 考 文 献

［1］中华人民共和国住房和城乡建设部.气田集输设计规范：GB50349—2015［S］.中国计划出版社，2015：12.

［2］苏建华，许可方，宋德琦.天然气矿场集输与处理［M］.北京：石油工业出版社，2004.

［3］SAEID M，WILLIAM AP，JAMES G S，et al. HandBook of Natural Gas Transmission and Processing［M］.Netherlands：Elsevier，2006.

［4］冯宇.气液分离器设计计算［J］.化工设计，2011，21（5）：18–22.

［5］中华人民共和国能源局.油气分离器规范：SY0515-2014［S］.北京：中国标准出版社，2014：10.

［6］王荧光，易良英，刘金菊，等.气液两相分离器计算方法的优化［J］.广东化工，2011，38（216）：21–23.

［7］刘士雷.三相分离器设计及流场研究［D］.吉林：吉林大学，2012.

［8］宋世昌，李光，杜丽民.天然气地面工程设计   下卷［M］.北京：中国石化出版社，2014.05.

［9］焦宾.油气水卧式三相分离器的控制系统研究［D］.吉林：吉林大学，2012.

［10］BRIAN PRICE，BLACK VEATCH. Engineering Data Book 14th［M］.US GPSA Texas，2016.

［11］DANIELE. Removing Liquid from Gas［J］.Sulzer Technical Review，2007，（48）：7–9.

［12］PEERLESS M C.For High–Efficiency，High Capacity，And Low Cost Gas And Liquid Separation.2012：85.

［13］BRUNAZZI E，PAGLIANTI A，TALAMELLI A. Simplified Design of Axial–flow Cyclone Mist Eliminators［J］.49：41–51.

［14］BAHADORI A. Natural Gas Processing：Technology and Engineering Design［J］.Elsevier，2014（4）：64.

［15］张建.油田矿场分离技术与设备［M］.北京：中国石油大学出版社，2012：166–194.

［16］顾继鹏，牛彦斌，何定斌.高效分离器油气水分离研究［J］.中国新技术新产品，2015（17）：92.

［17］路秀林．塔设备［M］．北京：化学工业出版社工业装备与信息工程出版中心，2004.

［18］张志恒．浮阀塔板流体力学和传质性能的研究［D］．天津：天津大学，2005.

［19］赵艳玲．高效浮阀塔盘［J］．油气田地面工程，2010，29（8）：110.

［20］袁一．化学工程师手册［M］．北京：机械工业出版社，2000.

［21］王子宗．石油化工设计手册：第3卷 化工单元过程（下）［M］北京：化学工业出版社，2015.10.

［22］李春利，王志英，李柏春，等．塔板技术最新进展和研究展望［J］．河北工业大学学报，2002，31（1）：20-25.

［23］王雪梅，张宏达．ADV（r）微分浮阀塔盘在气体分馏装置中的应用［J］．当代化工，2005，34（2）：99-102.

［24］王广全，袁希钢，刘春江，等．规整填料压降研究新进展［J］．化学工程，2005，33（3）：4-7.

［25］钱颂文．换热器设计手册［M］．北京：中国石化出版社，2004.

［26］秦叔经，叶文邦．化工设备设计全书：换热器［M］．北京：化学工业出版社，2003.

［27］刘巍，邓方义．冷换设备工艺计算手册［M］．北京：中国石化出版社，2008.

［28］潘振，陈保东，商丽艳．螺旋折流板换热器的研究与进展［J］．节能技术，2006，24（1）：81-85.

［29］李春兰，国恒．螺纹管和翅片管传热性能分析及其应用［J］．石油化工设备，1997（6）：39-42.

［30］孙兰义，马占华，王志刚，等，换热器工艺设计［M］．北京：中国石化出版社，2015.

［31］兰州石油机械研究所．换热器（第2版）上册［M］．北京：中国石化出版社，2013.01.

［32］赵晓文，苏俊林．板式换热器的研究现状及进展［J］．冶金能源，2011，30（1）：52-55.

［33］程宝华，李先瑞．板式换热器及换热装置技术应用手册［M］．成都：中国建筑工业出版社，2005.

［34］徐赛．几种常见翅片通道内流动与传热的数值模拟［D］．天津：天津大学，2015.

［35］柳红霞，毛央平．高压板翅式换热器的设计开发［J］．深冷技术，2007（4）：21-24.

［36］都跃良，张贤安．绕管式换热器的管理及其应用前景分析［J］．化工机械，2005，32（3）：181-185.

［37］中华人民共和国发展和改革委员会．天然气凝液回收设计规范：SY/T 0077—2008［S］．北京：中国标准出版社，2008：6.

［38］王子宗，等．石油化工设计手册：第3卷 化工单元过程（上）［M］．北京：化学工业出版社，2015.

［39］江楚标．透平膨胀机及发展动态［J］．深冷技术，2001，5：1-9.

附　　录

气质代号	101	102	103	104	105	106	107	108	109
N_2	0.6094	0.6114	2.4097	0.5000	1.4720	0.5300	1.4301	0.1920	0.4500
CO_2	1.2613	2.8877	0.0000	0.0000	0.6336	0.0000	0.9030	0.4760	0.0000
C_1	92.5405	88.7884	89.801	91.5700	89.6304	91.2200	89.2415	90.9021	90.6900
C_2	4.4500	5.2504	4.6595	5.1800	6.2091	5.2100	6.2903	5.8001	5.2100
C_3	0.7591	1.5654	1.7498	1.500	1.3339	1.6800	1.3901	1.5900	1.9800
iC_4	0.1178	0.2685	0.4600	0.5000	0.2429	0.5500	0.2530	0.3130	0.4500
nC_4	0.1229	0.2918	0.4400	0.4800	0.2502	0.5200	0.2670	0.3490	0.6500
iC_5	0.0460	0.1118	0.1700	0.1500	0.0740	0.1600	0.0790	0.1040	0.2500
nC_5	0.0239	0.0697	0.1100	0.1000	0.0608	0.1100	0.0610	0.0833	0.2300
C_{6+}	0.0691	0.1549	0.2000	0.0200	0.0931	0.0200	0.0850	0.1905	0.0900
GPM 值	1.53	2.15	2.20	2.21	2.27	2.30	2.32	2.35	2.50

组分
含量，%
（摩尔分数）

附表 2 富气气质组成（2.5＜GPM 值＜5.0）

气质代号		201	202	203	204	205	206	207	208	209	210	211	212	213	214	215	216	217	218
组分含量，%（摩尔分数）	N_2	4	2.08	1.04	1.021	2.8409	2.84	1.92	6.19	0.9164	4.1677	0.56	2.0000	1.1000	6.9756	0.5500	1.7500	0.15	1.3300
	CO_2	0	0.7	2.04	0.3504	0.1043	0.1	1.14	1.71	0.3655	0.6369	0.37	0.4000	4.9200	0.4904	0.9100	0.9700	4.01	0.4400
	C_1	86.8000	87.3800	86.9500	88.2883	86.2987	86.2700	86.0000	80.3400	86.3093	82.4183	86.0300	83.9000	80.7400	78.8131	84.5700	84.0500	79.2056	83.9000
	C_2	5.5000	5.4500	4.8400	7.4074	7.579	7.600	5.2300	6.9300	7.2607	8.7887	8.3800	8.000	4.2300	6.9055	8.2000	5.4800	9.2818	7.0500
	C_3	2.1000	2.400	2.5900	1.5015	1.712	1.7200	2.3500	2.5900	3.1431	2.3325	2.7500	3.5000	4.5500	3.693	3.4000	3.1200	4.3409	3.3400
	iC_4	0.3000	0.6500	0.9500	0.3003	0.3147	0.3200	0.7300	0.4300	0.6556	0.4083	0.6300	0.5000	0.6600	1.0809	0.5800	1.1400	0.7802	0.6300
	nC_4	0.5000	0.6600	0.8200	0.3103	0.3812	0.3800	0.8200	0.7300	0.6097	0.4943	0.5700	0.7000	2.1400	1.0408	0.8600	1.2700	1.3603	1.1500
	iC_5	0.2000	0.2700	0.2600	0.1301	0.1744	0.1800	0.3400	0.1800	0.1285	0.1477	0.2700	0.2500	0.3600	0.4203	0.2800	0.7200	0.03	0.5100
	nC_5	0.2000	0.2100	0.2500	0.0901	0.1501	0.1500	0.3900	0.1500	0.0837	0.1274	0.1200	0.3500	0.6900	0.3002	0.2100	0.6100	0.4201	0.4400
	C_{6+}	0.4000	0.2000	0.2600	0.6006	0.4447	0.4400	1.0800	0.7500	0.5275	0.4782	0.3100	0.4000	0.6100	0.2802	0.4400	0.8900	0.4211	1.2100
GPM 值		2.62	2.79	2.87	2.94	3.03	3.04	3.26	3.39	3.52	3.59	3.66	3.87	3.90	3.92	3.96	3.97	4.25	4.74

附表 3 超富气气质组成（GPM 值＞5.0）

气质代号	301	302	303	304	305	306	307	308	309
N_2	0.6546	1.0603	5.3800	1.5913	2.0300	5.2400	3.5471	0.1498	0.0300
CO_2	1.2588	1.7672	2.1400	0.2602	0.1300	2.1900	4.3888	1.5272	1.8909
C_1	79.7180	76.5787	72.0900	76.1809	75.5000	68.0700	61.2425	67.3773	65.8430
C_2	8.3484	10.2498	8.8800	9.2874	10.3100	12.9300	14.4489	9.3842	12.8564
C_3	5.0957	6.3619	6.5000	6.7754	5.6100	6.7000	11.1723	8.8083	10.1751
iC_4	1.0675	1.4138	1.1400	2.8223	1.1800	1.0900	1.7335	3.1921	3.6618
nC_4	2.0745	1.7672	2.2900	1.6513	2.1200	2.3800	2.1443	4.9663	3.1816
iC_5	0.6546	0.2828	0.6100	0.8407	0.6700	0.5100	0.4810	1.6548	1.1506
nC_5	0.3827	0.2592	0.7300	0.3002	1.2600	0.6600	0.2405	1.4108	0.6803
C_{6+}	0.7452	0.2592	0.2400	0.2903	1.1900	0.2300	0.6012	1.5293	0.5303
GPM 值	5.34	5.81	5.84	6.33	6.57	6.92	8.68	9.31	9.32

（组分含量，%（摩尔分数））